수학의 신

" **최상위 1등급** 필수·심화 문제해결서 "

확률과 통계

최상위 1등급 / 수학의 **신**

1 / 모든 고난도 문제를 한 권에 담았다!

유형서	내신 기출	교육청, 평가원 기출
고난도 문제	**+** 변별력 문제	**+** 킬러 / 준킬러 문제

» 공부 효율 UP

2 / 내신 출제 비중이 높아진 수능형 문제와 그 변형 문제까지 담았다!

교육청 학력평가, 평가원 모의평가 및
수능에 출제된 문제와 그 변형 문제를
25% 이상 수록

» 수능형 문제 UP

3 / 교육 특구뿐만 아니라 전국적으로 더 까다로워지고 어려워진 내신 대비를 위해 문제의 수준을 엄선하였다!

최상 난도 문제 25%,
상 난도 문제 55% 수록

» 심화 문제 UP

세상이 변해도
배움의 즐거움은
변함없도록

시대는 빠르게 변해도
배움의 즐거움은
변함없어야 하기에

어제의 비상은
남다른 교재부터
결이 다른 콘텐츠
전에 없던 교육 플랫폼까지

변함없는 혁신으로
교육 문화 환경의 새로운 전형을
실현해왔습니다.

비상은 오늘, 다시 한번
새로운 교육 문화 환경을 실현하기 위한
또 하나의 혁신을 시작합니다.

오늘의 내가 어제의 나를 초월하고
오늘의 교육이 어제의 교육을 초월하여
배움의 즐거움을 지속하는 혁신,

바로, 메타인지 기반 완전 학습을.

상상을 실현하는 교육 문화 기업 비상

메타인지 기반 완전 학습

초월을 뜻하는 meta와 생각을 뜻하는 인지가 결합한 메타인지는
자신이 알고 모르는 것을 스스로 구분하고 학습계획을 세우도록 하는
궁극의 학습 능력입니다. 비상의 메타인지 기반 완전 학습 시스템은
잠들어 있는 메타인지를 깨워 공부를 100% 내 것으로 만들도록 합니다.

구성 *

개념
핵심 개념과 문제 풀이에 필요한 실전 개념만 권두에 수록

문제
적중률이 높은 STEP별 문제로 최상위 1등급 실력을 쌓고,
틀리기 쉬운 수능형 문제는 변형 문제까지 한 번 더 풀어 완벽 마스터!

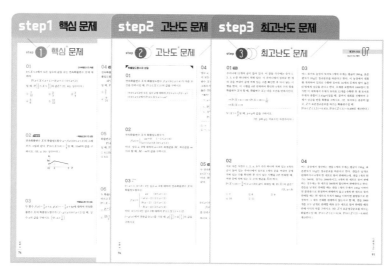

정답
고난도 문제 해결을 위한 다양한 풀이와 전략 제시!

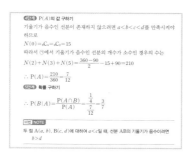

다른 풀이
다양한 방법으로 제공된 풀이를 통해
문제에 접근하는 사고력 향상

비법 노트
고난도 문제 해결에 꼭 필요한 풀이
비법 제시

개념 노트
문제 풀이에 필요한 하위 개념 제시

차례 *

실전 개념

01

여러 가지 순열

1. 원순열

(1) 원순열

서로 다른 것을 원형으로 배열하는 순열을 원순열이라 한다.

(2) 원순열의 수

서로 다른 n개를 원형으로 배열하는 원순열의 수는

$$\frac{n!}{n}=(n-1)!$$

참고 · 그림과 같이 A, B, C, D의 4명을 원형으로 배열할 때, 회전시키면 서로 일치하므로 모두 같은 배열로 본다.

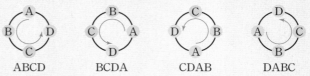

다각형의 둘레에 배열하는 순열의 수는

(원순열의 수)×(회전시켰을 때 겹치지 않는 자리의 수)

예 6명의 학생이 원형의 탁자에 둘러앉는 경우의 수는

$$(6-1)!=5!=120$$

2. 중복순열

(1) 중복순열

서로 다른 n개에서 중복을 허락하여 r개를 택하여 일렬로 나열하는 것을 n개에서 r개를 택하는 중복순열이라 하고, 이 중복순열의 수를 기호로 $_n\Pi_r$와 같이 나타낸다.

(2) 중복순열의 수

서로 다른 n개에서 r개를 택하는 중복순열의 수는

$$_n\Pi_r=n^r$$

참고 · $_n\mathrm{P}_r$에서는 $r\leq n$이어야 하지만 $_n\Pi_r$에서는 중복을 허락하여 택하므로 $n<r$일 수도 있다.

· 두 집합 X, Y의 원소의 개수가 각각 m, n일 때

(1) X에서 Y로의 함수의 개수: $_n\Pi_m$

(2) X에서 Y로의 일대일함수의 개수: $_n\mathrm{P}_m$ (단, $n\geq m$)

예 서로 다른 4개의 문자에서 중복을 허락하여 2개를 택하는 중복순열의 수는

$$_4\Pi_2=4^2=16$$

3. 같은 것이 있는 순열

(1) 같은 것이 있는 순열

n개 중에서 같은 것이 각각 p개, q개, $\cdots$, r개씩 있을 때, n개를 일렬로 나열하는 순열의 수는

$$\frac{n!}{p!\times q!\times\cdots\times r!}\ (단,\ p+q+\cdots+r=n)$$

참고 서로 다른 n개를 일렬로 나열할 때, 특정한 $r(0<r<n)$개의 순서가 정해져 있는 경우에는 특정한 r개를 같은 것으로 생각하여 n개를 일렬로 나열하는 경우의 수를 구한다.

예 6개의 문자 a, a, a, b, b, c를 일렬로 나열하는 경우의 수는

$$\frac{6!}{3!\times 2!}=60$$

(2) 최단 거리로 가는 경우의 수

그림과 같은 도로망의 A 지점에서 B 지점까지 최단 거리로 가려면 오른쪽으로 p칸, 위쪽으로 q칸 가야 하므로 최단 거리로 가는 경우의 수는

$$\frac{(p+q)!}{p!\times q!}$$

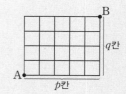

02

중복조합과 이항정리

1. 중복조합

(1) 중복조합

서로 다른 n개에서 중복을 허락하여 r개를 택하는 조합을 중복조합
이라 하고, 이 중복조합의 수를 기호로 $_n\mathrm{H}_r$와 같이 나타낸다.

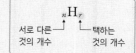

(2) 중복조합의 수

서로 다른 n개에서 r개를 택하는 중복조합의 수는

$$_n\mathrm{H}_r = {}_{n+r-1}\mathrm{C}_r$$

참고   서로 다른 n개에서 중복을 허락하여 $r(n \leq r)$개를 택할 때, 서로 다른 n개가 적어도 한 개씩 포함되도록 택하는
중복조합의 수는 $_n\mathrm{H}_{r-n}$이다.

2. 이항정리

n이 자연수일 때, $(a+b)^n$의 전개식은

$$(a+b)^n = {}_n\mathrm{C}_0 a^n + {}_n\mathrm{C}_1 a^{n-1}b^1 + {}_n\mathrm{C}_2 a^{n-2}b^2 + \cdots + {}_n\mathrm{C}_r a^{n-r}b^r + \cdots + {}_n\mathrm{C}_n b^n$$

으로 나타낼 수 있고, 이를 이항정리라 한다. 이 전개식에서 각 항의 계수 $_n\mathrm{C}_0$, $_n\mathrm{C}_1$, $_n\mathrm{C}_2$, $\cdots$, $_n\mathrm{C}_r$, $\cdots$,
$_n\mathrm{C}_n$을 이항계수라 하고, $_n\mathrm{C}_r a^{n-r}b^r$을 $(a+b)^n$의 전개식의 일반항이라 한다.

참고 $_n\mathrm{C}_r = {}_n\mathrm{C}_{n-r}$이므로 $(a+b)^n$의 전개식에서 $a^{n-r}b^r$의 계수와 $a^r b^{n-r}$의 계수는 서로 같다.

3. 이항계수의 성질

(1) 파스칼의 삼각형

$n=1, 2, 3, 4, \cdots$일 때, $(a+b)^n$의 전개식

$$(a+b)^n = {}_n\mathrm{C}_0 a^n + {}_n\mathrm{C}_1 a^{n-1}b^1 + {}_n\mathrm{C}_2 a^{n-2}b^2 + \cdots + {}_n\mathrm{C}_n b^n$$

에서 각 항의 계수를 다음과 같이 삼각형 모양으로 나타낼 수 있다.

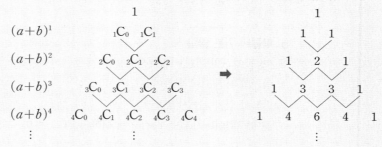

이와 같은 이항계수의 배열을 파스칼의 삼각형이라 한다.

파스칼의 삼각형에서는 다음과 같은 조합의 성질을 확인할 수 있다.

① 각 행의 양 끝에 있는 수는 모두 1이다.

➡ $_n\mathrm{C}_0 = 1$, $_n\mathrm{C}_n = 1$

② 각 행의 수의 배열이 좌우 대칭이다.

➡ $_n\mathrm{C}_r = {}_n\mathrm{C}_{n-r}$

③ 각 행에서 이웃하는 두 수의 합은 그 다음 행에서 두 수의 중앙에
있는 수와 같다.

➡ $_{n-1}\mathrm{C}_{r-1} + {}_{n-1}\mathrm{C}_r = {}_n\mathrm{C}_r$

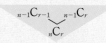

(2) 이항계수의 성질

이항정리를 이용하여 $(1+x)^n$을 전개하면

$$(1+x)^n = {}_n\mathrm{C}_0 + {}_n\mathrm{C}_1 x + {}_n\mathrm{C}_2 x^2 + \cdots + {}_n\mathrm{C}_n x^n$$

이를 이용하면 다음과 같은 이항계수의 성질을 얻을 수 있다.

① $_n\mathrm{C}_0 + {}_n\mathrm{C}_1 + {}_n\mathrm{C}_2 + \cdots + {}_n\mathrm{C}_n = 2^n$

② $_n\mathrm{C}_0 - {}_n\mathrm{C}_1 + {}_n\mathrm{C}_2 - \cdots + (-1)^n {}_n\mathrm{C}_n = 0$

③ $_n\mathrm{C}_0 + {}_n\mathrm{C}_2 + {}_n\mathrm{C}_4 + \cdots = {}_n\mathrm{C}_1 + {}_n\mathrm{C}_3 + {}_n\mathrm{C}_5 + \cdots = 2^{n-1}$

03

확률의
뜻과 활용

1. 여러 가지 사건

표본공간 S의 두 사건 A, B에 대하여

(1) 합사건: 사건 A 또는 사건 B가 일어나는 사건을 A와 B의 합사건이라 하고, 기호로 $A \cup B$와 같이 나타낸다.

(2) 곱사건: 사건 A와 사건 B가 동시에 일어나는 사건을 A와 B의 곱사건이라 하고, 기호로 $A \cap B$와 같이 나타낸다.

(3) 배반사건: 사건 A와 사건 B가 동시에 일어나지 않을 때, 즉 $A \cap B = \varnothing$일 때, A와 B는 서로 배반이라 하고 두 사건을 서로 배반사건이라 한다.

(4) 여사건: 사건 A에 대하여 A가 일어나지 않는 사건을 A의 여사건이라 하고, 기호로 A^c과 같이 나타낸다. → $A \cap A^c = \varnothing$이므로 사건 A와 그 여사건 A^c은 서로 배반사건이다.

2. 수학적 확률 → 어떤 시행에서 사건 A가 일어날 가능성을 수로 나타낸 것을 사건 A의 확률이라 하고 기호로 $P(A)$와 같이 나타낸다.

어떤 시행의 표본공간 S가 유한개의 근원사건으로 이루어져 있고, 각 근원사건이 일어날 가능성이 모두 같을 때, 사건 A가 일어날 확률 $P(A)$는 다음과 같다.

$$P(A) = \frac{n(A)}{n(S)}$$

이 확률을 사건 A가 일어날 수학적 확률이라 한다.

(예) 한 개의 주사위를 던지는 시행에서 표본공간을 S라 하고, 5 이상의 눈이 나오는 사건을 A라 하면

$S = \{1, 2, 3, 4, 5, 6\}$, $A = \{5, 6\}$

따라서 사건 A가 일어날 확률은

$$P(A) = \frac{n(A)}{n(S)} = \frac{2}{6} = \frac{1}{3}$$

3. 확률의 기본 성질

표본공간이 S인 어떤 시행에서

(1) 임의의 사건 A에 대하여 $0 \le P(A) \le 1$

(2) 반드시 일어나는 사건 S에 대하여 $P(S) = 1$

(3) 절대로 일어나지 않는 사건 $\varnothing$에 대하여 $P(\varnothing) = 0$

4. 확률의 덧셈정리

표본공간 S의 두 사건 A, B에 대하여 A 또는 B가 일어날 확률은

$$P(A \cup B) = P(A) + P(B) - P(A \cap B)$$

특히 두 사건 A, B가 서로 배반사건이면

$$P(A \cup B) = P(A) + P(B)$$

(예) 두 사건 A, B에 대하여 $P(A) = \frac{2}{3}$, $P(B) = \frac{1}{2}$, $P(A \cap B) = \frac{1}{3}$일 때,

$$P(A \cup B) = P(A) + P(B) - P(A \cap B) = \frac{2}{3} + \frac{1}{2} - \frac{1}{3} = \frac{5}{6}$$

(참고) • '~이거나', '~ 또는' 등의 표현이 있는 경우의 확률은 확률의 덧셈정리를 이용한다.

• 동시에 일어날 수 없는 사건은 서로 배반사건이므로 배반사건에 대한 확률의 덧셈정리를 이용한다.

5. 여사건의 확률

표본공간 S의 사건 A에 대하여 여사건 A^c의 확률은

$$P(A^c) = 1 - P(A)$$

(예) 사건 A에 대하여 $P(A) = \frac{2}{3}$일 때, $P(A^c) = 1 - P(A) = 1 - \frac{2}{3} = \frac{1}{3}$

(참고) '적어도', '~ 아닌', '~ 이상', '~ 이하' 등의 표현이 있는 경우의 확률은 여사건의 확률을 이용한다.

04

조건부확률

1. 조건부확률

두 사건 A, B에 대하여 확률이 0이 아닌 사건 A가 일어났다는 조건 아래에서 사건 B가 일어날 확률을 사건 A가 일어났을 때의 사건 B의 조건부확률이라 하고, 기호로 $P(B|A)$와 같이 나타낸다.

$$P(B|A)=\frac{P(A\cap B)}{P(A)} \text{ (단, } P(A)>0)$$

참고 사건 B가 일어났을 때의 사건 A의 조건부확률은 $P(A|B)=\dfrac{P(A\cap B)}{P(B)}$ $(P(B)>0)$이고, 일반적으로
$P(B|A)\neq P(A|B)$이다.

2. 확률의 곱셈정리

(1) 두 사건 A, B에 대하여 $P(A)>0$, $P(B)>0$일 때, 두 사건 A, B가 동시에 일어날 확률은

$$P(A\cap B)=P(A)P(B|A)=P(B)P(A|B)$$

(2) 두 사건 A, B에 대하여

$$P(B)=P(A\cap B)+P(A^c\cap B)=P(A)P(B|A)+P(A^c)P(B|A^c)$$

3. 확률의 곱셈정리와 조건부확률

사건 B가 일어났을 때의 사건 A의 조건부확률은

$$P(A|B)=\frac{P(A\cap B)}{P(B)}=\frac{P(A\cap B)}{P(A\cap B)+P(A^c\cap B)}$$

4. 사건의 독립과 종속

(1) 사건의 독립과 종속

① 독립

두 사건 A, B에 대하여 A가 일어나는 것이 B가 일어날 확률에 영향을 주지 않을 때, 즉

$$P(B|A)=P(B|A^c)=P(B)$$

일 때, 두 사건 A, B는 서로 독립이라 한다.

② 종속

두 사건 A, B가 서로 독립이 아닐 때, 두 사건 A, B는 서로 종속이라 한다.

참고 • 두 사건 A, B가 서로 독립이면 A와 B^c, A^c과 B, A^c과 B^c도 각각 서로 독립이다.
• $P(A)>0$, $P(B)>0$인 두 사건 A, B가 서로 배반사건이면 A, B는 서로 종속이다.

(2) 두 사건이 독립일 조건

두 사건 A, B가 서로 독립이기 위한 필요충분조건은

$$P(A\cap B)=P(A)P(B) \text{ (단, } P(A)>0, P(B)>0)$$

참고 • 세 사건 A, B, C가 서로 독립이면
$$P(A\cap B\cap C)=P(A)P(B)P(C) \text{ (단, } P(A)>0, P(B)>0, P(C)>0)$$
• 두 사건 A, B가 서로 종속이기 위한 필요충분조건은
$$P(A\cap B)\neq P(A)P(B) \text{ (단, } P(A)>0, P(B)>0)$$

5. 독립시행의 확률

(1) 독립시행

동전이나 주사위 등을 여러 번 던지는 경우와 같이 어떤 시행을 반복할 때, 각 시행에서 일어나는 사건이 서로 독립이면 이와 같은 시행을 독립시행이라 한다.

(2) 독립시행의 확률

어떤 시행에서 사건 A가 일어날 확률이 p $(0<p<1)$일 때, 이 시행을 n번 반복하는 독립시행에서 사건 A가 r번 일어날 확률은

$$_nC_r p^r(1-p)^{n-r} \text{ (단, } r=0, 1, 2, \cdots, n)$$

05
이산확률
변수와
이항분포

1. 이산확률변수와 확률질량함수

(1) 이산확률변수

확률변수가 갖는 값이 유한개이거나 무한히 많더라도 자연수와 같이 일일이 셀 수 있을 때, 그 확률변수를 이산확률변수라 한다.

(2) 확률질량함수

이산확률변수 X가 갖는 모든 값 x_1, x_2, x_3, $\cdots$, x_n에 이 값을 가질 확률 p_1, p_2, p_3, $\cdots$, p_n이 대응되는 함수

$$\mathrm{P}(X=x_i)=p_i \ (i=1, 2, 3, \cdots, n)$$

를 이산확률변수 X의 확률질량함수라 한다.

이때 이산확률변수 X의 확률분포를 표로 나타내면 오른쪽과 같다.

X	x_1	x_2	x_3	$\cdots$	x_n	합계
$\mathrm{P}(X=x_i)$	p_1	p_2	p_3	$\cdots$	p_n	1

(3) 확률질량함수의 성질

이산확률변수 X의 확률질량함수 $\mathrm{P}(X=x_i)=p_i(i=1, 2, 3, \cdots, n)$에 대하여

① $0 \leq p_i \leq 1$ ⟶ 확률은 0에서 1까지의 값을 갖는다.

② $p_1+p_2+p_3+\cdots+p_n=1$ ⟶ 확률의 총합은 1이다.

③ $\mathrm{P}(x_i \leq X \leq x_j)=p_i+p_{i+1}+p_{i+2}+\cdots+p_j$ (단, $i \leq j$, $j=1, 2, 3, \cdots, n$)

2. 이산확률변수의 기댓값(평균), 분산, 표준편차

이산확률변수 X의 확률질량함수가 $\mathrm{P}(X=x_i)=p_i(i=1, 2, 3, \cdots, n)$일 때

(1) 기댓값(평균): $\mathrm{E}(X)=x_1p_1+x_2p_2+x_3p_3+\cdots+x_np_n$ ⟶ $\mathrm{E}(X)=\sum\limits_{i=1}^{n}x_ip_i$

(2) 분산: $\mathrm{E}(X)=m$일 때,

$$\mathrm{V}(X)=\mathrm{E}((X-m)^2)$$
$$=(x_1-m)^2p_1+(x_2-m)^2p_2+(x_3-m)^2p_3+\cdots+(x_n-m)^2p_n$$
$$=\mathrm{E}(X^2)-\{\mathrm{E}(X)\}^2$$

(3) 표준편차: $\sigma(X)=\sqrt{\mathrm{V}(X)}$ ⟶ $\sigma(X)$는 $\mathrm{V}(X)$의 양의 제곱근이다.

3. 이산확률변수 $aX+b$의 평균, 분산, 표준편차

이산확률변수 X와 상수 $a(a \neq 0)$, b에 대하여 다음이 성립한다.

(1) 평균: $\mathrm{E}(aX+b)=a\mathrm{E}(X)+b$

(2) 분산: $\mathrm{V}(aX+b)=a^2\mathrm{V}(X)$

(3) 표준편차: $\sigma(aX+b)=|a|\sigma(X)$

참고 (1), (2), (3)은 이산확률변수뿐만 아니라 모든 확률변수에 대하여 성립한다.

4. 이항분포

한 번의 시행에서 사건 A가 일어날 확률이 p로 일정할 때, n번의 독립시행에서 사건 A가 일어나는 횟수를 확률변수 X라 하면 X의 확률질량함수는

$$\mathrm{P}(X=x)={}_n\mathrm{C}_x p^x q^{n-x} \ (x=0, 1, 2, \cdots, n, q=1-p)$$

이와 같은 확률변수 X의 확률분포를 이항분포라 하고, 기호로 $\mathrm{B}(n, p)$와 같이 나타낸다.

5. 이항분포의 평균, 분산, 표준편차

확률변수 X가 이항분포 $\mathrm{B}(n, p)$를 따를 때 (단, $q=1-p$)

(1) 평균: $\mathrm{E}(X)=np$

(2) 분산: $\mathrm{V}(X)=npq$

(3) 표준편차: $\sigma(X)=\sqrt{npq}$

06

연속확률
변수와
정규분포

1. 연속확률변수와 확률밀도함수

(1) 연속확률변수

확률변수 X가 어떤 범위에 속하는 모든 실수의 값을 가질 때, X를 연속확률변수라 한다.

(2) 확률밀도함수

$\alpha \leq X \leq \beta$에서 모든 실수의 값을 가질 수 있는 연속확률변수 X에 대하여 $\alpha \leq x \leq \beta$에서 정의된
함수 $f(x)$가 다음을 만족시킬 때, $f(x)$를 연속확률변수 X의 확률밀도함수라 한다.

① $f(x) \geq 0$

② 함수 $y=f(x)$의 그래프와 x축 및 두 직선 $x=\alpha$, $x=\beta$로 둘
러싸인 부분의 넓이는 1이다.

③ $P(a \leq X \leq b)$는 함수 $y=f(x)$의 그래프와 x축 및 두 직선
$x=a$, $x=b$로 둘러싸인 부분의 넓이와 같다.

(단, $\alpha \leq a \leq b \leq \beta$)

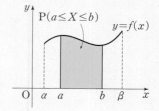

이때 연속확률변수 X는 확률밀도함수가 $f(x)$인 확률분포를 따른다고 한다.

참고 연속확률변수 X가 어떤 특정한 값을 가질 확률은 0이다.

즉, $P(X=x)=0$이므로 다음이 성립한다.

(1) $P(a \leq X \leq b)=P(a \leq X < b)=P(a < X \leq b)=P(a < X < b)$

(2) $P(a \leq X \leq b)=P(X \leq b)-P(X \leq a)$

2. 정규분포

(1) 실수 전체의 집합에서 정의된 연속확률변수 X의 확률밀도함수 $f(x)$가

$$f(x)=\frac{1}{\sqrt{2\pi}\sigma}e^{-\frac{(x-m)^2}{2\sigma^2}} \ (m\text{은 상수}, \sigma\text{는 양수}, e\text{는 } 2.718281\cdots\text{인 무리수})$$

일 때, X의 확률분포를 정규분포라 한다.

이때 확률밀도함수 $f(x)$의 그래프는 그림과 같고, 이 곡선을 정규분포
곡선이라 한다.

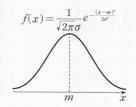

(2) 평균이 m, 표준편차가 σ인 정규분포를 기호로

$$N(m, \sigma^2)$$

과 같이 나타내고, 확률변수 X는 정규분포 $N(m, \sigma^2)$을 따른다고 한다.

3. 정규분포 곡선의 성질

정규분포 $N(m, \sigma^2)$을 따르는 확률변수 X의 정규분포 곡선은 다음과 같은 성질을 갖는다.

(1) 직선 $x=m$에 대하여 대칭인 종 모양의 곡선이고, 점근선은 x축이다.

(2) 곡선과 x축 사이의 넓이는 1이다.

(3) σ의 값이 일정할 때, m의 값이 달라지면 대칭축의 위치는 바뀌
지만 곡선의 모양은 변하지 않는다.

➡ $m_1 < m_2 < m_3$

(4) m의 값이 일정할 때, σ의 값이 클수록 곡선의 가운데 부분의 높
이는 낮아지고 양쪽으로 넓게 퍼진 모양이 된다.

➡ $\sigma_1 < \sigma_2 < \sigma_3$

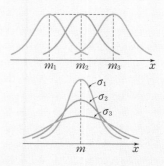

4. 표준정규분포

평균이 0, 분산이 1인 정규분포 $N(0, 1)$을 표준정규분포라 한다.

확률변수 Z가 표준정규분포 $N(0, 1)$을 따를 때, Z의 확률밀도함수는

$$f(z)=\frac{1}{\sqrt{2\pi}}e^{-\frac{z^2}{2}}$$

이고, 확률밀도함수 $f(z)$의 그래프는 그림과 같다.

이때 임의의 양수 a에 대하여 $P(0\leq Z\leq a)$는 그림에서 색칠한 부분
의 넓이와 같고, 이 확률을 구하여 표로 나타낸 것이 표준정규분포표이다.

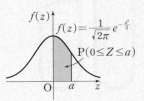

5. 표준정규분포에서의 확률

표준정규분포를 따르는 확률변수 Z의 확률밀도함수의 그래프는 직선 $z=0$에 대하여 대칭이므로 다
음이 성립한다. (단, $0<a<b$)

(1) $P(0\leq Z\leq a)=P(-a\leq Z\leq 0)$

(2) $P(a\leq Z\leq b)=P(0\leq Z\leq b)-P(0\leq Z\leq a)$

(3) $P(Z\geq a)=P(Z\geq 0)-P(0\leq Z\leq a)=0.5-P(0\leq Z\leq a)$

(4) $P(Z\leq a)=P(Z\leq 0)+P(0\leq Z\leq a)=0.5+P(0\leq Z\leq a)$

(5) $P(-a\leq Z\leq b)=P(-a\leq Z\leq 0)+P(0\leq Z\leq b)=P(0\leq Z\leq a)+P(0\leq Z\leq b)$

참고 (1) 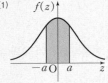 (2) (3)

(4) 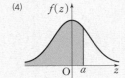 (5)

6. 정규분포의 표준화

확률변수 X가 정규분포 $N(m, \sigma^2)$을 따를 때, 확률변수 $Z=\dfrac{X-m}{\sigma}$은 표준정규분포 $N(0, 1)$을
따른다. 이와 같이 정규분포 $N(m, \sigma^2)$을 따르는 확률변수 X를 표준정규분포 $N(0, 1)$을 따르는
확률변수 Z로 바꾸는 것을 표준화라 한다.

이때 정규분포 $N(m, \sigma^2)$을 따르는 확률변수 X에 대하여 다음이 성립한다.

$$P(a\leq X\leq b)=P\left(\frac{a-m}{\sigma}\leq Z\leq \frac{b-m}{\sigma}\right)$$

7. 이항분포와 정규분포 사이의 관계

확률변수 X가 이항분포 $B(n, p)$를 따를 때, n이 충분히 크면 확률변수 X는 근사적으로 정규분포
$N(np, npq)$를 따른다. (단, $q=1-p$)
$\quad\quad\downarrow E(X)=np, V(X)=npq$

참고 n이 충분히 크다는 것은 일반적으로 $np\geq 5$, $nq\geq 5$일 때를 뜻한다.

예 확률변수 X가 이항분포 $B\left(64, \dfrac{1}{8}\right)$을 따를 때,

$$E(X)=64\times\frac{1}{8}=8, \quad V(X)=64\times\frac{1}{8}\times\frac{7}{8}=7$$

이므로 X는 근사적으로 정규분포 $N(8, 7)$을 따른다.

07 통계적 추정

1. 모집단과 표본

(1) 모집단: 조사의 대상이 되는 집단 전체

(2) 표본: 조사하기 위하여 뽑은 모집단의 일부분

(3) 임의추출: 모집단의 각 대상이 같은 확률로 추출되도록 표본을 추출하는 방법

참고 모집단에서 표본을 추출할 때, 한 번 추출한 자료를 되돌려 놓고 다음 자료를 추출하는 것을 복원추출, 되돌려 놓지
않고 다음 자료를 추출하는 것을 비복원추출이라 한다. 이때 특별한 언급이 없으면 임의추출은 복원추출로 생각한다.

2. 모평균과 표본평균

(1) 모집단의 분포에서 확률변수 X의 평균, 분산, 표준편차를 각각 모평균, 모분산, 모표준편차라
하고, 각각 기호로 m, σ^2, σ와 같이 나타낸다.

(2) 모집단에서 임의추출한 크기가 n인 표본을 X_1, X_2, $\cdots$, X_n이라 할 때, 이들의 평균, 분산, 표준
편차를 각각 표본평균, 표본분산, 표본표준편차라 하고, 각각 기호로 $\overline{X}$, S^2, S와 같이 나타낸다.
이때 $\overline{X}$, S^2, S는 다음과 같이 정의한다.

① $\overline{X} = \dfrac{X_1 + X_2 + X_3 + \cdots + X_n}{n}$

② $S^2 = \dfrac{1}{n-1}\{(X_1 - \overline{X})^2 + (X_2 - \overline{X})^2 + \cdots + (X_n - \overline{X})^2\}$ → $n-1$로 나누는 것은 표본분산과 모분산의
차이를 줄이기 위해서이다.

③ $S = \sqrt{S^2}$

(3) 모평균이 m, 모표준편차가 σ인 모집단에서 크기가 n인 표본 X_1, X_2, $\cdots$, X_n을 임의추출할 때,
표본평균 $\overline{X}$의 평균, 분산, 표준편차는 각각

$$\mathrm{E}(\overline{X}) = m, \ \mathrm{V}(\overline{X}) = \frac{\sigma^2}{n}, \ \sigma(\overline{X}) = \frac{\sigma}{\sqrt{n}}$$

3. 표본평균의 분포

모평균이 m, 모표준편차가 σ인 모집단에서 크기가 n인 표본 X_1, X_2, $\cdots$, X_n을 임의추출할 때, 표
본평균 $\overline{X}$에 대하여

(1) 모집단이 정규분포 $\mathrm{N}(m, \sigma^2)$을 따르면 표본평균 $\overline{X}$는 정규분포 $\mathrm{N}\left(m, \dfrac{\sigma^2}{n}\right)$을 따른다.

(2) 모집단의 확률분포가 정규분포가 아닐 때도 표본의 크기 n이 충분히 크면 표본평균 $\overline{X}$는 근사적
으로 정규분포 $\mathrm{N}\left(m, \dfrac{\sigma^2}{n}\right)$을 따른다. → $n \geq 30$이면 n을 충분히 큰 값으로 생각한다.

4. 모평균의 추정

정규분포 $\mathrm{N}(m, \sigma^2)$을 따르는 모집단에서 크기가 n인 표본을 임의추출할 때, 표본평균 $\overline{X}$의 값이
$\overline{x}$이면 신뢰도에 따른 모평균 m에 대한 신뢰구간은 다음과 같다.

(1) 신뢰도 95 %의 신뢰구간: $\overline{x} - 1.96\dfrac{\sigma}{\sqrt{n}} \leq m \leq \overline{x} + 1.96\dfrac{\sigma}{\sqrt{n}}$

(2) 신뢰도 99 %의 신뢰구간: $\overline{x} - 2.58\dfrac{\sigma}{\sqrt{n}} \leq m \leq \overline{x} + 2.58\dfrac{\sigma}{\sqrt{n}}$

참고 표본의 크기 n이 충분히 크면 σ 대신 표본표준편차 S를 이용하여 모평균의 신뢰구간을 구할 수 있다.

5. 신뢰구간의 길이

정규분포 $\mathrm{N}(m, \sigma^2)$을 따르는 모집단에서 크기가 n인 표본을 임의추출할 때, 신뢰도에 따른 모평
균 m에 대한 신뢰구간의 길이는 다음과 같다.

(1) 신뢰도 95 %의 신뢰구간의 길이: $2 \times 1.96\dfrac{\sigma}{\sqrt{n}}$ → $\left(\overline{x} + 1.96\dfrac{\sigma}{\sqrt{n}}\right) - \left(\overline{x} - 1.96\dfrac{\sigma}{\sqrt{n}}\right)$

(2) 신뢰도 99 %의 신뢰구간의 길이: $2 \times 2.58\dfrac{\sigma}{\sqrt{n}}$ → $\left(\overline{x} + 2.58\dfrac{\sigma}{\sqrt{n}}\right) - \left(\overline{x} - 2.58\dfrac{\sigma}{\sqrt{n}}\right)$

참고 (1) 표본의 크기가 일정할 때, 신뢰도가 높아질수록 신뢰구간의 길이는 길어진다.

(2) 신뢰도가 일정할 때, 표본의 크기가 클수록 신뢰구간의 길이는 짧아진다.

I

경우의 수

01 여러 가지 순열

02 중복조합과 이항정리

01
> 원순열

여학생 2명과 남학생 4명이 원형의 탁자에 둘러앉을 때, 여학생은 여학생끼리 마주 보고 남학생은 남학생끼리 마주 보고 앉는 경우의 수는?

(단, 회전하여 일치하는 것은 같은 것으로 본다.)

① 20   ② 22   ③ 24

④ 26   ⑤ 28

02
> 원순열

A, B, C, D, E, F의 6명이 원형의 탁자에 둘러앉을 때, A, B는 서로 이웃하고, C, D는 서로 이웃하지 않게 앉는 경우의 수는? (단, 회전하여 일치하는 것은 같은 것으로 본다.)

① 21   ② 24   ③ 27

④ 30   ⑤ 33

03
> 원순열

그림과 같이 일정한 간격의 원형으로 놓인 7개의 각 원에 홀수 1, 3, 5와 짝수 2, 4, 6, 8을 하나씩 써넣을 때, 이웃한 두 수의 곱이 항상 짝수가 되도록 써넣는 경우의 수를 구하시오. (단, 회전하여 일치하는 것은 같은 것으로 본다.)

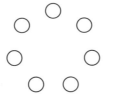

04
서술형 > 원순열-다각형 모양의 탁자에 둘러앉는 경우의 수

그림과 같은 정사각형 모양의 탁자에 남학생 6명과 여학생 2명이 둘러앉으려고 한다. 여학생 2명이 탁자의 서로 다른 변에 앉는 경우의 수를 구하시오. (단, 회전하여 일치하는 것은 같은 것으로 본다.)

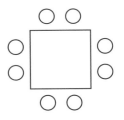

05
> 원순열-색칠하는 경우의 수

그림과 같이 원에 내접하는 정사각형이 아닌 직사각형에 의하여 나누어진 5개의 영역에 서로 다른 6가지 색 중에서 5가지 색을 택하여 칠하는 경우의 수를 구하시오. (단, 각 영역에는 1가지 색만 칠하고, 회전하여 일치하는 것은 같은 것으로 본다.)

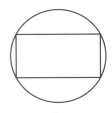

06
> 중복순열

전체집합 $U=\{1, 2, 3, 4, 5, 6\}$의 두 부분집합 A, B에 대하여 $A \cap B = \{1, 3\}$을 만족시키는 두 집합 A, B를 정하는 경우의 수는?

① 80   ② 81   ③ 82

④ 83   ⑤ 84

07
> 중복순열

빨간색, 파란색, 노란색 깃발이 각각 1개씩 있다. 이 깃발들을 1번 이상 n번 이하로 들어 올려서 만들 수 있는 서로 다른 신호가 300개 이상이 되도록 하는 n의 최솟값을 구하시오.

(단, 2개 이상의 깃발을 동시에 들어 올리지 않는다.)

08 [학평]
> 중복순열

숫자 0, 1, 2 중에서 중복을 허락하여 5개를 선택한 후 일렬로 나열하여 다섯 자리의 자연수를 만들려고 한다. 숫자 0과 1을 각각 1개 이상씩 선택하여 만들 수 있는 모든 자연수의 개수를 구하시오.

09 [학평]
> 중복순열 – 함수의 개수

두 집합 $X=\{1, 2, 3, 4, 5\}$, $Y=\{1, 2, 3\}$에 대하여 다음 조건을 만족시키는 함수 $f : X \longrightarrow Y$의 개수는?

집합 X의 모든 원소 x에 대하여 $x \times f(x) \le 10$이다.

① 102 ② 105 ③ 108
④ 111 ⑤ 114

10 [학평]
> 같은 것이 있는 순열

세 문자 a, b, c 중에서 모든 문자가 한 개 이상씩 포함되도록 중복을 허락하여 5개를 택해 일렬로 나열하는 경우의 수는?

① 135 ② 140 ③ 145
④ 150 ⑤ 155

11
> 같은 것이 있는 순열 – 순서가 정해진 경우

1부터 6까지의 자연수를 일렬로 나열할 때, 2는 4보다 항상 앞에 나열하고 홀수는 크기가 작은 수부터 순서대로 나열하는 경우의 수는?

① 20 ② 30 ③ 40
④ 50 ⑤ 60

12
> 최단 거리로 가는 경우의 수

그림과 같은 도로망이 있다. A 지점에서 B 지점까지 최단 거리로 가는 경우의 수를 구하시오.

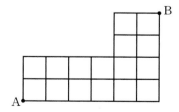

원순열

01

원형의 탁자 위에 오렌지주스 3잔과 딸기주스 2잔이 놓여 있다. 5명의 학생이 원형의 탁자에 둘러앉고 탁자 위에 놓여 있는 주스를 한 잔씩 택할 때, 딸기주스를 택한 학생끼리는 서로 이웃하지 않는 경우의 수를 구하시오. (단, 같은 종류의 주스는 서로 구별하지 않고, 회전하여 일치하는 것은 같은 것으로 본다.)

02

원형의 탁자에 9개의 똑같은 의자가 같은 간격으로 놓여 있다. A, B, C, D, E, F의 6명이 이 원형의 탁자에 다음 조건을 만족시키도록 앉는 경우의 수를 구하시오.

(단, 회전하여 일치하는 것은 같은 것으로 본다.)

> (개) 3명 이상은 이웃하지 않는다.
> (내) A와 B는 서로 이웃한다.

03

서로 다른 7개의 구슬 중에서 빨간 구슬이 2개, 파란 구슬이 3개, 노란 구슬이 2개 있다. 이 7개의 구슬을 일정한 간격을 두고 원형으로 배열할 때, 서로 이웃하는 같은 색의 구슬이 존재하는 경우의 수를 구하시오.

(단, 회전하여 일치하는 것은 같은 것으로 본다.)

04 서술형

그림과 같이 두 대각선의 길이가 서로 다른 마름모를 4등분한 4개의 영역을 서로 다른 4가지의 색을 사용하여 칠하려고 한다. 같은 색을 중복하여 사용해도 좋으나 각 영역에는 1가지 색만 칠하고 이웃한 영역은 서로 다른 색으로 칠하는 경우의 수를 구하시오.

(단, 회전하여 일치하는 것은 같은 것으로 본다.)

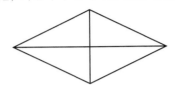

05 학평

두 남학생 A, B를 포함한 4명의 남학생과 여학생 C를 포함한 4명의 여학생이 있다. 이 8명의 학생이 일정한 간격을 두고 원 모양의 탁자에 다음 조건을 만족시키도록 모두 둘러앉는 경우의 수를 구하시오.

(단, 회전하여 일치하는 것은 같은 것으로 본다.)

> (개) A와 B는 이웃한다.
> (내) C는 여학생과 이웃하지 않는다.

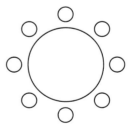

중복순열

06

두 집합 $X=\{1, 2, 3, 4\}$, $Y=\{1, 2, 3, 4, 5\}$에 대하여 X에서 Y로의 함수 f 중에서 $f(1) \times f(2) + f(3)$의 값이 짝수인 함수의 개수를 구하시오.

07

서로 다른 자연수가 각각 하나씩 적혀 있는 공 5개와 숫자가 적혀 있지 않은 공 4개가 있다. 이 9개의 공을 세 상자 A, B, C에 3개씩 나누어 담는 경우의 수를 구하시오.

　　(단, 숫자가 적혀 있지 않은 공은 서로 구별하지 않는다.)

08 학평

주머니 속에 네 개의 숫자 0, 1, 2, 3이 각각 하나씩 적혀 있는 공 4개가 들어 있다. 이 주머니에서 1개의 공을 꺼내어 공에 적혀 있는 수를 확인한 후 다시 넣는다. 이 과정을 3번 반복할 때, 꺼낸 공에 적혀 있는 수를 차례로 a, b, c라 하자. $\dfrac{bc}{a}$가 정수가 되도록 하는 모든 순서쌍 (a, b, c)의 개수를 구하시오.

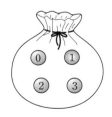

09

집합 $S=\{x \mid x$는 7 이하의 자연수$\}$에 대하여 다음 조건을 만족시키는 집합 S의 공집합이 아닌 세 부분집합 A, B, C를 정하는 경우의 수는?

> ㈎ $A \subset B$, $B \cap C = \varnothing$
> ㈏ $A^c \cap B^c \cap C^c = \{1, 2, 3\}$

① 30　　　　② 35　　　　③ 40
④ 45　　　　⑤ 50

10 학평

세 수 0, 1, 2 중에서 중복을 허락하여 다섯 개의 수를 택해 다음 조건을 만족시키도록 일렬로 배열하여 자연수를 만든다.

> ㈎ 다섯 자리의 자연수가 되도록 배열한다.
> ㈏ 1끼리는 서로 이웃하지 않도록 배열한다.

예를 들어 20200, 12201은 조건을 만족시키는 자연수이고 11020은 조건을 만족시키지 않는 자연수이다. 만들 수 있는 모든 자연수의 개수는?

① 88　　　　② 92　　　　③ 96
④ 100　　　　⑤ 104

11 수능

두 집합 $X=\{1,~2,~3,~4,~5\}$, $Y=\{1,~2,~3,~4\}$에 대하여 다음 조건을 만족시키는 X에서 Y로의 함수 f의 개수는?

> (가) 집합 X의 모든 원소 x에 대하여 $f(x) \geq \sqrt{x}$이다.
> (나) 함수 f의 치역의 원소의 개수는 3이다.

① 128   ② 138   ③ 148
④ 158   ⑤ 168

▶ 같은 것이 있는 순열 ◀

12

흰 바둑돌 4개와 검은 바둑돌 4개가 들어 있는 주머니에서 다음 조건을 만족시키도록 8개의 바둑돌을 모두 꺼내는 경우의 수를 구하시오. (단, 같은 색의 바둑돌은 서로 구별하지 않는다.)

> (가) 검은 바둑돌은 한 번에 1개씩만 꺼낼 수 있다.
> (나) 흰 바둑돌은 한 번에 1개 또는 2개씩 꺼낼 수 있다.
> (다) 흰 바둑돌과 검은 바둑돌은 동시에 꺼낼 수 없다.

13

집합 $X=\{1,~3,~5,~7\}$에 대하여 X에서 X로의 함수 f 중에서
$$f(1)+f(3)+f(5)+f(7)=12$$
를 만족시키는 함수의 개수를 구하시오.

14

영우가 10일 동안의 학습 계획을 세우려고 할 때, 다음 조건을 만족시키도록 학습 계획을 세우는 경우의 수를 구하시오.

> (가) 10일 동안 매일 수학 또는 영어 중 하루에 한 과목만 선택하여 공부한다.
> (나) 10일 중 수학은 6일, 영어는 4일 공부한다.
> (다) 수학은 3일 이상 연속으로 공부하지 않는다.

15

7개의 문자 a, a, b, b, c, c, c를 일렬로 나열할 때, 다음 조건을 만족시키도록 나열하는 경우의 수는?

> (가) a와 a 사이에는 적어도 한 개의 c가 있다.
> (나) b끼리는 서로 이웃하지 않는다.

① 60   ② 90   ③ 120
④ 150   ⑤ 180

16

파란 공 4개, 빨간 공 3개, 노란 공 2개를 일렬로 나열할 때, 2개의 노란 공 사이에 다른 색의 공이 짝수 개 오도록 나열하는 경우의 수는? (단, 노란 공 사이에는 적어도 한 개의 공이 오고, 같은 색의 공은 서로 구별하지 않는다.)

① 360   ② 380   ③ 400
④ 420   ⑤ 440

17

숫자 1이 적혀 있는 카드가 5장, 숫자 2가 적혀 있는 카드가 3장, 숫자 3이 적혀 있는 카드가 2장 있다. 이 10장의 카드 중에서 일부를 사용하여 일렬로 나열할 때, 카드에 적혀 있는 수의 합이 7인 경우의 수를 구하시오.

18

숫자 1, 2, 3을 사용하여 네 자리의 자연수를 만들 때, 다음 조건을 만족시키는 자연수의 개수는?

⑦ 적어도 2개 이상의 숫자를 사용한다.
⑭ 같은 숫자는 연속하여 나올 수 없다.

① 24   ② 26   ③ 28
④ 30   ⑤ 32

19

그림과 같은 8개의 칸에 자연수를 써넣으려고 한다. 자연수를 한 칸에 한 개씩 중복을 허락하여 써넣을 때, 8개의 칸에 적혀 있는 수의 합이 11이고 제1열에 적혀 있는 수의 합이 제2열에 적혀 있는 수의 합보다 작은 경우의 수를 구하시오.

제1열 제2열

20 서술형

원점 O에서 출발한 점 P가 1번 이동할 때마다 다음 4가지 중 1가지의 방법으로 이동할 때, 5번 이동한 후 점 P의 좌표가 처음으로 (1, 2)가 되는 경우의 수를 구하시오.

⑦ x축의 양의 방향으로 1만큼 이동한다.
⑭ x축의 음의 방향으로 1만큼 이동한다.
⑮ y축의 양의 방향으로 1만큼 이동한다.
⑯ y축의 음의 방향으로 1만큼 이동한다.

21 학평

흰색 원판 4개와 검은색 원판 4개에 각각 A, B, C, D의 문자가 하나씩 적혀 있다. 이 8개의 원판 중에서 4개를 택하여 다음 규칙에 따라 원기둥 모양으로 쌓는 경우의 수를 구하시오. (단, 원판의 크기는 모두 같고, 원판의 두 밑면은 서로 구별하지 않는다.)

⑦ 선택된 4개의 원판 중 같은 문자가 적힌 원판이 있으면 같은 문자가 적힌 원판끼리는 검은색 원판이 흰색 원판보다 아래쪽에 놓이도록 쌓는다.
⑭ 선택된 4개의 원판 중 같은 문자가 적힌 원판이 없으면 D가 적힌 원판이 맨 아래에 놓이도록 쌓는다.

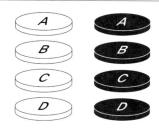

정답과 해설 11쪽

22 수능

숫자 1, 2, 3, 4, 5, 6 중에서 중복을 허락하여 다섯 개를 다음 조건을 만족시키도록 선택한 후, 일렬로 나열하여 만들 수 있는 모든 다섯 자리의 자연수의 개수는?

> (가) 각각의 홀수는 선택하지 않거나 한 번만 선택한다.
> (나) 각각의 짝수는 선택하지 않거나 두 번만 선택한다.

① 450 ② 445 ③ 440
④ 435 ⑤ 430

최단 거리로 가는 경우의 수

23

그림과 같은 도로망이 있다. 인성이는 A 지점에서 B 지점까지 최단 거리로 가고, 지수는 B 지점에서 A 지점까지 최단 거리로 갈 때, 인성이와 지수가 서로 만나지 않는 경우의 수를 구하시오. (단, 두 사람은 동시에 출발하여 일정한 속력으로 이동하고, 지수의 속력은 인성이의 속력의 2배이다.)

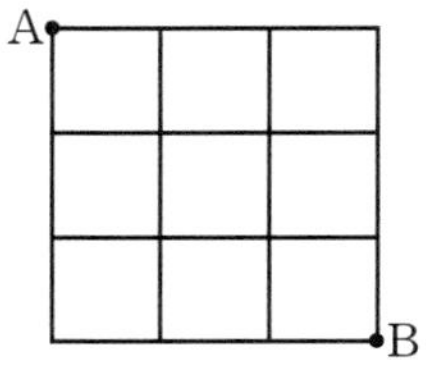

24

그림과 같은 도로망이 있다. A 지점에서 출발하여 네 지점 P, Q, R, S 중 한 지점 이상을 거쳐 B 지점까지 최단 거리로 가는 경우의 수는? (단, 지나왔던 도로를 다시 지날 수도 있다.)

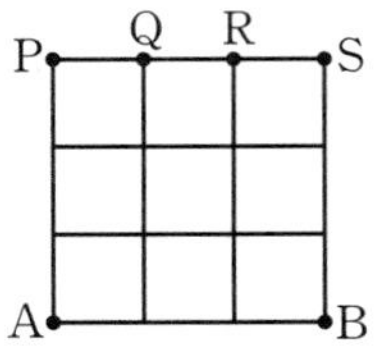

① 76 ② 80 ③ 84
④ 88 ⑤ 92

25

그림과 같은 도로망이 있다. 화살표 방향을 따라 8번 이동하여 P 지점에서 R 지점을 거쳐 Q 지점까지 이동하는 경우의 수는?

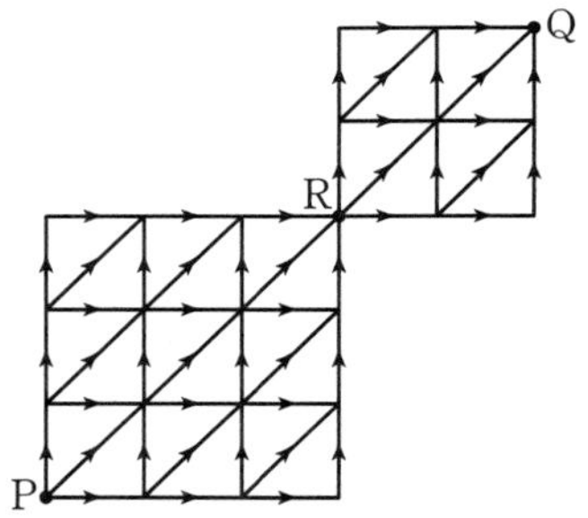

① 266 ② 272 ③ 278
④ 284 ⑤ 290

01 학평

그림과 같이 합동인 9개의 정사각형으로 이루어진 색칠판이 있다.

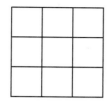

빨간색과 파란색을 포함하여 총 9가지의 서로 다른 색으로 이 색칠판을 다음 조건을 만족시키도록 칠하려고 한다.

> ㈎ 주어진 9가지의 색을 모두 사용하여 칠한다.
> ㈏ 한 정사각형에는 한 가지 색만을 칠한다.
> ㈐ 빨간색과 파란색이 칠해진 두 정사각형은 꼭짓점을 공유하지 않는다.

색칠판을 칠하는 경우의 수는 $k \times 7!$이다. k의 값을 구하시오.
(단, 회전하여 일치하는 것은 같은 것으로 본다.)

02

세 집합 $X = \{1, 2, 3, 4, 5\}$, $Y = \{3, 4, 5, 6, 7\}$, $Z = \{7, 8, 9\}$에 대하여 두 함수 $f : X \longrightarrow Y$, $g : Y \longrightarrow Z$가 다음 조건을 만족시킬 때, $f(3)$, $f(4)$, $f(5)$, $g(6)$, $g(7)$의 순서쌍 $(f(3), f(4), f(5), g(6), g(7))$의 개수를 구하시오.

> ㈎ $f(1) = 3$, $f(2) = 5$, $g(3) = g(4) = 7$, $g(5) = 8$
> ㈏ 함수 $g \circ f$의 치역은 Z이다.

03

숫자 0을 한 개 이하로 사용하여 만든 n자리의 자연수 중에서 각 자리의 숫자의 합이 n인 자연수의 개수를 $f(n)$이라 할 때, $f(n) = 82$를 만족시키는 자연수 n의 값은?

① 10   ② 11   ③ 12

④ 13   ⑤ 14

04 학평

숫자 1, 2, 3, 4 중에서 중복을 허락하여 네 개를 선택한 후 일렬로 나열할 때, 다음 조건을 만족시키도록 나열하는 경우의 수를 구하시오.

㉮ 숫자 1은 한 번 이상 나온다.
㉯ 이웃한 두 수의 차는 모두 2 이하이다.

05 idea ✦

6 이하의 자연수 n에 대하여 a_n, b_n은 1 또는 0의 값을 갖는다. $a_n=1$이면 $b_n=0$이고, $a_n=0$이면 $b_n=1$일 때,

$$a_1+a_2+a_3+\cdots+a_n \geq b_1+b_2+b_3+\cdots+b_n$$

을 만족시키는 순서쌍 $(a_1, a_2, a_3, a_4, a_5, a_6)$의 개수를 구하시오.

06 학평

집합 $X=\{1, 2, 3, 4\}$에서 집합 $Y=\{1, 2, 3, 4, 5\}$로의 함수 중에서

$$f(1)+f(2)+f(3)-f(4)=3m \ (m\text{은 정수})$$

를 만족시키는 함수 f의 개수를 구하시오.

07

50 이하의 자연수 n에 대하여 방정식 $x^2+y^2+z^2=n$을 만족시키는 정수 x, y, z의 순서쌍 (x, y, z)의 개수가 30이 되도록 하는 모든 n의 값의 합은?

① 65   ② 70   ③ 75

④ 80   ⑤ 85

08

네 자리의 자연수에서 일의 자리의 숫자를 a_1, 십의 자리의 숫자를 a_2, 백의 자리의 숫자를 a_3, 천의 자리의 숫자를 a_4라 할 때,

$$0 < a_{i+1} - a_i \leq 3 \ (i = 1, 2, 3)$$

을 만족시키는 네 자리의 자연수의 개수는?

① 106   ② 108   ③ 110

④ 112   ⑤ 114

09

그림과 같이 한 모서리의 길이가 2인 정팔면체의 각 면에서 세 모서리의 중점을 연결하여 경로를 만든다. 점 A에서 점 B까지 한 변의 길이가 1인 삼각형의 변을 따라 이동할 때, 이동 경로의 길이가 5 이하인 경우의 수를 구하시오.

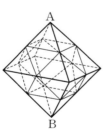

10 학평

그림과 같이 바둑판 모양의 도로망이 있다. 이 도로망은 정사각형 R와 같이 한 변의 길이가 1인 정사각형 9개로 이루어진 모양이다.

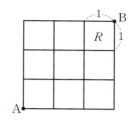

이 도로망을 따라 최단 거리로 A 지점에서 출발하여 B 지점을 지나 다시 A 지점까지 돌아올 때, 다음 조건을 만족시키는 경우의 수를 구하시오.

> ㈎ 정사각형 R의 네 변을 모두 지나야 한다.
> ㈏ 한 변의 길이가 1인 정사각형 중 네 변을 모두 지나게 되는 정사각형은 오직 정사각형 R뿐이다.

01
> 중복조합

$(a+b+c+d+e)^{10}$의 전개식에서 3종류의 문자로 이루어진 서로 다른 항의 개수는?

① 640　　　　② 650　　　　③ 660

④ 670　　　　⑤ 680

02
> 중복조합 – '적어도', '이상'의 조건이 있는 경우

일렬로 나열된 10개의 책상 위에 3대의 전화기를 놓을 때, 전화기가 놓인 책상 사이에 적어도 2개의 빈 책상이 있도록 하는 경우의 수를 구하시오. (단, 전화기는 서로 구별하지 않고, 한 개의 책상에는 한 대의 전화기만 놓는다.)

03 모평
> 중복조합 – '적어도', '이상'의 조건이 있는 경우

빨간색 카드 4장, 파란색 카드 2장, 노란색 카드 1장이 있다. 이 7장의 카드를 세 명의 학생에게 남김없이 나누어 줄 때, 3가지 색의 카드를 각각 한 장 이상 받는 학생이 있도록 나누어 주는 경우의 수는? (단, 같은 색 카드끼리는 서로 구별하지 않고, 카드를 받지 못하는 학생이 있을 수 있다.)

① 78　　　　② 84　　　　③ 90

④ 96　　　　⑤ 102

04 서술형
> 중복조합 – '적어도', '이상'의 조건이 있는 경우

학생들에게 나누어 줄 간식 세트를 만들려고 한다. 음료수, 사탕, 초콜릿의 세 종류로 이루어진 간식 세트를 다음 조건을 만족시키도록 만드는 경우의 수를 구하시오. (단, 같은 종류의 음료수, 사탕, 초콜릿은 서로 구별하지 않고, 음료수, 사탕, 초콜릿은 충분히 많다.)

> ㈎ 음료수, 사탕, 초콜릿을 각각 1개 이상 포함하여 10개가 들어간다.
> ㈏ 같은 종류는 최대 6개가 들어간다.

05
> 중복조합 – 방정식, 부등식의 해의 개수

다음 조건을 만족시키는 자연수 a, b, c의 순서쌍 (a, b, c)의 개수를 구하시오.

> ㈎ $a \geq 1$, $b \geq 2$, $c \geq 3$
> ㈏ $a+b+c=11$

06
> 중복조합 – 방정식, 부등식의 해의 개수

방정식 $(a+b)(c+d+e)=21$을 만족시키는 자연수 a, b, c, d, e의 순서쌍 (a, b, c, d, e)의 개수는?

① 28　　　　② 30　　　　③ 32

④ 34　　　　⑤ 36

07 학평 > 중복조합-방정식, 부등식의 해의 개수

3000보다 작은 네 자리 자연수 중 각 자리의 수의 합이 10이 되는 모든 자연수의 개수를 구하시오.

08 > 중복조합-함수의 개수

두 집합 $X=\{1,\ 2,\ 3,\ 4,\ 5\}$, $Y=\{1,\ 2,\ 3,\ 4,\ 5,\ 6,\ 7\}$에 대하여 다음 조건을 만족시키는 함수 $f:X \longrightarrow Y$의 개수를 구하시오.

> ㈎ $f(1)\leq f(3)\leq f(5)$
> ㈏ $f(2)\leq f(4)$
> ㈐ n이 홀수이면 $f(n)$의 값도 홀수이고, n이 짝수이면 $f(n)$의 값도 짝수이다.

09 > 이항정리

$\left(x+\dfrac{a}{x^3}\right)^{10}$의 전개식에서 x^2의 계수가 90일 때, $\dfrac{1}{x^6}$의 계수는?

(단, a는 상수이다.)

① 480   ② 600   ③ 720
④ 840   ⑤ 960

10 > 이항정리

$\left(3x^2+\dfrac{2}{x^3}\right)^n$의 전개식에서 x^3항이 존재하도록 하는 자연수 n의 최솟값은?

① 1   ② 2   ③ 3
④ 4   ⑤ 5

11 > 이항정리

$(1+x)^n(1+x^3)^6$의 전개식에서 x^3의 계수가 41일 때, 자연수 n의 값은?

① 7   ② 8   ③ 9
④ 10   ⑤ 11

12 > 이항계수의 성질

$_6C_0-9\,_6C_1+9^2\,_6C_2-9^3\,_6C_3+\cdots+9^6\,_6C_6=2^n$일 때, 자연수 n의 값은?

① 16   ② 18   ③ 20
④ 22   ⑤ 24

중복조합

01

버터맛 쿠키 4개, 초코맛 쿠키 3개, 아몬드맛 쿠키 2개를 3명의 학생에게 남김없이 나누어 주려고 한다. 쿠키를 받지 못하는 학생이 없도록 나누어 주는 경우의 수는?

(단, 같은 종류의 쿠키는 서로 구별하지 않는다.)

① 723   ② 725   ③ 727

④ 729   ⑤ 731

02

빨간 구슬 3개와 파란 구슬 7개를 일렬로 나열할 때, 빨간 구슬 사이에는 항상 파란 구슬이 홀수 개 오도록 나열하는 경우의 수는? (단, 같은 색의 구슬은 서로 구별하지 않는다.)

① 12   ② 16   ③ 20

④ 24   ⑤ 28

03 학평

다음 조건을 만족시키는 세 자연수 a, b, c의 모든 순서쌍 (a, b, c)의 개수를 구하시오.

> (가) $abc = 180$
> (나) $(a-b)(b-c)(c-a) \neq 0$

04

한 개의 주사위를 4번 던져서 k $(1 \leq k \leq 4)$번째 나오는 눈의 수를 a_k라 할 때, 다음 조건을 만족시키는 순서쌍 (a_1, a_2, a_3, a_4)의 개수를 구하시오.

> (가) $a_1 \leq a_2 \leq a_3 \leq a_4$
> (나) $a_1 \times a_4$의 값은 짝수이다.

05 모평

검은색 볼펜 1자루, 파란색 볼펜 4자루, 빨간색 볼펜 4자루가 있다. 이 9자루의 볼펜 중에서 5자루를 선택하여 2명의 학생에게 남김없이 나누어 주는 경우의 수를 구하시오. (단, 같은 색 볼펜끼리는 서로 구별하지 않고, 볼펜을 1자루도 받지 못하는 학생이 있을 수 있다.)

06

흰 공 4개, 검은 공 7개를 일렬로 나열하려고 한다. 그림과 같이 나열한 경우 색깔의 변화가 5번 일어났다고 할 때, 색깔의 변화가 짝수 번 일어나도록 나열하는 경우의 수를 구하시오.

중복조합 — '적어도', '이상'의 조건이 있는 경우

07

빨간 공 7개와 파란 공 4개를 다음 조건을 만족시키도록 서로 다른 3개의 상자에 남김없이 나누어 넣는 경우의 수는?

(단, 같은 색의 공은 서로 구별하지 않는다.)

> ㈎ 모든 상자에 빨간 공을 적어도 1개 넣는다.
> ㈏ 어떤 상자에는 파란 공을 1개도 넣지 않는다.

① 150   ② 160   ③ 170
④ 180   ⑤ 190

08 모평

연필 7자루와 볼펜 4자루를 다음 조건을 만족시키도록 여학생 3명과 남학생 2명에게 남김없이 나누어 주는 경우의 수를 구하시오. (단, 연필끼리는 서로 구별하지 않고, 볼펜끼리도 서로 구별하지 않는다.)

> ㈎ 여학생이 각각 받는 연필의 개수는 서로 같고, 남학생이 각각 받는 볼펜의 개수도 서로 같다.
> ㈏ 여학생은 연필을 1자루 이상 받고, 볼펜을 받지 못하는 여학생이 있을 수 있다.
> ㈐ 남학생은 볼펜을 1자루 이상 받고, 연필을 받지 못하는 남학생이 있을 수 있다.

09 서술형

사과 4개와 귤 4개를 다음 조건을 만족시키도록 3명의 학생에게 남김없이 나누어 주는 경우의 수를 구하시오.

(단, 같은 종류의 과일은 서로 구별하지 않는다.)

> ㈎ 각 학생은 사과와 귤을 합하여 적어도 1개는 받는다.
> ㈏ 사과 4개를 1명의 학생이 모두 받지는 않는다.

10 idea ✦

바나나우유 3개와 딸기우유 4개를 다음 조건을 만족시키도록 세 주머니 A, B, C에 남김없이 나누어 넣는 경우의 수를 구하시오. (단, 같은 종류의 우유는 서로 구별하지 않는다.)

> ㈎ 주머니 A, B, C에는 적어도 1개의 우유를 넣는다.
> ㈏ 주머니 A에 바나나우유를 넣었다면 딸기우유도 반드시 넣는다.

11 모평

흰 공 4개와 검은 공 6개를 세 상자 A, B, C에 남김없이 나누어 넣을 때, 각 상자에 공이 2개 이상씩 들어가도록 나누어 넣는 경우의 수를 구하시오.

(단, 같은 색 공끼리는 서로 구별하지 않는다.)

중복조합 − 방정식, 부등식의 해의 개수

12

다음 조건을 만족시키는 홀수 a, b, c, d의 순서쌍 (a, b, c, d)의 개수를 구하시오.

> (가) $c \leq d \leq c+2$
> (나) $21 \leq a+b+c \leq 25$

13 [서술형]

다음 조건을 만족시키는 음이 아닌 정수 a, b, c, d, e의 순서쌍 (a, b, c, d, e)의 개수를 구하시오.

> (가) $0 \leq a \leq 3$, $0 \leq b \leq 3$
> (나) $3|a-b|+c+d+e=5$

14 [학평]

다음 조건을 만족시키는 음이 아닌 정수 a, b, c, d, e의 모든 순서쌍 (a, b, c, d, e)의 개수는?

> (가) $a+b+c+d+e=10$
> (나) $|a-b+c-d+e| \leq 2$

① 359 ② 363 ③ 367
④ 371 ⑤ 375

15

다음 조건을 만족시키는 정수 a, b, c, d의 순서쌍 (a, b, c, d)의 개수를 구하시오.

> (가) $|a| \geq 3$, $|b| \geq 2$, $|c| \geq 1$
> (나) $|a|+|b|+|c|+|d|=10$

16 idea ✦

3의 배수가 아닌 자연수 x, y, z에 대하여 방정식 $x+y+z=15$를 만족시키는 순서쌍 (x, y, z)의 개수는?

① 15 ② 20 ③ 25
④ 30 ⑤ 35

17 [학평]

다음 조건을 만족시키는 모든 자연수의 개수를 구하시오.

> (가) 네 자리의 홀수이다.
> (나) 각 자리의 수의 합이 8보다 작다.

18

두 기차역 A와 B 사이에 10개의 역이 있다. A역에서 출발한 기차가 B역에 도착할 때까지 다음 조건을 만족시킬 때, A역에서 B역까지 기차가 운행하는 경우의 수를 구하시오.

> ㈎ A역과 B역 사이의 10개의 역 중에서 3개의 역에 정차한다.
> ㈏ 출발 후 첫 번째 정차한 역과 두 번째 정차한 역 사이에 적어도 1개의 역이 있다.
> ㈐ 출발 후 두 번째 정차한 역과 세 번째 정차한 역 사이에 적어도 2개의 역이 있다.

▼ 중복조합 — 함수의 개수

19

두 집합
$$X = \{1, 2, 3, 4, 5\}, \quad Y = \{1, 2, 3, 4, 5, 6, 7\}$$
에 대하여 X에서 Y로의 함수 f 중에서
$$f(1) < f(2) \leq f(3) \leq f(4) < f(5)$$
를 만족시키는 함수의 개수를 구하시오.

20

집합 $X = \{2, 3, 4, 5, 6, 7\}$에 대하여 다음 조건을 만족시키는 함수 $f : X \longrightarrow X$의 개수는?

> ㈎ $f(3) = 2f(6)$
> ㈏ 집합 X의 임의의 두 원소 x_1, x_2에 대하여 $x_1 < x_2$이면 $f(x_1) \geq f(x_2)$이다.

① 60   ② 64   ③ 68
④ 72   ⑤ 76

21 학평

두 집합 $X = \{1, 2, 3, 4, 5\}$, $Y = \{-1, 0, 1, 2, 3\}$에 대하여 다음 조건을 만족시키는 함수 $f : X \longrightarrow Y$의 개수를 구하시오.

> ㈎ $f(1) \leq f(2) \leq f(3) \leq f(4) \leq f(5)$
> ㈏ $f(a) + f(b) = 0$을 만족시키는 집합 X의 서로 다른 두 원소 a, b가 존재한다.

22 모평

집합 $X = \{1, 2, 3, 4, 5\}$에 대하여 다음 조건을 만족시키는 함수 $f : X \longrightarrow X$의 개수를 구하시오.

> ㈎ $f(f(1)) = 4$
> ㈏ $f(1) \leq f(3) \leq f(5)$

23

두 집합
$$X = \{1, 2, 3, 4, 5, 6\}, \quad Y = \{1, 2, 3, 4, 5, 6, 7, 8\}$$
에 대하여 다음 조건을 만족시키는 함수 $f : X \longrightarrow Y$의 개수를 구하시오.

> ㈎ $f(1) \times f(4) = f(2) \times f(3)$
> ㈏ 집합 X의 임의의 두 원소 x_1, x_2에 대하여 $x_1 < x_2 < 4$이면 $f(x_1) < f(x_2)$이고, $4 \leq x_1 < x_2$이면 $f(x_1) \leq f(x_2)$이다.

▸ **이항정리**

24

$(1+2x)+(1+2x)^2+(1+2x)^3+\cdots+(1+2x)^{10}$의 전개식에서 x^2의 계수는?

① 620   ② 630   ③ 640

④ 650   ⑤ 660

25 서술형

2 이상의 자연수 m, n에 대하여 $(x+1)^m+(x+1)^n$의 전개식에서 x의 계수가 12일 때, x^2의 계수가 최소가 되도록 하는 m의 값을 구하시오.

26

2 이상의 자연수 n에 대하여 $f(n)={}_n\mathrm{C}_{n-2}+2{}_n\mathrm{C}_{n-1}+{}_n\mathrm{C}_n$일 때, $f(2)+f(3)+f(4)+\cdots+f(10)$의 값은?

① 273   ② 276   ③ 279

④ 282   ⑤ 285

27

20 이하의 소수 중에서 임의로 2개 이상의 수를 각각 1번씩 택한 후 모두 곱하여 만들 수 있는 서로 다른 수의 개수는?

① 245   ② 246   ③ 247

④ 248   ⑤ 249

28

오늘이 일요일일 때, 오늘로부터 22^7일 후는 무슨 요일인가?

① 월요일   ② 화요일   ③ 수요일

④ 목요일   ⑤ 금요일

29

11^{12}의 백의 자리의 숫자를 a, 십의 자리의 숫자를 b, 일의 자리의 숫자를 c라 할 때, $a+bc$의 값은?

① 6   ② 7   ③ 8

④ 9   ⑤ 10

step 3 최고난도 문제

01

세 집합

$$X=\{1, 2, 3, 4, 5\}, Y=\{1, 2, 3, 4\}, Z=\{1, 2, 3\}$$

에 대하여 함수 $f : X \longrightarrow Y$와 함수 $g : Y \longrightarrow Z$ 중에서 다음 조건을 만족시키는 함수 f, g의 순서쌍 (f, g)의 개수를 구하시오.

> (가) 함수 f의 치역의 원소의 개수는 3이다.
> (나) 집합 X의 두 원소 a, b에 대하여 $a < b$이면 $f(a) \leq f(b)$ 이고 $(g \circ f)(a) \geq (g \circ f)(b)$이다.

02 [학평]

네 명의 학생 A, B, C, D에게 검은 공 4개, 흰 공 5개, 빨간 공 5개를 다음 규칙에 따라 남김없이 나누어 주는 경우의 수를 구하시오. (단, 같은 색 공끼리는 서로 구별하지 않는다.)

> (가) 각 학생이 받는 공의 색의 종류의 수는 2이다.
> (나) 학생 A는 흰 공과 검은 공을 받으며 흰 공보다 검은 공을 더 많이 받는다.
> (다) 학생 A가 받는 공의 개수는 홀수이며 학생 A가 받는 공의 개수 이상의 공을 받는 학생은 없다.

03

그림과 같이 숫자 1, 2, 3, 4, 5, 6, 7이 각각 하나씩 적혀 있는 숫자 카드 7장과 그림 카드 6장이 있다. 이 13장의 카드를 다음 조건을 만족시키도록 일렬로 나열하는 경우의 수는?

(단, 그림 카드는 서로 구별하지 않는다.)

> (가) 숫자 카드 중 홀수와 짝수는 각각 작은 수부터 차례로 나열한다.
> (나) 숫자 4가 적혀 있는 카드는 숫자 3이 적혀 있는 카드보다 왼쪽에 온다.
> (다) 숫자 카드에서 그림 카드로 또는 그림 카드에서 숫자 카드로 바뀌는 경우는 4번 일어난다.

① 1750   ② 1755   ③ 1760
④ 1765   ⑤ 1770

04

(+ 수학 I)

자연수 n에 대하여 0부터 n까지의 정수가 각각 하나씩 적혀 있는 $(n+1)$개의 공이 들어 있는 주머니에서 1개의 공을 꺼내어 공에 적혀 있는 수를 확인하고 다시 넣는 과정을 7번 반복할 때, 확인한 7개의 수가 다음 조건을 만족시키는 경우의 수를 a_n이라 하자. 이때 $\displaystyle\sum_{n=2}^{10} \frac{a_n}{n-1}$의 값을 구하시오.

> (가) 꺼낸 공에 적혀 있는 수는 먼저 꺼낸 공에 적혀 있는 수보다 크지 않다.
> (나) 세 번째 꺼낸 공에 적혀 있는 수는 일곱 번째 꺼낸 공에 적혀 있는 수보다 2가 더 크다.

05

다음 조건을 만족시키는 네 수 x, y, z, w의 순서쌍 (x, y, z, w)의 개수를 구하시오.

> (가) $x+y+|z|+|w|=8$
> (나) x는 3으로 나누었을 때의 나머지가 2인 자연수이고, y는 3으로 나누었을 때의 나머지가 1인 자연수이다.
> (다) z, w는 정수이다.

06 학평

다음 조건을 만족시키는 14 이하의 네 자연수 x_1, x_2, x_3, x_4의 모든 순서쌍 (x_1, x_2, x_3, x_4)의 개수를 구하시오.

> (가) $x_1+x_2+x_3+x_4=34$
> (나) x_1과 x_3은 홀수이고 x_2와 x_4는 짝수이다.

07

다음 조건을 만족시키는 음이 아닌 정수 a, b, c, d, e, f의 순서쌍 (a, b, c, d, e, f)의 개수는?

> (가) $a+b+c+d+e+f=12$
> (나) $|a-b|+|c-d|+|e-f|=2$

① 338   ② 348   ③ 358
④ 368   ⑤ 378

08 idea

다음 조건을 만족시키는 음이 아닌 정수 a, b, c, d의 순서쌍 (a, b, c, d)의 개수는?

> (가) $3a+b+c+d=30$
> (나) $a \leq b \leq c \leq d$

① 184   ② 200   ③ 216

④ 232   ⑤ 248

09 모평

네 명의 학생 A, B, C, D에게 같은 종류의 사인펜 14개를 다음 규칙에 따라 남김없이 나누어 주는 경우의 수를 구하시오.

> (가) 각 학생은 1개 이상의 사인펜을 받는다.
> (나) 각 학생이 받는 사인펜의 개수는 9 이하이다.
> (다) 적어도 한 학생은 짝수 개의 사인펜을 받는다.

10

자연수 x_1, y_1, x_2, y_2에 대하여 $x_1+y_1+x_2+y_2=12$일 때, 세 점 $(3, 3)$, (x_1, y_1), (x_2, y_2)를 꼭짓점으로 하는 삼각형의 개수를 구하시오.

11

두 집합

$$X = \{x \mid x는 \ 4 \ 이하의 \ 자연수\},$$
$$Y = \{y \mid y는 \ 15 \ 이하의 \ 자연수\}$$

에 대하여 다음 조건을 만족시키는 함수 $f: X \longrightarrow Y$의 개수를 구하시오.

> (가) $f(4) \geq 12$
> (나) 집합 X의 임의의 서로 다른 두 원소 a_1, a_2에 대하여 $|f(a_1)-f(a_2)| \geq 3$이다.

01

학평 → 21쪽 21번

흰색 원판 5개와 검은색 원판 5개에 각각 A, B, C, D, E의 문자가 하나씩 적혀 있다. 이 10개의 원판 중에서 5개를 택하여 다음 규칙에 따라 원기둥 모양으로 쌓는 경우의 수를 구하시오. (단, 원판의 크기는 모두 같고, 원판의 두 밑면은 서로 구별하지 않는다.)

> ㈎ 선택된 5개의 원판 중 같은 문자가 적혀 있는 원판이 있으면 같은 문자가 적혀 있는 원판끼리는 흰색 원판이 검은색 원판보다 아래쪽에 놓이도록 쌓는다.
> ㈏ 선택된 5개의 원판 중 같은 문자가 적혀 있는 원판이 없으면 A가 적혀 있는 원판은 맨 위, E가 적혀 있는 원판은 맨 아래에 놓이도록 쌓는다.

02

학평 → 23쪽 01번

그림과 같이 9개의 영역으로 나누어진 정팔각형 모양의 색칠판이 있다. 빨간색과 파란색을 포함하여 총 9가지의 서로 다른 색으로 이 색칠판을 칠할 때, 다음 조건을 만족시키도록 칠하는 경우의 수는 $k \times 7!$이다. 이때 k의 값을 구하시오.

(단, 회전하여 일치하는 것은 같은 것으로 본다.)

> ㈎ 주어진 9가지의 색을 모두 사용하여 칠한다.
> ㈏ 한 영역에는 한 가지 색만을 칠한다.
> ㈐ 빨간색과 파란색이 칠해진 두 영역은 변을 공유하지 않는다.

03

학평 → 24쪽 04번

숫자 1, 2, 3, 4, 5 중에서 중복을 허락하여 5개를 택하여 일렬로 나열할 때, 다음 조건을 만족시키는 경우의 수를 구하시오.

> ㈎ 숫자 1은 두 번 이하로 나온다.
> ㈏ 이웃한 두 수의 차는 모두 3 이하이다.

04

학평 → 24쪽 06번

두 집합 $X=\{1, 2, 3, 4\}$, $Y=\{1, 2, 3, 4, 5\}$에 대하여 X에서 Y로의 함수 f 중에서
$$f(1)+f(2)+f(3)-f(4)=2m+1 \, (m은 \, 정수)$$
을 만족시키는 함수의 개수는?

① 311   ② 312   ③ 313
④ 314   ⑤ 315

05

학평 → 25쪽 10번

그림과 같이 한 변의 길이가 1인 정사각형 16개로 이루어진 도로망이 있다. A 지점에서 출발하여 B 지점을 지나 다시 A 지점까지 최단 거리로 이동할 때, 다음 조건을 만족시키는 경우의 수를 구하시오.

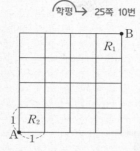

⑺ 정사각형 R_1, R_2의 네 변을 모두 지나야 한다.
⑻ 한 변의 길이가 1인 정사각형 중 네 변을 모두 지나게 되는 정사각형은 정사각형 R_1, R_2 두 개뿐이다.

07

학평 → 34쪽 06번

다음 조건을 만족시키는 50 이하의 자연수 x_1, x_2, x_3, x_4의 순서쌍 (x_1, x_2, x_3, x_4)의 개수는?

⑺ $x_1+x_2+x_3+x_4=90$
⑻ $x_i=5n+i$ (단, n은 자연수, $i=1, 2, 3, 4$)

① 373   ② 374   ③ 375
④ 376   ⑤ 377

06

학평 → 33쪽 02번

네 명의 학생 A, B, C, D에게 검은 공 4개, 흰 공 5개, 빨간 공 4개를 다음 규칙에 따라 남김없이 나누어 주는 경우의 수를 구하시오. (단, 같은 색의 공은 서로 구별하지 않는다.)

⑺ 각 학생이 받는 공의 색의 종류는 2가지이다.
⑻ 학생 A는 검은 공과 빨간 공을 받으며 빨간 공보다 검은 공을 더 많이 받는다.
⑼ 학생 A가 받는 공의 개수는 짝수이며 학생 A가 받는 공의 개수보다 더 많은 공을 받는 학생은 없다.

08

모평 → 35쪽 09번

여섯 명의 학생 A, B, C, D, E, F에게 같은 종류의 연필 17개를 다음 규칙에 따라 남김없이 나누어 주는 경우의 수를 구하시오.

⑺ 각 학생은 1개 이상의 연필을 받는다.
⑻ 각 학생이 받는 연필의 개수는 10 이하이다.
⑼ 적어도 두 학생은 홀수 개의 연필을 받는다.

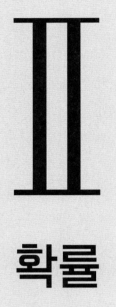

Ⅱ
확률

01   ▸확률 구하기

한 개의 주사위를 반복하여 던져서 나오는 눈의 수의 총합이 세 번째 시행에서 처음으로 4 이상이 될 확률은 $\dfrac{q}{p}$이다. 이때 $p+q$의 값을 구하시오. (단, p, q는 서로소인 자연수이다.)

02   ▸통계적 확률 구하기

흰 바둑돌과 검은 바둑돌을 합하여 10개의 바둑돌이 들어 있는 상자에서 임의로 3개의 바둑돌을 동시에 꺼내어 색을 확인하고 다시 넣는 시행을 여러 번 반복하였더니 6번에 1번꼴로 3개가 모두 검은 바둑돌이었다. 이때 이 상자에 검은 바둑돌은 몇 개가 들어 있다고 볼 수 있는지 구하시오.

03   ▸기하적 확률 구하기

$-1 \le a \le 5$인 실수 a에 대하여 이차방정식 $x^2 + 2ax + 3a = 0$이 실근을 가질 확률은?

① $\dfrac{1}{6}$ ② $\dfrac{1}{5}$ ③ $\dfrac{1}{4}$

④ $\dfrac{1}{3}$ ⑤ $\dfrac{1}{2}$

04   ▸순열을 이용한 확률 구하기

숫자 0, 1, 2, 3, 4 중에서 서로 다른 4개를 택하여 일렬로 나열하여 만든 자연수를 N이라 하자. 예를 들어 0, 2, 1, 4를 차례로 나열하여 만든 자연수는 214이다. 이때 N이 네 자리의 짝수가 될 확률은?

① $\dfrac{3}{8}$ ② $\dfrac{1}{2}$ ③ $\dfrac{5}{8}$

④ $\dfrac{3}{4}$ ⑤ $\dfrac{7}{8}$

05   ▸조합을 이용한 확률 구하기

1부터 7까지의 자연수가 각각 하나씩 적혀 있는 7개의 공이 들어 있는 주머니에서 임의로 3개의 공을 동시에 꺼낼 때, 3개의 공에 적혀 있는 수의 합이 주머니에 남아 있는 4개의 공에 적혀 있는 수의 합보다 클 확률을 구하시오.

06 서술형   ▸조합을 이용한 확률 구하기

1부터 10까지의 자연수가 각각 하나씩 적혀 있는 10장의 카드 중에서 임의로 4장의 카드를 동시에 뽑아 작은 수부터 차례로 a, b, c, d라 할 때, $b-a=c-b=d-c$일 확률을 구하시오.

07
> 확률의 계산

표본공간 S의 임의의 두 사건 A, B에 대하여 보기에서 옳은 것만을 있는 대로 고른 것은?

보기

ㄱ. $P(A \cap B) = \dfrac{1}{2}$ 이면 $P(A)P(B) \geq \dfrac{1}{4}$

ㄴ. $P(A)P(B) \geq \dfrac{1}{4}$ 이면 $P(A) + P(B) \geq 1$

ㄷ. $P(A) + P(B) = 1$ 이면 $P(A)P(B) \leq \dfrac{1}{4}$

① ㄱ   ② ㄱ, ㄴ   ③ ㄱ, ㄷ
④ ㄴ, ㄷ   ⑤ ㄱ, ㄴ, ㄷ

08 수능
> 확률의 계산 - 배반사건

두 사건 A, B에 대하여 A^c과 B는 서로 배반사건이고

$$P(A) = 2P(B) = \frac{3}{5}$$

일 때, $P(A \cap B^c)$의 값은? (단, A^c은 A의 여사건이다.)

① $\dfrac{7}{20}$ ② $\dfrac{3}{10}$ ③ $\dfrac{1}{4}$
④ $\dfrac{1}{5}$ ⑤ $\dfrac{3}{20}$

09
> 확률의 덧셈정리

1부터 6까지의 자연수가 각각 하나씩 적혀 있는 6개의 공이 들어 있는 주머니에서 임의로 1개의 공을 꺼내어 적혀 있는 수를 확인한 후 다시 넣는 시행을 2번 반복한다. 꺼낸 공에 적혀 있는 수를 차례로 a, b라 할 때, 함수 $f(x) = x^2 - 4x + 3$에 대하여 $f(a) = f(b)$일 확률을 구하시오.

10 학평
> 여사건의 확률

한 개의 주사위를 두 번 던져서 나오는 눈의 수를 차례로 a, b라 할 때, 두 수 a, b의 최대공약수가 홀수일 확률은?

① $\dfrac{5}{12}$ ② $\dfrac{1}{2}$ ③ $\dfrac{7}{12}$
④ $\dfrac{2}{3}$ ⑤ $\dfrac{3}{4}$

11
> 여사건의 확률

일렬로 놓여 있는 7개의 의자에 남학생 4명, 여학생 3명이 임의로 앉을 때, 2명 이상의 여학생이 서로 이웃하게 앉을 확률은?

① $\dfrac{2}{7}$ ② $\dfrac{3}{7}$ ③ $\dfrac{4}{7}$
④ $\dfrac{5}{7}$ ⑤ $\dfrac{6}{7}$

12
> 여사건의 확률

100원짜리 동전 2개, 50원짜리 동전 3개, 10원짜리 동전 4개가 들어 있는 주머니에서 임의로 3개의 동전을 동시에 꺼낼 때, 동전의 금액의 합이 200원 미만일 확률을 구하시오.

01

한 개의 주사위를 3번 던져서 나오는 눈의 수를 차례로 a, b, c라 할 때, $(a-2)^2+(b-4)^2+(c-6)^2=6$일 확률은?

① $\dfrac{1}{54}$ ② $\dfrac{1}{36}$ ③ $\dfrac{1}{27}$

④ $\dfrac{5}{108}$ ⑤ $\dfrac{1}{18}$

02

서로 다른 3개의 주사위를 동시에 던져서 나오는 눈의 수를 각각 a, b, c라 할 때, $a+b$가 c로 나누어떨어질 확률을 구하시오.

03

그림과 같이 한 변의 길이가 2인 정사각형 ABCD의 내부에 임의로 점 P를 잡을 때, 삼각형 PAB는 둔각삼각형이고 삼각형 PBC의 넓이는 1 이하가 될 확률을 구하시오.

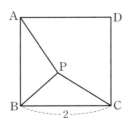

04

한 개의 주사위를 4번 던져서 나오는 눈의 수를 차례로 a, b, c, d라 할 때, $(a-2)(b-2)(c-2)(d-2)=8$일 확률은?

① $\dfrac{1}{108}$ ② $\dfrac{5}{324}$ ③ $\dfrac{7}{324}$

④ $\dfrac{1}{36}$ ⑤ $\dfrac{11}{324}$

05

숫자 0이 적혀 있는 공 4개, 숫자 1이 적혀 있는 공 4개가 들어 있는 주머니에서 임의로 공을 1개씩 모두 꺼낼 때, k $(1 \leq k \leq 8)$번째 꺼낸 공에 적혀 있는 수를 a_k라 하자. 이때 집합 $\{k \,|\, a_k \neq a_{k+1},\ k=1,\ 2,\ 3,\ 4,\ 5,\ 6,\ 7\}$의 원소의 개수가 3일 확률을 구하시오. (단, 꺼낸 공은 다시 넣지 않는다.)

06 모평

집합 $A=\{1,\ 2,\ 3,\ 4\}$에 대하여 A에서 A로의 모든 함수 f 중에서 임의로 하나를 선택할 때, 이 함수가 다음 조건을 만족시킬 확률은 p이다. $120p$의 값을 구하시오.

> (가) $f(1) \times f(2) \geq 9$
> (나) 함수 f의 치역의 원소의 개수는 3이다.

07

집합 $S=\{1, 2, 3, 4, 5, 6, 7\}$에서 서로 다른 3개의 원소를 임의로 택하여 a, b, c라 하고 세 자리의 자연수 abc를 만든다. 예를 들어 $a=2$, $b=1$, $c=7$이면 세 자리의 자연수는 217이다. b가 a의 배수이거나 c가 b의 배수인 사건을 A, $a<b<c$인 사건을 B라 할 때, $\mathrm{P}(A \cap B)$의 값은?

① $\dfrac{1}{10}$　　　　② $\dfrac{1}{5}$　　　　③ $\dfrac{3}{10}$

④ $\dfrac{2}{5}$　　　　⑤ $\dfrac{1}{2}$

08 모평

숫자 1, 1, 2, 2, 3, 3이 하나씩 적혀 있는 6개의 공이 들어 있는 주머니가 있다. 이 주머니에서 한 개의 공을 임의로 꺼내어 공에 적힌 수를 확인한 후 다시 넣지 않는다. 이와 같은 시행을 6번 반복할 때, $k\,(1 \le k \le 6)$번째 꺼낸 공에 적힌 수를 a_k라 하자.

두 자연수 m, n을

$$m=a_1 \times 100 + a_2 \times 10 + a_3,$$
$$n=a_4 \times 100 + a_5 \times 10 + a_6$$

이라 할 때, $m>n$일 확률은 $\dfrac{q}{p}$이다. $p+q$의 값을 구하시오.

(단, p와 q는 서로소인 자연수이다.)

09

2부터 9까지의 자연수 중에서 임의로 서로 다른 4개를 택하여 일렬로 나열할 때, 이웃하는 두 수의 곱이 모두 6의 배수일 확률을 구하시오.

조합을 이용한 확률 구하기

10 서술형

그림과 같이 원 위에 있는 6개의 점 중에서 두 점을 양 끝으로 하는 선분 2개를 임의로 택할 때, 원 내부에서 두 선분의 교점이 생길 확률을 구하시오.

(단, 원 위의 교점은 생각하지 않는다.)

11

서로 다른 3개의 주사위를 동시에 던져서 나오는 눈의 수를 각각 a, b, c라 하자. 방정식 $(x-a)^2+(y-b)^2=c^2$이 나타내는 도형과 좌표축의 교점이 2개일 확률을 구하시오.

(단, 접하는 경우는 교점을 1개로 생각한다.)

12

흰 구슬 4개, 검은 구슬 6개와 일렬로 놓여 있는 5개의 상자가 있다. 5개의 상자에 임의로 구슬을 2개씩 넣을 때, 한 상자에만 흰 구슬 2개가 들어갈 확률을 구하시오.

13

15개의 공에 각각 숫자 2, 3, 4, 5 중 1개가 적혀 있다. 이 15개의 공이 들어 있는 주머니에서 임의로 1개의 공을 꺼낼 때, $k(k=2, 3, 4, 5)$가 적혀 있는 공이 나올 확률을 P_k라 하면 P_k는

$$P_{k+1} = \frac{1}{2} P_k \, (k=2, 3, 4)$$

를 만족시킨다. 이 주머니에서 임의로 2개의 공을 동시에 꺼낼 때, 두 공에 적혀 있는 수의 합이 7일 확률을 구하시오.

14 학평

집합 $\{x \mid x$는 10 이하의 자연수$\}$의 원소의 개수가 4인 부분집합 중 임의로 하나의 집합을 택하여 X라 할 때, 집합 X가 다음 조건을 만족시킬 확률은?

> 집합 X의 서로 다른 세 원소의 합은 항상 3의 배수가 아니다.

① $\dfrac{3}{14}$ ② $\dfrac{2}{7}$ ③ $\dfrac{5}{14}$

④ $\dfrac{3}{7}$ ⑤ $\dfrac{1}{2}$

15

1부터 $n(n \geq 3)$까지의 자연수가 각각 하나씩 적혀 있는 n장의 카드가 있다. 이 카드 중에서 임의로 3장의 카드를 동시에 뽑을 때, 카드에 적혀 있는 세 수 중 2개 이상의 수가 연속할 확률을 p_n이라 하자. 이때 $p_6 \times p_{12}$의 값을 구하시오.

16 서술형

숫자 1이 적혀 있는 공 3개, 숫자 3이 적혀 있는 공 3개, 숫자 9가 적혀 있는 공 3개가 들어 있는 주머니에서 임의로 3개의 공을 동시에 꺼낼 때, 3개의 공에 적혀 있는 세 수의 곱을 m이라 하자. 이때 m의 일의 자리의 숫자가 9일 확률을 구하시오.

17 모평

집합 $X = \{1, 2, 3, 4\}$의 공집합이 아닌 모든 부분집합 15개 중에서 임의로 서로 다른 세 부분집합을 뽑아 임의로 일렬로 나열하고, 나열된 순서대로 A, B, C라 할 때, $A \subset B \subset C$일 확률은?

① $\dfrac{1}{91}$ ② $\dfrac{2}{91}$ ③ $\dfrac{3}{91}$

④ $\dfrac{4}{91}$ ⑤ $\dfrac{5}{91}$

확률의 덧셈정리

18

숫자 1이 적혀 있는 공 3개, 숫자 2가 적혀 있는 공 2개가 들어 있는 주머니 A와 숫자 2가 적혀 있는 공 2개가 들어 있는 주머니 B가 있다. 주머니 A에서 임의로 2개의 공을 동시에 꺼내어 주머니 B에 넣은 후 다시 주머니 B에서 임의로 2개의 공을 동시에 꺼낼 때, 주머니 A에 남아 있는 3개의 공에 적혀 있는 수의 합이 주머니 B에서 꺼낸 2개의 공에 적혀 있는 수의 합보다 클 확률을 구하시오.

19 모평

어느 고등학교에는 5개의 과학 동아리와 2개의 수학 동아리 A, B가 있다. 동아리 학술 발표회에서 이 7개 동아리가 모두 발표하도록 발표 순서를 임의로 정할 때, 수학 동아리 A가 수학 동아리 B보다 먼저 발표하는 순서로 정해지거나 두 수학 동아리의 발표 사이에는 2개의 과학 동아리만이 발표하는 순서로 정해질 확률은? (단, 발표는 한 동아리씩 하고, 각 동아리는 1회만 발표한다.)

① $\dfrac{4}{7}$ ② $\dfrac{7}{12}$ ③ $\dfrac{25}{42}$

④ $\dfrac{17}{28}$ ⑤ $\dfrac{13}{21}$

20 모평

두 집합 $A=\{1,\ 2,\ 3,\ 4\}$, $B=\{1,\ 2,\ 3\}$에 대하여 A에서 B로의 모든 함수 f 중에서 임의로 하나를 선택할 때, 이 함수가 다음 조건을 만족시킬 확률은?

> $f(1)\geq2$이거나 함수 f의 치역은 B이다.

① $\dfrac{16}{27}$ ② $\dfrac{2}{3}$ ③ $\dfrac{20}{27}$

④ $\dfrac{22}{27}$ ⑤ $\dfrac{8}{9}$

여사건의 확률

21

집합 $X=\{x\,|\,x$는 10 이하의 소수$\}$의 공집합이 아닌 부분집합 중에서 임의로 서로 다른 3개의 집합을 택할 때, 적어도 2개의 집합은 서로소가 아닐 확률을 구하시오.

22

서로 다른 3개의 주사위를 동시에 던져서 나오는 눈의 수 중에서 최댓값을 M, 최솟값을 m이라 할 때, $M-m\geq3$일 확률은?

① $\dfrac{1}{2}$ ② $\dfrac{11}{18}$ ③ $\dfrac{13}{18}$

④ $\dfrac{5}{6}$ ⑤ $\dfrac{17}{18}$

23

집합 $X=\{1,\ 2,\ 3,\ 4,\ 5,\ 6\}$에 대하여 X에서 X로의 함수 f 중에서 임의로 하나를 택할 때, $\dfrac{(f\circ f)(1)}{f(1)}$의 값이 자연수이거나 2보다 작을 확률을 구하시오.

24 모평

숫자 1, 2, 3이 하나씩 적혀 있는 3개의 공이 들어 있는 주머니가 있다. 이 주머니에서 임의로 한 개의 공을 꺼내어 공에 적혀 있는 수를 확인한 후 다시 넣는 시행을 한다. 이 시행을 5번 반복하여 확인한 5개의 수의 곱이 6의 배수일 확률이 $\dfrac{q}{p}$일 때, $p+q$의 값을 구하시오.

(단, p와 q는 서로소인 자연수이다.)

25

방정식 $a+b+c=15$를 만족시키는 자연수 a, b, c의 순서쌍 $(a,\ b,\ c)$ 중에서 임의로 1개를 택할 때, $(a+b)(b+c)(c+a)$의 값이 3의 배수일 확률을 구하시오.

26 idea ✦

방정식 $x+y+z+w=9$를 만족시키는 음이 아닌 정수 x, y, z, w의 순서쌍 $(x,\ y,\ z,\ w)$ 중에서 1개를 택할 때, x, y, z, w 중 어느 세 수의 합도 4보다 작지 않을 확률은?

① $\dfrac{5}{11}$ ② $\dfrac{6}{11}$ ③ $\dfrac{7}{11}$

④ $\dfrac{8}{11}$ ⑤ $\dfrac{9}{11}$

27 모평

1부터 6까지의 자연수가 하나씩 적혀 있는 6장의 카드가 들어 있는 주머니가 있다. 이 주머니에서 임의로 두 장의 카드를 동시에 꺼내어 적혀 있는 수를 확인한 후 다시 넣는 시행을 두 번 반복한다. 첫 번째 시행에서 확인한 두 수 중 작은 수를 a_1, 큰 수를 a_2라 하고, 두 번째 시행에서 확인한 두 수 중 작은 수를 b_1, 큰 수를 b_2라 하자. 두 집합 A, B를

$$A=\{x\,|\,a_1\le x\le a_2\},\ B=\{x\,|\,b_1\le x\le b_2\}$$

라 할 때, $A\cap B\ne\varnothing$일 확률은?

① $\dfrac{3}{5}$ ② $\dfrac{2}{3}$ ③ $\dfrac{11}{15}$

④ $\dfrac{4}{5}$ ⑤ $\dfrac{13}{15}$

01

그림과 같은 10칸의 타일을 색칠하려고 한다. 노란색을 4칸, 파란색을 4칸, 초록색을 2칸에 임의로 칠할 때, 어떤 색도 같은 색을 연속으로 칠하지 않을 확률을 구하시오.

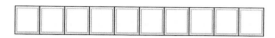

02

1부터 15까지의 자연수 중에서 중복을 허락하여 임의로 택한 두 수 m, n에 대하여 $3^m + 8^n$의 일의 자리의 숫자가 3의 배수일 확률이 $\dfrac{q}{p}$일 때, $p+q$의 값을 구하시오.

(단, p, q는 서로소인 자연수이다.)

03 모평

숫자 1, 2, 3, 4, 5, 6, 7이 하나씩 적혀 있는 7장의 카드가 있다. 이 7장의 카드를 모두 한 번씩 사용하여 일렬로 임의로 나열할 때, 다음 조건을 만족시킬 확률은?

> (가) 4가 적혀 있는 카드의 바로 양옆에는 각각 4보다 큰 수가 적혀 있는 카드가 있다.
>
> (나) 5가 적혀 있는 카드의 바로 양옆에는 각각 5보다 작은 수가 적혀 있는 카드가 있다.

① $\dfrac{1}{28}$ ② $\dfrac{1}{14}$ ③ $\dfrac{3}{28}$

④ $\dfrac{1}{7}$ ⑤ $\dfrac{5}{28}$

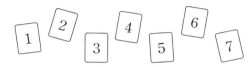

04

각 면에 1, 2, 3, 4의 숫자가 각각 하나씩 적혀 있는 정사면체 모양의 상자를 4번 던져서 바닥에 닿은 면에 적혀 있는 숫자를 차례로 a, b, c, d라 하자. 두 점 (a, b), $(c, -d)$의 중점이 직선 $y = -x + 2$ 위의 점일 확률이 $\dfrac{q}{p}$일 때, $p+q$의 값을 구하시오. (단, p, q는 서로소인 자연수이다.)

05

집합 $X = \{1, 2, 3, 4, 5, 6, 7\}$에 대하여 X에서 X로의 함수 f 중에서 임의로 하나를 택할 때, $f \circ f \circ f$가 항등함수일 확률은?

① $\dfrac{347}{7^7}$
② $\dfrac{349}{7^7}$
③ $\dfrac{351}{7^7}$
④ $\dfrac{353}{7^7}$
⑤ $\dfrac{355}{7^7}$

06

1부터 8까지의 자연수가 각각 하나씩 적혀 있는 8장의 카드를 원형으로 배열할 때, 소수끼리는 마주 보지 않거나 마주 보는 두 수의 합이 모두 짝수일 확률은?

① $\dfrac{8}{35}$
② $\dfrac{9}{35}$
③ $\dfrac{2}{7}$
④ $\dfrac{11}{35}$
⑤ $\dfrac{12}{35}$

07

x좌표와 y좌표가 모두 1 이상 5 이하의 자연수인 점들의 집합을 A라 하자. 집합 A에서 임의로 서로 다른 두 점을 택할 때, 두 점을 이은 선분이 두 원 $x^2 + y^2 - 19 = 0$,
$x^2 + y^2 - 12x - 12y + 53 = 0$과 각각 적어도 한 점에서 만날 확률을 구하시오.

08 학평

그림과 같이 원탁 위에 1부터 6까지 자연수가 하나씩 적혀 있는 6개의 접시가 놓여 있고 같은 종류의 쿠키 9개를 접시 위에 담으려고 한다. 한 개의 주사위를 던져 나온 눈의 수가 적혀 있는 접시와 그 접시에 이웃하는 양옆의 접시 위에 3개의 쿠키를 각각 1개씩 담는 시행을 한다. 예를 들어 주사위를 던져 나온 눈의 수가 1인 경우 6, 1, 2가 적혀 있는 접시 위에 쿠키를 각각 1개씩 담는다. 이 시행을 3번 반복하여 9개의 쿠키를 모두 접시 위에 담을 때, 6개의 접시 위에 각각 한 개 이상의 쿠키가 담겨 있을 확률은?

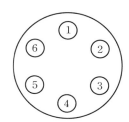

① $\dfrac{7}{18}$ ② $\dfrac{17}{36}$ ③ $\dfrac{5}{9}$

④ $\dfrac{23}{36}$ ⑤ $\dfrac{13}{18}$

09 idea ✦

그림과 같이 크기가 같은 정육면체 모양의 검은색 상자 27개로 큰 정육면체를 만들었다. 각각의 작은 정육면체는 빛이 통과하지 않아 큰 정육면체는 앞, 옆, 위에서 보았을 때, 모두 빛이 통과하지 않는다. 이 중에서 작은 정육면체 상자 5개를 투명한 유리 상자로 바꿀 때, 큰 정육면체의 어떤 면에서도 빛이 통과하지 않을 확률은?

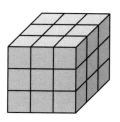

① $\dfrac{201}{230}$ ② $\dfrac{203}{230}$ ③ $\dfrac{41}{46}$

④ $\dfrac{9}{10}$ ⑤ $\dfrac{209}{230}$

01 ＞조건부확률

두 사건 A, B에 대하여

$$P(A \cup B^C) = \frac{7}{10}, \ P(B)P(B|A^C) = \frac{2}{5}$$

일 때, $P(A^C)P(A^C|B)$의 값을 구하시오.

02 학평 ＞조건부확률

서로 다른 두 개의 주사위를 동시에 한 번 던져서 나온 두 눈의 수의 곱이 짝수일 때, 나온 두 눈의 수의 합이 짝수일 확률은?

① $\frac{1}{12}$ ② $\frac{1}{6}$ ③ $\frac{1}{4}$

④ $\frac{1}{3}$ ⑤ $\frac{5}{12}$

03 ＞확률의 곱셈정리

서로 다른 4가지 색의 공이 각각 2개씩 모두 8개가 들어 있는 주머니에서 임의로 2개의 공을 동시에 2번 꺼낼 때, 첫 번째 꺼낸 2개의 공의 색은 서로 다르고 두 번째 꺼낸 2개의 공의 색은 서로 같을 확률을 구하시오.

(단, 꺼낸 공은 다시 넣지 않는다.)

04 ＞확률의 곱셈정리

한 개의 동전을 1번 던져서 앞면이 나오면 한 개의 주사위를 2번 던지고 뒷면이 나오면 한 개의 주사위를 3번 던지는 시행을 한다. 이 시행을 1번 할 때, 나온 주사위의 눈의 수의 총합이 4 이하일 확률은?

① $\frac{1}{54}$ ② $\frac{1}{27}$ ③ $\frac{1}{18}$

④ $\frac{2}{27}$ ⑤ $\frac{5}{54}$

05 서술형 ＞확률의 곱셈정리

주머니 A에는 흰 공 2개, 검은 공 4개가 들어 있고, 주머니 B에는 흰 공과 검은 공을 합하여 모두 6개가 들어 있다. 두 주머니 중에서 하나를 임의로 택하여 1개의 공을 임의로 꺼낼 때 흰 공이 나올 확률을 p_1이라 하고, 두 주머니에서 각각 1개의 공을 임의로 꺼낼 때 주머니 A, B에서 모두 검은 공이 나올 확률을 p_2라 하자. $4p_1 = 9p_2$일 때, 주머니 B에 들어 있는 흰 공의 개수를 구하시오.

06 ＞확률의 곱셈정리와 조건부확률

어느 대학의 입학 전형은 A, B, C의 3개이고, 입학 전형 A, B, C의 합격률은 각각 20 %, 30 %, 10 %이다. 입학 전형 A, B, C에 지원한 학생 중에서 임의로 각각 1명씩 택하여 확인한 결과 3명 중 2명은 합격이고 나머지 1명은 불합격이었을 때, 불합격한 학생이 입학 전형 B에 지원했을 확률을 구하시오.

07

> 확률의 곱셈정리와 조건부확률

'당첨'이 적혀 있는 공 6개와 '꽝'이 적혀 있는 공 4개가 들어 있는 주머니가 있다. A가 이 주머니에서 임의로 2개의 공을 동시에 꺼내어 꺼낸 공은 다시 넣지 않고 '꽝'이 적혀 있는 공 2개를 넣은 후 B가 이 주머니에서 임의로 2개의 공을 동시에 꺼냈더니 2개 모두 '당첨'이 적혀 있는 공이 나왔을 때, A가 꺼낸 2개의 공이 모두 '당첨'이 적혀 있는 공이었을 확률을 구하시오.

08

> 사건의 독립

두 사건 A, B가 서로 독립이고 $P(A)=P(B)=\dfrac{2}{5}$일 때, $P(A\cup B^c)$의 값을 구하시오.

09

> 사건의 독립

표본공간 S의 임의의 두 사건 A, B에 대하여 보기에서 옳은 것만을 있는 대로 고른 것은?

(단, $0<P(A)<1$, $0<P(B)<1$)

┌─ 보기 ─
ㄱ. A, B가 서로 배반사건이면 A, B는 서로 독립이다.
ㄴ. A, B가 서로 독립이면 $P(A|B^c)=1-P(A^c|B)$
ㄷ. A, B가 서로 독립이면 $1-P(A\cup B)=P(A^c)P(B^c)$
└

① ㄱ   ② ㄴ   ③ ㄱ, ㄴ
④ ㄴ, ㄷ   ⑤ ㄱ, ㄴ, ㄷ

10

> 독립인 사건의 확률

오른쪽 표는 어느 고등학교의 3학년 학생 전체를 대상으로 수학과 과학에 대한 선호도를 조사한 결과이다. 이 고등학교의 3학년 학생 중에서 임의로 택한 한 명이 수학을 선택한 학생인 사건을 A, 남학생인 사건을 B라 하자. 두 사건 A, B가 서로 독립일 때, $P(B)$의 값을 구하시오. (단, 선호도를 조사한 모든 학생은 수학과 과학 중 한 과목만 선택하였다.)

(단위: 명)

	남학생	여학생
수학	180	160
과학	45	

11 [학평]

> 독립시행의 확률

한 개의 동전을 사용하여 다음 규칙에 따라 점수를 얻는 시행을 한다.

┌────────────────────────────────┐
│ 한 번 던져 앞면이 나오면 2점, 뒷면이 나오면 1점을 얻는다. │
└────────────────────────────────┘

이 시행을 5번 반복하여 얻은 점수의 합이 6 이하일 확률은?

① $\dfrac{3}{32}$ ② $\dfrac{1}{8}$ ③ $\dfrac{5}{32}$

④ $\dfrac{3}{16}$ ⑤ $\dfrac{7}{32}$

12

> 독립시행의 확률

숫자 1, 2, 2, 3, 3, 4가 각 면에 하나씩 적혀 있는 정육면체 모양의 상자를 던져서 바닥에 닿은 면에 적혀 있는 숫자가 n이면 동전을 n번 던진다. 동전의 앞면이 3번 이상 나왔을 때, 정육면체 모양의 상자에서 바닥에 닿은 면에 적혀 있는 숫자가 3이었을 확률을 구하시오.

조건부확률

01

전체집합 $U=\{1, 2, 3, 4, 5, 6\}$의 두 부분집합 A, B에 대하여 집합 A의 원소의 개수가 3인 사건을 X라 하고, 집합 $A \cap B$의 원소의 개수가 2인 사건을 Y라 할 때, $\mathrm{P}(X|Y)$의 값은?

① $\dfrac{10}{27}$ ② $\dfrac{31}{81}$ ③ $\dfrac{32}{81}$

④ $\dfrac{11}{27}$ ⑤ $\dfrac{34}{81}$

02

한 개의 주사위를 2번 던져서 나오는 눈의 수를 차례로 a, b라 하자. $(\sqrt{2})^a (\sqrt{6})^b$이 무리수일 때, $(\sqrt{2})^a (\sqrt{6})^b = k\sqrt{3}$을 만족시키는 자연수 k가 존재할 확률을 구하시오.

03 모평

주머니에 1부터 12까지의 자연수가 각각 하나씩 적혀 있는 12개의 공이 들어 있다. 이 주머니에서 임의로 3개의 공을 동시에 꺼내어 공에 적혀 있는 수를 작은 수부터 크기 순서대로 a, b, c라 하자. $b-a \geq 5$일 때, $c-a \geq 10$일 확률은 $\dfrac{q}{p}$이다. $p+q$의 값을 구하시오. (단, p와 q는 서로소인 자연수이다.)

04 학평

집합 $X=\{x \mid x$는 8 이하의 자연수$\}$에 대하여 X에서 X로의 함수 f 중에서 임의로 하나를 선택한다. 선택한 함수 f가 4 이하의 모든 자연수 n에 대하여 $f(2n-1) < f(2n)$일 때, $f(1)=f(5)$일 확률은?

① $\dfrac{1}{7}$ ② $\dfrac{5}{28}$ ③ $\dfrac{3}{14}$

④ $\dfrac{1}{4}$ ⑤ $\dfrac{2}{7}$

확률의 곱셈정리

05

A, B, C, D의 4개의 작업장을 가지고 있는 어느 회사는 매일 아침 종업원들에게 작업장을 지정하여 근무하게 한다. 이때 모든 종업원은 전날 근무한 작업장을 제외한 나머지 작업장 중 한 곳에 임의로 배정된다. 월요일에 연아는 A 작업장에서, 진우는 B 작업장에서 근무하였을 때, 그 주의 수요일에 연아와 진우가 같은 작업장에서 근무할 확률을 구하시오.

06 서술형

5개의 동전이 3개는 앞면, 2개는 뒷면이 보이도록 책상 위에 일렬로 놓여 있다. 이 동전 중에서 임의로 2개의 동전을 동시에 택하여 뒤집는 시행을 2번 하였을 때, 앞면이 3개, 뒷면이 2개 보이도록 놓여 있을 확률을 구하시오.

07 ^{idea} ✦

그림과 같이 3개의 정사각형 모양으로 이루어진 도로망에서 연지는 A 지점에서 출발하여 H 지점까지 최단 거리로 이동하고, 민우는 E 지점에서 출발하여 D 지점까지 최단 거리로 이동한다. 연지와 민우가 동시에 출발하여 같은 속도로 이동할 때, 두 사람이 서로 만날 확률을 구하시오.

(단, 교차점에서 각각의 경로를 택할 확률은 같다.)

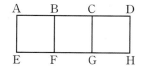

08 학평

그림과 같이 주머니에 ★ 모양의 스티커가 각각 1개씩 붙어 있는 카드 2장과 스티커가 붙어 있지 않은 카드 3장이 들어 있다.

이 주머니를 사용하여 다음의 시행을 한다.

주머니에서 임의로 2장의 카드를 동시에 꺼낸 다음, 꺼낸 카드에 ★ 모양의 스티커를 각각 1개씩 붙인 후 다시 주머니에 넣는다.

위의 시행을 2번 반복한 뒤 주머니 속에 ★ 모양의 스티커가 3개 붙어 있는 카드가 들어 있을 확률은 $\dfrac{q}{p}$이다. $p+q$의 값을 구하시오. (단, p와 q는 서로소인 자연수이다.)

09

흰 공 2개와 검은 공 8개가 들어 있는 주머니에서 임의로 1개의 공을 꺼내어 색을 확인한다. 이 주머니에서 흰 공 2개를 모두 꺼낼 때까지 꺼낸 공의 개수가 k $(k=2, 3, \cdots, 10)$일 확률을 $P(k)$라 할 때, $P(4)+P(5)+P(6)$의 값은?

(단, 꺼낸 공은 다시 넣지 않는다.)

① $\dfrac{1}{15}$ ② $\dfrac{2}{15}$ ③ $\dfrac{1}{5}$

④ $\dfrac{4}{15}$ ⑤ $\dfrac{1}{3}$

10

그림과 같이 주머니 A에는 흰 공 1개와 검은 공 1개가 들어 있고, 주머니 B에는 검은 공 2개가 들어 있다. 주머니 A에서 임의로 1개의 공을 꺼내어 주머니 B에 넣은 후 주머니 B에서 임의로 1개의 공을 꺼내어 주머니 A에 넣는 시행을 n번 반복하였을 때, 주머니 A에 흰 공이 들어 있을 확률을 $P(n)$이라 하자. 이때 $P(1)+P(2)-P(3)$의 값은?

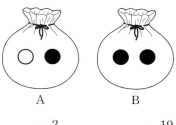

A   B

① $\dfrac{17}{27}$ ② $\dfrac{2}{3}$ ③ $\dfrac{19}{27}$

④ $\dfrac{20}{27}$ ⑤ $\dfrac{7}{9}$

확률의 곱셈정리와 조건부확률

11

주머니 A에는 숫자 1, 3, 5, 7이 각각 하나씩 적혀 있는 4개의 공이 들어 있고, 주머니 B에는 숫자 2, 4, 6, 8이 각각 하나씩 적혀 있는 4개의 공이 들어 있다. 주머니 A에서 임의로 2개의 공을 동시에 꺼내어 주머니 B에 넣은 다음 다시 주머니 B에서 임의로 2개의 공을 동시에 꺼내어 주머니 A에 넣었을 때, 주머니 A에 들어 있는 4개의 공에 적혀 있는 수 중 최댓값이 7이었다. 이때 처음 주머니 A에서 꺼낸 2개의 공 중 7이 적혀 있는 공이 포함되었을 확률을 구하시오.

12 학평

세 학생 A, B, C가 다음 단계에 따라 최종 승자를 정한다.

> [단계 1] 세 학생이 동시에 가위바위보를 한다.
> [단계 2] [단계 1]에서 이긴 학생이 1명뿐이면 그 학생이 최종 승자가 되고, 이긴 학생이 2명이면 [단계 3]으로 가고, 이긴 학생이 없으면 [단계 1]로 간다.
> [단계 3] [단계 2]에서 이긴 2명 중 이긴 학생이 나올 때까지 가위바위보를 하여 이긴 학생이 최종 승자가 된다.

가위바위보를 2번 한 결과 A 학생이 최종 승자로 정해졌을 때, 2번째 가위바위보를 한 학생이 2명이었을 확률은?

$\left(\text{단, 각 학생이 가위, 바위, 보를 낼 확률은 각각 } \dfrac{1}{3}\text{이다.}\right)$

① $\dfrac{1}{6}$ ② $\dfrac{1}{3}$ ③ $\dfrac{1}{2}$

④ $\dfrac{2}{3}$ ⑤ $\dfrac{5}{6}$

사건의 독립과 독립인 사건의 확률

13 수능

한 개의 주사위를 한 번 던진다. 홀수의 눈이 나오는 사건을 A, 6 이하의 자연수 m에 대하여 m의 약수의 눈이 나오는 사건을 B라 하자. 두 사건 A와 B가 서로 독립이 되도록 하는 모든 m의 값의 합을 구하시오.

14

주머니에 노란색 카드, 빨간색 카드, 파란색 카드를 합하여 n장의 카드가 들어 있고, 카드에는 숫자 1, 2 중 하나가 적혀 있다. 주머니에 들어 있는 노란색 카드와 파란색 카드의 개수는 서로 같고, 빨간색 카드의 개수는 전체 카드의 개수의 반이다. 또 숫자 1이 적혀 있는 노란색 카드의 개수는 4, 숫자 1이 적혀 있는 파란색 카드의 개수는 5이고, 숫자 2가 적혀 있는 빨간색 카드의 개수는 a이다. 주머니에서 임의로 1장의 카드를 꺼낼 때, 그 카드가 빨간색 카드인 사건을 A, 그 카드에 적혀 있는 숫자가 2인 사건을 B라 하자. 두 사건 A, B가 서로 독립이 되도록 하는 a의 값을 $f(n)$이라 할 때, $f(20)+f(40)$의 값은?

① 8   ② 9   ③ 10

④ 11   ⑤ 12

15

1부터 20까지의 자연수 중에서 임의로 1개를 택하는 시행에서 소수가 나오는 사건을 A라 하고, 20보다 작은 자연수 n에 대하여 n 이하의 수가 나오는 사건을 B_n이라 하자. 두 사건 A, B_n이 서로 독립이 되도록 하는 n의 최댓값은?

① 13   ② 14   ③ 15
④ 16   ⑤ 17

16 모평

상자 A와 상자 B에 각각 6개의 공이 들어 있다. 동전 1개를 사용하여 다음 시행을 한다.

> 동전을 한 번 던져 앞면이 나오면 상자 A에서 공 1개를 꺼내어 상자 B에 넣고, 뒷면이 나오면 상자 B에서 공 1개를 꺼내어 상자 A에 넣는다.

위의 시행을 6번 반복할 때, 상자 B에 들어 있는 공의 개수가 6번째 시행 후 처음으로 8이 될 확률은?

① $\dfrac{1}{64}$ ② $\dfrac{3}{64}$ ③ $\dfrac{5}{64}$
④ $\dfrac{7}{64}$ ⑤ $\dfrac{9}{64}$

17

숫자 0, 0, 1, 1, 1, 1이 각각 하나씩 적혀 있는 6개의 공이 들어 있는 주머니에서 임의로 1개의 공을 꺼내어 공에 적혀 있는 수를 확인한 후 다시 넣는 시행을 5번 반복할 때, $k\,(k=1, 2, 3, 4, 5)$번째 꺼낸 공에 적혀 있는 숫자를 a_k라 하자. b_k를 다음과 같이 정의할 때, $b_1+b_2+b_3+b_4+b_5=3$일 확률을 구하시오.

> ㈎ $b_1=a_1$
> ㈏ $k=2, 3, 4, 5$일 때, $a_k=0$이면 $b_k=0$이고, $a_k=1$이면 $b_k=b_{k-1}+1$이다.

독립시행의 확률

18 서술형

한 개의 주사위를 3번 던져서 나오는 눈의 수의 최댓값이 5일 확률이 $\dfrac{q}{p}$일 때, $p+q$의 값을 구하시오.

(단, p, q는 서로소인 자연수이다.)

19

한 개의 동전을 3번 던져서 나오는 앞면의 개수만큼 주사위를 던지는 시행을 1번 하여 주사위에서 3의 배수의 눈이 1번 나왔을 때, 동전을 던져서 나온 앞면의 개수가 2였을 확률을 구하시오.

20

서로 다른 2개의 주사위를 동시에 던져서 좌표평면의 원점에 있는 점 P를 다음 규칙에 따라 이동시키는 시행을 한다.

> (개) 나오는 두 눈의 수의 곱이 홀수이면 x축의 양의 방향으로 1만큼 이동시킨다.
> (내) 나오는 두 눈의 수의 곱이 짝수이면 y축의 양의 방향으로 1만큼 이동시킨다.

이 시행을 8번 반복한 후 점 P가 원 $(x-8)^2+y^2=4$의 내부에 있을 확률이 $\dfrac{p}{2^{16}}$일 때, 자연수 p의 값을 구하시오.

21 수능

좌표평면의 원점에 점 A가 있다. 한 개의 동전을 사용하여 다음 시행을 한다.

> 동전을 한 번 던져
> 앞면이 나오면 점 A를 x축의 양의 방향으로 1만큼,
> 뒷면이 나오면 점 A를 y축의 양의 방향으로 1만큼
> 이동시킨다.

위의 시행을 반복하여 점 A의 x좌표 또는 y좌표가 처음으로 3이 되면 이 시행을 멈춘다. 점 A의 y좌표가 처음으로 3이 되었을 때, 점 A의 x좌표가 1일 확률은?

① $\dfrac{1}{4}$ ② $\dfrac{5}{16}$ ③ $\dfrac{3}{8}$

④ $\dfrac{7}{16}$ ⑤ $\dfrac{1}{2}$

22

그림과 같이 한 변의 길이가 1인 정삼각형 ABC가 있다. 숫자 1, 1, 1, 2, 2, 3이 각 면에 하나씩 적혀 있는 정육면체 모양의 상자를 1번 던져서 바닥에 닿은 면에 적혀 있는 수가 짝수이면 점 P는 삼각형 ABC의 변을 따라 시계 반대 방향으로 1만큼 이동하고, 홀수이면 점 P는 삼각형 ABC의 변을 따라 시계 방향으로 1만큼 이동한다. 이 정육면체 모양의 상자를 7번 던진 후 꼭짓점 A를 출발한 점 P가 꼭짓점 B에 있을 확률을 구하시오.

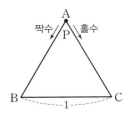

23

빨간 구슬 3개와 파란 구슬 3개가 들어 있는 주머니가 있다. 이 주머니에서 임의로 4개의 구슬을 동시에 꺼내어 빨간 구슬과 파란 구슬의 개수를 각각 a, b라 할 때, 수직선 위의 점 P는 다음과 같은 규칙으로 이동한다.

> (개) $a>b$이면 점 P는 x축의 양의 방향으로 a만큼 이동한다.
> (내) $a \le b$이면 점 P는 x축의 음의 방향으로 1만큼 이동한다.

주머니에서 임의로 4개의 구슬을 동시에 꺼내어 구슬의 색을 확인하고 다시 넣는 시행을 5번 반복한 후 원점에서 출발한 점 P의 좌표가 10 이상일 확률은 p이다. 이때 $5^5 \times p$의 값을 구하시오.

step 3 최고난도*문제

01 학평

1, 2, 3, 4, 5의 숫자가 하나씩 적힌 카드가 각각 1장, 2장, 3장, 4장, 5장이 있다. 이 15장의 카드 중에서 임의로 2장의 카드를 동시에 선택하는 시행을 한다. 이 시행에서 선택한 2장의 카드에 적힌 두 수의 곱의 모든 양의 약수의 개수가 3 이하일 때, 그 두 수의 합이 짝수일 확률은 $\frac{q}{p}$이다. $p+q$의 값을 구하시오. (단, p와 q는 서로소인 자연수이다.)

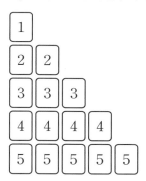

02

그림과 같이 정삼각형 ABC의 세 변의 삼등분점 6개와 세 꼭짓점 A, B, C가 있다. 이 9개의 점 중에서 임의로 택한 서로 다른 4개의 점을 꼭짓점으로 하는 사각형이 존재할 때, 이 사각형에 외접하는 원이 존재할 확률은?

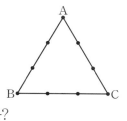

① $\frac{1}{4}$ ② $\frac{1}{3}$ ③ $\frac{5}{12}$

④ $\frac{1}{2}$ ⑤ $\frac{7}{12}$

03

표본공간 $S=\{1, 2, 3, 4, 5, 6, 7, 8\}$의 근원사건이 일어날 확률은 모두 같고, 표본공간 S의 두 사건 A, B에 대하여

$$n(A)=5, \ \mathrm{P}(A|B)=\frac{1}{2}, \ 0<\mathrm{P}(B)<1$$

일 때, 두 사건 A, B의 순서쌍 (A, B)의 개수를 구하시오.

04

1부터 6까지의 자연수가 각각 하나씩 적혀 있는 6개의 공이 들어 있는 주머니에서 임의로 1개의 공을 4번 꺼내어 공에 적혀 있는 수를 차례로 a, b, c, d라 하자. 네 점 P(1, a), Q(2, b), R(3, c), S(4, d) 중 두 점을 양 끝 점으로 하는 6개의 선분 중 기울기가 음수인 선분의 개수가 소수일 때, 기울기가 음수인 선분의 개수가 3일 확률을 구하시오.

(단, 꺼낸 공은 다시 넣지 않는다.)

05 ^{idea} ✦

검은 공 3개와 흰 공 5개가 똑같이 생긴 8개의 상자에 각각 하나씩 들어 있다. 이 8개의 상자에서 검은 공이 들어 있는 3개의 상자를 모두 찾기 위하여 상자를 임의로 1개씩 열어 확인한다. 검은 공이 들어 있는 3개의 상자를 모두 찾을 때까지 확인한 상자의 개수가 n일 확률을 P(n)이라 할 때, P(5)+P(6)의 값을 구하시오.

(단, 확인한 상자는 다시 확인하지 않는다.)

06

그림과 같이 5칸의 타일이 있다. 주사위를 5번 던져서 6의 약수의 눈의 수가 나오면 빨간색으로, 6의 약수가 아닌 눈의 수가 나오면 파란색으로 왼쪽 칸부터 차례로 칠한다. 타일이 3개 이하의 영역으로 구분되었을 때, 2개의 영역으로 구분되었을 확률을 구하시오. (단, 같은 색이 칠해진 이웃한 칸은 하나의 영역으로 생각한다.)

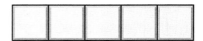

07 학평

A, B 두 사람이 각각 4개씩 공을 가지고 다음 시행을 한다.

> A, B 두 사람이 주사위를 한 번씩 던져 나온 눈의 수가 짝수인 사람은 상대방으로부터 공을 한 개 받는다.

각 시행 후 A가 가진 공의 개수를 세었을 때, 4번째 시행 후 센 공의 개수가 처음으로 6이 될 확률은 $\dfrac{q}{p}$이다. $p+q$의 값을 구하시오. (단, p와 q는 서로소인 자연수이다.)

08 ⊕ 수학 I

상자 안에 1부터 $n(n\geq 2)$까지의 자연수가 각각 하나씩 적혀 있는 n개의 공이 들어 있다. n보다 작은 자연수 m에 대하여 1부터 m까지는 빨간색의 숫자가 적혀 있고, $(m+1)$부터 n까지는 파란색의 숫자가 적혀 있다. 상자에서 임의로 1개의 공을 꺼낼 때, 짝수가 적혀 있는 공이 나오는 사건을 A, 파란색의 숫자가 적혀 있는 공이 나오는 사건을 B라 하자. 2 이상의 자연수 n에 대하여 두 사건 A, B가 서로 독립이 되도록 하는 모든 자연수 m의 값의 합을 a_n이라 할 때, $\sum_{n=2}^{20} a_n$의 값은?

① 300 　　　② 310 　　　③ 320

④ 330 　　　⑤ 340

09 수능

흰 공과 검은 공이 각각 10개 이상 들어 있는 바구니와 비어 있는 주머니가 있다. 한 개의 주사위를 사용하여 다음 시행을 한다.

주사위를 한 번 던져
나온 눈의 수가 5 이상이면
바구니에 있는 흰 공 2개를 주머니에 넣고,
나온 눈의 수가 4 이하이면
바구니에 있는 검은 공 1개를 주머니에 넣는다.

위의 시행을 5번 반복할 때, $n(1\leq n\leq 5)$번째 시행 후 주머니에 들어 있는 흰 공과 검은 공의 개수를 각각 a_n, b_n이라 하자. $a_5+b_5\geq 7$일 때, $a_k=b_k$인 자연수 $k(1\leq k\leq 5)$가 존재할 확률은 $\dfrac{q}{p}$이다. $p+q$의 값을 구하시오.

(단, p와 q는 서로소인 자연수이다.)

01

모평 → 43쪽 08번

숫자 1이 적혀 있는 카드 3장, 2가 적혀 있는 카드 3장, 3이 적혀 있는 카드 2장이 들어 있는 주머니에서 1장의 카드를 임의로 꺼내어 카드에 적혀 있는 수를 확인한 후 다시 넣지 않는 시행을 한다. 이 시행을 8번 반복할 때, $k(1 \leq k \leq 8)$번째 꺼낸 카드에 적혀 있는 수를 a_k라 하자. 두 자연수 m, n을

$$m = a_1 \times 10^3 + a_2 \times 10^2 + a_3 \times 10 + a_4,$$
$$n = a_5 \times 10^3 + a_6 \times 10^2 + a_7 \times 10 + a_8$$

이라 할 때, $m > n$일 확률을 구하시오.

03

모평 → 47쪽 03번

숫자 0, 1, 2, 3, 4, 5, 6이 각각 하나씩 적혀 있는 7장의 카드를 모두 일렬로 나열할 때, 다음 조건을 만족시킬 확률이 $\dfrac{p}{7!}$이다. 이때 자연수 p의 값은?

> (가) 3이 적혀 있는 카드의 바로 양옆에는 각각 3보다 작은 수가 적혀 있는 카드가 있다.
> (나) 4가 적혀 있는 카드의 바로 양옆에는 각각 4보다 큰 수가 적혀 있는 카드가 있다.

① 72   ② 73   ③ 74
④ 75   ⑤ 76

02

모평 → 46쪽 27번

1부터 8까지의 자연수가 각각 하나씩 적혀 있는 8개의 공이 들어 있는 주머니가 있다. 이 주머니에서 임의로 2개의 공을 동시에 꺼내어 적혀 있는 수를 확인한 후 다시 넣는 시행을 2번 반복한다. 첫 번째 시행에서 확인한 두 수 중 작은 수를 a_1, 큰 수를 a_2라 하고, 두 번째 시행에서 확인한 두 수 중 작은 수를 b_1, 큰 수를 b_2라 하자. 두 집합 A, B를

$$A = \{x \,|\, a_1 \leq x \leq a_2\}, \ B = \{x \,|\, b_1 \leq x \leq b_2\}$$

라 할 때, $A \subset B$일 확률을 구하시오.

04

학평 → 49쪽 08번

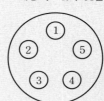

그림과 같이 원형의 탁자 위에 1부터 5까지의 자연수가 각각 하나씩 적혀 있는 5개의 접시가 놓여 있고 같은 종류의 쿠키 9개를 접시에 담으려고 한다. 1부터 5까지의 자연수가 각각 하나씩 적혀 있는 5장의 카드가 들어 있는 주머니에서 임의로 1장의 카드를 꺼낸 후 카드에 적혀 있는 수가 적혀 있는 접시와 그 접시에 이웃하는 양옆의 접시에 3개의 쿠키를 각각 1개씩 담는 시행을 한다. 이 시행을 3번 반복하여 9개의 쿠키를 모두 접시에 담을 때, 5개의 접시에 각각 1개 이상의 쿠키가 담겨 있을 확률을 구하시오. (단, 꺼낸 카드는 다시 주머니에 넣는다.)

05

학평 → 53쪽 08번

그림과 같이 주머니에 ☆ 모양의 스티커가 각각 2개, 1개 붙어 있는 카드 2장과 스티커가 붙어 있지 않은 카드 4장이 들어 있다. 이 주머니에서 임의로 2장의 카드를 동시에 꺼내어 꺼낸 카드에 ☆ 모양의 스티커를 각각 1개씩 붙인 후 다시 주머니에 넣는 시행을 한다. 이 시행을 2번 반복한 후 주머니 속에 ☆ 모양의 스티커가 3개 붙어 있는 카드가 들어 있을 확률을 구하시오.

06

학평 → 57쪽 01번

숫자 1, 2, 3, 4, 5가 하나씩 적혀 있는 카드가 각각 5장, 4장, 3장, 2장, 1장이 있다. 이 15장의 카드 중에서 임의로 2장의 카드를 동시에 택한다. 택한 2장의 카드에 적혀 있는 두 수의 곱의 모든 양의 약수의 개수가 4 이상일 때, 그 두 수의 합이 홀수일 확률은?

① $\dfrac{1}{2}$ ② $\dfrac{7}{12}$ ③ $\dfrac{2}{3}$

④ $\dfrac{3}{4}$ ⑤ $\dfrac{5}{6}$

07

학평 → 58쪽 07번

A, B 두 사람이 각각 3개씩 공을 가지고 다음 시행을 한다.

> A, B 두 사람이 한 개의 주사위를 1번씩 던져서 나오는 눈의 수가 5의 약수인 사람은 상대방으로부터 공을 1개 받는다.

각 시행 후 A가 가진 공의 개수가 4번째 시행 후 처음으로 5가 될 확률이 p일 때, $3^8 \times p$의 값을 구하시오.

08

수능 → 59쪽 09번

흰 공과 검은 공이 각각 21개 이상 들어 있는 바구니와 비어 있는 주머니가 있다. 한 개의 주사위를 2번 던져서 나오는 눈의 수의 합이 8 이상이면 바구니에 들어 있는 흰 공 3개를 주머니에 넣고, 나오는 눈의 수의 합이 7 이하이면 바구니에 들어 있는 검은 공 2개를 주머니에 넣는 시행을 한다. 이 시행을 7번 반복할 때, $n(1 \le n \le 7)$번째 시행 후 주머니에 들어 있는 흰 공과 검은 공의 개수를 각각 a_n, b_n이라 하자. $b_7 + 10 \ge a_7 \ge b_7$일 때, $a_k = b_k$인 자연수 $k(1 \le k \le 7)$가 존재할 확률을 구하시오.

III

통계

01

> 확률질량함수

확률변수 X의 확률질량함수가

$$P(X=x)=\frac{k}{4x^2-1} \ (x=1, 2, 3, 4)$$

일 때, $P(X<k)$의 값은? (단, k는 상수이다.)

① $\frac{1}{2}$ ② $\frac{3}{5}$ ③ $\frac{7}{10}$

④ $\frac{4}{5}$ ⑤ $\frac{9}{10}$

02

> 이산확률변수의 평균

확률변수 X의 확률분포를 표로 나타내면 다음과 같고,

$P(X^2 \le 2X)=\dfrac{2}{3}$일 때, 확률변수 X의 평균을 구하시오.

(단, a, b는 상수이다.)

X	0	1	2	3	합계
$P(X=x)$	$\frac{1}{12}$	$\frac{1}{6}$	a	b	1

03

> 이산확률변수의 평균

흰 공, 검은 공, 노란 공이 각각 1개씩 들어 있는 상자에서 임의로 1개의 공을 꺼내어 색을 확인한 후 다시 넣는 시행을 6번 반복할 때, 꺼낸 공의 서로 다른 색의 수를 확률변수 X라 하자. 이때 $E(X)$의 값을 구하시오.

04

> 이산확률변수의 표준편차

A 상자에는 흰 공 3개와 빨간 공 1개가 들어 있고, B 상자에는 흰 공 2개와 빨간 공 4개가 들어 있다. A 상자에서 임의로 1개의 공을 꺼내어 색을 확인한 후 A 상자에서 꺼낸 공이 흰 공이면 A 상자에서 임의로 1개의 공을 꺼내고, 빨간 공이면 B 상자에서 임의로 1개의 공을 꺼내는 시행을 한다. 이 시행에서 꺼낸 빨간 공의 개수의 합을 확률변수 X라 할 때, $\sigma(X)$의 값을 구하시오.

(단, A 상자에서 처음 꺼낸 공은 다시 넣지 않는다.)

05 모평

> 이산확률변수의 평균

두 이산확률변수 X와 Y가 가지는 값이 각각 1부터 5까지의 자연수이고

$$P(Y=k)=\frac{1}{2}P(X=k)+\frac{1}{10} \ (k=1, 2, 3, 4, 5)$$

이다. $E(X)=4$일 때, $E(Y)=a$이다. $8a$의 값을 구하시오.

06

> 확률변수 $aX+b$의 평균

숫자 1, 2, 3, 4, 5가 각각 하나씩 적혀 있는 5장의 카드가 들어 있는 주머니에서 임의로 2장의 카드를 동시에 꺼낼 때, 카드에 적혀 있는 두 수의 합을 확률변수 X라 하자. 이때 확률변수 $Y=2X+3$의 평균은?

① 11   ② 13   ③ 15

④ 17   ⑤ 19

07 학평
> 이항분포에서의 확률

확률변수 X는 이항분포 $B(3, p)$를 따르고 확률변수 Y는 이항분포 $B(4, 2p)$를 따른다고 한다. 이때 $10P(X=3)=P(Y\geq3)$을 만족시키는 양수 p의 값은 $\dfrac{n}{m}$이다. $m+n$의 값을 구하시오.

(단, m, n은 서로소인 자연수이다.)

08
> 이항분포의 표준편차

확률변수 X의 확률질량함수가
$$P(X=x)={}_{45}C_x\frac{2^{45-x}}{3^{45}} \ (x=0, 1, 2, \cdots, 45)$$
일 때, $\sigma(X)$의 값은?

① 2
② $\sqrt{6}$
③ $2\sqrt{2}$
④ $\sqrt{10}$
⑤ $2\sqrt{3}$

09
> 이항분포의 평균과 분산

이항분포 $B(n, p)$를 따르는 확률변수 X에 대하여 $E(2X-1)=5$, $E(X^2)=11$일 때, $\dfrac{P(X=5)}{P(X=6)}$의 값은?

① 3
② $\dfrac{10}{3}$
③ $\dfrac{11}{3}$
④ 4
⑤ $\dfrac{13}{3}$

10 서술형
> 이항분포의 평균과 분산

한 개의 주사위를 2번 던져서 나오는 눈의 수를 차례로 a, b라 하자. 한 개의 주사위를 2번 던지는 시행을 90번 반복하여 $|a-b|=2$를 만족시키는 횟수를 확률변수 X라 할 때, $E(8X)-V(3X)$의 값을 구하시오.

11
> 이항분포의 평균과 분산

검은 공 3개와 흰 공 k개가 들어 있는 상자에서 임의로 1개의 공을 꺼내어 색을 확인한 후 다시 넣는 시행을 45번 반복할 때, 검은 공이 나오는 횟수를 확률변수 X라 하자. $E(X)=15$일 때, $E(X^2)+E(kX)$의 값을 구하시오.

12 서술형
> 이항분포의 표준편차

다음과 같이 당첨되는 두 종류의 게임이 있다. [게임 1]을 20번 반복할 때 당첨되는 횟수를 확률변수 X, [게임 2]를 n번 반복할 때 당첨되는 횟수를 확률변수 Y라 하자. 이때 확률변수 Y의 표준편차가 확률변수 X의 표준편차보다 크게 되도록 하는 자연수 n의 최솟값을 구하시오.

[게임 1] 서로 다른 2개의 주사위를 동시에 던져서 나오는 두 눈의 수의 합이 10보다 크면 당첨이다.
[게임 2] 5개의 동전을 동시에 던져서 앞면이 4개 이상 나오면 당첨이다.

01

숫자 1, 2, 3이 각각 하나씩 적혀 있는 카드가 각각 3장씩 모두 9장이 들어 있는 상자에서 임의로 2장의 카드를 동시에 꺼낼 때, 카드에 적혀 있는 두 수 중 작지 않은 수를 확률변수 X라 하자. 확률변수 X의 확률질량함수가

$$P(X=x)=ax+b \ (x=1, 2, 3)$$

일 때, 상수 a, b에 대하여 $a-b$의 값은?

① $\dfrac{1}{12}$　　　　② $\dfrac{1}{6}$　　　　③ $\dfrac{1}{4}$

④ $\dfrac{1}{3}$　　　　⑤ $\dfrac{5}{12}$

02

확률변수 X의 확률질량함수가

$$P(X=x)=\begin{cases} \dfrac{x}{12} & (x=1, 2, 3) \\ \dfrac{a-x}{12} & (x=4, 5, 6) \end{cases}$$

이고,

$$f(x)=P(X\geq x) \ (x=1, 2, 3, 4, 5, 6)$$

라 할 때, 보기에서 옳은 것만을 있는 대로 고른 것은?

(단, a는 상수이다.)

┌─ 보기 ─────────────────────────┐
ㄱ. $f(1)=4f(5)$
ㄴ. $P(X=k)=f(k)-f(k+1)$ (단, $k=1, 2, 3, 4, 5$)
ㄷ. $E(X)=f(1)+f(2)+f(3)+f(4)+f(5)+f(6)$
└──────────────────────────────┘

① ㄱ　　　　② ㄱ, ㄴ　　　　③ ㄱ, ㄷ

④ ㄴ, ㄷ　　　　⑤ ㄱ, ㄴ, ㄷ

03

한 개의 동전을 4번 던져서 같은 면이 연속으로 나올 때마다 1점씩 얻기로 한다. 예를 들어 동전을 4번 던져서 '뒷면, 앞면, 앞면, 앞면'이 나오면 2점을 얻고 '뒷면, 뒷면, 앞면, 뒷면'이 나오면 1점을 얻는다. 동전을 4번 던져서 얻는 점수를 확률변수 X라 할 때, X의 분산을 구하시오.

04 모평

그림과 같이 중심이 O, 반지름의 길이가 1이고 중심각의 크기가 $\dfrac{\pi}{2}$인 부채꼴 OAB가 있다. 자연수 n에 대하여 호 AB를 $2n$등분한 각 분점(양 끝 점도 포함)을 차례로 $P_0(=A)$, P_1, P_2, $\cdots$, P_{2n-1}, $P_{2n}(=B)$라 하자.

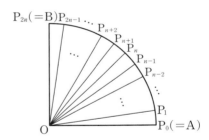

$n=3$일 때, 점 P_1, P_2, P_3, P_4, P_5 중에서 임의로 선택한 한 개의 점을 P라 하자. 부채꼴 OPA의 넓이와 부채꼴 OPB의 넓이의 차를 확률변수 X라 할 때, $E(X)$의 값은?

① $\dfrac{\pi}{11}$　　　　② $\dfrac{\pi}{10}$　　　　③ $\dfrac{\pi}{9}$

④ $\dfrac{\pi}{8}$　　　　⑤ $\dfrac{\pi}{7}$

05

서로 다른 자연수 1, 2, 3, 6, n이 각각 하나씩 적혀 있는 5개의 공이 들어 있는 주머니에서 임의로 4개의 공을 동시에 꺼낼 때, 공에 적혀 있는 네 수 중 가장 큰 수를 확률변수 X라 하자. $f(n)=\mathrm{E}(X)$라 할 때, $f(4)+f(5)+f(14)+f(15)$의 값을 구하시오.

06 서술형

1부터 10까지의 자연수가 각각 하나씩 적혀 있는 10개의 공이 들어 있는 주머니에서 임의로 3개의 공을 동시에 꺼내어 공에 적혀 있는 수를 확인하고 다시 넣은 후 이 주머니에서 다시 임의로 3개의 공을 동시에 꺼낼 때, 첫 번째 꺼낸 3개의 공에 적혀 있는 수와 두 번째 꺼낸 3개의 공에 적혀 있는 수 중 같은 수의 개수를 확률변수 X라 하자. 이때 X의 표준편차를 구하시오.

07

그림과 같은 도로망이 있다. A 지점에서 B 지점까지 최단 거리로 갈 때, 출발 후 왼쪽 방향으로 회전한 횟수를 확률변수 X라 하자. 이때 $\mathrm{E}(X)$의 값을 구하시오.

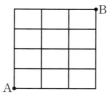

08

그림과 같이 모서리의 길이가 1인 정팔면체의 각 꼭짓점에 1부터 6까지의 자연수가 각각 하나씩 적혀 있다. 한 개의 주사위를 2번 던져서 나오는 눈의 수에 해당하는 점을 차례로 A, B라 하자. 두 점 A, B 사이의 거리의 제곱을 확률변수 X라 할 때, $\mathrm{E}(X)+\mathrm{V}(X)$의 값을 구하시오.

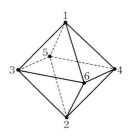

09 모평

두 이산확률변수 X, Y의 확률분포를 표로 나타내면 각각 다음과 같다.

X	1	3	5	7	9	합계
$\mathrm{P}(X=x)$	a	b	c	b	a	1

Y	1	3	5	7	9	합계
$\mathrm{P}(Y=y)$	$a+\dfrac{1}{20}$	b	$c-\dfrac{1}{10}$	b	$a+\dfrac{1}{20}$	1

$\mathrm{V}(X)=\dfrac{31}{5}$일 때, $10\times\mathrm{V}(Y)$의 값을 구하시오.

10 ⊕수학 I

두 확률변수 X, Y가 가질 수 있는 값이 각각 1, 2, 3, 4이고,

$$kP(Y=k)=aP(X=k)+\frac{a}{4} \quad (k=1, 2, 3, 4)$$

를 만족시킨다. $\mathrm{E}(X)=\dfrac{1}{2}$이고 $\mathrm{E}(Y)=\mathrm{V}(Y)$일 때, $20a$의 값을 구하시오. (단, a는 상수이다.)

확률변수 $aX+b$의 평균, 분산, 표준편차

11 idea

확률변수 X의 확률분포를 표로 나타내면 다음과 같고, $E(X)=0.256$일 때, $V(X)$의 값은? (단, a, b는 상수이다.)

X	0.131	0.231	0.331	합계
$P(X=x)$	a	b	$\dfrac{1}{2}$	1

① $\dfrac{9}{1600}$ ② $\dfrac{1}{160}$ ③ $\dfrac{11}{1600}$

④ $\dfrac{31}{1600}$ ⑤ $\dfrac{11}{160}$

12

확률변수 X가 가질 수 있는 값이 1, 2, 3이고, X의 확률질량함수가

$$f(x)=\begin{cases} \dfrac{1}{4} & (x=1) \\ a-\dfrac{3}{4}a^2 & (x=2) \\ b & (x=3) \end{cases}$$

이다. 함수 $f(x)$의 역함수가 존재하지 않을 때, $E(2X+b)$의 값은? (단, a, b는 실수이다.)

① $\dfrac{7}{2}$ ② 4 ③ $\dfrac{9}{2}$

④ 5 ⑤ $\dfrac{11}{2}$

13 학평

주머니 속에 숫자 1, 2, 3, 4가 각각 하나씩 적혀 있는 4개의 공이 들어 있다. 이 주머니에서 임의로 1개의 공을 꺼내어 공에 적혀 있는 수를 확인한 후 다시 넣는다. 이 과정을 2번 반복할 때, 꺼낸 공에 적혀 있는 수를 차례로 a, b라 하자. $a-b$의 값을 확률변수 X라 할 때, 확률변수 $Y=2X+1$의 분산 $V(Y)$의 값을 구하시오.

14

3 이상의 자연수 n에 대하여 정n각형의 꼭짓점에 1부터 n까지의 자연수가 각각 하나씩 차례로 적혀 있다. 정n각형의 n개의 꼭짓점 중에서 3개를 택하여 삼각형을 만들 때, 삼각형의 각 꼭짓점에 적혀 있는 세 수 중 두 번째로 큰 수를 확률변수 X라 하자. 확률질량함수 $P(X=x)(x=2, 3, \cdots, n-1)$가 $x=4$에서 최대일 때, $E(7X-1)$의 값을 구하시오.

15

상자 A에는 숫자 1, 1, 2, 2, 2, 3이 각각 하나씩 적혀 있는 6장의 카드가 들어 있고, 상자 B에는 숫자 1, 2, 2, 3, 3, 3이 각각 하나씩 적혀 있는 6장의 카드가 들어 있다. 두 상자 A, B에서 각각 1장의 카드를 꺼낼 때, 카드에 적혀 있는 두 수의 합을 확률변수 X라 하자. X의 값이 소수일 확률이 p일 때, $\sigma\left(\dfrac{X}{p}\right)$의 값을 구하시오.

16

숫자 2, 2, 3, 4가 각각 하나씩 적혀 있는 공 4개가 들어 있는 주머니에서 임의로 1개의 공을 꺼내어 공에 적혀 있는 수를 확인한 후 다시 넣는 시행을 반복할 때, 꺼낸 모든 공에 적혀 있는 수의 합이 처음으로 9 이상이 될 때까지 주머니에서 공을 꺼낸 횟수를 확률변수 X라 하자. 이때 $\mathrm{E}(32X)$의 값을 구하시오.

이항분포의 평균, 분산, 표준편차

17

두 주사위 A, B를 동시에 던져서 나오는 눈의 수를 각각 a, b라 하자. 두 주사위 A, B를 동시에 던지는 시행을 18번 반복할 때, 함수 $f(x)=-x^2+3x$에 대하여 $f(a)f(b)<0$을 만족시키는 횟수를 확률변수 X라 하자. 이때 $\mathrm{V}(X)$의 값을 구하시오.

18

+수학I

어떤 양궁 선수가 화살을 한 번 쏠 때, 10점을 얻을 확률은 $\dfrac{2}{5}$이다. 이 양궁 선수가 화살을 100번 쏠 때, 10점을 얻는 횟수를 확률변수 X라 하자. 이때 $\displaystyle\sum_{k=0}^{100}(k-2)^2\mathrm{P}(X=k)$의 값은?

① 1460   ② 1468   ③ 1476

④ 1484   ⑤ 1492

19 서술형

서로 다른 2개의 동전을 동시에 던지는 시행을 64번 반복할 때, 2개의 동전 모두 앞면이 나오는 횟수를 확률변수 X라 하자. 이때 한 변의 길이가 X인 정삼각형의 넓이의 기댓값을 구하시오.

20

이항분포 $\mathrm{B}(n,\ p)$를 따르는 확률변수 X에 대하여

$$\mathrm{P}(X=1)=\frac{4}{5}\mathrm{P}(X=2),\ \mathrm{E}(X)=2$$

일 때, $p\times\mathrm{V}(nX)$의 값은?

① 14   ② 16   ③ 18

④ 20   ⑤ 22

21

각 면에 1부터 12까지의 자연수가 각각 하나씩 적혀 있는 정십이면체 모양의 상자를 144번 던질 때, 바닥에 닿은 면에 적혀 있는 수가 자연수 k의 약수인 횟수를 확률변수 X라 하자. 이때 $\mathrm{V}\left(\dfrac{X}{3}+1\right)=3$을 만족시키는 12 이하의 모든 자연수 k의 값의 합은?

① 11   ② 12   ③ 13

④ 14   ⑤ 15

22

어느 공장은 생산한 제품의 등급을 A 또는 B로만 판별하는데, 생산한 제품 중 실제 등급이 A인 제품은 40 %, B인 제품은 60 %이고, 생산한 제품의 등급을 잘못 판별할 확률이 $\dfrac{1}{10}$이다. 이 공장에서 등급이 A로 판별된 제품 중 임의로 350개를 택하여 실제 등급을 확인할 때, 실제 등급이 B인 제품의 개수를 확률변수 X라 하자. 이때 $E(X)$의 값은?

① 30   ② 40   ③ 50

④ 60   ⑤ 70

23 수능

좌표평면의 원점에 점 P가 있다. 한 개의 주사위를 사용하여 다음 시행을 한다.

> 주사위를 한 번 던져 나온 눈의 수가
> 2 이하이면 점 P를 x축의 양의 방향으로 3만큼,
> 3 이상이면 점 P를 y축의 양의 방향으로 1만큼
> 이동시킨다.

이 시행을 15번 반복하여 이동된 점 P와 직선 $3x+4y=0$ 사이의 거리를 확률변수 X라 하자. $E(X)$의 값은?

① 13   ② 15   ③ 17

④ 19   ⑤ 21

24

구슬 80개가 들어 있는 주머니가 있다. 한 개의 주사위를 던져서 나오는 눈의 수가 6의 약수이면 주머니에 구슬 2개를 넣고, 6의 약수가 아니면 주머니에서 구슬 3개를 꺼낸다. 이 시행을 n번 반복한 후 주머니에 들어 있는 구슬의 개수를 확률변수 X라 할 때, $V(X)=\dfrac{400}{3}$이다. 이때 n의 값을 구하시오.

상금의 기댓값

25

자연수 n에 대하여 한 개의 주사위를 $2n$번 던지는 시행에서 다음과 같은 규칙으로 상금을 받을 때, 받을 수 있는 상금의 기댓값은 an원이다. 이때 상수 a의 값을 구하시오.

> (가) 홀수 번째 시행에서 나오는 눈의 수가 짝수이면 200원을 받고, 홀수이면 상금은 없다.
> (나) 짝수 번째 시행에서 나오는 눈의 수가 3의 배수이면 300원을 받고, 3의 배수가 아니면 150원을 받는다.

26 ＋수학Ⅰ

각 면에 숫자 1, 2, 3, 4가 각각 하나씩 적혀 있는 정사면체 모양의 상자를 10번 던져서 3이 적혀 있는 면이 k번 바닥에 닿으면 9^k원의 상금을 받기로 할 때, 상금의 기댓값은?

① 3^{10}원   ② 4^{10}원   ③ 5^{10}원

④ 6^{10}원   ⑤ 7^{10}원

step **3** 최고난도*문제

01 idea ✦

한 개의 주사위를 3번 던져서 나오는 눈의 수를 차례로 a, b, c라 하자. $a+b+c$의 값을 확률변수 X라 할 때, $\mathrm{E}(X)$의 값은?

① $\dfrac{17}{2}$ ② 9 ③ $\dfrac{19}{2}$

④ 10 ⑤ $\dfrac{21}{2}$

02 ⊕ 수학 I

1부터 6까지의 자연수가 각각 하나씩 적혀 있는 6장의 카드가 들어 있는 주머니에서 1장의 카드를 꺼내어 다음 규칙에 따라 확률변수 X를 정할 때, $\mathrm{E}(X)$가 최대가 되도록 하는 자연수 a의 값을 구하시오. (단, $a \le 5$)

> ㈎ 처음에 꺼낸 카드에 적혀 있는 수가 a보다 크면 그 수를 X로 한다.
> ㈏ 처음에 꺼낸 카드에 적혀 있는 수가 a 이하이면 그 카드를 주머니에 다시 넣고 한 장의 카드를 다시 꺼내어 그 카드에 적혀 있는 수를 X로 한다.

03 ⊕ 수학 I

3 이상의 자연수 n에 대하여 흰 공 $(n-3)$개와 검은 공 3개가 들어 있는 주머니에서 임의로 공을 1개씩 모두 꺼내어 차례로 1부터 n까지의 자연수를 각각 하나씩 공에 적는다. 검은 공에 적혀 있는 수 중 최댓값과 최솟값의 차를 확률변수 X라 할 때, $\mathrm{E}(X)=13$을 만족시키는 자연수 n의 값을 구하시오.

04

확률변수 X가 가질 수 있는 값이 -2, -1, 1, 2이고 0이 아닌 실수 t에 대하여

$$\left\{9\mathrm{P}(X=k)+\dfrac{2}{tk}\right\}\{9\mathrm{P}(X=k)-2tk\}=0$$
$$(k=-2, -1, 1, 2)$$

이 성립할 때, 모든 $\mathrm{E}(3X+4)$의 값의 곱은?

① 172 ② 176 ③ 180

④ 184 ⑤ 188

05

두 원 C_1: $x^2+y^2=5$, C_2: $x^2+y^2-3x+1=0$이 있다. 한 개의 주사위를 던져서 나오는 눈의 수를 a라 할 때, 직선 $y=-\dfrac{a}{2}x+a+1$이 두 원 C_1, C_2와 만나는 서로 다른 점의 개수를 확률변수 X라 하자. 이때 $\mathrm{E}(3X+1)-\mathrm{V}(3X-1)$의 값을 구하시오.

06

3개의 주머니 A, B, C에 공이 각각 1개, 2개, 3개 들어 있다. 주머니 A, B, C 중에서 임의로 1개의 주머니를 택하여 2개의 공을 추가로 넣는 시행을 3번 반복한 후 주머니 A, B, C 각각에 들어 있는 공의 개수를 3으로 나누었을 때의 나머지를 각각 a, b, c라 하자. $a+b+c$의 값을 확률변수 X라 할 때, $\dfrac{\mathrm{E}(4X-2)}{\mathrm{V}(5X+1)}$의 값을 구하시오.

07

한 개의 주사위를 던져서 나오는 눈의 수가 2보다 크지 않으면 한 개의 동전을 5번 던지고, 2보다 크면 한 개의 동전을 4번 던지는 시행을 n번 반복할 때, 동전의 앞면이 뒷면보다 많이 나오는 횟수를 확률변수 X라 하자. 이때 $\sigma(X)$의 값이 유리수가 되도록 하는 자연수 n의 최솟값을 구하시오.

08 모평

어느 창고에 부품 S가 3개, 부품 T가 2개 있는 상태에서 부품 2개를 추가로 들여왔다. 추가된 부품은 S 또는 T이고, 추가된 부품 중 S의 개수는 이항분포 $\mathrm{B}\left(2, \dfrac{1}{2}\right)$을 따른다. 이 7개의 부품 중 임의로 1개를 선택한 것이 T일 때, 추가된 부품이 모두 S였을 확률은?

① $\dfrac{1}{6}$　　　　② $\dfrac{1}{4}$　　　　③ $\dfrac{1}{3}$

④ $\dfrac{1}{2}$　　　　⑤ $\dfrac{3}{4}$

09

(+ 수학I)

첫 번째 시행에서 한 개의 주사위를 36번 던지고, 두 번째 시행에서는 첫 번째 시행에서 1이 아닌 눈의 수가 나오는 횟수만큼 주사위를 던진다. 첫 번째 시행과 두 번째 시행에서 1의 눈의 수가 나오는 횟수의 합을 확률변수 X라 할 때, $E(X)$의 값은?

① 11 ② 12 ③ 13

④ 14 ⑤ 15

10

4보다 큰 자연수 n에 대하여 확률변수 X는 이항분포 $B\left(n, \dfrac{2}{7}\right)$를 따른다. $0 \le k \le n$인 정수 k에 대하여 $P(X=k) \ge P(X=5)$를 만족시키는 k가 오직 1개 존재할 때, 모든 자연수 n의 값의 합은? (단, $k \ne 5$)

① 71 ② 72 ③ 73

④ 74 ⑤ 75

11 수능

어느 공장에서 생산되는 제품은 한 상자에 50개씩 넣어 판매되는데, 상자에 포함된 불량품의 개수는 이항분포를 따르고 평균이 m, 분산이 $\dfrac{48}{25}$이라 한다. 한 상자를 판매하기 전에 불량품을 찾아내기 위하여 50개의 제품을 모두 검사하는 데 총 60000원의 비용이 발생한다. 검사하지 않고 한 상자를 판매할 경우에는 한 개의 불량품에 a원의 애프터서비스 비용이 필요하다. 한 상자의 제품을 모두 검사하는 비용과 애프터서비스로 인해 필요한 비용의 기댓값이 같다고 할 때, $\dfrac{a}{1000}$의 값을 구하시오. (단, a는 상수이고, m은 5 이하인 자연수이다.)

01
> 연속확률변수의 확률

$0 \leq X \leq 3$에서 모든 실수의 값을 갖는 연속확률변수 X에 대하여

$$P(x \leq X \leq x+1) = k(x+1) \ (0 \leq x \leq 2)$$

일 때, $P\left(\dfrac{1}{2} \leq X \leq \dfrac{5}{2}\right)$의 값은? (단, k는 상수이다.)

① $\dfrac{7}{12}$　　　② $\dfrac{2}{3}$　　　③ $\dfrac{3}{4}$

④ $\dfrac{5}{6}$　　　⑤ $\dfrac{11}{12}$

02 서술형
> 확률밀도함수의 성질

연속확률변수 X의 확률밀도함수 $y=f(x)\,(0 \leq x \leq 2)$의 그래프가 그림과 같다. $P(0 \leq X \leq b) = \dfrac{1}{4}$일 때, $12ab$의 값을 구하시오. (단, a, b는 상수이다.)

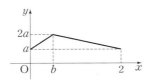

03
> 확률밀도함수의 성질

두 함수 $f(x)=\dfrac{1}{2}x+a$, $g(x)=-\dfrac{1}{2}x+4a$에 대하여 연속확률변수 X의 확률밀도함수가 $(f \circ g)(x)\,(0 \leq x \leq 2)$일 때, 상수 a의 값을 구하시오. $\left(단, a \geq \dfrac{1}{6}\right)$

04 모평
> 확률밀도함수의 성질

연속확률변수 X가 갖는 값의 범위는 $0 \leq X \leq 8$이고, X의 확률밀도함수 $f(x)$의 그래프는 직선 $x=4$에 대하여 대칭이다.

$$3P(2 \leq X \leq 4) = 4P(6 \leq X \leq 8)$$

일 때, $P(2 \leq X \leq 6)$의 값은?

① $\dfrac{3}{7}$　　　② $\dfrac{1}{2}$　　　③ $\dfrac{4}{7}$

④ $\dfrac{9}{14}$　　　⑤ $\dfrac{5}{7}$

05
> 정규분포 곡선의 성질

확률변수 X가 정규분포 $N(m, \sigma^2)$을 따르고

$$P(40 \leq X \leq 45) = P(55 \leq X \leq 60) = 0.1359$$

일 때, $P(X \geq 40) - P(50 \leq X \leq 55)$의 값은?

① 0.1359　　　② 0.2718　　　③ 0.3641

④ 0.5　　　⑤ 0.6359

06
> 정규분포의 표준화

두 확률변수 X, Y가 각각 정규분포 $N(40, 4^2)$, $N(0, 1)$을 따르고 $P(-1.5 \leq Y \leq 1.5) = p_1$, $P(Y \leq 1) = p_2$일 때, $P(|X-39| \leq 5)$의 값을 p_1, p_2를 사용하여 나타내면?

① $\dfrac{p_1+2p_2-1}{2}$　　　② $\dfrac{2p_1+p_2-1}{2}$　　　③ $\dfrac{p_1+2p_2}{2}$

④ $\dfrac{2p_1+p_2}{2}$　　　⑤ $\dfrac{2p_1+p_2+1}{2}$

07 학평

> 정규분포의 표준화

확률변수 X가 정규분포 $N(5, 2^2)$을 따를 때, 등식 $P(X \leq 9-2a) = P(X \geq 3a-3)$을 만족시키는 상수 a에 대하여 $P(9-2a \leq X \leq 3a-3)$의 값을 오른쪽 표준정규분포표를 이용하여 구한 것은?

z	$P(0 \leq Z \leq z)$
1.0	0.3413
1.5	0.4332
2.0	0.4772
2.5	0.4938

① 0.7745   ② 0.8664   ③ 0.9104

④ 0.9544   ⑤ 0.9876

08 학평

> 정규분포의 표준화

두 연속확률변수 X와 Y는 각각 정규분포 $N(50, \sigma^2)$, $N(65, 4\sigma^2)$을 따른다.

$$P(X \geq k) = P(Y \leq k) = 0.1056$$

일 때, $k+\sigma$의 값을 오른쪽 표준정규분포표를 이용하여 구하시오.

(단, $\sigma > 0$)

z	$P(0 \leq Z \leq z)$
1.25	0.3944
1.50	0.4332
1.75	0.4599
2.00	0.4772

09

> 정규분포의 표준화

평균이 100, 표준편차가 σ_1인 정규분포를 따르는 확률변수 X와 평균이 100, 표준편차가 σ_2인 정규분포를 따르는 확률변수 Y에 대하여 보기에서 옳은 것만을 있는 대로 고른 것은?

보기

ㄱ. $P(X \geq 100) = 0.5$

ㄴ. $\sigma_1 = 2\sigma_2$이면 $P(X \leq 90) = P(Y \geq 105)$

ㄷ. $\sigma_1 < \sigma_2$이면 $P(X \leq 105) < P(Y \leq 105)$

① ㄱ   ② ㄴ   ③ ㄱ, ㄴ

④ ㄱ, ㄷ   ⑤ ㄱ, ㄴ, ㄷ

10

> 정규분포의 활용

어느 고등학교의 교내 수학경시대회에서 모든 참가자의 수학 점수는 평균이 58점, 표준편차가 4점인 정규분포를 따른다고 한다. 이 수학경시대회 참가자 중 상위 4 %까지 상장을 수여한다고 할 때, 상장을 받은 학생의 최저 점수를 오른쪽 표준정규분포표를 이용하여 구한 것은?

z	$P(0 \leq Z \leq z)$
1.55	0.44
1.65	0.45
1.75	0.46
1.85	0.47

① 64점   ② 65점   ③ 66점

④ 67점   ⑤ 68점

11

> 이항분포와 정규분포 사이의 관계

다음은 어느 지방선거 유권자들의 세 정당 A, B, C에 대한 선호도를 조사하여 표로 나타낸 것이다.

정당	A	B	C	합계
선호도(%)	46	29	25	100

유권자 4800명이 투표에 참여하여 자신의 선호도에 따라 투표를 한다고 할 때, C 정당에 투표한 유권자가 1260명 이상일 확률을 오른쪽 표준정규분포표를 이용하여 구한 것은? (단, 투표를 한 사람 중 기권을 한 사람은 없고, 무효표도 존재하지 않는다.)

z	$P(0 \leq Z \leq z)$
1.0	0.3413
1.5	0.4332
2.0	0.4772
2.5	0.4938

① 0.0228   ② 0.1587   ③ 0.1915

④ 0.3413   ⑤ 0.4772

확률밀도함수의 성질

01

연속확률변수 X의 확률밀도함수 $f(x)$ $(0\leq x\leq 4)$가 다음 조건을 만족시킬 때, $P(1\leq X\leq 3)$의 값을 구하시오.

> (가) $0\leq x\leq 2$인 모든 실수 x에 대하여 $f(2+x)=f(2-x)$
> (나) $0\leq x\leq 2$에서 $P(0\leq X\leq x)=ax^2$

02

연속확률변수 X의 확률밀도함수가
$$f(x)=\begin{cases} ax+b & (-1\leq x<0) \\ (a+1)x+b & (0\leq x\leq 1) \end{cases}$$
이다. 상수 a, b에 대하여 $a+b$의 최댓값을 M, 최솟값을 m이라 할 때, $M-m$의 값을 구하시오.

03 ✦ idea

$0<a<1$, $0<b<1$인 실수 a, b에 대하여 연속확률변수 X의 확률밀도함수는
$$f(x)=\begin{cases} ax & (0\leq x<1) \\ -a(x-2) & (1\leq x<2) \\ b(x-2) & (2\leq x<3) \\ -b(x-4) & (3\leq x\leq 4) \end{cases}$$
이다. $0\leq t\leq 3$인 실수 t에 대하여 $P(t\leq X\leq t+1)$은 $t=g(a)$에서 최솟값 $h(a)$를 가질 때, $g\left(\dfrac{2}{5}\right)+h\left(\dfrac{1}{3}\right)$의 값을 구하시오.

04

양수 a, b에 대하여 $-a\leq X\leq 2a$에서 모든 실수의 값을 갖는 연속확률변수 X의 확률밀도함수 $y=f(x)$의 그래프가 그림과 같을 때, 보기에서 옳은 것만을 있는 대로 고른 것은?

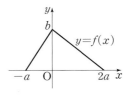

> ┌ 보기 ┐
> ㄱ. $a>\dfrac{3}{2}$이면 $b<\dfrac{2}{3}$이다.
> ㄴ. $P\left(-a\leq X\leq \dfrac{a}{2}\right)>P\left(\dfrac{a}{2}\leq X\leq 2a\right)$
> ㄷ. $X^2<a^2$인 사건을 A, $X>0$인 사건을 B라 할 때, $P(A|B)=\dfrac{3}{4}$이다.

① ㄱ   ② ㄴ   ③ ㄷ
④ ㄱ, ㄴ   ⑤ ㄴ, ㄷ

05 수능

두 연속확률변수 X와 Y가 갖는 값의 범위는 $0\leq X\leq 6$, $0\leq Y\leq 6$이고, X와 Y의 확률밀도함수는 각각 $f(x)$, $g(x)$이다. 확률변수 X의 확률밀도함수 $f(x)$의 그래프는 그림과 같다.

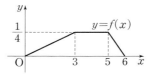

$0\leq x\leq 6$인 모든 x에 대하여
$$f(x)+g(x)=k \ (k는 상수)$$
를 만족시킬 때, $P(6k\leq Y\leq 15k)=\dfrac{q}{p}$이다. $p+q$의 값을 구하시오. (단, p와 q는 서로소인 자연수이다.)

정규분포 곡선의 성질

06 모평

✚ 수학Ⅰ

확률변수 X가 정규분포 $N(4, 3^2)$을 따를 때,

$\sum_{n=1}^{7} P(X \leq n) = a$이다. $10a$의 값을 구하시오.

07 ^{idea} ✚

확률변수 X가 정규분포 $N(m, 3^2)$을 따를 때,

$$1 + P(15 \leq X \leq 18) = P(X \leq 23) + P(X \geq 20)$$

이다. $P(X \leq a) + P(X \leq a+b) = 1$을 만족시키는 실수 a, b에 대하여 $ab = 10$일 때, 모든 a의 값의 합은?

① 16　　　　② 17　　　　③ 18

④ 19　　　　⑤ 20

08 서술형

확률변수 X가 정규분포 $N(m, \sigma^2)$을 따르면

$$P(X \leq m - 0.8\sigma) = 0.2119$$

일 때, 평균이 15, 표준편차가 5인 정규분포를 따르는 확률변수 X에 대하여 $P(X \leq k) = 0.7881$을 만족시키는 상수 k의 값을 구하시오.

09

정규분포 $N(m, \sigma^2)$을 따르는 확률변수 X에 대하여 함수

$$f(a) = P(a \leq X \leq a+4)$$

는 $a=8$에서 최댓값을 갖고, $E(X^2) = 104$이다. 이때 $P(6 \leq X \leq 13)$의 값을 오른쪽 표를 이용하여 구한 것은?

x	$P(m \leq X \leq x)$
$m+1.5\sigma$	0.4332
$m+2\sigma$	0.4772
$m+2.5\sigma$	0.4938

① 0.0440　　　　② 0.8664　　　　③ 0.9104

④ 0.9544　　　　⑤ 0.9710

정규분포의 표준화

10 학평

확률변수 X는 정규분포 $N(m, 2^2)$, 확률변수 Y는 정규분포 $N(m, \sigma^2)$을 따른다. 상수 a에 대하여 두 확률변수 X, Y가 다음 조건을 만족시킨다.

㈎ $Y = 3X - a$
㈏ $P(X \leq 4) = P(Y \geq a)$

$P(Y \geq 9)$의 값을 오른쪽 표준정규분포 표를 이용하여 구한 것은?

z	$P(0 \leq Z \leq z)$
0.5	0.1915
1.0	0.3413
1.5	0.4332
2.0	0.4772

① 0.0228　　　　② 0.0668

③ 0.1587　　　　④ 0.2417

⑤ 0.3085

11

두 확률변수 X, Y가 각각 정규분포 $N(m, \sigma^2)$, $N(2m, 4\sigma^2)$을 따른다. 실수 t에 대하여 두 함수 $F(t)$와 $G(t)$를 각각

$$F(t)=P(X \geq m-\sigma t), \quad G(t)=P(Y \leq 2m+\sigma t)$$

라 할 때, 보기에서 옳은 것만을 있는 대로 고른 것은?

┌─ 보기 ────────────────────────────┐
ㄱ. $F(1)+G(-2)=1$
ㄴ. 실수 t_1, t_2에 대하여 $2t_1 < t_2$이면 $F(t_1) < G(t_2)$이다.
ㄷ. 양수 t_3에 대하여 $G(4t_3)+0.5 > 2F(t_3)$이다.
└────────────────────────────────┘

① ㄱ   ② ㄱ, ㄴ   ③ ㄱ, ㄷ

④ ㄴ, ㄷ   ⑤ ㄱ, ㄴ, ㄷ

12

두 확률변수 X, Y가 각각 정규분포 $N(35, 5^2)$, $N(50, 10^2)$을 따를 때, X, Y의 정규분포 곡선은 그림과 같다.

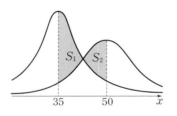

$35 \leq x \leq 50$에서 두 곡선과 직선 $x=35$로 둘러싸인 부분의 넓이를 S_1, 두 곡선과 직선 $x=50$으로 둘러싸인 부분의 넓이를 S_2라 할 때, $S_1 - S_2$의 값을 오른쪽 표준정규분포표를 이용하여 구한 것은?

z	$P(0 \leq Z \leq z)$
1.5	0.4332
2.0	0.4772
2.5	0.4938
3.0	0.4987

① 0.0606   ② 0.0655   ③ 0.0668

④ 0.0681   ⑤ 0.0896

13

정규분포 $N(0, \sigma^2)$을 따르는 확률변수 X와 표준정규분포 $N(0, 1)$을 따르는 확률변수 Z에 대하여 두 확률변수 X, Z의 확률밀도함수가 각각 $f(x)$, $g(x)$일 때, 양수 k는 다음 조건을 만족시킨다.

┌────────────────────────────────┐
⑦ $f(k)=g(k)$
⑭ $P(0 \leq X \leq k)=0.385$
⑭ 두 함수 $y=f(x)$, $y=g(x)$의 그래프와 두 직선 $x=0$,
$x=k$로 둘러싸인 부분의 넓이는 0.079이다.
└────────────────────────────────┘

이때 σ의 값을 오른쪽 표준정규분포표를 이용하여 구하시오. (단, $\sigma > 1$)

z	$P(0 \leq Z \leq z)$
1.2	0.385
1.4	0.419
1.6	0.445
1.8	0.464

14 학평

확률변수 X는 정규분포 $N(8, 2^2)$, 확률변수 Y는 정규분포 $N(12, 2^2)$을 따르고, 확률변수 X와 Y의 확률밀도함수는 각각 $f(x)$와 $g(x)$이다.

두 함수 $y=f(x)$, $y=g(x)$의 그래프가 만나는 점의 x좌표를 a라 할 때, $P(8 \leq Y \leq a)$의 값을 오른쪽 표준정규분포표를 이용하여 구한 것은?

z	$P(0 \leq Z \leq z)$
0.5	0.1915
1.0	0.3413
1.5	0.4332
2.0	0.4772

① 0.1359   ② 0.1587   ③ 0.2417

④ 0.2857   ⑤ 0.3085

15 학평

확률변수 X는 평균이 m, 표준편차가 4인 정규분포를 따르고, 확률변수 X의 확률밀도함수 $f(x)$가

$$f(8)>f(14),\ f(2)<f(16)$$

을 만족시킨다.

m이 자연수일 때, $P(X\leq 6)$의 값을 오른쪽 표준정규분포표를 이용하여 구한 것은?

z	$P(0\leq Z\leq z)$
1.0	0.3413
1.5	0.4332
2.0	0.4772
2.5	0.4938

① 0.0062
② 0.0228
③ 0.0668
④ 0.1525
⑤ 0.1587

16 ✦ idea

확률변수 X가 정규분포 $N(m,\ 2^2)$을 따르고 확률변수 Z가 표준정규분포를 따를 때,

$P(a\leq X\leq a+6)=2P(0\leq Z\leq 1.5)$

를 만족시키는 상수 a에 대하여

$P(a\leq X\leq a+1)$의 값을 오른쪽 표준정규분포표를 이용하여 구한 것은?

z	$P(0\leq Z\leq z)$
0.5	0.1915
1.0	0.3413
1.5	0.4332
2.0	0.4772

① 0.0668
② 0.0919
③ 0.1359
④ 0.2417
⑤ 0.2857

▶ 정규분포의 활용

17 모평

어느 학교 3학년 학생의 A 과목 시험 점수는 평균이 m, 표준편차가 σ인 정규분포를 따르고, B 과목 시험 점수는 평균이 $m+3$, 표준편차가 σ인 정규분포를 따른다고 한다. 이 학교 3학년 학생 중에서 A 과목 시험 점수가 80점 이상인 학생의 비율이 9 %이고, B 과목 시험 점수가 80점 이상인 학생의 비율이 15 %일 때, $m+\sigma$의 값은? (단, Z가 표준정규분포를 따르는 확률변수일 때, $P(0\leq Z\leq 1.04)=0.35$, $P(0\leq Z\leq 1.34)=0.41$로 계산한다.)

① 68.6
② 70.6
③ 72.6
④ 74.6
⑤ 76.6

18 서술형

어느 농장에서 수확하는 사과 1개의 무게는 평균이 400 g, 표준편차가 20 g인 정규분포를 따르고, 수확한 사과 중에서 무게가 384 g 미만인 것은 판매하지 않는다고 한다. 이 농장에서 수확한 사과 중에서 임의로 4개를 택할 때, 판매할 수 있는 사과가 3개일 확률이 $\dfrac{2^q}{5^p}$이다. 이때 자연수 p, q에 대하여 pq의 값을 구하시오. (단, Z가 표준정규분포를 따르는 확률변수일 때, $P(0\leq Z\leq 0.8)=0.3$으로 계산한다.)

19 수능

어느 회사 직원들의 어느 날의 출근 시간은 평균이 66.4분, 표준편차가 15분인 정규분포를 따른다고 한다. 이 날 출근 시간이 73분 이상인 직원들 중에서 40 %, 73분 미만인 직원들 중에서 20 %가 지하철을 이용하였고, 나머지 직원들은 다른 교통수단을 이용하였다. 이 날 출근한 이 회사 직원들 중 임의로 선택한 1명이 지하철을 이용하였을 확률은? (단, Z가 표준정규분포를 따르는 확률변수일 때, $P(0 \leq Z \leq 0.44) = 0.17$로 계산한다.)

① 0.306   ② 0.296   ③ 0.286

④ 0.276   ⑤ 0.266

20

어느 고등학교 학생들의 하루 수학 공부 시간은 평균이 40분, 표준편차가 5분인 정규분포를 따른다고 한다. 이 학생들 중에서 하루 수학 공부 시간이 35분 이상인 학생의 40 %가 남학생이고, 하루 수학 공부 시간이 35분 미만인 학생의 70 %가 여학생이라 한다. 이 고등학교 학생 중에서 임의로 택한 1명이 여학생일 때, 이 학생의 하루 수학 공부 시간이 35분 이상일 확률을 오른쪽 표준정규분포표를 이용하여 구한 것은?

z	$P(0 \leq Z \leq z)$
0.5	0.19
1.0	0.34
1.5	0.43
2.0	0.48

① $\dfrac{1}{2}$ ② $\dfrac{3}{5}$ ③ $\dfrac{3}{4}$

④ $\dfrac{9}{11}$ ⑤ $\dfrac{9}{10}$

21

다음은 어느 고등학교 학생 1000명을 대상으로 수학 성적과 영어 성적을 조사하여 수학 점수를 5개의 등급으로 나눈 후 각 등급의 상대도수와 그 등급에 속하는 학생들의 영어 점수의 평균과 표준편차를 표로 나타낸 것이다.

구분 수학 등급	상대도수	영어 점수	
		평균	표준편차
1등급	0.1	78	8
2등급	0.2	75	5
3등급	0.4	72	4
4등급	0.2	70	4
5등급	0.1	66	7

각 수학 등급에서 영어 점수가 정규분포를 따른다고 할 때, 수학 등급이 2등급 또는 3등급인 학생 중에서 영어 점수가 70점 이상 80점 이하인 학생 수를 오른쪽 표준정규분포표를 이용하여 구하시오.

z	$P(0 \leq Z \leq z)$
0.5	0.19
1.0	0.34
1.5	0.43
2.0	0.48

이항분포와 정규분포 사이의 관계

22 서술형

20보다 큰 자연수 n에 대하여 주사위를 n^2번 던져서 홀수의 눈의 수가 나오는 횟수를 확률변수 X라 하자. 양수 k에 대하여

$$f(n, k) = P\left(\left| \dfrac{X}{n^2} - \dfrac{1}{2} \right| < \dfrac{1}{k} \right)$$

일 때, 등식 $f(40, 4) = f(n, 8)$을 만족시키는 n의 값을 구하시오.

23

두 확률변수 X, Y가 각각 이항분포 $B(144, p_1)$, $B(576, p_2)$를 따를 때, 보기에서 옳은 것만을 있는 대로 고른 것은?

(단, $0 < p_1 < 1$, $0 < p_2 < 1$)

─• 보기 •─────────────────────────────

ㄱ. $p_1 = p_2 = \dfrac{1}{6}$이면 $E(Y) - E(X) = 72$이다.

ㄴ. $p_1 = 4p_2$이면 $V(X) = V(Y)$이다.

ㄷ. $p_1 + p_2 = 1$이면

$\quad P\left(\left| \dfrac{X}{144} - p_1 \right| \leq \dfrac{1}{24} \right) = P\left(\left| \dfrac{Y}{576} - p_2 \right| \leq \dfrac{1}{48} \right)$이다.

────────────────────────────────────

① ㄱ   ② ㄴ   ③ ㄱ, ㄷ

④ ㄴ, ㄷ   ⑤ ㄱ, ㄴ, ㄷ

24

어느 여행사에서 좌석이 369개인 비행기에 총 400명의 예약을 받았다. 좌석을 예약한 사람이 취소하거나 실제 탑승하지 않을 확률이 10 %라 할 때, 예약한 사람 중 실제 비행기를 타려고 공항에 나온 사람들이 모두 비행기에 탑승할 확률을 오른쪽 표준정규분포표를 이용하여 구한 것은?

z	$P(0 \leq Z \leq z)$
0.5	0.1915
1.0	0.3413
1.5	0.4332
2.0	0.4772

① 0.8413   ② 0.8745   ③ 0.9332

④ 0.9772   ⑤ 0.9938

25

한 개의 주사위를 던져서 나오는 눈의 수가 3의 배수이면 구슬 3개를 받고 3의 배수가 아니면 구슬 1개를 받는다. 주사위를 n번 던진 후 받은 구슬의 개수의 합의 기댓값이 750일 때, 주사위를 n번 던진 후 받은 구슬의 개수의 합이 780 이상일 확률을 오른쪽 표준정규분포표를 이용하여 구한 것은?

z	$P(0 \leq Z \leq z)$
1.0	0.3413
1.5	0.4332
2.0	0.4772
2.5	0.4938

① 0.0228   ② 0.0332   ③ 0.0668

④ 0.0988   ⑤ 0.1587

26

두 정육면체 A, B와 정사면체 C가 있다. 정육면체 A의 각 면에는 숫자 1, 1, 1, 2, 2, 3이, 정육면체 B의 각 면에는 숫자 1, 2, 3, 4, 4, 4가 각각 하나씩 적혀 있고 정사면체 C의 각 면에는 숫자 1, 2, 4, 8이 각각 하나씩 적혀 있다. 정육면체 A를 1번 던져서 바닥에 닿은 면에 적혀 있는 수를 a, 정육면체 B를 2번 던져서 바닥에 닿은 면에 적혀 있는 수를 차례로 b_1, b_2라 하고 정사면체 C를 3번 던져서 바닥에 닿은 면에 적혀 있는 수를 차례로 c_1, c_2, c_3이라 할 때, 순서쌍 $(a, b_1, b_2, c_1, c_2, c_3)$을 원소로 갖는 집합을 S라 하자. 집합 S의 원소 중 3840개를 임의로 택할 때, 순서쌍 $(a, b_1, b_2, c_1, c_2, c_3)$의 a, b_1, b_2, c_1, c_2, c_3 중 홀수가 적어도 1개인 순서쌍이 3615개 이상일 확률을 오른쪽 표준정규분포표를 이용하여 구하면 p이다. 이때 $1000p$의 값을 구하시오.

z	$P(0 \leq Z \leq z)$
0.5	0.192
1.0	0.341
1.5	0.433
2.0	0.477

01

양수 a에 대하여 함수 $f(x)=\begin{cases} a & (x<a) \\ x & (x \geq a) \end{cases}$이고, 연속확률변수

X의 확률밀도함수가

$$g(x)=\frac{2}{9}\{f(x)-f(x-2)\} \quad (0 \leq x \leq 6)$$

일 때, a의 값을 구하시오.

02 ^{idea}✦

실수 a, $b\,(b \geq 2)$에 대하여
$a-b \leq X \leq a+b$에서 모든 실수
의 값을 갖는 연속확률변수 X의
확률밀도함수 $y=f(x)$의 그래프
가 그림과 같다.

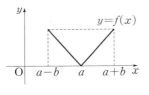

$a-b+1 \leq k \leq a+b-3$인 모든 실수 k에 대하여 함수
$$g(k)=P(k-1 \leq X \leq k+3)$$
이 $g(k) \geq g(5)$를 만족시키고 $g(5)=\frac{1}{4}$일 때, $P(3 \leq X \leq 7)$
의 값을 구하시오. (단, $f(a-b)=f(a+b)$)

03

확률변수 X가 정규분포 $N(k^2, \sigma^2)$을 따를 때,
$P(3k \leq X \leq 3k+20)=0.4778$을 만족시키는 양수 k가 존재
하도록 하는 σ의 최댓값을 σ'이라 하자. $\sigma=\sigma'$일 때, $k+8\sigma'$
의 값은? (단, Z가 표준정규분포를 따르는 확률변수일 때,
$P(|Z| \leq 0.64)=0.4778$로 계산한다.)

① 110   ② 115   ③ 120
④ 125   ⑤ 130

04   ➕수학1

확률변수 X가 정규분포 $N(0, 2^2)$을 따를 때, 자연수 n에 대
하여

$$a_n=P\left(X \leq \left(-\frac{1}{2}\right)^n\right)-P\left(X \geq \left(-\frac{1}{2}\right)^{n+1}\right)$$

이라 정의하자.

$\sum_{n=1}^{8}(-1)^n a_n + P\left(0 \leq X \leq \frac{1}{2^9}\right)$의 값
을 오른쪽 표준정규분포표를 이용하
여 구하면 p일 때, $10000p$의 값을 구
하시오.

z	$P(0 \leq Z \leq z)$
0.25	0.0987
0.50	0.1915
0.75	0.2734
1.00	0.3413

05 학평

확률변수 X는 정규분포 $N(m_1, \sigma_1^2)$, 확률변수 Y는 정규분포 $N(m_2, \sigma_2^2)$을 따르고, 확률변수 X, Y의 확률밀도함수는 각각 $f(x)$, $g(x)$이다. $\sigma_1=\sigma_2$이고 $f(24)=g(28)$일 때, 확률변수 X, Y는 다음 조건을 만족시킨다.

⑦ $P(m_1 \leq X \leq 24) + P(28 \leq Y \leq m_2) = 0.9544$
㉯ $P(Y \geq 36) = 1 - P(X \leq 24)$

$P(18 \leq X \leq 21)$의 값을 오른쪽 표준정규분포표를 이용하여 구한 것은?

z	$P(0 \leq Z \leq z)$
0.5	0.1915
1.0	0.3413
1.5	0.4332
2.0	0.4772

① 0.3830
② 0.5328
③ 0.6247
④ 0.6826
⑤ 0.7745

06

두 확률변수 X, Y는 각각 정규분포 $N(m, 3^2)$, $N(n, 3^2)$을 따르고 확률밀도함수는 각각 $f(x)$, $g(x)$이다. 실수 t에 대하여 x에 대한 방정식 $\{f(x)-f(t)\}\{g(x)-f(t)\}=0$의 서로 다른 실근의 개수를 $h(t)$라 할 때, $h(10)<h(13)<h(16)$을 만족시킨다. 이때 $P(X \geq 4)+P(Y \leq 13)$의 값을 오른쪽 표준정규분포표를 이용하여 구한 것은? (단, $m<n$)

z	$P(0 \leq Z \leq z)$
0.5	0.1915
1.0	0.3413
1.5	0.4332
2.0	0.4772

① 0.3313
② 0.7857
③ 1.1359
④ 1.2857
⑤ 1.6687

07

주머니 A에는 숫자 1, 2, 3, 4, 5가 각각 하나씩 적혀 있는 5개의 공이 들어 있고, 주머니 B에는 숫자 1, 2, 3, 4가 각각 하나씩 적혀 있는 4개의 공이 들어 있다. 두 주머니 A, B에서 각각 임의로 1개의 공을 꺼내어 공에 적혀 있는 수를 확인하고, 다시 두 주머니에서 각각 임의로 1개의 공을 더 꺼내어 공에 적혀 있는 수를 확인한 후 꺼낸 4개의 공을 모두 처음에 있던 주머니에 다시 넣는다. 첫 번째 꺼낸 2개의 공에 적혀 있는 수의 합과 두 번째 꺼낸 2개의 공에 적혀 있는 수의 합이 같은 사건을 A라 하자. 이 시행을 720번 반복할 때, 사건 A가 110번 이하 또는 140번 이상 일어날 확률을 오른쪽 표준정규분포표를 이용하여 구한 것은?

z	$P(0 \leq Z \leq z)$
0.5	0.192
1.0	0.341
1.5	0.433
2.0	0.477

① 0.182
② 0.226
③ 0.375
④ 0.818
⑤ 0.864

01
> 표본평균의 확률

모집단의 확률변수 X의 확률분포를 표로 나타내면 다음과 같다.

X	1	3	5	합계
$P(X=x)$	a	b	b	1

이 모집단에서 크기가 2인 표본을 임의추출하여 구한 표본평균을 $\overline{X}$라 하자. $P(\overline{X}=2)=\dfrac{3}{16}$일 때, $P(\overline{X}=3)$의 값을 구하시오. (단, $a>b$)

02
> 표본평균의 평균, 분산

2 이상의 자연수 n에 대하여 모집단에서 크기가 n인 표본을 임의추출하여 구한 표본평균을 $\overline{X}$라 하자. 이 모집단의 확률변수 X에 대하여 $E(X)=5$, $E(X^2)=58$일 때, $E(\overline{X}^2)\geq 28$을 만족시키는 자연수 n의 최댓값을 구하시오.

03 모평
> 표본평균의 평균, 분산

어느 모집단의 확률변수 X의 확률분포가 다음 표와 같다.

X	0	2	4	합계
$P(X=x)$	$\dfrac{1}{6}$	a	b	1

$E(X^2)=\dfrac{16}{3}$일 때, 이 모집단에서 임의추출한 크기가 20인 표본의 표본평균 $\overline{X}$에 대하여 $V(\overline{X})$의 값은?

① $\dfrac{1}{60}$ ② $\dfrac{1}{30}$ ③ $\dfrac{1}{20}$

④ $\dfrac{1}{15}$ ⑤ $\dfrac{1}{12}$

04
> 정규분포를 따르는 표본평균의 확률

정규분포 $N(70, 10^2)$을 따르는 모집단에서 크기가 25인 표본을 임의추출하여 구한 표본평균을 $\overline{X}$, 크기가 100인 표본을 임의추출하여 구한 표본평균을 $\overline{Y}$라 할 때, 보기에서 옳은 것만을 있는 대로 고른 것은?

┌ 보기 ┐
ㄱ. $E(\overline{X})=E(\overline{Y})$
ㄴ. $\sigma(\overline{X})>\sigma(\overline{Y})$
ㄷ. $P(\overline{X}\leq a)=P(\overline{Y}\leq b)$이면 $2b-a=70$이다.
└─────┘

① ㄱ ② ㄴ ③ ㄱ, ㄴ

④ ㄱ, ㄷ ⑤ ㄱ, ㄴ, ㄷ

05
> 정규분포를 따르는 표본평균의 활용

어느 세차장에서 자동차 1대를 세차하는 데 걸리는 시간은 평균이 10분, 표준편차가 2분인 정규분포를 따른다고 한다. 이 세차장에서 세차한 자동차 중에서 임의추출한 25대의 자동차의 총 세차 시간의 합이 4시간 이하일 확률을 오른쪽 표준정규분포표를 이용하여 구하시오.

z	$P(0\leq Z\leq z)$
0.5	0.1915
1.0	0.3413
1.5	0.4332
2.0	0.4772

06
> 정규분포를 따르는 표본평균의 활용

어느 공장에서 생산하는 장난감 1개의 무게는 평균이 50 g, 표준편차가 4 g인 정규분포를 따른다고 한다. 이 공장에서 생산한 장난감 중에서 임의추출한 n개의 장난감의 무게의 평균을 $\overline{X}$ g이라 할 때, $P(\overline{X}\geq 49)=0.9772$를 만족시키는 자연수 n의 값을 오른쪽 표준정규분포표를 이용하여 구하시오.

z	$P(0\leq Z\leq z)$
1.0	0.3413
1.5	0.4332
2.0	0.4772
2.5	0.4938

07 서술형 〉정규분포를 따르는 표본평균의 활용

어느 회사에서 생산하는 제품 1개의 무게를 $X\,g$이라 하면 확률변수 X는 평균이 $m\,g$, 표준편차가 $\sigma\,g$인 정규분포를 따르고 $P(|X-m|\leq 12)=0.9544$를 만족시킨다. 이 회사에서 생산한 제품 중에서 임의추출한 9개의 제품의 무게의 평균을 $\overline{X}\,g$이라 하면 $P(X\leq 112)=P(\overline{X}\geq 96)$일 때, $m+\sigma$의 값을 구하시오. (단, Z가 표준정규분포를 따르는 확률변수일 때, $P(0\leq Z\leq 2)=0.4772$로 계산한다.)

10 〉모평균의 추정

평균이 m, 표준편차가 5인 정규분포를 따르는 모집단에서 크기가 n인 표본을 임의추출하여 구한 표본평균 $\overline{X}$를 이용하여 신뢰도 89 %로 추정한 모평균 m에 대하여 $|\overline{X}-m|<1$이 성립하도록 하는 자연수 n의 최솟값은? (단, Z가 표준정규분포를 따르는 확률변수일 때, $P(0\leq Z\leq 1.6)=0.445$로 계산한다.)

① 64 ② 65 ③ 66
④ 67 ⑤ 68

08 모평 〉정규분포를 따르는 표본평균의 활용

어느 지역 신생아의 출생 시 몸무게 X가 정규분포를 따르고

$$P(X\geq 3.4)=\frac{1}{2},\ P(X\leq 3.9)+P(Z\leq -1)=1$$

이다. 이 지역 신생아 중에서 임의추출한 25명의 출생 시 몸무게의 표본평균을 $\overline{X}$라 할 때, $P(\overline{X}\geq 3.55)$의 값을 오른쪽 표준정규분포표를 이용하여 구한 것은? (단, 몸무게의 단위는 kg이고, Z는 표준정규분포를 따르는 확률변수이다.)

z	$P(0\leq Z\leq z)$
1.0	0.3413
1.5	0.4332
2.0	0.4772
2.5	0.4938

① 0.0062 ② 0.0228 ③ 0.0668
④ 0.1587 ⑤ 0.3413

11 모평 〉모평균의 추정

어느 음식점을 방문한 고객의 주문 대기 시간은 평균이 m분, 표준편차가 σ분인 정규분포를 따른다고 한다. 이 음식점을 방문한 고객 중 64명을 임의추출하여 얻은 표본평균을 이용하여 이 음식점을 방문한 고객의 주문 대기 시간의 평균 m에 대한 신뢰도 95 %의 신뢰구간을 구하면 $a\leq m\leq b$이다. $b-a=4.9$일 때, σ의 값을 구하시오. (단, Z가 표준정규분포를 따르는 확률변수일 때, $P(|Z|\leq 1.96)=0.95$로 계산한다.)

09 〉모평균의 추정

평균이 m, 표준편차가 10인 정규분포를 따르는 모집단에서 크기가 n인 표본을 임의추출하여 추정한 모평균 m에 대한 신뢰도 99 %의 신뢰구간이 $63.22\leq m\leq 73.54$일 때, 자연수 n의 값을 구하시오. (단, Z가 표준정규분포를 따르는 확률변수일 때, $P(|Z|\leq 2.58)=0.99$로 계산한다.)

12 〉신뢰구간의 길이

표준편차가 10인 정규분포를 따르는 모집단에서 크기가 9인 표본을 임의추출하여 모평균을 추정하였더니 신뢰구간의 길이가 18이었다. 같은 신뢰도로 모평균을 추정할 때, 신뢰구간의 길이가 6이 되도록 하는 표본의 크기를 구하시오.

표본평균의 확률과 평균, 분산, 표준편차

01

모집단의 확률변수 X의 확률분포를 표로 나타내면 다음과 같다.

X	1	2	3	합계
$P(X=x)$	$\dfrac{1}{2}$	$\dfrac{1}{3}$	$\dfrac{1}{6}$	1

이 모집단에서 크기가 2인 표본을 임의추출하여 구한 표본평균을 $\overline{X}$라 하자. $\overline{X}<2$인 사건을 A, $\overline{X}$가 자연수인 사건을 B라 할 때, $P(B|A)$의 값을 구하시오.

02 [학평]

주머니 속에 1의 숫자가 적혀 있는 공 1개, 3의 숫자가 적혀 있는 공 n개가 들어 있다. 이 주머니에서 임의로 1개의 공을 꺼내어 공에 적혀 있는 수를 확인한 후 다시 넣는다. 이와 같은 시행을 2번 반복하여 얻은 두 수의 평균을 $\overline{X}$라 하자. $P(\overline{X}=1)=\dfrac{1}{49}$일 때, $E(\overline{X})=\dfrac{q}{p}$이다. $p+q$의 값을 구하시오. (단, p와 q는 서로소인 자연수이다.)

03

숫자 1, 3, 6 중 하나씩이 적혀 있는 공이 각각 적어도 1개 이상 들어 있는 주머니에서 임의로 1개의 공을 꺼내어 공에 적혀 있는 수를 확인한 후 다시 넣는 시행을 3번 반복할 때, 꺼낸 공에 적혀 있는 세 수의 평균을 $\overline{X}$라 하자. $P(\overline{X}=1)=\dfrac{1}{8}$, $P(\overline{X}=6)=\dfrac{1}{27}$일 때, $E(\overline{X}^2)$의 값을 구하시오.

04

숫자 1이 적혀 있는 카드 10장, 숫자 2가 적혀 있는 카드 20장, 숫자 3이 적혀 있는 카드 30장이 있다. 이 60장의 카드 중에서 1장을 임의추출하여 카드에 적혀 있는 수를 확인하는 시행을 10번 반복할 때, 카드에 적혀 있는 10개의 수의 합을 확률변수 Y라 하자. 이때 $V(Y)$의 값을 구하시오.

05

1부터 7까지의 자연수가 각각 하나씩 적혀 있는 7장의 카드가 들어 있는 상자에서 임의로 4장의 카드를 동시에 꺼내어 카드에 적혀 있는 수를 확인한 후 다시 넣는 시행을 32번 반복할 때, $n(n=1, 2, 3, \cdots, 32)$번째 시행에서 꺼낸 4장의 카드에 적혀 있는 수 중에서 가장 큰 수를 x_n이라 하자. 32개의 수 $x_1, x_2, x_3, \cdots, x_{32}$의 평균을 $\overline{X}$라 할 때, $V(5\overline{X}+3)$의 값은?

① $\dfrac{1}{2}$ ② 1 ③ $\dfrac{3}{2}$

④ 2 ⑤ $\dfrac{5}{2}$

정규분포를 따르는 표본평균의 확률

06

정규분포 $N(10, 5^2)$을 따르는 모집단에서 임의추출한 크기가 16인 표본의 표본평균을 $\overline{X}$라 하자. 표준정규분포 $N(0, 1)$을 따르는 확률변수 Z와 정수 a, b에 대하여 $|a| \leq 5$이고, $P(\overline{X} \leq a)=P(Z \geq b)$일 때, 모든 b의 값의 합을 구하시오.

07

확률변수 X의 확률질량함수가

$$\mathrm{P}(X=x)={}_{400}\mathrm{C}_x\left(\frac{1}{5}\right)^x\left(\frac{4}{5}\right)^{400-x}\ (x=0,\ 1,\ 2,\ \cdots,\ 400)$$

인 모집단에서 크기가 n_1인 표본을 임의추출하여 얻은 표본평균을 $\overline{X}$, 크기가 n_2인 표본을 임의추출하여 얻은 표본평균을 $\overline{Y}$라 할 때, 보기에서 옳은 것만을 있는 대로 고른 것은?

• 보기 •

ㄱ. $n_1>n_2$이면 $\mathrm{E}(\overline{X})>\mathrm{E}(\overline{Y})$이다.

ㄴ. $\mathrm{P}(\overline{X}\leq70)=\mathrm{P}(\overline{Y}\geq100)$이면 $n_1=4n_2$이다.

ㄷ. $a>80$인 실수 a에 대하여 $n_1<n_2$이면 $\mathrm{P}(\overline{X}\geq a)>\mathrm{P}(\overline{Y}\geq a)$이다.

① ㄴ　　　　　② ㄷ　　　　　③ ㄱ, ㄴ

④ ㄴ, ㄷ　　　　⑤ ㄱ, ㄴ, ㄷ

▚ 정규분포를 따르는 표본평균의 활용

08

어느 학교 학생들의 100 m 달리기 기록은 평균이 16초, 표준편차가 2초인 정규분포를 따른다고 한다. 이 학교 학생 중에서 36명을 임의추출하여 구한 100 m 달리기 기록의 평균과 이 학교 학생 전체의 100 m 달리기 기록의 평균의 차가 0.5초 이상일 확률을 오른쪽 표준정규분포표를 이용하여 구한 것은?

z	$\mathrm{P}(0\leq Z\leq z)$
0.5	0.1915
1.0	0.3413
1.5	0.4332
2.0	0.4772

① 0.1336　　　② 0.3174　　　③ 0.4332

④ 0.6247　　　⑤ 0.8664

09 서술형

어느 제과점에서 판매하는 빵 1개의 무게를 X g이라 하면 확률변수 X는 평균이 m g, 표준편차가 8g인 정규분포를 따른다고 한다. 이 제과점에서 판매하는 빵 중에서 임의추출한 16개의 빵의 무게의 평균을 $\overline{X}$ g이라 하자.

$\mathrm{P}(2m-a\leq X\leq a)=0.9544$일 때, $10000\times\mathrm{P}(|\overline{X}-a+12|\leq1)$의 값을 오른쪽 표준정규분포표를 이용하여 구하시오. (단, a는 m보다 큰 상수이다.)

z	$\mathrm{P}(0\leq Z\leq z)$
1.5	0.4332
2.0	0.4772
2.5	0.4938
3.0	0.4987

10 모평

지역 A에 살고 있는 성인들의 1인 하루 물 사용량을 확률변수 X, 지역 B에 살고 있는 성인들의 1인 하루 물 사용량을 확률변수 Y라 하자. 두 확률변수 X, Y는 정규분포를 따르고 다음 조건을 만족시킨다.

㈎ 두 확률변수 X, Y의 평균은 각각 220과 240이다.

㈏ 확률변수 Y의 표준편차는 확률변수 X의 표준편차의 1.5배이다.

지역 A에 살고 있는 성인 중 임의추출한 n명의 1인 하루 물 사용량의 표본평균을 $\overline{X}$, 지역 B에 살고 있는 성인 중 임의추출한 $9n$명의 1인 하루 물 사용량의 표본평균을 $\overline{Y}$라 하자. $\mathrm{P}(\overline{X}\leq215)=0.1587$일 때, $\mathrm{P}(\overline{Y}\geq235)$의 값을 오른쪽 표준정규분포표를 이용하여 구한 것은? (단, 물 사용량의 단위는 L이다.)

z	$\mathrm{P}(0\leq Z\leq z)$
0.5	0.1915
1.0	0.3413
1.5	0.4332
2.0	0.4772

① 0.6915　　　② 0.7745

③ 0.8185　　　④ 0.8413

⑤ 0.9772

11

평균이 120, 표준편차가 σ인 정규분포를 따르는 모집단에서 크기가 25인 표본을 임의추출하여 구한 표본평균이 116 이상 124 이하일 확률이 0.9544이다. 또 이 모집단에서 크기가 4인 표본을 임의추출할 때, 표본의 총합이 a 이상일 확률이 0.0228이다. 이때 $a+\sigma$의 값을 오른쪽 표준정규분포표를 이용하여 구하시오.

(단, a는 상수이다.)

z	$\mathrm{P}(0 \le Z \le z)$
1.0	0.3413
1.5	0.4332
2.0	0.4772
2.5	0.4938

12

어느 공장에서 생산하는 가전제품 1개의 무게는 평균이 50 kg, 표준편차가 a kg인 정규분포를 따른다고 한다. 이 공장에서 생산한 가전제품 중에서 9개를 임의추출하여 구한 가전제품의 무게의 평균과 모평균의 차가 a^2 kg 이하일 확률이 92 % 이상이 되도록 하는 양수 a의 최솟값은? (단, Z가 표준정규분포를 따르는 확률변수일 때, $\mathrm{P}(Z \le 1.8)=0.96$으로 계산한다.)

① 0.2   ② 0.4   ③ 0.6
④ 0.8   ⑤ 1

13

어느 공장에서 생산하는 A 제품 1개의 무게는 정규분포 $\mathrm{N}\!\left(m, \dfrac{m^2}{64}\right)$을 따르고, B 제품 1개의 무게는 정규분포 $\mathrm{N}\!\left(\dfrac{9}{10}m, \dfrac{m^2}{100}\right)$을 따른다고 한다. 이 공장에서 생산한 A 제품 중에서 25개를 임의추출하여 구한 제품의 무게의 평균을 $\overline{X}$라 하고, B 제품 중에서 n개를 임의추출하여 구한 제품의 무게의 평균을 $\overline{Y}$라 할 때,

$$\mathrm{P}\!\left(\overline{X} \ge \frac{19}{20}m\right) + \mathrm{P}\!\left(\overline{Y} \ge \frac{19}{20}m\right) = 1$$

을 만족시키는 자연수 n의 값을 구하시오.

14 _{서술형}

어느 공장에서 생산하는 비누 1개의 무게는 평균이 120 g, 표준편차가 8 g인 정규분포를 따른다고 한다. 이 공장에서는 생산한 비누 4개를 한 세트로 묶어 판매하는데, 한 세트의 무게가 459.52 g 이하이면 불량품으로 판정한다고 한다. 이 공장에서 생산한 비누 400세트 중에서 불량품인 세트가 31개 이하일 확률을 구하시오. (단, Z가 표준정규분포를 따르는 확률변수일 때, $\mathrm{P}(0 \le Z \le 1.28)=0.4$, $\mathrm{P}(0 \le Z \le 1.5)=0.43$으로 계산한다.)

15

희수는 매일 어떤 버스를 이용하여 등교를 하는데, 집에서 A 정류장까지 걸어간 후 A 정류장에서 버스를 타고 B, C, D 세 정류장을 거쳐 E 정류장에서 내려 학교까지 걸어간다. 집에서 A 정류장까지 걸어가는 데 걸리는 시간은 5분, E 정류장에서 학교까지 걸어가는 데 걸리는 시간은 7분으로 항상 일정하다고 한다. 이 버스를 이용하여 각각의 정류장 사이를 이동하는 데 걸리는 시간은 평균이 3분, 표준편차가 30초인 정규분포를 따른다고 할 때, 7시 45분에 집에서 출발한 희수가 8시 10분까지 학교에 도착하지 못할 확률은? (단, 버스를 기다리는 시간은 고려하지 않고, Z가 표준정규분포를 따르는 확률변수일 때, $\mathrm{P}(0 \le Z \le 1)=0.3413$으로 계산한다.)

① 0.0228   ② 0.1587   ③ 0.3174
④ 0.3413   ⑤ 0.6826

모평균의 추정

16

표준편차가 2인 정규분포를 따르는 모집단에서 크기가 n인 표본을 임의추출하여 구한 표본평균 $\overline{X}$를 이용하여 신뢰도 95 %로 추정한 모평균 m에 대하여 m과 $\overline{X}$의 차의 최댓값을 $f(n)$이라 할 때, 보기에서 옳은 것만을 있는 대로 고른 것은? (단, Z가 표준정규분포를 따르는 확률변수일 때, $P(|Z| \le 1.96) = 0.95$로 계산한다.)

┌─ 보기 ─────────────────────────
ㄱ. $f(16) < 1$

ㄴ. 임의의 자연수 n에 대하여 $f(4n) = \dfrac{1}{2} f(n)$이다.

ㄷ. 자연수 a, b에 대하여 $a < b$이면 $f(a) < f(b)$이다.
└────────────────────────────

① ㄱ   ② ㄴ   ③ ㄱ, ㄴ

④ ㄴ, ㄷ   ⑤ ㄱ, ㄴ, ㄷ

17 모평

어느 고등학교 학생들의 1개월 자율학습실 이용 시간은 평균이 m, 표준편차가 5인 정규분포를 따른다고 한다. 이 고등학교 학생 25명을 임의추출하여 1개월 자율학습실 이용 시간을 조사한 표본평균이 $\overline{x_1}$일 때, 모평균 m에 대한 신뢰도 95 %의 신뢰구간이 $80 - a \le m \le 80 + a$이었다. 또 이 고등학교 학생 n명을 임의추출하여 1개월 자율학습실 이용 시간을 조사한 표본평균이 $\overline{x_2}$일 때, 모평균 m에 대한 신뢰도 95 %의 신뢰구간이 다음과 같다.

$$\frac{15}{16}\overline{x_1} - \frac{5}{7}a \le m \le \frac{15}{16}\overline{x_1} + \frac{5}{7}a$$

$n + \overline{x_2}$의 값은? (단, 이용 시간의 단위는 시간이고, Z가 표준정규분포를 따르는 확률변수일 때, $P(0 \le Z \le 1.96) = 0.475$로 계산한다.)

① 121   ② 124   ③ 127

④ 130   ⑤ 133

18 수능

어느 자동차 회사에서 생산하는 전기 자동차의 1회 충전 주행 거리는 평균이 m이고 표준편차가 σ인 정규분포를 따른다고 한다. 이 자동차 회사에서 생산한 전기 자동차 100대를 임의추출하여 얻은 1회 충전 주행 거리의 표본평균이 $\overline{x_1}$일 때, 모평균 m에 대한 신뢰도 95 %의 신뢰구간이 $a \le m \le b$이다. 이 자동차 회사에서 생산한 전기 자동차 400대를 임의추출하여 얻은 1회 충전 주행 거리의 표본평균이 $\overline{x_2}$일 때, 모평균 m에 대한 신뢰도 99 %의 신뢰구간이 $c \le m \le d$이다. $\overline{x_1} - \overline{x_2} = 1.34$이고 $a = c$일 때, $b - a$의 값은? (단, 주행 거리의 단위는 km이고, Z가 표준정규분포를 따르는 확률변수일 때 $P(|Z| \le 1.96) = 0.95$, $P(|Z| \le 2.58) = 0.99$로 계산한다.)

① 5.88   ② 7.84   ③ 9.80

④ 11.76   ⑤ 13.72

19

표준편차가 12인 정규분포를 따르는 모집단에서 크기가 81인 표본을 임의추출하여 구한 표본평균이 80이었다. 이를 이용하여 모평균 m을 신뢰도 α %로 추정하려고 한다. α가 다음 조건을 만족시킬 때, 추정한 신뢰구간에 속하는 자연수의 개수는?

┌────────────────────────────
정규분포 $N(30, 2^2)$을 따르는 확률변수 X에 대하여 $P(24 \le X \le 36) = \dfrac{\alpha}{100}$이다.
└────────────────────────────

① 6   ② 7   ③ 8

④ 9   ⑤ 10

20

어느 공장에서 생산하는 주스 1병의 용량은 평균이 m mL, 표준편차가 25 mL인 정규분포를 따른다고 한다. 이 공장에서 생산한 주스 중에서 임의추출한 245병의 주스의 용량의 평균을 이용하여 구한 모평균 m에 대한 신뢰도 95 %의 신뢰구간이 $\alpha \leq m \leq \beta$일 때, 이차방정식 $5x^2 - 70x + 2k = 0$의 두 근이 α, β이다. 이때 상수 k의 값은? (단, Z가 표준정규분포를 따르는 확률변수일 때, $P(0 \leq Z \leq 1.96) = 0.475$로 계산한다.)

① 90 　　② 92 　　③ 94

④ 96 　　⑤ 98

21

두 공장 A, B에서 생산한 제품 중에서 각각 36개를 임의추출하여 제품의 무게를 조사하였더니 A 공장에서 생산한 제품 36개의 무게는 평균이 120 g, 표준편차가 3 g인 정규분포를 따르고, B 공장에서 생산한 제품 36개의 무게는 평균이 a g, 표준편차가 1.5 g인 정규분포를 따른다고 한다. 이를 각각 이용하여 A 공장에서 생산하는 제품의 무게의 평균을 신뢰도 99 %로 추정한 신뢰구간을 집합 A, B 공장에서 생산하는 제품의 무게의 평균을 신뢰도 95 %로 추정한 신뢰구간을 집합 B라 할 때, $A \cap B \neq \varnothing$이 되도록 하는 양수 a의 최댓값을 M, 최솟값을 m이라 하자. 이때 $100(M - m)$의 값을 구하시오. (단, Z가 표준정규분포를 따르는 확률변수일 때, $P(Z \leq 1.96) = 0.975$, $P(Z \leq 2.58) = 0.995$로 계산한다.)

▶ 신뢰구간의 길이

22

어느 업체에서 생산하는 탁구공 1개의 무게는 평균이 m g, 표준편차가 1 g인 정규분포를 따른다고 한다. 이 업체에서 생산한 탁구공 중에서 임의추출한 81개의 탁구공의 무게를 조사하여 모평균 m을 신뢰도 92 %로 추정하면 신뢰구간의 길이가 l이고, 모평균 m을 신뢰도 α %로 추정하면 신뢰구간의 길이가 $\dfrac{l}{2}$일 때, 실수 α의 값을 오른쪽 표준정규분포표를 이용하여 구하시오.

z	$P(0 \leq Z \leq z)$
0.9	0.32
1.2	0.38
1.5	0.43
1.8	0.46

23

모집단에서 표본을 임의추출하여 구한 표본평균 $\overline{X}$를 이용하여 모평균 m을 추정하려고 할 때, 모표준편차, 표본의 크기, 신뢰도에 따른 신뢰구간의 길이가 다음 표와 같다.

모표준편차	표본의 크기	신뢰도	신뢰구간의 길이
σ_1	n_1	α_1 %	l_1
σ_2	n_2	α_2 %	l_2

이때 보기에서 옳은 것만을 있는 대로 고른 것은?

┌ **보기** ┐

ㄱ. $P\left(m - \dfrac{l_1}{2} \leq \overline{X} \leq m + \dfrac{l_1}{2}\right) = \dfrac{\alpha_1}{100}$

ㄴ. $\sigma_1 = \sigma_2$, $n_1 = n_2$, $\alpha_1 < \alpha_2$이면 $l_1 < l_2$이다.

ㄷ. $\sigma_2 = 2\sigma_1$, $n_2 = 2n_1$, $\alpha_1 = \alpha_2$이면 $l_2 = 2l_1$이다.

① ㄱ 　　② ㄷ 　　③ ㄱ, ㄴ

④ ㄴ, ㄷ 　　⑤ ㄱ, ㄴ, ㄷ

01 학평

주머니에 12개의 공이 들어 있다. 이 공들 각각에는 숫자 1, 2, 3, 4 중 하나씩이 적혀 있다. 이 주머니에서 임의로 한 개의 공을 꺼내어 공에 적혀 있는 수를 확인한 후 다시 넣는 시행을 한다. 이 시행을 4번 반복하여 확인한 4개의 수의 합을 확률변수 X라 할 때, 확률변수 X는 다음 조건을 만족시킨다.

(가) $P(X=4)=16\times P(X=16)=\dfrac{1}{81}$

(나) $E(X)=9$

$V(X)=\dfrac{q}{p}$일 때, $p+q$의 값을 구하시오.

(단, p와 q는 서로소인 자연수이다.)

02

서로 다른 자연수 1, 2, a, b가 각각 하나씩 적혀 있는 4개의 공이 들어 있는 주머니에서 임의로 1개의 공을 꺼내어 공에 적혀 있는 수를 확인한 후 다시 넣는 시행을 2번 반복할 때, 꺼낸 공에 적혀 있는 두 수의 평균을 $\overline{X}$라 하자.

$P(\overline{X}\leq 10)=\dfrac{5}{8}$이고 $a+b$의 값이 최대일 때, $E(\overline{X})$의 값은?

(단, $a<b$)

① 7   ② 8   ③ 9
④ 10   ⑤ 11

03

어느 토마토 농장의 토마토 1개의 무게는 평균이 200 g, 표준편차가 20 g인 정규분포를 따른다고 한다. 이 농장에서 대회를 개최하여 임의로 수확한 토마토 16개의 무게의 합이 높은 67명에게 상금을 준다고 한다. 우재를 포함하여 1000명이 참가한 이 대회에서 우재가 토마토 12개를 수확한 후 잰 토마토 무게의 총합이 2.4 kg이었을 때, 끝까지 대회를 진행하여 우재가 상금을 받을 확률을 구하시오. (단, 토마토는 충분히 많고, Z가 표준정규분포를 따르는 확률변수일 때 $P(0\leq Z\leq 1.5)=0.433$, $P(0\leq Z\leq 3)=0.499$로 계산한다.)

04

어느 공장에서 생산하는 캔들 1개의 무게는 평균이 150 g, 표준편차가 10 g인 정규분포를 따른다고 한다. 캔들은 낱개로 판매하거나 4개씩 한 세트로 묶어 판매하는데, 캔들 1개의 원가는 500원, 정가는 2000원이고, 4개씩 한 세트로 묶어 판매하는 경우에는 한 세트당 500원씩 할인하여 판매한다고 한다. 캔들을 낱개로 판매할 때는 캔들 1개의 무게가 140 g 이하이면 불량품으로 판정하여 판매하지 않고 4개씩 한 세트로 묶어 판매할 때는 한 세트의 무게가 560 g 이하이면 불량품으로 판정하여 그 세트 전체를 판매하지 않는다고 할 때, 캔들 3000개를 모두 낱개로 판매할 때와 모두 세트로 묶어 판매할 때의 판매 이익의 차를 구하시오. (단, Z가 표준정규분포를 따르는 확률변수일 때, $P(0\leq Z\leq 1)=0.34$, $P(0\leq Z\leq 2)=0.48$로 계산한다.)

01

모평 → 67쪽 09번

두 이산확률변수 X, Y의 확률분포를 표로 나타내면 각각 다음과 같다.

X	1	3	5	7	9	11	합계
$P(X=x)$	a	b	c	c	b	a	1

Y	1	2	3	4	5	6	합계
$P(Y=y)$	$d-c$	$d-b$	$d-a$	$d-a$	$d-b$	$d-c$	1

$V(Y)-\dfrac{1}{4}V(X)=\dfrac{1}{3}$일 때, b의 값은?

(단, a, b, c, d는 상수이다.)

① $\dfrac{1}{12}$　　　② $\dfrac{1}{6}$　　　③ $\dfrac{1}{4}$

④ $\dfrac{1}{3}$　　　⑤ $\dfrac{5}{12}$

02

학평 → 68쪽 13번

숫자 1, 2, 3, 4, 5가 각각 하나씩 적혀 있는 5개의 공이 들어 있는 주머니에서 임의로 1개의 공을 꺼내어 공에 적혀 있는 수를 확인한 후 다시 넣는 시행을 한다. 이 시행을 2번 반복할 때, 꺼낸 공에 적혀 있는 두 수의 합을 확률변수 X라 하자. 확률변수 $Y=3X+2$에 대하여 $V(Y)$의 값을 구하시오.

03

수능 → 70쪽 23번

좌표평면의 원점에 점 P가 있다. 한 개의 주사위를 사용하여 다음 시행을 한다.

주사위를 한 번 던져서 나오는 눈의 수가
4 이하이면 점 P를 x축의 양의 방향으로 2만큼,
5 이상이면 점 P를 y축의 양의 방향으로 1만큼
이동시킨다.

이 시행을 10번 반복하여 이동된 점 P와 직선 $3x+4y=0$ 사이의 거리를 확률변수 X라 할 때, $E(X)$의 값을 구하시오.

04

모평 → 72쪽 08번

어느 문구점에 빨간색 볼펜 3개, 파란색 볼펜 2개, 노란색 볼펜 1개가 있는 상태에서 볼펜 3개를 추가로 들여왔다. 추가된 볼펜은 빨간색 볼펜 또는 파란색 볼펜 또는 노란색 볼펜이고, 추가된 볼펜 중 파란색 볼펜의 개수는 이항분포 $B\left(3, \dfrac{1}{3}\right)$을 따른다. 이 9개의 볼펜 중에서 임의로 택한 1개가 파란색 볼펜일 때, 추가된 볼펜 중 파란색 볼펜이 2개 이상일 확률을 구하시오.

05

수능 → 73쪽 11번

어느 공장에서 생산되는 제품은 한 상자에 30개씩 넣어 판매되는데, 상자에 포함된 불량품의 개수는 이항분포를 따르고 평균이 m, 분산이 $\dfrac{24}{5}$라 한다. 한 상자를 판매하기 전에 불량품을 찾아내기 위하여 30개의 제품을 모두 검사하는 데 총 45000원의 비용이 발생한다. 검사하지 않고 한 상자를 판매할 경우에는 1개의 불량품에 a원의 애프터서비스 비용이 필요하다. 한 상자의 제품을 모두 검사하는 비용이 애프터서비스로 인해 필요한 비용의 기댓값의 2배일 때, 상수 a의 값을 구하시오. (단, m은 10 이하의 자연수이다.)

06

수능 → 76쪽 05번

두 연속확률변수 X와 Y가 갖는 값의 범위는 각각 $0 \le X \le 2$, $0 \le Y \le 2$이고, X와 Y의 확률밀도함수는 각각 $f(x)$, $g(x)$이다. 확률변수 X의 확률밀도함수 $y = f(x)$의 그래프가 그림과 같다.

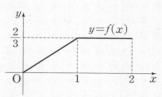

$0 \le x \le 2$인 모든 x에 대하여

$$f(x) + g(x) = k \ (k \text{는 상수})$$

를 만족시킬 때, $P\left(\dfrac{k}{4} \le Y \le \dfrac{3}{2}k\right)$의 값은?

① $\dfrac{7}{12}$ ② $\dfrac{29}{48}$ ③ $\dfrac{5}{8}$

④ $\dfrac{31}{48}$ ⑤ $\dfrac{2}{3}$

07

모평 → 77쪽 06번

확률변수 X가 정규분포 $N(5, 2^2)$을 따를 때,
$\sum_{n=1}^{9} P(X \leq n) = a$이다. 이때 $20a$의 값은?

① 60   ② 70   ③ 80

④ 90   ⑤ 100

08

학평 → 78쪽 14번

두 확률변수 X, Y는 각각 정규분포 $N(12, 3^2)$, $N(18, 3^2)$을 따르고, 확률밀도함수는 각각 $f(x)$, $g(x)$이다. 두 함수 $y=f(x)$, $y=g(x)$의 그래프가 만나는 점의 x좌표를 a라 할 때, $P(a \leq Y \leq 18)$의 값을 오른쪽 표준정규분포표를 이용하여 구하시오.

z	$P(0 \leq Z \leq z)$
0.5	0.1915
1.0	0.3413
1.5	0.4332
2.0	0.4772

09

모평 → 79쪽 17번

어느 학교 2학년 학생의 A 과목 시험 점수는 평균이 m점, 표준편차가 σ점인 정규분포를 따르고, B 과목 시험 점수는 평균이 $(m+3)$점, 표준편차가 $\dfrac{\sigma}{3}$점인 정규분포를 따른다고 한다.

이 학교 2학년 학생 중에서 A 과목 시험 점수가 80점 이상인 학생의 비율이 20 %이고 A 과목 시험 점수와 B 과목 시험 점수가 모두 80점 이상인 학생의 비율이 1 %일 때, $10(m+\sigma)$의 값을 구하시오. (단, Z가 표준정규분포를 따르는 확률변수일 때, $P(0 \leq Z \leq 0.85) = 0.3$, $P(0 \leq Z \leq 1.65) = 0.45$로 계산한다.)

10

학평 → 83쪽 05번

두 확률변수 X, Y는 각각 정규분포 $N(m, \sigma^2)$, $N(m+\sigma, \sigma^2)$을 따르고, 확률밀도함수는 각각 $f(x)$, $g(x)$이다.

$$f(a) = g(4a),$$
$$P(Y \geq 4a) = 1 - P(X \leq 2a)$$

일 때, $P(2a \leq Y \leq 4a)$의 값을 오른쪽 표준정규분포표를 이용하여 구하시오. (단, $\sigma > 0$이고, a는 상수이다.)

z	$P(0 \leq Z \leq z)$
0.25	0.0987
0.5	0.1915
0.75	0.2734
1.0	0.3413

11

모평 → 87쪽 10번

과수원 A에서 재배한 사과 1개의 무게를 X g, 과수원 B에서 재배한 사과 1개의 무게를 Y g이라 하면 두 확률변수 X, Y 는 각각 정규분포 $N(330, \sigma^2)$, $N(345, (3\sqrt{2}\sigma)^2)$을 따른다 고 한다. 과수원 A에서 재배한 사과 중 임의추출한 n개의 무 게의 평균을 $\overline{X}$ g, 과수원 B에서 재배한 사과 중 임의추출한 $8n$개의 무게의 평균을 $\overline{Y}$ g이라 하자.

$P(330 \leq \overline{X} \leq 340)=0.4772$일 때, $P(\overline{Y} \geq 360)$의 값을 오른쪽 표준정규 분포표를 이용하여 구한 것은?

z	$P(0 \leq Z \leq z)$
0.5	0.1915
1.0	0.3413
1.5	0.4332
2.0	0.4772

① 0.0228   ② 0.0668

③ 0.1587   ④ 0.1915

⑤ 0.3085

12

수능 → 89쪽 18번

어느 고등학교 학생들의 일주일 독서 시간은 평균이 m분, 표 준편차가 σ분인 정규분포를 따른다고 한다. 이 고등학교 학 생들 중 196명을 임의추출하여 얻은 일주일 독서 시간의 평 균이 $\overline{x_1}$분일 때, 모평균 m에 대한 신뢰도 95 %의 신뢰구간 이 $a \leq m \leq b$이고, 이 고등학교 학생들 중 400명을 임의추출 하여 얻은 일주일 독서 시간의 평균이 $\overline{x_2}$분일 때, 모평균 m 에 대한 신뢰도 99 %의 신뢰구간이 $c \leq m \leq d$이다.

$\overline{x_1} - \overline{x_2} = 0.22$이고 $a=c$일 때, $b-a$의 값을 구하시오.

(단, Z가 표준정규분포를 따르는 확률변수일 때,

$P(|Z| \leq 1.96)=0.95$, $P(|Z| \leq 2.58)=0.99$로 계산한다.)

13

학평 → 91쪽 01번

주머니에 9개의 공이 들어 있다. 이 공들 각각에는 숫자 1, 2, 3 중 하나씩이 적혀 있다. 이 주머니에서 임의로 1개의 공을 꺼내어 공에 적혀 있는 수를 확인한 후 다시 넣는 시행을 한 다. 이 시행을 5번 반복하여 확인한 5개의 수의 합을 확률변 수 X라 할 때, $P(X=5)=32P(X=15)$이다. 이때 모든 $V(X)$의 값의 합은? (단, 숫자 1, 2, 3이 적혀 있는 공이 적 어도 1개씩 들어 있다.)

① $\dfrac{124}{27}$ ② $\dfrac{374}{81}$ ③ $\dfrac{376}{81}$

④ $\dfrac{14}{3}$ ⑤ $\dfrac{380}{81}$

수학의 신

확률과 통계
정답과 해설

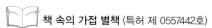

책 속의 가접 별책 (특허 제 0557442호)

visang

ABOVE IMAGINATION

우리는 남다른 상상과 혁신으로
교육 문화의 새로운 전형을 만들어
모든 이의 행복한 경험과 성장에 기여한다

수 학 의 신

정답과 해설

01 여러 가지 순열

step ❶ 핵심 문제 16~17쪽

01 ③   02 ②   03 144   04 8640   05 360   06 ②
07 5   08 115   09 ③   10 ④   11 ⑤   12 115

step ❷ 고난도 문제 18~22쪽

01 120   02 48   03 624   04 48   05 288   06 295
07 210   08 40   09 ⑤   10 ⑤   11 ①   12 190
13 31   14 45   15 ②   16 ④   17 43   18 ①
19 60   20 38   21 708   22 ①   23 224   24 ③
25 ②

step ❸ 최고난도 문제 23~25쪽

01 8   02 342   03 ①   04 97   05 20   06 209
07 ②   08 ②   09 132   10 40

02 중복조합과 이항정리

step ❶ 핵심 문제 26~27쪽

01 ③   02 20   03 ③   04 27   05 21   06 ⑤
07 100   08 120   09 ④   10 ④   11 ①   12 ②

step ❷ 고난도 문제 28~32쪽

01 ①   02 ③   03 96   04 96   05 114   06 162
07 ④   08 49   09 135   10 69   11 168   12 398
13 120   14 ④   15 440   16 ③   17 80   18 35
19 126   20 ②   21 65   22 115   23 14   24 ⑤
25 6   26 ④   27 ③   28 ①   29 ④

step ❸ 최고난도 문제 33~35쪽

01 720   02 51   03 ②   04 730   05 36   06 206
07 ⑤   08 ③   09 218   10 60   11 852

기출 변형 문제로 단원 마스터 36~37쪽

01 11592   02 12   03 2197   04 ②   05 80   06 36
07 ③   08 3996

03 확률의 뜻과 활용

step ❶ 핵심 문제 40~41쪽

01 233   02 6개   03 ⑤   04 ②   05 $\frac{1}{5}$ 06 $\frac{2}{35}$
07 ⑤   08 ②   09 $\frac{2}{9}$ 10 ⑤   11 ④   12 $\frac{71}{84}$

step ❷ 고난도 문제 42~46쪽

01 ④   02 $\frac{11}{27}$ 03 $\frac{\pi}{16}$ 04 ③   05 $\frac{9}{35}$ 06 15
07 ①   08 22   09 $\frac{3}{28}$ 10 $\frac{1}{7}$ 11 $\frac{23}{108}$ 12 $\frac{4}{7}$
13 $\frac{16}{105}$ 14 ①   15 $\frac{4}{11}$ 16 $\frac{19}{84}$ 17 ②   18 $\frac{3}{5}$
19 ③   20 ④   21 $\frac{89}{91}$ 22 ②   23 $\frac{35}{36}$ 24 47
25 $\frac{66}{91}$ 26 ③   27 ⑤

step ❸ 최고난도 문제 47~49쪽

01 $\frac{23}{525}$ 02 61   03 ②   04 37   05 ③   06 ④
07 $\frac{9}{25}$ 08 ②   09 ⑤

04 조건부확률

step ❶ 핵심 문제 50~51쪽

01 $\frac{9}{40}$ 02 ④   03 $\frac{4}{35}$ 04 ⑤   05 4   06 $\frac{7}{46}$
07 $\frac{3}{14}$ 08 $\frac{19}{25}$ 09 ④   10 $\frac{9}{17}$ 11 ④   12 $\frac{4}{9}$

step ❷ 고난도 문제 52~56쪽

01 ③   02 $\frac{1}{3}$ 03 9   04 ②   05 $\frac{20}{81}$ 06 $\frac{16}{25}$
07 $\frac{11}{32}$ 08 131   09 ④   10 ③   11 $\frac{2}{7}$ 12 ④
13 8   14 ⑤   15 ③   16 ③   17 $\frac{8}{81}$ 18 277
19 $\frac{12}{25}$ 20 25   21 ③   22 $\frac{1}{3}$ 23 21

01 여러 가지 순열

step ① 핵심 문제

| 16~17쪽

01 ③	02 ②	03 144	04 8640	05 360	06 ②
07 5	08 115	09 ③	10 ④	11 ⑤	12 115

01 답 ③

남학생 4명이 원형의 탁자에 둘러앉는 경우의 수는

$(4-1)!=3!=6$

남학생 사이사이의 4개의 자리에 여학생 1명이 앉는 경우의 수는

${}_4C_1=4$

이때 여학생 1명의 자리가 결정되면 나머지 여학생 1명의 자리는 마주 보는 자리에 고정된다.

따라서 구하는 경우의 수는

$6\times4=24$

02 답 ②

A와 B를 한 사람으로 생각하여 C, D를 제외한 3명이 원형의 탁자에 둘러앉는 경우의 수는

$(3-1)!=2!=2$

이때 3명 사이사이의 3개의 자리에서 2개를 택하여 C, D가 앉는 경우의 수는

${}_3P_2=6$

A와 B가 서로 자리를 바꾸는 경우의 수는

$2!=2$

따라서 구하는 경우의 수는

$2\times6\times2=24$

다른 풀이 여사건 이용하기

A, B가 이웃하도록 앉는 경우의 수는

$(5-1)!\times2=48$

└→ A와 B가 자리를 바꾸는 경우의 수
└→ A, B를 한 사람으로 생각하여 5명이 원형의 탁자에 둘러앉는 경우의 수

A, B와 C, D가 각각 이웃하도록 앉는 경우의 수는

$(4-1)!\times2\times2=24$

└→ C와 D가 서로 자리를 바꾸는 경우의 수
└→ A와 B가 서로 자리를 바꾸는 경우의 수
└→ A, B를 한 사람으로, C, D를 한 사람으로 생각하여 4명이 원형의 탁자에 둘러앉는 경우의 수

따라서 구하는 경우의 수는

$48-24=24$

03 답 144

이웃한 두 수의 곱이 항상 짝수가 되려면 홀수끼리는 이웃하지 않아야 한다.

짝수 4개를 원형으로 배열하는 경우의 수는

$(4-1)!=3!=6$

짝수 사이사이의 4개의 자리에서 3개를 택하여 홀수를 배열하는 경우의 수는

${}_4P_3=24$

따라서 구하는 경우의 수는

$6\times24=144$

04 답 8640

8명이 원형으로 둘러앉는 경우의 수는 $(8-1)!=7!=5040$

이때 원형으로 둘러앉는 한 가지 경우에 대하여 주어진 정사각형 모양의 탁자에서는 서로 다른 경우가 2가지씩 존재하므로 정사각형 모양의 탁자에 둘러앉는 경우의 수는

$5040\times2=10080$ ·············· 배점 **40%**

여학생 2명이 탁자의 같은 변에 앉는 경우의 수는 $2!=2$이고, 이때 남학생 6명이 나머지 6개의 자리에 앉는 경우의 수는 $6!=720$이므로 여학생 2명이 같은 변에 앉는 경우의 수는

$2\times720=1440$ ·············· 배점 **40%**

따라서 구하는 경우의 수는

$10080-1440=8640$ ·············· 배점 **20%**

05 답 360

6가지의 색 중에서 직사각형의 내부에 칠할 색을 택하는 경우의 수는

${}_6C_1=6$

남은 5가지의 색 중에서 직사각형의 외부의 4개의 영역에 칠할 4가지 색을 택하는 경우의 수는 ${}_5C_4={}_5C_1=5$

택한 4가지의 색을 원형으로 배열하는 경우의 수는 $(4-1)!=3!=6$

이때 원형으로 배열하는 한 가지 경우에 대하여 직사각형의 외부의 영역에 칠하는 서로 다른 경우가 2가지씩 존재한다.

따라서 구하는 경우의 수는

$6\times5\times6\times2=360$

06 답 ②

전체집합 U의 원소 1, 2, 3, 4, 5, 6 중에서 1, 3은 집합 $A\cap B$의 원소이고, 2, 4, 5, 6은 각각 세 집합 $A-B$, $B-A$, $(A\cup B)^C$ 중 어느 한 집합의 원소이다.

따라서 구하는 경우의 수는 서로 다른 세 집합에서 중복을 허락하여 4개를 택하는 중복순열의 수와 같으므로

${}_3\Pi_4=3^4=81$

07 답 5

깃발을 1번, 2번, 3번, …, n번 들어 올려서 만들 수 있는 신호의 개수는 각각 ${}_3\Pi_1$, ${}_3\Pi_2$, ${}_3\Pi_3$, …, ${}_3\Pi_n$이므로 깃발을 1번 이상 n번 이하로 들어 올려서 만들 수 있는 서로 다른 신호의 개수는

${}_3\Pi_1+{}_3\Pi_2+{}_3\Pi_3+\cdots+{}_3\Pi_n=3+3^2+3^3+\cdots+3^n$

$n=4$일 때, $3+3^2+3^3+3^4=120$

$n=5$일 때, $3+3^2+3^3+3^4+3^5=363$

따라서 신호가 300개 이상이 되도록 하는 n의 최솟값은 5이다.

08 답 115

구하는 자연수의 개수는 숫자 0, 1, 2 중에서 중복을 허락하여 5개를 택하여 만든 다섯 자리의 자연수의 개수에서 숫자 0 또는 1을 택하지 않고 만든 다섯 자리의 자연수의 개수를 뺀 것과 같다.

숫자 0, 1, 2 중에서 중복을 허락하여 5개를 택하여 만들 수 있는 다섯 자리의 자연수의 개수는 만의 자리에 올 수 있는 숫자가 1, 2의 2개이고, 나머지 네 자리에는 0, 1, 2의 3개의 숫자에서 중복을 허락하여 4개를 택하여 일렬로 나열하면 되므로

$2\times{}_3\Pi_4=2\times3^4=162$

(i) 숫자 0을 택하지 않는 경우

　1, 2의 2개의 숫자 중에서 중복을 허락하여 5개를 택하여 일렬로 나
　열하면 되므로 자연수의 개수는

　$_2\Pi_5=2^5=32$

(ii) 숫자 1을 택하지 않는 경우

　만의 자리에 올 수 있는 숫자는 2의 1개이고, 나머지 네 자리에는 0,
　2의 2개의 숫자 중에서 중복을 허락하여 4개를 택하여 일렬로 나열
　하면 되므로 자연수의 개수는

　$1\times{}_2\Pi_4=2^4=16$

(iii) 숫자 0, 1을 모두 택하지 않는 경우

　22222의 1개

(i), (ii), (iii)에서 숫자 0 또는 1을 택하지 않고 만든 다섯 자리의 자연수
의 개수는

$32+16-1=47$

따라서 구하는 자연수의 개수는

$162-47=115$

09 답 ③

(i) $x\leq3$일 때,

　$x\times f(x)\leq10$을 만족시키는 $f(x)$의 값은 1 또는 2 또는 3이다.
　$f(1),f(2),f(3)$의 값을 정하는 경우의 수는 서로 다른 3개에서 중
　복을 허락하여 3개를 택하는 중복순열의 수와 같으므로

　$_3\Pi_3=3^3=27$

(ii) $x\geq4$일 때,

　$x\times f(x)\leq10$을 만족시키는 $f(x)$의 값은 1 또는 2이다.
　$f(4),f(5)$의 값을 정하는 경우의 수는 서로 다른 2개에서 중복을
　허락하여 2개를 택하는 중복순열의 수와 같으므로

　$_2\Pi_2=2^2=4$

(i), (ii)에서 구하는 함수 f의 개수는

$27\times4=108$

10 답 ④

(i) 1개의 문자가 3개 포함되는 경우

　3개 포함되는 문자를 택하는 경우의 수는 $_3C_1=3$

　이때 5개의 문자를 일렬로 나열하는 경우의 수는 $\dfrac{5!}{3!}=20$

　따라서 1개의 문자가 3개 포함되는 경우의 수는 $3\times20=60$

(ii) 2개의 문자가 2개씩 포함되는 경우

　2개씩 포함되는 문자 2개를 택하는 경우의 수는 $_3C_2={}_3C_1=3$

　이때 5개의 문자를 일렬로 나열하는 경우의 수는 $\dfrac{5!}{2!\times2!}=30$

　따라서 2개의 문자가 2개씩 포함되는 경우의 수는 $3\times30=90$

(i), (ii)에서 구하는 경우의 수는

$60+90=150$

11 답 ⑤

1, 3, 5와 2, 4의 순서가 각각 정해져 있으므로 1, 3, 5를 모두 A로, 2,
4를 모두 B로 생각하여 A, B, A, B, A, 6을 일렬로 나열한 후 첫 번
째 A는 1로, 두 번째 A는 3으로, 세 번째 A는 5로 바꾸고, 첫 번째 B
는 2로, 두 번째 B는 4로 바꾸면 된다.

따라서 구하는 경우의 수는 $\dfrac{6!}{3!\times2!}=60$

12 답 115

그림과 같이 세 지점 P, Q, R를 잡
으면 A 지점에서 B 지점까지 최단
거리로 가는 경우는

A → P → B 또는 A → Q → B

또는 A → R → B

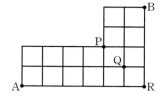

(i) A → P → B로 가는 경우의 수는

　$\dfrac{6!}{4!\times2!}\times\dfrac{4!}{2!\times2!}=15\times6=90$

(ii) A → Q → B로 가는 경우의 수는

　$\dfrac{6!}{5!}\times\dfrac{4!}{3!}=6\times4=24$

(iii) A → R → B로 가는 경우의 수는 1

(i), (ii), (iii)에서 구하는 경우의 수는

$90+24+1=115$

step ② 고난도 문제　　　| 18~22쪽

01 120	02 48	03 624	04 48	05 288	06 295
07 210	08 40	09 ⑤	10 ⑤	11 ①	12 190
13 31	14 45	15 ②	16 ④	17 43	18 ①
19 60	20 38	21 708	22 ①	23 224	24 ③
25 ②					

01 답 120

5명의 학생이 원형의 탁자에 둘러앉는 경우의 수는

$(5-1)!=4!=24$

그림과 같이 5명의 학생을 A, B, C, D, E라
하면 딸기주스를 택한 2명의 학생이 서로 이웃
하지 않는 경우는 딸기주스를 택한 학생이
$(A, C),(A, D),(B, D),(B, E),(C, E)$인
경우이므로 그 경우의 수는 5

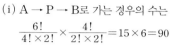

이때 나머지 3명이 오렌지주스 3잔을 택하는
경우의 수는 1

따라서 구하는 경우의 수는

$24\times5\times1=120$

다른 풀이 여사건 이용하기

구하는 경우의 수는 5명의 학생이 원형의 탁자에 둘러앉아 오렌지주스
3잔과 딸기주스 2잔을 택하는 경우의 수에서 딸기주스를 택한 2명의 학
생이 이웃하는 경우의 수를 빼면 된다.

5명의 학생이 원형의 탁자에 둘러앉고 오렌지주스 3잔과 딸기주스 2잔
을 택하는 경우의 수는

$(5-1)!\times{}_5C_3\times{}_2C_2=4!\times{}_5C_2\times1=24\times10\times1=240$

2명의 학생이 딸기주스를 택하고 이 2명의 학생을 이웃하게 원형으로
배열하는 경우의 수는

$_5C_2\times(4-1)!\times2!=10\times6\times2=120$

따라서 구하는 경우의 수는

$240-120=120$

02 답 48

원형의 탁자에 있는 9개의 의자에 6명이 앉을 때 (개)를 만족시키려면 2명씩 이웃하여 앉고, 2명과 2명 사이사이에 빈 의자를 1개씩 두어야 한다.

(내)에서 A와 B는 서로 이웃하므로 A, B를 한 묶음으로 생각하고, C, D, E, F를 두 묶음으로 나누는 경우의 수는

$$_4C_2 \times _2C_2 \times \frac{1}{2!} = 3$$

세 묶음을 원형으로 배열하는 경우의 수는

$$(3-1)! = 2! = 2$$

각 묶음에서 두 사람이 서로 자리를 바꾸는 경우의 수는

$$2! \times 2! \times 2! = 8$$

따라서 구하는 경우의 수는 $3 \times 2 \times 8 = 48$

03 답 624

구하는 경우의 수는 서로 다른 구슬 7개를 원형으로 배열하는 경우의 수에서 같은 색의 구슬이 이웃하지 않는 경우의 수를 빼면 된다.

서로 다른 7개의 구슬을 원형으로 배열하는 경우의 수는

$$(7-1)! = 6! = 720$$

(i) 빨간색 구슬 2개와 노란색 구슬 2개를 나란히 배열하는 경우
빨간색 구슬 2개와 노란색 구슬 2개를 각각 한 묶음으로 생각하여 두 묶음을 원형으로 배열한 후 빨간색 구슬은 빨간색 구슬끼리, 노란색 구슬은 노란색 구슬끼리 자리를 바꾸는 경우의 수는

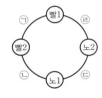

$$(2-1)! \times 2! \times 2! = 4$$

이때 3개의 파란색 구슬 중 2개를 택하여 ㉠, ㉢에 각각 1개씩 놓고 남은 1개의 파란색 구슬을 ㉡ 또는 ㉣에 놓으면 되므로 그 경우의 수는

$$_3P_2 \times _2C_1 = 6 \times 2 = 12$$

따라서 그 경우의 수는 $4 \times 12 = 48$

(ii) 빨간색 구슬 2개와 노란색 구슬 2개를 번갈아 배열하는 경우
빨간색 구슬 2개를 마주 보도록 배열한 후 노란색 구슬 2개를 빨간색 구슬 사이에 배열하는 경우의 수는

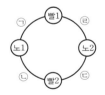

$$(2-1)! \times 2! = 2$$

이때 3개의 파란색 구슬을 ㉠~㉣ 중 세 자리에 각각 1개씩 놓으면 되므로 그 경우의 수는

$$_4P_3 = 24$$

따라서 그 경우의 수는 $2 \times 24 = 48$

(i), (ii)에서 같은 색의 구슬이 이웃하지 않는 경우의 수는

$$48 + 48 = 96$$

따라서 구하는 경우의 수는 $720 - 96 = 624$

04 답 48

(i) 2가지 색을 사용하여 칠하는 경우
4가지 색 중에서 칠할 2가지 색을 택하는 경우의 수는 $_4C_2 = 6$
택한 2가지 색을 조건을 만족시키도록 각 영역에 칠하는 경우는 그림과 같이 2가지

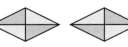

따라서 그 경우의 수는 $6 \times 2 = 12$ ⸺⸺ 배점 30%

(ii) 3가지 색을 사용하여 칠하는 경우
4가지 색 중에서 칠할 3가지 색을 택하는 경우의 수는

$$_4C_3 = _4C_1 = 4$$

택한 3가지 색 중에서 2개의 영역에 칠할 색을 택하는 경우의 수는

$$_3C_1 = 3$$

이때 같은 색을 칠하는 2개의 영역을 택하는 경우는 그림과 같이 2가지이고 나머지 영역에는 남은 2가지의 색을 각각 1가지씩 칠하면 되므로 그 경우의 수는

$$4 \times 3 \times 2 = 24$$ ⸺⸺ 배점 30%

(iii) 4가지 색을 사용하여 칠하는 경우
4가지의 색을 원형으로 배열하는 경우의 수는

$$(4-1)! = 3! = 6$$

이때 원형으로 배열하는 한 가지 경우에 대하여 마름모에 색칠하는 서로 다른 경우가 2가지씩 존재하므로 그 경우의 수는

$$6 \times 2 = 12$$ ⸺⸺ 배점 30%

(i), (ii), (iii)에서 구하는 경우의 수는

$$12 + 24 + 12 = 48$$ ⸺⸺ 배점 10%

05 답 288

남학생 4명 중에서 A, B가 아닌 학생 2명을 D, E라 하자.
(내)를 만족시키려면 C의 양쪽에는 모두 남학생이 앉아야 하므로 C가 D, E와 모두 이웃하거나 C가 A 또는 B 중 1명과 이웃하고 D 또는 E 중 1명과 이웃해야 한다.

(i) C가 D, E와 모두 이웃하는 경우
A, B와 D, C, E를 각각 한 사람으로 생각하여 5명의 학생이 일정한 간격을 두고 원형의 탁자에 둘러앉는 경우의 수는

$$(5-1)! = 4! = 24$$

A와 B가 서로 자리를 바꾸는 경우의 수는

$$2! = 2$$

D와 E가 서로 자리를 바꾸는 경우의 수는

$$2! = 2$$

따라서 C가 D, E와 모두 이웃하는 경우의 수는

$$24 \times 2 \times 2 = 96$$

(ii) C가 A 또는 B 중 1명과 이웃하고 D 또는 E 중 1명과 이웃하는 경우
    └→ A와 B는 이웃하므로 C가 A, B와 모두 이웃한 경우는 없다.
D 또는 E 중에서 C와 이웃하는 1명과 C, A, B를 한 사람으로 생각하여 5명의 학생이 일정한 간격을 두고 원형의 탁자에 둘러앉는 경우의 수는

$$(5-1)! = 4! = 24$$

D 또는 E 중에서 1명을 택하는 경우의 수는

$$_2C_1 = 2$$

A와 B가 서로 자리를 바꾸는 경우의 수는

$$2! = 2$$

C와 이웃한 두 학생이 서로 자리를 바꾸는 경우의 수는

$$2! = 2$$

따라서 C가 A 또는 B 중 1명과 이웃하고 D 또는 E 중 1명과 이웃하는 경우의 수는

$$24 \times 2 \times 2 \times 2 = 192$$

(i), (ii)에서 구하는 경우의 수는

$$96 + 192 = 288$$

06 답 295

$f(1) \times f(2) + f(3)$의 값이 짝수이려면 $f(1) \times f(2)$, $f(3)$의 값이 모두 짝수이거나 $f(1) \times f(2)$, $f(3)$의 값이 모두 홀수이어야 한다.

(i) $f(1) \times f(2)$, $f(3)$의 값이 모두 짝수일 때,

$f(1) \times f(2)$의 값이 짝수이므로 $f(1)$, $f(2)$의 값 중 적어도 하나는 짝수이어야 한다.

$f(1)$, $f(2)$의 값을 정하는 경우의 수는 1, 2, 3, 4, 5 중에서 중복을 허락하여 2개를 택하는 중복순열의 수와 같고, $f(1)$, $f(2)$의 값이 모두 홀수인 경우의 수는 1, 3, 5 중에서 중복을 허락하여 2개를 택하는 중복순열의 수와 같으므로 $f(1)$, $f(2)$의 값 중 적어도 하나가 짝수인 경우의 수는

$_5\Pi_2 - _3\Pi_2 = 5^2 - 3^2 = 16$

$f(3)$의 값이 될 수 있는 수는 2, 4의 2가지

$f(4)$의 값이 될 수 있는 수는 1, 2, 3, 4, 5의 5가지

따라서 함수의 개수는 $16 \times 2 \times 5 = 160$

(ii) $f(1) \times f(2)$, $f(3)$의 값이 모두 홀수일 때,

$f(1)$, $f(2)$, $f(3)$의 값이 모두 홀수이어야 한다.

이때 $f(1)$, $f(2)$, $f(3)$의 값을 정하는 경우의 수는 1, 3, 5 중에서 중복을 허락하여 3개를 택하는 중복순열의 수와 같으므로

$_3\Pi_3 = 3^3 = 27$

$f(4)$의 값이 될 수 있는 수는 1, 2, 3, 4, 5의 5가지

따라서 함수의 개수는 $27 \times 5 = 135$

(i), (ii)에서 구하는 함수의 개수는

$160 + 135 = 295$

07 답 210

9개의 공을 세 상자 A, B, C에 3개씩 나누어 담으려면 세 상자 A, B, C에 자연수가 적혀 있는 공을 각각 3개 이하로 넣고, 자연수가 적혀 있는 공이 3개 미만으로 들어간 상자에는 숫자가 적혀 있지 않은 공을 넣어 3개를 채우면 된다.

즉, 구하는 경우의 수는 세 상자 A, B, C에 자연수가 적혀 있는 공을 각각 3개 이하로 넣는 경우의 수와 같으므로 세 상자에 5개의 공을 나누어 담는 경우의 수에서 한 상자에 3개보다 많이 들어가는 경우의 수를 빼면 된다.

자연수가 적혀 있는 공 5개를 세 상자 A, B, C에 넣는 경우의 수는 3개의 상자에서 중복을 허락하여 5개를 택하는 중복순열의 수와 같으므로

$_3\Pi_5 = 3^5 = 243$

자연수가 적혀 있는 공 4개가 한 상자에 들어가는 경우의 수는

$_5C_4 \times _3C_1 \times _2C_1 = _5C_1 \times 3 \times 2 = 5 \times 3 \times 2 = 30$

┗━ 남은 2개의 상자 중에서 1개의 공을 넣을 상자를 택하는 경우의 수
┗━━ 3개의 상자 중에서 공 4개가 들어갈 상자를 택하는 경우의 수
┗━━━ 5개의 공 중에서 한 상자에 넣을 4개의 공을 택하는 경우의 수

자연수가 적혀 있는 공 5개가 한 상자에 들어가는 경우의 수는

$_5C_5 \times _3C_1 = 1 \times 3 = 3$

┗━ 3개의 상자 중에서 공 5개가 들어갈 상자를 택하는 경우의 수
┗━━ 5개의 공 중에서 한 상자에 넣을 5개의 공을 택하는 경우의 수

따라서 구하는 경우의 수는

$243 - (30 + 3) = 210$

08 답 40

(i) $a = 0$일 때,

$\dfrac{bc}{a}$가 정의되지 않으므로 정수가 되는 경우는 존재하지 않는다.

(ii) $a = 1$일 때,

$\dfrac{bc}{a} = \dfrac{bc}{1} = bc$는 항상 정수이므로 b, c의 값을 정하는 경우의 수는 0, 1, 2, 3의 4개의 숫자 중에서 중복을 허락하여 2개를 택하는 중복순열의 수와 같다.

$\therefore _4\Pi_2 = 4^2 = 16$

(iii) $a = 2$일 때,

$\dfrac{bc}{a} = \dfrac{bc}{2}$가 정수가 되려면 bc의 값은 0 또는 2의 배수이어야 하므로 모든 경우의 수에서 b, c의 값이 모두 홀수인 경우의 수를 빼면 된다.

모든 경우의 수는 $_4\Pi_2 = 4^2 = 16$

b, c의 값이 모두 홀수인 경우의 수는 1, 3의 2개의 숫자 중에서 중복을 허락하여 2개를 택하는 중복순열의 수와 같으므로 $_2\Pi_2 = 2^2 = 4$

따라서 $a = 2$일 때 순서쌍 (a, b, c)의 개수는 $16 - 4 = 12$

(iv) $a = 3$일 때,

$\dfrac{bc}{a} = \dfrac{bc}{3}$가 정수가 되려면 bc의 값은 0 또는 3의 배수이어야 하므로 모든 경우의 수에서 b, c의 값이 모두 1, 2 중 하나인 경우의 수를 빼면 된다.

모든 경우의 수는 $_4\Pi_2 = 4^2 = 16$

b, c의 값이 모두 1, 2 중 하나인 경우의 수는 1, 2의 2개의 숫자 중에서 중복을 허락하여 2개를 택하는 중복순열의 수와 같으므로

$_2\Pi_2 = 2^2 = 4$

따라서 $a = 3$일 때 순서쌍 (a, b, c)의 개수는 $16 - 4 = 12$

(i)~(iv)에서 구하는 순서쌍 (a, b, c)의 개수는

$16 + 12 + 12 = 40$

09 답 ⑤

주어진 조건에 맞도록 집합을 벤다이어그램으로 나타내면 그림과 같다.

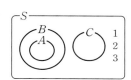

이때 $S = \{1, 2, 3, 4, 5, 6, 7\}$이므로 $B - A = X$라 하면 숫자 4, 5, 6, 7을 세 집합 A, X, C에 대응시킬 때, $A \neq \varnothing$, $C \neq \varnothing$이 되도록 하면 된다.

(i) 4, 5, 6, 7이 집합 A, C의 원소일 때,

집합 A, C의 원소를 정하는 경우의 수는 집합 A, C 중에서 중복을 허락하여 4개를 택하는 중복순열의 수와 같으므로

$_2\Pi_4 = 2^4 = 16$

이때 4, 5, 6, 7이 모두 집합 A 또는 C의 원소인 경우를 제외해야 하므로 집합 A, B, C를 정하는 경우의 수는

$16 - 2 = 14$

(ii) 4, 5, 6, 7이 집합 A, X, C의 원소일 때,

집합 A, X, C의 원소를 정하는 경우의 수는 집합 A, X, C 중에서 중복을 허락하여 4개를 택하는 중복순열의 수와 같으므로

$_3\Pi_4 = 3^4 = 81$

이때 4, 5, 6, 7이 집합 A, X, C 중 두 집합에만 속하는 원소이거나 모두 집합 A 또는 X 또는 C의 원소인 경우를 제외해야 한다.

4, 5, 6, 7이 집합 A, X, C 중 두 집합에만 속하는 원소인 경우의 수는

$_3C_2 \times (_2\Pi_4 - 2) = _3C_1 \times (2^4 - 2) = 3 \times 14 = 42$

┗━ 4, 5, 6, 7이 모두 택한 두 집합 중 한 집합에 속하는 경우의 수
┗━━ 택한 두 집합의 원소를 정하는 경우의 수
┗━━━ 집합 A, X, C 중에서 2개를 택하는 경우의 수

4, 5, 6, 7이 모두 집합 A 또는 X 또는 C의 원소인 경우의 수는 3
따라서 집합 A, B, C를 정하는 경우의 수는
$$81-(42+3)=36$$
(i), (ii)에서 구하는 경우의 수는
$$14+36=50$$

10 답 ⑤

다섯 자리의 자연수를 만들 때, 1을 네 번 이상 사용하면 1끼리 이웃하는 경우가 반드시 생기므로 1을 사용하지 않거나 한 번 또는 두 번 또는 세 번 사용해야 한다.

(i) 1을 사용하지 않는 경우
만의 자리에 올 수 있는 숫자는 2의 1개이고, 나머지 네 자리에는 0, 2의 2개의 숫자 중에서 중복을 허락하여 4개를 택하여 일렬로 나열하면 되므로 자연수의 개수는
$$1 \times {}_2\Pi_4 = 1 \times 2^4 = 16$$

(ii) 1을 한 번 사용하는 경우
① 1□□□□ 꼴인 경우
천의 자리, 백의 자리, 십의 자리, 일의 자리에 0, 2의 2개의 숫자 중에서 중복을 허락하여 4개를 택하여 일렬로 나열하면 되므로 자연수의 개수는
$${}_2\Pi_4 = 2^4 = 16$$
② 2□□□□ 꼴인 경우
천의 자리, 백의 자리, 십의 자리, 일의 자리 중 1이 오는 자리를 택하는 경우의 수는 ${}_4C_1 = 4$
나머지 세 자리에 0, 2의 2개의 숫자 중에서 중복을 허락하여 3개를 택하여 일렬로 나열하는 경우의 수는 ${}_2\Pi_3 = 2^3 = 8$
따라서 자연수의 개수는 $4 \times 8 = 32$
①, ②에서 자연수의 개수는
$$16+32=48$$

(iii) 1을 두 번 사용하는 경우
① 1□□□□ 꼴인 경우
천의 자리에는 1이 올 수 없으므로 백의 자리, 십의 자리, 일의 자리 중 1이 오는 자리를 택하는 경우의 수는 ${}_3C_1 = 3$
나머지 세 자리에 0, 2의 2개의 숫자 중에서 중복을 허락하여 3개를 택하여 일렬로 나열하는 경우의 수는 ${}_2\Pi_3 = 2^3 = 8$
따라서 자연수의 개수는 $3 \times 8 = 24$
② 2□□□□ 꼴인 경우
1이 두 번 사용되는 경우가 21□1□, 2□1□1, 21□□1의 3가지
나머지 두 자리에 0, 2의 2개의 숫자 중에서 중복을 허락하여 2개를 택하여 일렬로 나열하는 경우의 수는 ${}_2\Pi_2 = 2^2 = 4$
따라서 자연수의 개수는 $3 \times 4 = 12$
①, ②에서 자연수의 개수는
$$24+12=36$$

(iv) 1을 세 번 사용하는 경우
1이 세 번 사용되는 경우가 1□1□1의 1가지이고, 나머지 두 자리에 0, 2의 2개의 숫자 중에서 중복을 허락하여 2개를 택하여 일렬로 나열하면 되므로 자연수의 개수는
$$1 \times {}_2\Pi_2 = 1 \times 2^2 = 4$$

(i)~(iv)에서 구하는 자연수의 개수는
$$16+48+36+4=104$$

11 답 ①

㈎에서 $f(1) \geq 1$, $f(2) \geq \sqrt{2}$, $f(3) \geq \sqrt{3}$, $f(4) \geq 2$, $f(5) \geq \sqrt{5}$이므로
$f(1)$의 값이 될 수 있는 수는 1, 2, 3, 4의 4가지
$f(2)$, $f(3)$, $f(4)$의 값이 될 수 있는 수는 각각 2, 3, 4의 3가지
$f(5)$의 값이 될 수 있는 수는 3, 4의 2가지
이때 함수 f의 치역의 원소의 개수는 3이므로 치역이 될 수 있는 집합은
$\{1, 2, 3\}$, $\{1, 2, 4\}$, $\{1, 3, 4\}$, $\{2, 3, 4\}$

(i) 치역이 $\{1, 2, 3\}$인 경우
$f(1)=1$, $f(5)=3$이고, $f(2)$, $f(3)$, $f(4)$의 값을 정하는 경우의 수는 2, 3의 2개의 숫자 중에서 중복을 허락하여 3개를 택하는 중복순열의 수와 같으므로 그 경우의 수는
$$1 \times 1 \times {}_2\Pi_3 = 2^3 = 8$$
이때 $f(2)$, $f(3)$, $f(4)$의 값이 모두 3인 경우는 제외해야 하므로 함수 f의 개수는
$$8-1=7$$

(ii) 치역이 $\{1, 2, 4\}$인 경우
$f(1)=1$, $f(5)=4$이고, $f(2)$, $f(3)$, $f(4)$의 값을 정하는 경우의 수는 2, 4의 2개의 숫자 중에서 중복을 허락하여 3개를 택하는 중복순열의 수와 같으므로 그 경우의 수는
$$1 \times 1 \times {}_2\Pi_3 = 2^3 = 8$$
이때 $f(2)$, $f(3)$, $f(4)$의 값이 모두 4인 경우는 제외해야 하므로 함수 f의 개수는
$$8-1=7$$

(iii) 치역이 $\{1, 3, 4\}$인 경우
$f(1)=1$이고, $f(2)$, $f(3)$, $f(4)$, $f(5)$의 값을 정하는 경우의 수는 3, 4의 2개의 숫자 중에서 중복을 허락하여 4개를 택하는 중복순열의 수와 같으므로 그 경우의 수는
$$1 \times {}_2\Pi_4 = 2^4 = 16$$
이때 $f(2)$, $f(3)$, $f(4)$, $f(5)$의 값이 모두 3이거나 4인 경우는 제외해야 하므로 함수 f의 개수는
$$16-2=14$$

(iv) 치역이 $\{2, 3, 4\}$인 경우
① $f(5)=3$일 때,
$f(1)$, $f(2)$, $f(3)$, $f(4)$의 값을 정하는 경우의 수는 2, 3, 4의 3개의 숫자 중에서 중복을 허락하여 4개를 택하는 중복순열의 수와 같으므로 그 경우의 수는
$$1 \times {}_3\Pi_4 = 3^4 = 81$$
이때 $f(1)$, $f(2)$, $f(3)$, $f(4)$의 값이 2, 3이거나 3, 4인 경우는 제외해야 한다.
$f(1)$, $f(2)$, $f(3)$, $f(4)$의 값이 2, 3이거나 3, 4인 경우의 수는 각각
$${}_2\Pi_4 = 2^4 = 16$$
이때 $f(1)$, $f(2)$, $f(3)$, $f(4)$의 값이 모두 3인 경우가 중복되므로 $f(5)=3$일 때 함수 f의 개수는
$$81-(16 \times 2-1)=50$$
② $f(5)=4$일 때,
①과 같은 방법으로 하면 함수 f의 개수는 50
①, ②에서 함수 f의 개수는
$$50+50=100$$

(i)~(iv)에서 구하는 함수 f의 개수는
$$7+7+14+100=128$$

12 답 190

검은 바둑돌을 1개 꺼내는 것을 A, 흰 바둑돌을 1개 꺼내는 것을 B, 흰 바둑돌을 2개 꺼내는 것을 C라 하자.

(i) 흰 바둑돌을 한 번에 2개씩 꺼내는 경우가 없을 때,
A 4개, B 4개를 일렬로 나열하는 경우의 수와 같으므로 그 경우의 수는
$$\frac{8!}{4! \times 4!} = 70$$

(ii) 흰 바둑돌을 한 번에 2개씩 꺼내는 경우가 1번 있을 때,
A 4개, B 2개, C 1개를 일렬로 나열하는 경우의 수와 같으므로 그 경우의 수는
$$\frac{7!}{4! \times 2!} = 105$$

(iii) 흰 바둑돌을 한 번에 2개씩 꺼내는 경우가 2번 있을 때,
A 4개, C 2개를 일렬로 나열하는 경우의 수와 같으므로 그 경우의 수는
$$\frac{6!}{4! \times 2!} = 15$$

(i), (ii), (iii)에서 구하는 경우의 수는
$$70 + 105 + 15 = 190$$

13 답 31

$f(1) + f(3) + f(5) + f(7) = 12$를 만족시키는 $f(1), f(3), f(5), f(7)$의 값은
1, 1, 3, 7 또는 1, 1, 5, 5 또는 1, 3, 3, 5 또는 3, 3, 3, 3

(i) 1, 1, 3, 7 또는 1, 3, 3, 5인 경우
$f(1), f(3), f(5), f(7)$의 값을 정하는 경우의 수는 1, 1, 3, 7 또는 1, 3, 3, 5를 일렬로 나열하는 경우의 수와 같으므로
$$\frac{4!}{2!} \times 2 = 24$$

(ii) 1, 1, 5, 5인 경우
$f(1), f(3), f(5), f(7)$의 값을 정하는 경우의 수는 1, 1, 5, 5를 일렬로 나열하는 경우의 수와 같으므로
$$\frac{4!}{2! \times 2!} = 6$$

(iii) 3, 3, 3, 3인 경우
$f(1), f(3), f(5), f(7)$의 값을 정하는 경우는 모두 3이 되는 1가지

(i), (ii), (iii)에서 구하는 함수의 개수는
$$24 + 6 + 1 = 31$$

14 답 45

영어를 공부하는 4일을 먼저 나열한 다음 그 사이사이와 양 끝의 5개의 자리에 수학을 공부하는 6일을 배열하면 된다.

이때 수학은 3일 이상 연속으로 공부하지 않으므로 5개의 자리에 올 수 있는 수학을 공부하는 일수는
0, 0, 2, 2, 2 또는 0, 1, 1, 2, 2 또는 1, 1, 1, 1, 2

(i) 0, 0, 2, 2, 2일 때,
0, 0, 2, 2, 2를 일렬로 나열하는 경우의 수는
$$\frac{5!}{2! \times 3!} = 10$$

(ii) 0, 1, 1, 2, 2일 때,
0, 1, 1, 2, 2를 일렬로 나열하는 경우의 수는
$$\frac{5!}{2! \times 2!} = 30$$

(iii) 1, 1, 1, 1, 2일 때,
1, 1, 1, 1, 2를 일렬로 나열하는 경우의 수는
$$\frac{5!}{4!} = 5$$

(i), (ii), (iii)에서 구하는 경우의 수는
$$10 + 30 + 5 = 45$$

15 답 ②

(나)를 만족시키려면 a, a, c, c, c를 일렬로 나열하고 그 사이사이와 양 끝의 6개의 자리 중에서 2개에 b를 배열하면 되므로 그 경우의 수는
$$\frac{5!}{2! \times 3!} \times {}_6C_2 = 10 \times 15 = 150$$

이때 (가)를 만족시키지 않으려면 a, a, c, c, c를 a끼리 서로 이웃하도록 나열한 후 그 사이사이와 양 끝의 6개의 자리 중에서 2개에 b를 배열하면 되므로 그 경우의 수는
$$\frac{4!}{3!} \times {}_6C_2 = 4 \times 15 = 60$$

따라서 구하는 경우의 수는 $150 - 60 = 90$

다른 풀이

(가)에서 a와 a 사이에 c가 1개 오는 경우는 $acacc, cacac, ccaca$의 3가지, a와 a 사이에 c가 2개 오는 경우는 $accac, cacca$의 2가지, a와 a 사이에 c가 3개 오는 경우는 $accca$의 1가지이므로 그 경우의 수는
$$3 + 2 + 1 = 6$$

(나)에서 b끼리는 서로 이웃하지 않으므로 각각의 경우에 대하여 문자 사이사이와 양 끝의 6개의 자리 중에서 2개를 택하여 b를 배열하면 되므로 그 경우의 수는 ${}_6C_2 = 15$

따라서 구하는 경우의 수는 $6 \times 15 = 90$

16 답 ④

9개의 공을 일렬로 나열할 때, 2개의 노란 공 사이에 다른 색의 공이 짝수 개 와야 하므로 다음과 같이 경우를 나눌 수 있다.

(i) 노란 공 사이에 2개의 공이 오는 경우
9개의 공을 일렬로 나열할 때, 노란 공 사이에 2개의 공이 오도록 노란 공을 배열하는 경우는 다음과 같이 6가지이다.

각각의 경우에 대하여 나머지 자리에 파란 공 4개, 빨간 공 3개를 배열하면 되므로 그 경우의 수는
$$6 \times \frac{7!}{4! \times 3!} = 6 \times 35 = 210$$

(ii) 노란 공 사이에 4개의 공이 오는 경우
9개의 공을 일렬로 나열할 때, 노란 공 사이에 4개의 공이 오도록 노란 공을 배열하는 경우는 다음과 같이 4가지이다.

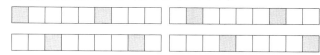

각각의 경우에 대하여 나머지 자리에 파란 공 4개, 빨간 공 3개를 배열하면 되므로 그 경우의 수는
$$4 \times \frac{7!}{4! \times 3!} = 4 \times 35 = 140$$

(iii) 노란 공 사이에 6개의 공이 오는 경우

9개의 공을 일렬로 나열할 때, 노란 공 사이에 6개의 공이 오도록 노란 공을 배열하는 경우는 다음과 같이 2가지이다.

각각의 경우에 대하여 나머지 자리에 파란 공 4개, 빨간 공 3개를 배열하면 되므로 그 경우의 수는

$$2 \times \frac{7!}{4! \times 3!} = 2 \times 35 = 70$$

(i), (ii), (iii)에서 구하는 경우의 수는

$210 + 140 + 70 = 420$

17 답 43

(i) 숫자 3이 적혀 있는 카드가 2장인 경우

숫자 1이 적혀 있는 카드가 1장, 숫자 3이 적혀 있는 카드가 2장인 경우이므로 이 3장의 카드를 일렬로 나열하는 경우의 수는

$$\frac{3!}{2!} = 3$$

(ii) 숫자 3이 적혀 있는 카드가 1장인 경우

① 숫자 1이 적혀 있는 카드가 4장, 숫자 3이 적혀 있는 카드가 1장일 때,

5장의 카드를 일렬로 나열하는 경우의 수는

$$\frac{5!}{4!} = 5$$

② 숫자 1이 적혀 있는 카드가 2장, 숫자 2가 적혀 있는 카드가 1장, 숫자 3이 적혀 있는 카드가 1장일 때,

4장의 카드를 일렬로 나열하는 경우의 수는

$$\frac{4!}{2!} = 12$$

③ 숫자 2가 적혀 있는 카드가 2장, 숫자 3이 적혀 있는 카드가 1장일 때,

3장의 카드를 일렬로 나열하는 경우의 수는

$$\frac{3!}{2!} = 3$$

①, ②, ③에서 숫자 3이 적혀 있는 카드가 1장인 경우의 수는

$5 + 12 + 3 = 20$

(iii) 숫자 3이 적혀 있는 카드가 없는 경우

① 숫자 1이 적혀 있는 카드가 5장, 숫자 2가 적혀 있는 카드가 1장일 때,

6장의 카드를 일렬로 나열하는 경우의 수는

$$\frac{6!}{5!} = 6$$

② 숫자 1이 적혀 있는 카드가 3장, 숫자 2가 적혀 있는 카드가 2장일 때,

5장의 카드를 일렬로 나열하는 경우의 수는

$$\frac{5!}{3! \times 2!} = 10$$

③ 숫자 1이 적혀 있는 카드가 1장, 숫자 2가 적혀 있는 카드가 3장일 때,

4장의 카드를 일렬로 나열하는 경우의 수는

$$\frac{4!}{3!} = 4$$

①, ②, ③에서 숫자 3이 적혀 있는 카드가 없는 경우의 수는

$6 + 10 + 4 = 20$

(i), (ii), (iii)에서 구하는 경우의 수는 $3 + 20 + 20 = 43$

18 답 ①

숫자 1, 2, 3 중에서 적어도 2개 이상의 숫자를 사용하여 네 자리의 자연수를 만들려면 2개의 숫자를 사용하거나 3개의 숫자를 사용해야 한다.

(i) 2개의 숫자를 사용하는 경우

2개의 숫자를 택하는 경우의 수는

$$_3C_2 = {}_3C_1 = 3$$

이때 각각의 경우에 대하여 같은 숫자는 연속하여 나올 수 없으므로 2개씩 같은 4개의 숫자를 사용하여 만들 수 있는 네 자리의 자연수는 2가지이다.

따라서 자연수의 개수는

$3 \times 2 = 6$

(ii) 3개의 숫자를 사용하는 경우

1, 2, 3을 1개씩 택한 후 1개의 숫자를 더 택하는 경우는 1, 2, 3의 3가지이다.

이때 각각의 경우에 대하여 같은 숫자는 연속으로 나올 수 없으므로 2개의 같은 숫자를 포함한 4개의 숫자를 사용하여 만들 수 있는 네 자리의 자연수의 개수는 숫자 4개를 일렬로 나열하는 경우의 수에서 같은 숫자 2개가 연속하여 나오는 경우의 수를 빼면 되므로

$$\underbrace{\frac{4!}{2!}}_{\ } - \underbrace{3!}_{\text{같은 숫자 2개를 한 묶음으로 생각하여 일렬로 나열하는 경우의 수}} = 12 - 6 = 6$$

따라서 자연수의 개수는 $3 \times 6 = 18$

(i), (ii)에서 구하는 자연수의 개수는 $6 + 18 = 24$

19 답 60

각 칸에 자연수가 들어가므로 각 열에 적혀 있는 수의 합은 4보다 크거나 같다.

이때 8개의 칸에 적혀 있는 수의 합이 11이고 제1열에 적혀 있는 수의 합이 제2열에 적혀 있는 수의 합보다 작으므로 제1열과 제2열에 적혀 있는 수의 합은 각각 4, 7 또는 5, 6이어야 한다.

(i) 제1열에 적혀 있는 수의 합이 4이고 제2열에 적혀 있는 수의 합이 7인 경우

제1열에 1, 1, 1, 1을 나열하는 경우의 수는 1

제2열에 1, 1, 1, 4 또는 1, 1, 2, 3 또는 1, 2, 2, 2를 나열하는 경우의 수는

$$\frac{4!}{3!} + \frac{4!}{2!} + \frac{4!}{3!} = 4 + 12 + 4 = 20$$

따라서 그 경우의 수는 $1 \times 20 = 20$

(ii) 제1열에 적혀 있는 수의 합이 5이고 제2열에 적혀 있는 수의 합이 6인 경우

제1열에 1, 1, 1, 2를 나열하는 경우의 수는

$$\frac{4!}{3!} = 4$$

제2열에 1, 1, 1, 3 또는 1, 1, 2, 2를 나열하는 경우의 수는

$$\frac{4!}{3!} + \frac{4!}{2! \times 2!} = 4 + 6 = 10$$

따라서 그 경우의 수는 $4 \times 10 = 40$

(i), (ii)에서 구하는 경우의 수는 $20 + 40 = 60$

20 답 38

x축의 양의 방향으로 1만큼 이동하는 것을 a, x축의 음의 방향으로 1만큼 이동하는 것을 b, y축의 양의 방향으로 1만큼 이동하는 것을 c, y축의 음의 방향으로 1만큼 이동하는 것을 d라 하자. ·················· 배점 **10%**

(i) a가 1번, b가 0번, c가 3번, d가 1번인 경우

a, c, c, c, d를 일렬로 나열하는 경우의 수는

$\dfrac{5!}{3!}=20$

이때 a, c, c가 먼저 일렬로 나열되면 3번 이동한 후 점 P의 좌표가 $(1, 2)$가 되므로 이 경우를 제외해야 한다.

a, c, c를 먼저 일렬로 나열하고, c, d를 나열하는 경우의 수는

$\dfrac{3!}{2!}\times2!=6$

따라서 그 경우의 수는

$20-6=14$ ·· 배점 **40%**

(ii) a가 2번, b가 1번, c가 2번, d가 0번인 경우

a, a, b, c, c를 일렬로 나열하는 경우의 수는

$\dfrac{5!}{2!\times2!}=30$

이때 a, c, c가 먼저 일렬로 나열되면 3번 이동한 후 점 P의 좌표가 $(1, 2)$가 되므로 이 경우를 제외해야 한다.

a, c, c를 먼저 일렬로 나열하고, a, b를 나열하는 경우의 수는

$\dfrac{3!}{2!}\times2!=6$

따라서 그 경우의 수는

$30-6=24$ ·· 배점 **40%**

(i), (ii)에서 구하는 경우의 수는

$14+24=38$ ·· 배점 **10%**

21 답 708

(i) 4개의 원판에 같은 문자가 2개씩 있는 경우

4개의 문자 중에서 2개의 문자를 택하는 경우의 수는

$_4C_2=6$

4개의 원판에서 같은 문자가 적힌 원판은 순서가 정해져 있으므로 같은 원판으로 생각하여 4개의 원판을 쌓는 경우의 수는

$\dfrac{4!}{2!\times2!}=6$

따라서 그 경우의 수는

$6\times6=36$

(ii) 4개의 원판에 같은 문자가 2개 있는 경우

4개의 문자 중에서 같은 문자를 택할 1개의 문자를 택하는 경우의 수는

$_4C_1=4$

남은 3개의 문자 중에서 2개의 문자를 택하는 경우의 수는

$_3C_2=_3C_1=3$

이때 원판은 흰색, 검은색의 2가지이므로 2개의 원판의 색을 정하는 경우의 수는

$_2\Pi_2=2^2=4$

4개의 원판에서 같은 문자가 적힌 원판은 순서가 정해져 있으므로 같은 원판으로 생각하여 4개의 원판을 쌓는 경우의 수는

$\dfrac{4!}{2!}=12$

따라서 그 경우의 수는

$4\times3\times4\times12=576$

(iii) 4개의 원판에 같은 문자가 없는 경우

원판은 흰색, 검은색의 2가지이므로 4개의 원판의 색을 정하는 경우의 수는

$_2\Pi_4=2^4=16$

D가 적힌 원판을 맨 아래에 놓고 나머지 3개의 원판을 쌓는 경우의 수는 $3!=6$

따라서 그 경우의 수는

$16\times6=96$

(i), (ii), (iii)에서 구하는 경우의 수는

$36+576+96=708$

22 답 ①

다섯 자리의 자연수를 만들 때, ㈎에서 홀수를 선택할 수 있는 개수는 0, 1, 2, 3이고, ㈏에서 짝수를 선택할 수 있는 개수는 0, 2, 4이다.

따라서 다섯 자리의 자연수를 만들려면 홀수 1번, 짝수 4번 또는 홀수 3번, 짝수 2번을 선택해야 한다.

(i) 홀수 1번, 짝수 4번을 선택하는 경우

1, 3, 5 중에서 1개를 선택하는 경우의 수는

$_3C_1=3$

2, 4, 6 중에서 2개를 선택하는 경우의 수는

$_3C_2=_3C_1=3$

선택한 홀수 1개와 같은 숫자의 짝수 2개씩을 일렬로 나열하는 경우의 수는

$\dfrac{5!}{2!\times2!}=30$

따라서 자연수의 개수는

$3\times3\times30=270$

(ii) 홀수 3번, 짝수 2번을 선택하는 경우

1, 3, 5를 모두 선택하는 경우의 수는

$_3C_3=1$

2, 4, 6 중에서 1개를 선택하는 경우의 수는

$_3C_1=3$

선택한 홀수 3개와 같은 숫자의 짝수 2개를 일렬로 나열하는 경우의 수는

$\dfrac{5!}{2!}=60$

따라서 자연수의 개수는

$1\times3\times60=180$

(i), (ii)에서 구하는 자연수의 개수는

$270+180=450$

23 답 224

모든 경우의 수에서 두 사람이 만나는 경우의 수를 빼면 된다.

모든 경우의 수는

$\dfrac{6!}{3!\times3!}\times\dfrac{6!}{3!\times3!}=20\times20=400$

지수의 속력이 인성이의 속력의 2배이므로 두 사람이 만날 수 있는 지점은 그림에서 P, Q, R 이다.

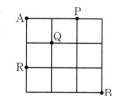

(i) P 지점에서 만나는 경우

인성이가 A → P → B로 이동하는 경우의 수는

$1\times\dfrac{4!}{3!}=4$

지수가 B → P → A로 이동하는 경우의 수는

$\dfrac{4!}{3!}\times1=4$

따라서 P 지점에서 만나는 경우의 수는 $4\times4=16$

I. 경우의 수

(ii) Q 지점에서 만나는 경우

인성이가 A → Q → B로 이동하는 경우의 수는

$2! \times \dfrac{4!}{2! \times 2!} = 2 \times 6 = 12$

지수가 B → Q → A로 이동하는 경우의 수는

$\dfrac{4!}{2! \times 2!} \times 2! = 6 \times 2 = 12$

따라서 Q 지점에서 만나는 경우의 수는 $12 \times 12 = 144$

(iii) R 지점에서 만나는 경우

인성이가 A → R → B로 이동하는 경우의 수는

$1 \times \dfrac{4!}{3!} = 4$

지수가 B → R → A로 이동하는 경우의 수는

$\dfrac{4!}{3!} \times 1 = 4$

따라서 R 지점에서 만나는 경우의 수는 $4 \times 4 = 16$

(i), (ii), (iii)에서 두 사람이 만나는 경우의 수는

$16 + 144 + 16 = 176$

따라서 구하는 경우의 수는 $400 - 176 = 224$

24 답 ③

그림과 같이 네 지점 P′, Q′, R′, S′을 잡자.

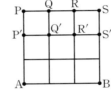

(i) 네 지점 P, Q, R, S 중 한 지점을 거쳐서 이동하는 경우

ⓘ A → P → B로 이동하는 경우

A → P → P′ → B로 이동하므로 그 경우의 수는

$1 \times 1 \times \dfrac{5!}{3! \times 2!} = 10$

ⓜ A → Q → B로 이동하는 경우

A → Q′ → Q → Q′ → B로 이동하므로 그 경우의 수는

$\dfrac{3!}{2!} \times 1 \times 1 \times \dfrac{4!}{2! \times 2!} = 18$

ⓝ A → R → B로 이동하는 경우

A → R′ → R → R′ → B로 이동하므로 그 경우의 수는

$\dfrac{4!}{2! \times 2!} \times 1 \times 1 \times \dfrac{3!}{2!} = 18$

ⓞ A → S → B로 이동하는 경우

A → S′ → S → B로 이동하므로 그 경우의 수는

$\dfrac{5!}{3! \times 2!} \times 1 \times 1 = 10$

ⓘ~ⓞ에서 한 지점을 거쳐서 이동하는 경우의 수는

$10 + 18 + 18 + 10 = 56$

(ii) 네 지점 P, Q, R, S 중 두 지점을 거쳐서 이동하는 경우

ⓘ A → P → Q → B로 이동하는 경우

A → P → Q → Q′ → B로 이동하므로 그 경우의 수는

$1 \times 1 \times 1 \times \dfrac{4!}{2! \times 2!} = 6$

ⓜ A → Q → R → B로 이동하는 경우

A → Q′ → Q → R → R′ → B로 이동하므로 그 경우의 수는

$\dfrac{3!}{2!} \times 1 \times 1 \times 1 \times \dfrac{3!}{2!} = 9$

ⓝ A → R → S → B로 이동하는 경우

A → R′ → R → S → B로 이동하므로 그 경우의 수는

$\dfrac{4!}{2! \times 2!} \times 1 \times 1 \times 1 = 6$

ⓘ, ⓜ, ⓝ에서 두 지점을 거쳐서 이동하는 경우의 수는

$6 + 9 + 6 = 21$

(iii) 네 지점 P, Q, R, S 중 세 지점을 거쳐서 이동하는 경우

ⓘ A → P → Q → R → B로 이동하는 경우

A → P → Q → R → R′ → B로 이동하므로 그 경우의 수는

$1 \times 1 \times 1 \times 1 \times \dfrac{3!}{2!} = 3$

ⓜ A → Q → R → S → B로 이동하는 경우

A → Q′ → Q → R → S → B로 이동하므로 그 경우의 수는

$\dfrac{3!}{2!} \times 1 \times 1 \times 1 \times 1 = 3$

ⓘ, ⓜ에서 세 지점을 거쳐서 이동하는 경우의 수는

$3 + 3 = 6$

(iv) 네 지점 P, Q, R, S를 모두 거쳐서 이동하는 경우

A → P → Q → R → S → B로 이동하는 경우의 수는 1

(i)~(iv)에서 구하는 경우의 수는

$56 + 21 + 6 + 1 = 84$

25 답 ②

P 지점에서 R 지점까지 이동하는 횟수를 x라 하면 $3 \leq x \leq 6$이고, R 지점에서 Q 지점까지 이동하는 횟수를 y라 하면 $2 \leq y \leq 4$이므로 P 지점에서 Q 지점까지 이동한 횟수가 8인 경우는

$x = 4$, $y = 4$ 또는 $x = 5$, $y = 3$ 또는 $x = 6$, $y = 2$

오른쪽으로 1칸 가는 것을 a, 위쪽으로 1칸 가는 것을 b, 대각선으로 1칸 가는 것을 c라 하자.

(i) $x = 4$, $y = 4$인 경우

P 지점에서 R 지점까지 4번 이동하여 가는 경우는 a, b, c, c를 일렬로 나열하는 것과 같으므로 그 경우의 수는

$\dfrac{4!}{2!} = 12$

R 지점에서 Q 지점까지 4번 이동하여 가는 경우는 a, a, b, b를 일렬로 나열하는 것과 같으므로 그 경우의 수는

$\dfrac{4!}{2! \times 2!} = 6$

따라서 $x = 4$, $y = 4$인 경우의 수는 $12 \times 6 = 72$

(ii) $x = 5$, $y = 3$인 경우

P 지점에서 R 지점까지 5번 이동하여 가는 경우는 a, a, b, b, c를 일렬로 나열하는 것과 같으므로 그 경우의 수는

$\dfrac{5!}{2! \times 2!} = 30$

R 지점에서 Q 지점까지 3번 이동하여 가는 경우는 a, b, c를 일렬로 나열하는 것과 같으므로 그 경우의 수는

$3! = 6$

따라서 $x = 5$, $y = 3$인 경우의 수는 $30 \times 6 = 180$

(iii) $x = 6$, $y = 2$인 경우

P 지점에서 R 지점까지 6번 이동하여 가는 경우는 a, a, a, b, b, b를 일렬로 나열하는 것과 같으므로 그 경우의 수는

$\dfrac{6!}{3! \times 3!} = 20$

R 지점에서 Q 지점까지 2번 이동하여 가는 경우는 c, c를 일렬로 나열하는 것과 같으므로 그 경우의 수는 1

따라서 $x = 6$, $y = 2$인 경우의 수는 $20 \times 1 = 20$

(i), (ii), (iii)에서 구하는 경우의 수는

$72 + 180 + 20 = 272$

01 8	02 342	03 ①	04 97	05 20	06 209
07 ②	08 ②	09 132	10 40		

01 답 8

1단계 빨간색을 칠하는 영역 파악하기

회전하여 일치하는 것은 같은 것으로 보므로 빨간색을 칠할 정사각형은 그림과 같이 세 영역 A, B, C 중에서 선택할 수 있다.

A	B	
	C	

2단계 색칠판을 칠하는 경우의 수 구하기

(i) 영역 A에 빨간색을 칠하는 경우

영역 A에 빨간색을 칠하면 파란색을 칠할 수 있는 정사각형은 그림에서 a, b, c, d, e의 5개이고, 나머지 7개의 정사각형에 남은 7가지의 색을 칠하는 경우의 수는 7!이므로 영역 A에 빨간색을 칠하는 경우의 수는 $5 \times 7!$

A		a
		b
e	d	c

(ii) 영역 B에 빨간색을 칠하는 경우

영역 B에 빨간색을 칠하면 파란색을 칠할 수 있는 정사각형은 그림에서 a, b, c의 3개이고, 나머지 7개의 정사각형에 남은 7가지의 색을 칠하는 경우의 수는 7!이므로 영역 B에 빨간색을 칠하는 경우의 수는 $3 \times 7!$

	B	
a	b	c

(iii) 영역 C에 빨간색을 칠하는 경우

영역 C에 빨간색을 칠하면 나머지 8개의 정사각형과 모두 꼭짓점을 공유하므로 어느 정사각형에도 파란색을 칠할 수 없다.

(i), (ii), (iii)에서 색칠판을 칠하는 경우의 수는

$5 \times 7! + 3 \times 7! = (5+3) \times 7! = 8 \times 7!$

3단계 k의 값 구하기

$\therefore k = 8$

02 답 342

1단계 $g(6)$, $g(7)$의 값에 따라 순서쌍 $(f(3), f(4), f(5), g(6), g(7))$의 개수 구하기

㈎, ㈏를 만족시키려면 $g(6)$, $g(7)$의 값 중 적어도 하나는 집합 Z의 원소 9이어야 한다.

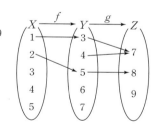

(i) $g(6) = g(7) = 9$인 경우

㈏를 만족시키려면 $f(3)$, $f(4)$, $f(5)$의 값 중 적어도 하나는 집합 Y의 원소 6, 7이어야 한다.

따라서 $f(3)$, $f(4)$, $f(5)$의 값을 정하는 경우의 수는 3, 4, 5, 6, 7 중에서 중복을 허락하여 3개를 택하는 중복순열의 수에서 3, 4, 5 중에서 중복을 허락하여 3개를 택하는 중복순열의 수를 빼면 되므로

${}_5\Pi_3 - {}_3\Pi_3 = 5^3 - 3^3 = 125 - 27 = 98$

따라서 순서쌍 $(f(3), f(4), f(5), g(6), g(7))$의 개수는

$1 \times 98 = 98$

(ii) $g(6)$, $g(7)$의 값 중 하나만 9인 경우

$g(6)$, $g(7)$의 값을 정하는 경우의 수는 9가 되는 1개를 택하고 나머지는 7, 8 중에서 1개를 택하면 되므로

${}_2C_1 \times {}_2C_1 = 2 \times 2 = 4$

㈏를 만족시키려면 $f(3)$, $f(4)$, $f(5)$의 값 중 적어도 하나는 집합 Y의 원소 중 $g(a) = 9$인 a이어야 한다.

└→ a는 6 또는 7이다.

따라서 $f(3)$, $f(4)$, $f(5)$의 값을 정하는 경우의 수는 3, 4, 5, 6, 7 중에서 중복을 허락하여 3개를 택하는 중복순열의 수에서 a를 제외한 4개의 수 중에서 중복을 허락하여 3개를 택하는 중복순열의 수를 빼면 되므로

${}_5\Pi_3 - {}_4\Pi_3 = 5^3 - 4^3 = 125 - 64 = 61$

따라서 순서쌍 $(f(3), f(4), f(5), g(6), g(7))$의 개수는

$4 \times 61 = 244$

2단계 순서쌍 $(f(3), f(4), f(5), g(6), g(7))$의 개수 구하기

(i), (ii)에서 순서쌍 $(f(3), f(4), f(5), g(6), g(7))$의 개수는

$98 + 244 = 342$

03 답 ①

1단계 $f(n)$ 구하기

숫자 0을 한 개 이하로 사용하여 만든 n자리의 자연수 중에서 각 자리의 숫자의 합이 n인 경우는 1이 n개인 경우와 2가 1개, 1이 $(n-2)$개, 0이 1개인 경우이다.

1이 n개인 n자리의 자연수의 개수는 1

2가 1개, 1이 $(n-2)$개, 0이 1개인 n자리의 자연수의 개수는 n개의 수를 일렬로 나열하는 경우의 수에서 0이 맨 앞에 오는 경우의 수를 빼면 되므로

$\dfrac{n!}{(n-2)!} - \dfrac{(n-1)!}{(n-2)!}$

$\therefore f(n) = 1 + \dfrac{n!}{(n-2)!} - \dfrac{(n-1)!}{(n-2)!}$

$\qquad = 1 + n(n-1) - (n-1) = n^2 - 2n + 2$

2단계 n의 값 구하기

이때 $f(n) = 82$에서 $n^2 - 2n + 2 = 82$

$n^2 - 2n - 80 = 0$, $(n+8)(n-10) = 0$

$\therefore n = 10$ ($\because n$은 자연수)

04 답 97

1단계 1이 나오는 횟수에 따라 경우의 수 구하기

㈏에서 1, 4는 서로 이웃할 수 없다.

(i) 1이 한 번 나오는 경우

① 1□□□, □□□1 꼴인 경우

1의 옆에 올 수 있는 숫자는 2, 3의 2개이고, 나머지 자리에는 2, 3, 4의 3개의 숫자 중에서 중복을 허락하여 2개를 택하여 일렬로 나열하면 되므로 경우의 수는

$2 \times {}_3\Pi_2 + {}_3\Pi_2 \times 2 = 4 \times 3^2 = 36$

② □1□□, □□1□ 꼴인 경우

1의 양옆에는 2, 3의 2개의 숫자 중에서 중복을 허락하여 2개를 택하여 일렬로 나열하고, 나머지 자리에 올 수 있는 숫자는 2, 3, 4의 3개이므로 경우의 수는

${}_2\Pi_2 \times 3 + 3 \times {}_2\Pi_2 = 6 \times 2^2 = 24$

①, ②에서 1이 한 번 나오는 경우의 수는 $36 + 24 = 60$

(ii) 1이 두 번 나오는 경우

 ① 1□1□, 1□□1, □11□, □1□1 꼴인 경우

  1의 옆에는 2, 3의 2개의 숫자 중에서 중복을 허락하여 2개를 택

  하여 일렬로 나열하면 되므로 경우의 수는

  $4 \times {}_2\Pi_2 = 4 \times 2^2 = 16$

 ② 11□□, □□11 꼴인 경우

  1의 옆에 올 수 있는 숫자는 2, 3의 2개이고, 나머지 자리에 올

  수 있는 숫자는 2, 3, 4의 3개이므로 경우의 수는

  $2 \times 3 + 3 \times 2 = 12$

 ①, ②에서 1이 두 번 나오는 경우의 수는 $16 + 12 = 28$

(iii) 1이 세 번 나오는 경우

 1, 1, 1, 2 또는 1, 1, 1, 3을 일렬로 나열하는 경우의 수는

 $\dfrac{4!}{3!} + \dfrac{4!}{3!} = 4 + 4 = 8$

(iv) 1이 네 번 나오는 경우

 1111의 1개

2단계 경우의 수 구하기

(i)~(iv)에서 구하는 경우의 수는 $60 + 28 + 8 + 1 = 97$

---

^{idea}
05 답 20

1단계 $a_1 + a_2 + a_3 + a_4 + a_5 + a_6$의 값이 될 수 있는 수 구하기

$a_n = 1$이면 $b_n = 0$이고 $a_n = 0$이면 $b_n = 1$이므로

$\underline{a_1 + a_2 + a_3 + a_4 + a_5 + a_6 + b_1 + b_2 + b_3 + b_4 + b_5 + b_6 = 6}$

이때 $a_1 + a_2 + a_3 + a_4 + a_5 + a_6 = k\,(k \leq 6)$라 하면

$b_1 + b_2 + b_3 + b_4 + b_5 + b_6 = 6 - k$

$\underline{k \geq 6 - k}$에서 $2k \geq 6$ $\therefore k \geq 3$

이때 $k \leq 6$이므로 k의 값은 3, 4, 5, 6이다.

2단계 $a_1 + a_2 + a_3 + a_4 + a_5 + a_6$의 값에 따라 순서쌍 $(a_1, a_2, a_3, a_4, a_5, a_6)$의 개수 구하기

$a_1 \geq b_1$을 만족시키려면 $a_1 = 1$

(i) $k = 3$일 때

 ① $a_2 = 1$인 경우

  순서쌍 $(a_1, a_2, a_3, a_4, a_5, a_6)$의 개수는 1, 0, 0, 0을 일렬로 나

  열하는 경우에서 $\underline{0, 0, 0, 1}$인 경우를 제외하면 되므로

  _{└→ $a_1 + a_2 + a_3 + a_4 + a_5 < b_1 + b_2 + b_3 + b_4 + b_5$}

  $\dfrac{4!}{3!} - 1 = 4 - 1 = 3$

 ② $a_2 = 0$인 경우

  $a_3 = 0$이면 $a_1 + a_2 + a_3 < b_1 + b_2 + b_3$이므로 $a_3 = 1$

  따라서 순서쌍 $(a_1, a_2, a_3, a_4, a_5, a_6)$의 개수는 1, 0, 0을 일렬

  로 나열하는 경우에서 $\underline{0, 0, 1}$인 경우를 제외하면 되므로

  _{└→ $a_1 + a_2 + a_3 + a_4 + a_5 < b_1 + b_2 + b_3 + b_4 + b_5$}

  $\dfrac{3!}{2!} - 1 = 3 - 1 = 2$

 ①, ②에서 순서쌍 $(a_1, a_2, a_3, a_4, a_5, a_6)$의 개수는 $3 + 2 = 5$

(ii) $k = 4$일 때

 ① $a_2 = 1$인 경우

  순서쌍 $(a_1, a_2, a_3, a_4, a_5, a_6)$의 개수는 1, 1, 0, 0을 일렬로 나

  열하는 경우의 수와 같으므로 $\dfrac{4!}{2! \times 2!} = 6$

 ② $a_2 = 0$인 경우

  $a_3 = 0$이면 $a_1 + a_2 + a_3 < b_1 + b_2 + b_3$이므로 $a_3 = 1$

  따라서 순서쌍 $(a_1, a_2, a_3, a_4, a_5, a_6)$의 개수는 1, 1, 0을 일렬

  로 나열하는 경우의 수와 같으므로 $\dfrac{3!}{2!} = 3$

---

 ①, ②에서 순서쌍 $(a_1, a_2, a_3, a_4, a_5, a_6)$의 개수는 $6 + 3 = 9$

(iii) $k = 5$일 때,

 순서쌍 $(a_1, a_2, a_3, a_4, a_5, a_6)$의 개수는 1, 1, 1, 1, 0을 일렬로 나

 열하는 경우의 수와 같으므로 $\dfrac{5!}{4!} = 5$

(iv) $k = 6$일 때,

 순서쌍 $(a_1, a_2, a_3, a_4, a_5, a_6)$은 $(1, 1, 1, 1, 1, 1)$의 1개

3단계 순서쌍 $(a_1, a_2, a_3, a_4, a_5, a_6)$의 개수 구하기

(i)~(iv)에서 순서쌍 $(a_1, a_2, a_3, a_4, a_5, a_6)$의 개수는

$5 + 9 + 5 + 1 = 20$

다른 풀이

$a_1 + a_2 + a_3 + a_4 + a_5 + a_6 + b_1 + b_2 + b_3 + b_4 + b_5 + b_6 = 6$이므로

$a_1 + a_2 + a_3 + a_4 + a_5 + a_6 = k\,(k \leq 6)$라 하면

$b_1 + b_2 + b_3 + b_4 + b_5 + b_6 = 6 - k$

$k \geq 6 - k$에서 $2k \geq 6$ $\therefore k \geq 3$

이때 $k \leq 6$이므로 k의 값은 3, 4, 5, 6이다.

$a_1 \geq b_1$을 만족시키려면 $a_1 = 1$

6 이하의 모든 자연수 n에 대하여

$a_1 + a_2 + \cdots + a_n \geq b_1 + b_2 + \cdots + b_n$ …… ㉠

을 만족시키는 순서쌍 $(a_1, a_2, a_3, a_4, a_5, a_6)$의 개수를 구하면 다음과

같다.

(i) $k = 3$일 때,

 1, 1, 1, 0, 0, 0을 ㉠을 만족시키도록 나열

 하는 경우의 수와 같으므로 그림과 같은 도

 로망에서 오른쪽으로 1칸 가는 것을 1, 위로

 1칸 가는 것을 0이라 하면 A에서 B로 가는

 최단 경로의 수와 같다.

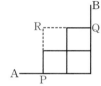

 $\therefore 1 \times \left(\underline{\dfrac{4!}{2! \times 2!}} - 1\right) \times 1 = 6 - 1 = 5$

 _{└→ (P → Q로 가는 최단 경로의 수) − (P → R → Q로 가는 최단 경로의 수)}

(ii) $k = 4$일 때,

 1, 1, 1, 1, 0, 0을 ㉠을 만족시키도록

 나열하는 경우의 수와 같으므로 그림

 과 같은 도로망에서 오른쪽으로 1칸 가

 는 것을 1, 위로 1칸 가는 것을 0이라

 하면 A에서 B로 가는 최단 경로의 수와 같다.

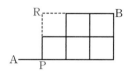

 $\therefore 1 \times \left(\underline{\dfrac{5!}{3! \times 2!}} - 1\right) = 10 - 1 = 9$

 _{└→ (P → B로 가는 최단 경로의 수) − (P → R → B로 가는 최단 경로의 수)}

(iii) $k = 5$일 때,

 1, 1, 1, 1, 0을 일렬로 나열하는 경우의 수와 같으므로 $\dfrac{5!}{4!} = 5$

(iv) $k = 6$일 때, $(1, 1, 1, 1, 1, 1)$의 1개

(i)~(iv)에서 순서쌍 $(a_1, a_2, a_3, a_4, a_5, a_6)$의 개수는

$5 + 9 + 5 + 1 = 20$

---

06 답 209

1단계 집합 Y의 원소를 3으로 나누었을 때의 나머지가 같은 것끼리 묶기

$f(1) + f(2) + f(3) - f(4) = 3m$에서 m이 정수이므로 $3m$은 3의 배수

이다.

즉, $f(1) + f(2) + f(3)$의 값과 $f(4)$의 값을 각각 3으로 나누었을 때의

나머지는 서로 같아야 한다.

이때 집합 Y의 원소들을 3으로 나누었을 때의 나머지가 같은 수들을 원

소로 하는 집합 Y의 부분집합은 $\{3\}$, $\{1, 4\}$, $\{2, 5\}$이다.

(ⅰ) $f(4)=3$인 경우

집합 Y의 원소 중에서 중복을 허락하여 택한 세 수의 합을 3으로 나누었을 때의 나머지가 0이 되는 경우는

$(1, 1, 1)$, $(2, 2, 2)$, $(3, 3, 3)$, $(4, 4, 4)$, $(5, 5, 5)$, $(1, 1, 4)$,
$(1, 4, 4)$, $(2, 2, 5)$, $(2, 5, 5)$, $(1, 2, 3)$, $(1, 3, 5)$, $(2, 3, 4)$,
$(3, 4, 5)$

이고, 이 수를 각각 $f(1)$, $f(2)$, $f(3)$에 대응시키는 경우의 수는

$5 \times \dfrac{3!}{3!} + 4 \times \dfrac{3!}{2!} + 4 \times 3! = 5 + 12 + 24 = 41$

따라서 함수 f의 개수는 41

(ⅱ) $f(4)=1$ 또는 $f(4)=4$인 경우

집합 Y의 원소 중에서 중복을 허락하여 택한 세 수의 합을 3으로 나누었을 때의 나머지가 1이 되는 경우는

$(1, 1, 2)$, $(1, 1, 5)$, $(1, 3, 3)$, $(2, 2, 3)$, $(2, 4, 4)$, $(3, 3, 4)$,
$(3, 5, 5)$, $(4, 4, 5)$, $(1, 2, 4)$, $(1, 4, 5)$, $(2, 3, 5)$

이고, 이 수를 각각 $f(1)$, $f(2)$, $f(3)$에 대응시키는 경우의 수는

$8 \times \dfrac{3!}{2!} + 3 \times 3! = 24 + 18 = 42$

따라서 함수 f의 개수는 $2 \times 42 = 84$

(ⅲ) $f(4)=2$ 또는 $f(4)=5$인 경우

집합 Y의 원소 중에서 중복을 허락하여 택한 세 수의 합을 3으로 나누었을 때의 나머지가 2가 되는 경우는

$(1, 1, 3)$, $(1, 2, 2)$, $(1, 5, 5)$, $(2, 2, 4)$, $(2, 3, 3)$, $(3, 3, 5)$,
$(3, 4, 4)$, $(4, 5, 5)$, $(1, 2, 5)$, $(1, 3, 4)$, $(2, 4, 5)$

이고, 이 수를 각각 $f(1)$, $f(2)$, $f(3)$에 대응시키는 경우의 수는

$8 \times \dfrac{3!}{2!} + 3 \times 3! = 24 + 18 = 42$

따라서 함수 f의 개수는 $2 \times 42 = 84$

3단계 함수 f의 개수 구하기

(ⅰ), (ⅱ), (ⅲ)에서 구하는 함수 f의 개수는

$41 + 84 + 84 = 209$

07 답 ②

1단계 x, y, z의 값에 따라 순서쌍 (x, y, z)의 개수 구하기

서로 다른 세 자연수 a, b, c에 대하여

(ⅰ) $x^2+y^2+z^2=a^2+0^2+0^2$ 꼴일 때,

순서쌍 (x, y, z)의 개수는 $a, 0, 0$ 또는 $-a, 0, 0$을 일렬로 나열하는 경우의 수와 같으므로

$\dfrac{3!}{2!} \times 2 = 6$

(ⅱ) $x^2+y^2+z^2=a^2+a^2+0^2$ 꼴일 때,

순서쌍 (x, y, z)의 개수는 $a, a, 0$ 또는 $-a, -a, 0$ 또는 $a, -a, 0$을 일렬로 나열하는 경우의 수와 같으므로

$\dfrac{3!}{2!} \times 2 + 3! = 6 + 6 = 12$

(ⅲ) $x^2+y^2+z^2=a^2+a^2+a^2$ 꼴일 때,

순서쌍 (x, y, z)의 개수는 x, y, z 각각에 a 또는 $-a$를 택하는 경우의 수와 같으므로

$_2\Pi_3 = 2^3 = 8$

(ⅳ) $x^2+y^2+z^2=a^2+b^2+0^2$ 꼴일 때,

순서쌍 (x, y, z)의 개수는 $a, b, 0$ 또는 $-a, -b, 0$ 또는 $a, -b, 0$ 또는 $-a, b, 0$을 일렬로 나열하는 경우의 수와 같으므로

$3! \times 4 = 6 \times 4 = 24$

(ⅴ) $x^2+y^2+z^2=a^2+a^2+b^2$ 꼴일 때,

순서쌍 (x, y, z)의 개수는 a^2, a^2, b^2을 일렬로 나열한 후 a^2, a^2, b^2 각각에 $\pm a$, $\pm a$, $\pm b$를 택하는 경우의 수와 같으므로

$\dfrac{3!}{2!} \times 2^3 = 3 \times 8 = 24$

(ⅵ) $x^2+y^2+z^2=a^2+b^2+c^2$ 꼴일 때,

순서쌍 (x, y, z)의 개수는 a^2, b^2, c^2을 일렬로 나열한 후 a^2, b^2, c^2 각각에 $\pm a$, $\pm b$, $\pm c$를 택하는 경우의 수와 같으므로

$3! \times 2^3 = 6 \times 8 = 48$

2단계 순서쌍 (x, y, z)의 개수가 30이 되는 경우 찾기

따라서 방정식 $x^2+y^2+z^2=n$을 만족시키는 정수 x, y, z의 순서쌍 (x, y, z)의 개수가 30이 되려면

$x^2+y^2+z^2=a^2+0^2+0^2$과 $x^2+y^2+z^2=a^2+b^2+0^2$

또는 $x^2+y^2+z^2=a^2+0^2+0^2$과 $x^2+y^2+z^2=a^2+a^2+b^2$

꼴로 동시에 표현되어야 한다.

3단계 모든 n의 값의 합 구하기

$x^2+y^2+z^2=a^2+0^2+0^2$에서 $n=a^2$이고, n은 50 이하의 자연수이므로 n의 값은 1, 4, 9, 16, 25, 36, 49이다.

이때 $x^2+y^2+z^2=a^2+b^2+0^2$ 꼴로 표현될 수 있는 자연수는 25이고, $x^2+y^2+z^2=a^2+a^2+b^2$ 꼴로 표현될 수 있는 자연수는 9, 36이므로 구하는 모든 n의 값의 합은

$25 + 9 + 36 = 70$

08 답 ②

1단계 a_1의 값에 따라 자연수의 개수 구하기

$a_{i+1}-a_i=b_i (i=1, 2, 3)$라 하면 $a_2-a_1=b_1$, $a_3-a_2=b_2$, $a_4-a_3=b_3$ 이므로 $0<a_2-a_1\le3$, $0<a_3-a_2\le3$, $0<a_4-a_3\le3$에서

$0<b_1\le3$, $0<b_2\le3$, $0<b_3\le3$

즉, b_1, b_2, b_3은 3 이하의 자연수이다.

또 $a_1+b_1+b_2+b_3=a_4$이고 $a_4\le9$이므로

$a_1+b_1+b_2+b_3\le9$ ...... ㉠ → 천의 자리의 숫자는 9 이하이다.

네 자리의 자연수의 개수는 부등식 ㉠을 만족시키는 순서쌍 (a_1, b_1, b_2, b_3)의 개수와 같다.

(ⅰ) $a_1=0$일 때,

㉠에서 $b_1+b_2+b_3\le9$이므로 이를 만족시키는 3 이하의 자연수 b_1, b_2, b_3의 순서쌍 (b_1, b_2, b_3)의 개수는 $_3\Pi_3=3^3=27$

(ⅱ) $a_1=1$일 때,

㉠에서 $b_1+b_2+b_3\le8$이므로 이를 만족시키는 3 이하의 자연수 b_1, b_2, b_3의 순서쌍 (b_1, b_2, b_3)은 (ⅰ)에서 구한 순서쌍에서 $(3, 3, 3)$을 제외하면 되므로 그 개수는 $27-1=26$

(ⅲ) $a_1=2$일 때,

㉠에서 $b_1+b_2+b_3\le7$이므로 이를 만족시키는 3 이하의 자연수 b_1, b_2, b_3의 순서쌍 (b_1, b_2, b_3)의 개수는 (ⅱ)에서 구한 순서쌍의 개수에서 2, 3, 3을 일렬로 나열하는 경우의 수를 제외하면 되므로

$26-\dfrac{3!}{2!}=26-3=23$

(ⅳ) $a_1=3$일 때,

㉠에서 $b_1+b_2+b_3\le6$이므로 이를 만족시키는 3 이하의 자연수 b_1, b_2, b_3의 순서쌍 (b_1, b_2, b_3)의 개수는 (ⅲ)에서 구한 순서쌍의 개수에서 1, 3, 3 또는 2, 2, 3을 일렬로 나열하는 경우의 수를 제외하면 되므로

$23-\dfrac{3!}{2!}\times2=23-6=17$

(v) $a_1=4$일 때,

㉠에서 $b_1+b_2+b_3 \leq 5$이므로 이를 만족시키는 3 이하의 자연수 b_1, b_2, b_3의 순서쌍 (b_1, b_2, b_3)의 개수는 1, 1, 1 또는 1, 1, 2 또는 1, 1, 3 또는 1, 2, 2를 일렬로 나열하는 경우의 수와 같으므로

$1+\dfrac{3!}{2!}\times 3=1+9=10$

(vi) $a_1=5$일 때,

㉠에서 $b_1+b_2+b_3 \leq 4$이므로 이를 만족시키는 3 이하의 자연수 b_1, b_2, b_3의 순서쌍 (b_1, b_2, b_3)의 개수는 1, 1, 1 또는 1, 1, 2를 일렬로 나열하는 경우의 수와 같으므로

$1+\dfrac{3!}{2!}=1+3=4$

(vii) $a_1=6$일 때,

㉠에서 $b_1+b_2+b_3 \leq 3$이므로 이를 만족시키는 3 이하의 자연수 b_1, b_2, b_3의 순서쌍 (b_1, b_2, b_3)은 (1, 1, 1)의 1개

2단계 자연수의 개수 구하기

(i)~(vii)에서 구하는 자연수의 개수는

$27+26+23+17+10+4+1=108$

09 답 132

1단계 이동 경로의 길이가 4인 경우의 수 구하기

(i) 이동 경로의 길이가 4인 경우

그림에서 ＼ 방향으로 2번, ／ 방향으로 2번 이동하는 경우의 수는

$\dfrac{4!}{2!\times 2!}=6$

이와 같은 경로로 이동할 수 있는 면이 4개이고, 모서리를 따라 이동하는 경우는 경로가 중복되므로 이동 경로의 길이가 4인 경우의 수는

$6\times 4-4=20$

2단계 이동 경로의 길이가 5인 경우의 수 구하기

(ii) 이동 경로의 길이가 5인 경우

이동 경로에 가로로 1칸 이동하는 경우가 1번 포함되어야 한다.

ⓘ 정팔면체의 모서리에서 가로로 1칸 이동하는 경우

$A \to P \to Q \to B$로 이동하는 경우는 그림에서 $A \to P \to Q \to S \to B$,

$A \to P \to Q \to T \to B$의 2가지

$A \to Q \to R \to B$, $A \to Q \to P \to B$,

$A \to R \to Q \to B$로 이동하는 경우도 같은 방법으로 하면 각각 2가지

이때 이와 같은 경로로 이동할 수 있는 면이 4개이므로 경로의 수는 $(2+2+2+2)\times 4=32$

ⓘ 한 면 안에서 가로로 1칸 이동하는 경우

$A \to C \to D \to B$로 이동하는 경우는

그림에서 $A \to C \to D \to E \to H \to B$,

$A \to C \to D \to E \to I \to B$,

$A \to C \to D \to F \to I \to B$,

$A \to C \to D \to G \to I \to B$,

$A \to C \to D \to G \to J \to B$의 5가지

$A \to D \to C \to B$, $A \to H \to I \to B$,

$A \to I \to H \to B$로 이동하는 경우도 같은 방법으로 하면 각각 5가지

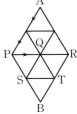

이때 이와 같은 경로로 이동할 수 있는 면이 4개이므로 경로의 수는 $(5+5+5+5)\times 4=80$

ⓘ, ⓘ에서 이동 경로의 길이가 5인 경우의 수는

$32+80=112$

3단계 경우의 수 구하기

(i), (ii)에서 구하는 경우의 수는

$20+112=132$

10 답 40

1단계 조건을 만족시키는 경우 구하기

그림과 같이 6개의 지점 C_1, C_2, C_3, C_4, C_5, C_6을 잡고 4개의 정사각형을 R_1, R_2, R_3, R_4라 하자.

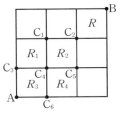

이때 ㉮를 만족시키려면 $A \to C_2 \to B \to C_2 \to A$로 이동해야 하고 ㉯를 만족시키려면 정사각형 R_1, R_2, R_3, R_4 중 네 변을 모두 지나는 정사각형은 없어야 한다.

2단계 각각의 경우의 수 구하기

(i) $C_2 \to B$, $B \to C_2$로 이동하는 경우

정사각형 R의 모든 변을 다 지나야 하므로

(C_2 지점에서 B 지점으로 이동하는 경우의 수)

×(B 지점에서 C_2 지점으로 이동하는 경우의 수)

$=2\times 1=2$

(ii) $A \to C_2$, $C_2 \to A$로 이동하는 경우

(A 지점에서 C_2 지점으로 이동하는 경우의 수)

×(C_2 지점에서 A 지점으로 이동하는 경우의 수)

$=\dfrac{4!}{2!\times 2!}\times\dfrac{4!}{2!\times 2!}$

$=6\times 6=36$

ⓘ 정사각형 R_1의 네 변을 모두 지나는 경우

$A \to C_3 \to C_1 \to C_2$, $C_2 \to C_1 \to C_3 \to A$로 이동하는 경우의 수이므로

$(1\times 2\times 1)\times(1\times 1\times 1)=2$

ⓘ 정사각형 R_2의 네 변을 모두 지나는 경우

$A \to C_4 \to C_2$, $C_2 \to C_4 \to A$로 이동하는 경우의 수이므로

$(2\times 2)\times(1\times 2)=8$

ⓘ 정사각형 R_3의 네 변을 모두 지나는 경우

$A \to C_4 \to C_2$, $C_2 \to C_4 \to A$로 이동하는 경우의 수이므로

$(2\times 2)\times(2\times 1)=8$

ⓘ 정사각형 R_4의 네 변을 모두 지나는 경우

$A \to C_6 \to C_5 \to C_2$, $C_2 \to C_5 \to C_6 \to A$로 이동하는 경우의 수이므로

$(1\times 2\times 1)\times(1\times 1\times 1)=2$

ⓥ 정사각형 R_2, R_3의 네 변을 모두 지나는 경우

$A \to C_4 \to C_2$, $C_2 \to C_4 \to A$로 이동하는 경우의 수이므로

$(2\times 2)\times(1\times 1)=4$

ⓘ~ⓥ에서 $A \to C_2$, $C_2 \to A$로 이동할 때, 한 변의 길이가 1인 정사각형 중 네 변을 모두 지나는 정사각형이 없는 경우의 수는

$36-\{(2+8+8+2)-4\}=20$

3단계 경우의 수 구하기

(i), (ii)에서 구하는 경우의 수는

$2\times 20=40$

02 중복조합과 이항정리

01 ③	02 20	03 ③	04 27	05 21	06 ⑤
07 100	08 120	09 ④	10 ④	11 ①	12 ②

01 답 ③

서로 다른 5개의 문자 중에서 3개를 택하는 경우의 수는
$_5C_3=_5C_2=10$
$(a+b+c+d+e)^{10}$의 전개식에서 3종류의 문자로 이루어진 서로 다른 항의 개수는 $(x+y+z)^{10}$의 전개식에서 서로 다른 항의 개수와 같으므로
$_3H_{10}=_{12}C_{10}=_{12}C_2=66$
따라서 구하는 서로 다른 항의 개수는
$10\times66=660$

02 답 20

전화기가 놓인 책상을 ●, 전화기가 놓이지 않은 책상을 ○라 하자.
전화기가 놓인 책상 사이에 2개의 빈 책상을 놓은 후 그림의 밑줄 친 네 부분에 ＿＿●○○●○○●＿＿

서 남은 3개의 책상을 놓을 세 부분을 중복을 허락하여 택하는 경우의 수는
$_4H_3=_6C_3=20$

03 답 ③

3명의 학생 중에서 3가지 색의 카드를 각각 한 장 이상 받는 학생 1명을 택하는 경우의 수는 $_3C_1=3$
1명의 학생이 3가지 색의 카드를 각각 1장씩 갖고 남은 빨간색 카드 3장, 파란색 카드 1장을 3명의 학생에게 나누어 주면 되므로 빨간색 카드 3장을 중복을 허락하여 3명의 학생에게 나누어 주고 파란색 카드 1장을 받을 학생 1명을 택하는 경우의 수는
$_3H_3\times_3C_1=_5C_3\times3=_5C_2\times3=10\times3=30$
따라서 구하는 경우의 수는
$3\times30=90$

04 답 27

음료수, 사탕, 초콜릿을 각각 1개씩 먼저 택하고 나머지 7개를 음료수, 사탕, 초콜릿 중에서 중복을 허락하여 택하는 경우의 수는
$_3H_7=_9C_7=_9C_2=36$ ········· 배점 30%
이때 같은 종류는 최대 6개까지만 넣어야 하므로 같은 종류의 간식을 6개 이상은 더 넣을 수 없다.
나머지 7개 중에서 같은 종류의 간식이 6개인 경우의 수는 3종류의 간식 중에서 각각 6개, 1개를 택하는 2종류의 간식을 정하는 경우의 수와 같으므로
$_3P_2=6$ ········· 배점 30%
나머지 7개가 모두 같은 종류의 간식인 경우의 수는
$_3C_1=3$ ········· 배점 20%
따라서 구하는 경우의 수는
$36-(6+3)=27$ ········· 배점 20%

05 답 21

㈎에서 $a\geq1$, $b\geq2$, $c\geq3$이므로 $a'=a-1$, $b'=b-2$, $c'=c-3$이라 하면 a', b', c'은 음이 아닌 정수이다.
이때 ㈏의 $a+b+c=11$에서
$(a'+1)+(b'+2)+(c'+3)=11$
$\therefore a'+b'+c'=5$ (단, a', b', c'은 음이 아닌 정수)
따라서 순서쌍 (a,b,c)의 개수는 이 방정식을 만족시키는 음이 아닌 정수 a', b', c'의 순서쌍 (a',b',c')의 개수와 같으므로
$_3H_5=_7C_5=_7C_2=21$

06 답 ⑤

a, b, c, d, e가 자연수이므로 $(a+b)(c+d+e)=21$에서
$a+b=3$, $c+d+e=7$ 또는 $a+b=7$, $c+d+e=3$
이때 a, b, c, d, e가 자연수이므로 $a'=a-1$, $b'=b-1$, $c'=c-1$, $d'=d-1$, $e'=e-1$이라 하면 a', b', c', d', e'은 음이 아닌 정수이다.
(ⅰ) $a+b=3$, $c+d+e=7$일 때,
 $(a'+1)+(b'+1)=3$, $(c'+1)+(d'+1)+(e'+1)=7$
 $\therefore a'+b'=1$, $c'+d'+e'=4$ (단, a', b', c', d', e'은 음이 아닌 정수)
 따라서 순서쌍 (a,b,c,d,e)의 개수는 두 방정식을 만족시키는 음이 아닌 정수 a', b', c', d', e'의 순서쌍 (a',b',c',d',e')의 개수와 같으므로
 $_2H_1\times_3H_4=_2C_1\times_6C_4=2\times_6C_2=2\times15=30$
(ⅱ) $a+b=7$, $c+d+e=3$일 때,
 $(a'+1)+(b'+1)=7$, $(c'+1)+(d'+1)+(e'+1)=3$
 $\therefore a'+b'=5$, $c'+d'+e'=0$ (단, a', b', c', d', e'은 음이 아닌 정수)
 따라서 순서쌍 (a,b,c,d,e)의 개수는 두 방정식을 만족시키는 음이 아닌 정수 a', b', c', d', e'의 순서쌍 (a',b',c',d',e')의 개수와 같으므로
 $_2H_5\times_3H_0=_6C_5\times_2C_0=_6C_1\times1=6\times1=6$
(ⅰ), (ⅱ)에서 구하는 순서쌍 (a,b,c,d,e)의 개수는
$30+6=36$

07 답 100

네 자리 자연수의 천의 자리, 백의 자리, 십의 자리, 일의 자리의 숫자를 각각 a, b, c, d라 하면 3000보다 작은 네 자리 자연수의 각 자리의 수의 합이 10이므로 $1\leq a\leq2$이고 $a+b+c+d=10$
(ⅰ) $a=1$일 때,
 $a+b+c+d=10$에서
 $b+c+d=9$
 이 방정식을 만족시키는 음이 아닌 정수 b, c, d의 순서쌍 (b,c,d)의 개수는
 $_3H_9=_{11}C_9=_{11}C_2=55$
(ⅱ) $a=2$일 때,
 $a+b+c+d=10$에서
 $b+c+d=8$
 이 방정식을 만족시키는 음이 아닌 정수 b, c, d의 순서쌍 (b,c,d)의 개수는
 $_3H_8=_{10}C_8=_{10}C_2=45$
(ⅰ), (ⅱ)에서 구하는 자연수의 개수는
$55+45=100$

08 답 120

㈐에서 $f(1)$, $f(3)$, $f(5)$의 값은 1, 3, 5, 7 중 하나이고, $f(2)$, $f(4)$의 값은 2, 4, 6 중 하나이다.

㈎에서 $f(1)$, $f(3)$, $f(5)$의 값은 1, 3, 5, 7 중에서 중복을 허락하여 3개를 택하여 그 값이 작거나 같은 수부터 차례로 대응시키면 되므로 그 경우의 수는

$_4H_3 = _6C_3 = 20$

㈑에서 $f(2)$, $f(4)$의 값은 2, 4, 6 중에서 중복을 허락하여 2개를 택하여 그 값이 작거나 같은 수부터 차례로 대응시키면 되므로 그 경우의 수는

$_3H_2 = _4C_2 = 6$

따라서 구하는 함수의 개수는

$20 \times 6 = 120$

09 답 ④

$\left(x + \dfrac{a}{x^3}\right)^{10}$의 전개식의 일반항은

$_{10}C_r x^{10-r}\left(\dfrac{a}{x^3}\right)^r = _{10}C_r a^r x^{10-4r}$

x^2항은 $10-4r=2$일 때이므로 $r=2$

이때 x^2의 계수가 90이므로

$_{10}C_2 \times a^2 = 90$

$45a^2 = 90$ $\therefore a^2 = 2$

$\dfrac{1}{x^6}$항은 $10-4r=-6$일 때이므로 $r=4$

따라서 $\dfrac{1}{x^6}$의 계수는

$_{10}C_4 \times a^4 = 210 \times (a^2)^2 = 210 \times 2^2 = 840$

10 답 ④

$\left(3x^2 + \dfrac{2}{x^3}\right)^n$의 전개식의 일반항은

$_nC_r(3x^2)^{n-r}\left(\dfrac{2}{x^3}\right)^r = _nC_r 3^{n-r} 2^r x^{2n-5r}$

x^3항이 존재하려면 $2n-5r=3$을 만족시키는 음이 아닌 정수 r가 존재해야 한다.

이때 $r = \dfrac{2n-3}{5}$이므로 $2n-3$은 5의 배수이어야 한다.

따라서 구하는 자연수 n의 최솟값은 4이다.

11 답 ①

$(1+x)^n$의 전개식의 일반항은 $_nC_r x^r$

$(1+x^3)^6$의 전개식의 일반항은 $_6C_s(x^3)^s = _6C_s x^{3s}$

따라서 $(1+x)^n(1+x^3)^6$의 전개식의 일반항은

$_nC_r x^r \times _6C_s x^{3s} = _nC_r \times _6C_s x^{r+3s}$

x^3항은 $r+3s=3$ (r, s는 각각 $0 \le r \le n$, $0 \le s \le 6$인 정수)이므로 이를 만족시키는 r, s의 순서쌍 (r, s)는 $(0, 1)$, $(3, 0)$

이때 x^3의 계수가 41이므로

$_nC_0 \times _6C_1 + _nC_3 \times _6C_0 = 41$

$6 + \dfrac{n(n-1)(n-2)}{6} = 41$

$n(n-1)(n-2) = 210$

따라서 $210 = 7 \times 6 \times 5$이므로

$n = 7$

12 답 ②

$(1+x)^n = _nC_0 + _nC_1 x + _nC_2 x^2 + \cdots + _nC_n x^n$의 양변에 $x=-9$, $n=6$을 대입하면

$(1-9)^6 = _6C_0 - 9_6C_1 + 9^2 _6C_2 - 9^3 _6C_3 + \cdots + 9^6 _6C_6$

$\therefore _6C_0 - 9_6C_1 + 9^2 _6C_2 - 9^3 _6C_3 + \cdots + 9^6 _6C_6 = (-8)^6 = (-2^3)^6 = 2^{18}$

$\therefore n = 18$

step ② 고난도 문제 | 28~32쪽

01 ①	02 ③	03 96	04 96	05 114	06 162
07 ④	08 49	09 135	10 69	11 168	12 398
13 120	14 ④	15 440	16 ③	17 80	18 35
19 126	20 ②	21 65	22 115	23 14	24 ⑤
25 6	26 ④	27 ③	28 ①	29 ④	

01 답 ①

버터맛 쿠키 4개, 초코맛 쿠키 3개, 아몬드맛 쿠키 2개를 3명의 학생에게 나누어 주는 경우의 수는

$_3H_4 \times _3H_3 \times _3H_2 = _6C_4 \times _5C_3 \times _4C_2$

$= _6C_2 \times _5C_2 \times 6$

$= 15 \times 10 \times 6$

$= 900$

이때 1명의 학생이 쿠키를 받지 못하거나 2명의 학생이 쿠키를 받지 못하는 경우를 제외해야 한다.

(i) 1명의 학생이 쿠키를 받지 못하는 경우

3명의 학생 중에서 쿠키를 하나도 받지 못하는 1명의 학생을 택하는 경우의 수는

$_3C_1 = 3$

버터맛 쿠키 4개, 초코맛 쿠키 3개, 아몬드맛 쿠키 2개를 2명의 학생에게 나누어 주는 경우의 수는

$_2H_4 \times _2H_3 \times _2H_2 = _5C_4 \times _4C_3 \times _3C_2$

$= _5C_1 \times _4C_1 \times _3C_1$

$= 5 \times 4 \times 3$

$= 60$

이때 모든 쿠키를 1명의 학생에게만 주는 경우의 수가 2이므로 1명의 학생이 쿠키를 받지 못하는 경우의 수는

$3 \times (60-2) = 174$

(ii) 2명의 학생이 쿠키를 받지 못하는 경우

쿠키를 1명의 학생에게 모두 나누어 주는 경우의 수는

$_3C_1 = 3$

(i), (ii)에서 쿠키를 받지 못하는 학생이 존재하는 경우의 수는

$174 + 3 = 177$

따라서 구하는 경우의 수는

$900 - 177 = 723$

02 답 ③

빨간 구슬 3개를 먼저 나열한 후 그 사이사이 ⬤㉠⬤㉡⬤㉢⬤㉣
와 양 끝의 4개의 자리를 차례로 ㉠, ㉡, ㉢, ㉣이라 하자.

이때 ㉡, ㉢에 파란 구슬을 홀수 개 나열하고, 남은 파란 구슬을 ㉠, ㉣
에 나누어 나열하면 된다.

(i) ㉡, ㉢에 각각 파란 구슬 1개를 나열하는 경우

㉠, ㉣의 2개의 자리에 중복을 허락하여 남은 5개의 파란 구슬을 나
열하는 경우의 수는

$_2H_5 =\ _6C_5 =\ _6C_1 = 6$

(ii) ㉡에 파란 구슬 1개, ㉢에 파란 구슬 3개를 나열하는 경우

㉠, ㉣의 2개의 자리에 중복을 허락하여 남은 3개의 파란 구슬을 나
열하는 경우의 수는

$_2H_3 =\ _4C_3 =\ _4C_1 = 4$

(iii) ㉡에 파란 구슬 1개, ㉢에 파란 구슬 5개를 나열하는 경우

㉠, ㉣의 2개의 자리에 남은 1개의 파란 구슬을 나열하는 경우의 수는

$_2C_1 = 2$

(iv) ㉡에 파란 구슬 3개, ㉢에 파란 구슬 1개를 나열하는 경우

㉠, ㉣의 2개의 자리에 중복을 허락하여 남은 3개의 파란 구슬을 나
열하는 경우의 수는

$_2H_3 =\ _4C_3 =\ _4C_1 = 4$

(v) ㉡에 파란 구슬 3개, ㉢에 파란 구슬 3개를 나열하는 경우

㉠, ㉣의 2개의 자리에 남은 1개의 파란 구슬을 나열하는 경우의 수는

$_2C_1 = 2$

(vi) ㉡에 파란 구슬 5개, ㉢에 파란 구슬 1개를 나열하는 경우

㉠, ㉣의 2개의 자리에 남은 1개의 파란 구슬을 나열하는 경우의 수는

$_2C_1 = 2$

(i)~(vi)에서 구하는 경우의 수는

$6+4+2+4+2+2 = 20$

03 답 96

㉮에서 $abc = 180 = 2^2 \times 3^2 \times 5$

a, b, c의 3개의 숫자에서 2를 인수로 갖는 2개의 숫자를 중복을 허락하
여 택하는 경우의 수는

$_3H_2 =\ _4C_2 = 6$

a, b, c의 3개의 숫자에서 3을 인수로 갖는 2개의 숫자를 중복을 허락하
여 택하는 경우의 수는

$_3H_2 =\ _4C_2 = 6$

a, b, c의 3개의 숫자에서 5를 인수로 갖는 1개의 숫자를 택하는 경우의
수는 $_3C_1 = 3$

따라서 ㉮를 만족시키는 순서쌍 (a, b, c)의 개수는

$6 \times 6 \times 3 = 108$

㉯에서 $a \neq b$, $b \neq c$, $c \neq a$이므로 구하는 순서쌍 (a, b, c)의 개수는 ㉮
를 만족시키는 순서쌍 (a, b, c)의 개수에서 $a=b$ 또는 $b=c$ 또는 $c=a$
인 순서쌍 (a, b, c)의 개수를 뺀 것과 같다.

이때 $a=b=c$인 경우는 존재하지 않고 a, b, c 중에서 두 수가 같은 순
서쌍 (a, b, c)는

$(1, 1, 180)$, $(2, 2, 45)$, $(3, 3, 20)$, $(6, 6, 5)$,

$(1, 180, 1)$, $(2, 45, 2)$, $(3, 20, 3)$, $(6, 5, 6)$,

$(180, 1, 1)$, $(45, 2, 2)$, $(20, 3, 3)$, $(5, 6, 6)$

의 12개이다.

따라서 구하는 순서쌍 (a, b, c)의 개수는 $108-12 = 96$

04 답 96

㉮를 만족시키는 순서쌍 (a_1, a_2, a_3, a_4)는 1, 2, 3, 4, 5, 6의 6개의 숫
자 중에서 중복을 허락하여 4개를 택하여 작거나 같은 수부터 차례로
a_1, a_2, a_3, a_4의 값으로 정하면 되므로 그 개수는

$_6H_4 =\ _9C_4 = 126$

㉯를 만족시키는 순서쌍의 개수는 ㉮를 만족시키는 순서쌍의 개수에서
$a_1 \times a_4$의 값이 홀수인 순서쌍의 개수를 빼면 된다.

$a_1 \times a_4$의 값이 홀수이려면 a_1, a_4의 값이 모두 홀수이어야 한다.

(i) $a_1 = a_4$일 때,

순서쌍 (a_1, a_2, a_3, a_4)는 $(1, 1, 1, 1)$, $(3, 3, 3, 3)$, $(5, 5, 5, 5)$
의 3개이다.

(ii) $a_1 < a_4$일 때

ⓐ 순서쌍 (a_1, a_4)가 $(1, 3)$일 때,

a_2, a_3의 값을 정하는 경우의 수는 1, 2, 3에서 중복을 허락하여
2개를 택하는 중복조합의 수와 같으므로

$_3H_2 =\ _4C_2 = 6$

ⓑ 순서쌍 (a_1, a_4)가 $(1, 5)$일 때,

a_2, a_3의 값을 정하는 경우의 수는 1, 2, 3, 4, 5에서 중복을 허
락하여 2개를 택하는 중복조합의 수와 같으므로

$_5H_2 =\ _6C_2 = 15$

ⓒ 순서쌍 (a_1, a_4)가 $(3, 5)$일 때,

a_2, a_3의 값을 정하는 경우의 수는 3, 4, 5에서 중복을 허락하여
2개를 택하는 중복조합의 수와 같으므로

$_3H_2 =\ _4C_2 = 6$

ⓐ, ⓑ, ⓒ에서 순서쌍 (a_1, a_2, a_3, a_4)의 개수는

$6+15+6 = 27$

(i), (ii)에서 $a_1 \times a_4$의 값이 홀수인 순서쌍 (a_1, a_2, a_3, a_4)의 개수는

$3+27 = 30$

따라서 구하는 순서쌍 (a_1, a_2, a_3, a_4)의 개수는

$126-30 = 96$

05 답 114

(i) 검은색 볼펜을 1자루 선택하는 경우

ⓐ 검은색 볼펜 1자루와 다른 한 종류의 볼펜 4자루를 선택하는 경우

다른 한 종류의 볼펜을 선택하는 경우의 수는

$_2C_1 = 2$

선택한 볼펜을 2명의 학생에게 나누어 주는 경우의 수는

$_2H_1 \times\ _2H_4 =\ _2C_1 \times\ _5C_4 = 2 \times\ _5C_1 = 2 \times 5 = 10$

따라서 그 경우의 수는

$2 \times 10 = 20$

ⓑ 검은색 볼펜 1자루와 파란색, 빨간색 볼펜을 각각 2자루씩 선택
하는 경우

선택한 볼펜을 2명의 학생에게 나누어 주는 경우의 수는

$_2H_1 \times\ _2H_2 \times\ _2H_2 =\ _2C_1 \times\ _3C_2 \times\ _3C_2$

$= 2 \times\ _3C_1 \times\ _3C_1$

$= 2 \times 3 \times 3 = 18$

ⓒ 검은색 볼펜 1자루와 다른 종류의 볼펜을 각각 1자루, 3자루 선
택하는 경우

파란색 볼펜과 빨간색 볼펜 중에서 1자루를 선택하는 볼펜의 종
류를 선택하는 경우의 수는

$_2C_1 = 2$

선택한 볼펜을 2명의 학생에게 나누어 주는 경우의 수는
$$_2H_1 \times _2H_1 \times _2H_3 = _2C_1 \times _2C_1 \times _4C_3$$
$$= 2 \times 2 \times _4C_1$$
$$= 2 \times 2 \times 4 = 16$$
따라서 그 경우의 수는 $2 \times 16 = 32$
ⓘ, ⓘ, ⓘ에서 검은색 볼펜을 1자루 선택하는 경우의 수는
$20 + 18 + 32 = 70$

(ⅱ) 검은색 볼펜을 선택하지 않는 경우

ⓘ 검은색 볼펜을 제외한 나머지 두 종류의 볼펜을 각각 1자루, 4자루 선택하는 경우
파란색 볼펜과 빨간색 볼펜 중에서 1자루를 선택하는 볼펜의 종류를 선택하는 경우의 수는
$$_2C_1 = 2$$
선택한 볼펜을 2명의 학생에게 나누어 주는 경우의 수는
$$_2H_1 \times _2H_4 = _2C_1 \times _5C_4 = 2 \times _5C_1 = 2 \times 5 = 10$$
따라서 그 경우의 수는 $2 \times 10 = 20$

ⓘ 검은색 볼펜을 제외한 나머지 두 종류의 볼펜을 각각 2자루, 3자루 선택하는 경우
파란색 볼펜과 빨간색 볼펜 중에서 2자루를 선택하는 볼펜의 종류를 선택하는 경우의 수는
$$_2C_1 = 2$$
선택한 볼펜을 2명의 학생에게 나누어 주는 경우의 수는
$$_2H_2 \times _2H_3 = _3C_2 \times _4C_3 = _3C_1 \times _4C_1 = 3 \times 4 = 12$$
따라서 그 경우의 수는 $2 \times 12 = 24$

ⓘ, ⓘ에서 검은색 볼펜을 선택하지 않는 경우의 수는
$20 + 24 = 44$

(ⅰ), (ⅱ)에서 구하는 경우의 수는
$70 + 44 = 114$

06 답 162

(ⅰ) 색깔의 변화가 2번 일어나는 경우

ⓘ (흰 공−검은 공−흰 공)의 순서로 나열하는 경우
흰 공이 놓이는 자리에 흰 공을 1개씩 먼저 놓고, 남은 2개의 흰 공을 중복을 허락하여 흰 공이 놓이는 두 자리에 놓는 경우의 수는
$$_2H_2 = _3C_2 = _3C_1 = 3$$
검은 공이 놓이는 자리에 7개의 검은 공을 모두 놓는 경우의 수는 1
따라서 그 경우의 수는 $3 \times 1 = 3$

ⓘ (검은 공−흰 공−검은 공)의 순서로 나열하는 경우
검은 공이 놓이는 자리에 검은 공을 1개씩 먼저 놓고, 남은 5개의 검은 공을 중복을 허락하여 검은 공이 놓이는 두 자리에 놓는 경우의 수는
$$_2H_5 = _6C_5 = _6C_1 = 6$$
흰 공이 놓이는 자리에 4개의 흰 공을 모두 놓는 경우의 수는 1
따라서 그 경우의 수는 $6 \times 1 = 6$

ⓘ, ⓘ에서 색깔의 변화가 2번 일어나는 경우의 수는
$3 + 6 = 9$

(ⅱ) 색깔의 변화가 4번 일어나는 경우

ⓘ (흰 공−검은 공−흰 공−검은 공−흰 공)의 순서로 나열하는 경우
흰 공이 놓이는 자리에 흰 공을 1개씩 먼저 놓고, 남은 1개의 흰 공을 흰 공이 놓이는 자리 중 한 곳에 놓는 경우의 수는 3
검은 공이 놓이는 자리에 검은 공을 1개씩 먼저 놓고, 남은 5개의 검은 공을 중복을 허락하여 검은 공이 놓이는 두 자리에 놓는 경우의 수는
$$_2H_5 = _6C_5 = _6C_1 = 6$$
따라서 그 경우의 수는 $3 \times 6 = 18$

ⓘ (검은 공−흰 공−검은 공−흰 공−검은 공)의 순서로 나열하는 경우
흰 공이 놓이는 자리에 흰 공을 1개씩 먼저 놓고, 남은 2개의 흰 공을 중복을 허락하여 흰 공이 놓이는 두 자리에 놓는 경우의 수는 $_2H_2 = _3C_2 = _3C_1 = 3$
검은 공이 놓이는 자리에 검은 공을 1개씩 먼저 놓고, 남은 4개의 검은 공을 중복을 허락하여 검은 공이 놓이는 세 자리에 놓는 경우의 수는
$$_3H_4 = _6C_4 = _6C_2 = 15$$
따라서 그 경우의 수는 $3 \times 15 = 45$

ⓘ, ⓘ에서 색깔의 변화가 4번 일어나는 경우의 수는
$18 + 45 = 63$

(ⅲ) 색깔의 변화가 6번 일어나는 경우

ⓘ (흰 공−검은 공−흰 공−검은 공−흰 공−검은 공−흰 공)의 순서로 나열하는 경우
흰 공이 놓이는 자리에 흰 공을 1개씩 놓는 경우의 수는 1
검은 공이 놓이는 자리에 검은 공을 1개씩 먼저 놓고, 남은 4개의 검은 공을 중복을 허락하여 검은 공이 놓이는 세 자리에 놓는 경우의 수는 $_3H_4 = _6C_4 = _6C_2 = 15$
따라서 그 경우의 수는 $1 \times 15 = 15$

ⓘ (검은 공−흰 공−검은 공−흰 공−검은 공−흰 공−검은 공)의 순서로 나열하는 경우
흰 공이 놓이는 자리에 흰 공을 1개씩 먼저 놓고, 남은 1개의 흰 공을 흰 공이 놓이는 자리 중 한 곳에 놓는 경우의 수는 3
검은 공이 놓이는 자리에 검은 공을 1개씩 먼저 놓고, 남은 3개의 검은 공을 중복을 허락하여 검은 공이 놓이는 네 자리에 놓는 경우의 수는 $_4H_3 = _6C_3 = 20$
따라서 그 경우의 수는 $3 \times 20 = 60$

ⓘ, ⓘ에서 색깔의 변화가 6번 일어나는 경우의 수는
$15 + 60 = 75$

(ⅳ) 색깔의 변화가 8번 일어나는 경우
(검은 공−흰 공−검은 공−흰 공−검은 공−흰 공−검은 공−흰 공−검은 공)의 순서로 나열해야 한다.
흰 공이 놓이는 자리에 흰 공을 1개씩 놓는 경우의 수는 1
검은 공이 놓이는 자리에 검은 공을 1개씩 먼저 놓고, 남은 2개의 검은 공을 중복을 허락하여 검은 공이 놓이는 다섯 자리에 놓는 경우의 수는 $_5H_2 = _6C_2 = 15$
따라서 색깔의 변화가 8번 일어나는 경우의 수는
$1 \times 15 = 15$

(ⅰ)~(ⅳ)에서 구하는 경우의 수는
$9 + 63 + 75 + 15 = 162$

07 답 ④

㈎를 만족시키려면 3개의 상자에 빨간 공을 1개씩 먼저 넣고, 남은 빨간 공 4개를 3개의 상자에 나누어 넣으면 되므로 그 경우의 수는
$$_3H_4 = _6C_4 = _6C_2 = 15$$

(내)를 만족시키는 경우의 수는 파란 공 4개를 3개의 상자에 나누어 넣는 모든 경우의 수에서 각 상자에 적어도 1개의 파란 공을 넣는 경우의 수를 빼면 된다.

파란 공 4개를 3개의 상자에 나누어 넣는 경우의 수는

$_3H_4=_6C_4=_6C_2=15$

이때 각 상자에 적어도 1개의 파란 공을 넣는 경우의 수는 3개의 상자에 파란 공을 1개씩 먼저 넣고, 남은 파란 공 1개를 3개의 상자 중 1개의 상자에 넣는 경우의 수와 같으므로 $_3C_1=3$

즉, (내)를 만족시키는 경우의 수는 $15-3=12$

따라서 구하는 경우의 수는

$15\times12=180$

08 답 49

(i) 여학생이 연필을 각각 1자루씩 받는 경우

  ① 남학생이 볼펜을 각각 1자루씩 받는 경우

    여학생 3명에게 남은 볼펜 2자루, 남학생 2명에게 남은 연필 4자루를 나누어 주는 경우의 수는

    $_3H_2\times_2H_4=_4C_2\times_5C_4=6\times_5C_1=6\times5=30$

  ② 남학생이 볼펜을 각각 2자루씩 받는 경우

    남학생 2명에게 남은 연필 4자루를 나누어 주는 경우의 수는

    $_2H_4=_5C_4=_5C_1=5$

  ①, ②에서 그 경우의 수는 $30+5=35$

(ii) 여학생이 연필을 각각 2자루씩 받는 경우

  ① 남학생이 볼펜을 각각 1자루씩 받는 경우

    여학생 3명에게 남은 볼펜 2자루, 남학생 2명에게 남은 연필 1자루를 나누어 주는 경우의 수는

    $_3H_2\times_2C_1=_4C_2\times2=6\times2=12$

  ② 남학생이 볼펜을 각각 2자루씩 받는 경우

    남학생 2명에게 남은 연필 1자루를 주는 경우의 수는

    $_2C_1=2$

  ①, ②에서 그 경우의 수는 $12+2=14$

(i), (ii)에서 구하는 경우의 수는

$35+14=49$

09 답 135

(i) 2명의 학생이 사과를 받는 경우

  사과를 받을 2명의 학생을 택하는 경우의 수는 $_3C_2=_3C_1=3$

  2명의 학생에게 사과를 1개씩 먼저 주고, 남은 사과 2개를 2명의 학생에게 나누어 주는 경우의 수는 $_2H_2=_3C_2=_3C_1=3$

  이때 귤 1개를 사과를 받지 못한 학생 1명에게 주고, 남은 귤 3개를 3명의 학생에게 나누어 주는 경우의 수는

  $_3H_3=_5C_3=_5C_2=10$

  따라서 그 경우의 수는 $3\times3\times10=90$ ⋯⋯⋯ 배점 **40%**

(ii) 3명의 학생이 사과를 받는 경우

  3명의 학생에게 사과를 1개씩 먼저 주고, 남은 사과 1개를 3명의 학생 중 1명에게 주는 경우의 수는 $_3C_1=3$

  귤 4개를 3명의 학생에게 나누어 주는 경우의 수는

  $_3H_4=_6C_4=_6C_2=15$

  따라서 그 경우의 수는 $3\times15=45$ ⋯⋯⋯ 배점 **40%**

(i), (ii)에서 구하는 경우의 수는

$90+45=135$ ⋯⋯⋯⋯⋯⋯⋯⋯⋯⋯⋯⋯ 배점 **20%**

✦ idea
10 답 69

(가), (나)에 의하여 주머니 A에는 딸기우유가 반드시 들어간다.

따라서 먼저 주머니 A에 딸기우유를 1개 넣고 남은 딸기우유 3개, 바나나우유 3개를 3개의 주머니에 나누어 넣는 경우의 수는

$_3H_3\times_3H_3=_5C_3\times_5C_3=_5C_2\times_5C_2=10\times10=100$

이때 주머니 B 또는 주머니 C가 비어 있는 경우는 제외해야 한다.

(i) 주머니 B가 비어 있는 경우

  남은 딸기우유 3개, 바나나우유 3개를 주머니 A, C에 나누어 넣는 경우이므로 그 경우의 수는

  $_2H_3\times_2H_3=_4C_3\times_4C_3=_4C_1\times_4C_1=4\times4=16$

(ii) 주머니 C가 비어 있는 경우

  (i)과 같은 방법으로 하면 그 경우의 수는 16

(iii) 주머니 B, C가 모두 비어 있는 경우

  남은 딸기우유 3개, 바나나우유 3개를 모두 주머니 A에 넣는 경우이므로 그 경우의 수는 1

(i), (ii), (iii)에서 주머니 B 또는 주머니 C가 비어 있는 경우의 수는

$16+16-1=31$

따라서 구하는 경우의 수는

$100-31=69$

11 답 168

세 상자에 흰 공 4개를 나누어 넣는 경우 각 상자에 들어가는 흰 공의 개수는

4, 0, 0 또는 3, 1, 0 또는 2, 2, 0 또는 2, 1, 1

(i) 세 상자에 들어가는 흰 공의 개수가 4, 0, 0인 경우

  세 상자 A, B, C 중에서 흰 공 4개를 넣을 1개의 상자를 택하는 경우의 수는 $_3C_1=3$

  이때 각 상자에 공이 2개 이상씩 들어가야 하므로 2개의 빈 상자에는 검은 공을 각각 2개씩 넣은 후 남은 검은 공 2개를 3개의 상자에 나누어 넣는 경우의 수는 $_3H_2=_4C_2=6$

  따라서 그 경우의 수는 $3\times6=18$

(ii) 세 상자에 들어가는 흰 공의 개수가 3, 1, 0인 경우

  세 상자 A, B, C 중에서 흰 공 3개, 1개를 넣을 2개의 상자를 택하는 경우의 수는 $_3P_2=6$

  이때 각 상자에 공이 2개 이상씩 들어가야 하므로 흰 공이 1개 들어 있는 상자에 검은 공 1개를, 빈 상자에 검은 공 2개를 넣은 후 남은 검은 공 3개를 3개의 상자에 나누어 넣는 경우의 수는

  $_3H_3=_5C_3=_5C_2=10$

  따라서 그 경우의 수는 $6\times10=60$

(iii) 세 상자에 들어가는 흰 공의 개수가 2, 2, 0인 경우

  세 상자 A, B, C 중에서 흰 공 2개를 넣을 2개의 상자를 택하는 경우의 수는 $_3C_2=_3C_1=3$

  이때 각 상자에 공이 2개 이상씩 들어가야 하므로 빈 상자에 검은 공 2개를 넣은 후 남은 검은 공 4개를 3개의 상자에 나누어 넣는 경우의 수는 $_3H_4=_6C_4=_6C_2=15$

  따라서 그 경우의 수는 $3\times15=45$

(iv) 세 상자에 들어가는 흰 공의 개수가 2, 1, 1인 경우

  한 상자에 흰 공 2개를 넣으면 나머지 두 상자에 흰 공이 각각 1개씩 들어가므로 세 상자 A, B, C 중에서 흰 공 2개를 넣을 1개의 상자를 택하는 경우의 수는 $_3C_1=3$

이때 각 상자에 공이 2개 이상씩 들어가야 하므로 흰 공이 1개 들어 있는 두 상자에 검은 공을 각각 1개씩 넣은 후 남은 검은 공 4개를 3개의 상자에 나누어 넣는 경우의 수는

$$_3H_4 = {}_6C_4 = {}_6C_2 = 15$$

따라서 그 경우의 수는 $3 \times 15 = 45$

(i)~(iv)에서 구하는 경우의 수는

$$18 + 60 + 45 + 45 = 168$$

12 답 398

a, b, c, d는 모두 홀수이므로

$a = 2a'+1$, $b = 2b'+1$, $c = 2c'+1$ (a', b', c'은 음이 아닌 정수)

로 놓으면 ㈏의 $21 \le a+b+c \le 25$에서

$$21 \le (2a'+1) + (2b'+1) + (2c'+1) \le 25$$

$$\therefore 9 \le a'+b'+c' \le 11$$

(i) $a'+b'+c' = 9$일 때,

순서쌍 (a, b, c)의 개수는 이 방정식을 만족시키는 음이 아닌 정수 a', b', c'의 순서쌍 (a', b', c')의 개수와 같으므로

$$_3H_9 = {}_{11}C_9 = {}_{11}C_2 = 55$$

(ii) $a'+b'+c' = 10$일 때,

순서쌍 (a, b, c)의 개수는 이 방정식을 만족시키는 음이 아닌 정수 a', b', c'의 순서쌍 (a', b', c')의 개수와 같으므로

$$_3H_{10} = {}_{12}C_{10} = {}_{12}C_2 = 66$$

(iii) $a'+b'+c' = 11$일 때,

순서쌍 (a, b, c)의 개수는 이 방정식을 만족시키는 음이 아닌 정수 a', b', c'의 순서쌍 (a', b', c')의 개수와 같으므로

$$_3H_{11} = {}_{13}C_{11} = {}_{13}C_2 = 78$$

(i), (ii), (iii)에서 ㈏를 만족시키는 순서쌍 (a, b, c)의 개수는

$$55 + 66 + 78 = 199$$

이때 ㈎에서 $\underline{d = c \text{ 또는 } d = c+2}$이므로 구하는 순서쌍 (a, b, c, d)의 개수는

└→ c, d가 모두 홀수이므로 $d \ne c+1$이다.

$$2 \times 199 = 398$$

13 답 120

$|a-b| \ge 0$이므로 ㈏에서

$|a-b| = 0$ 또는 $|a-b| = 1$ ································· 배점 **10%**

(i) $|a-b| = 0$일 때,

순서쌍 (a, b)는 $(0, 0)$, $(1, 1)$, $(2, 2)$, $(3, 3)$의 4개이다.

이때 ㈏에서 $c+d+e = 5$이므로 순서쌍 (c, d, e)의 개수는

$$_3H_5 = {}_7C_5 = {}_7C_2 = 21$$

따라서 순서쌍 (a, b, c, d, e)의 개수는

$$4 \times 21 = 84$$ ································· 배점 **40%**

(ii) $|a-b| = 1$일 때,

$a-b = 1$ 또는 $a-b = -1$

따라서 순서쌍 (a, b)는 $(0, 1)$, $(1, 0)$, $(1, 2)$, $(2, 1)$, $(2, 3)$, $(3, 2)$의 6개이다.

이때 ㈏에서 $c+d+e = 2$이므로 순서쌍 (c, d, e)의 개수는

$$_3H_2 = {}_4C_2 = 6$$

따라서 순서쌍 (a, b, c, d, e)의 개수는

$$6 \times 6 = 36$$ ································· 배점 **40%**

(i), (ii)에서 구하는 순서쌍 (a, b, c, d, e)의 개수는

$$84 + 36 = 120$$ ································· 배점 **10%**

14 답 ④

㈏에서 $-2 \le a-b+c-d+e \le 2$ ······ ㉠

㈎에서 $a+b+c+d+e = 10$이므로 ㉠의 각 변에 $a+b+c+d+e$를 더하면

$$8 \le 2a+2c+2e \le 12$$

$$\therefore 4 \le a+c+e \le 6$$

(i) $a+c+e = 4$일 때,

순서쌍 (a, c, e)의 개수는 $_3H_4 = {}_6C_4 = {}_6C_2 = 15$

㈎에서 $b+d = 6$이므로 순서쌍 (b, d)의 개수는 $_2H_6 = {}_7C_6 = {}_7C_1 = 7$

따라서 순서쌍 (a, b, c, d, e)의 개수는 $15 \times 7 = 105$

(ii) $a+c+e = 5$일 때,

순서쌍 (a, c, e)의 개수는 $_3H_5 = {}_7C_5 = {}_7C_2 = 21$

㈎에서 $b+d = 5$이므로 순서쌍 (b, d)의 개수는 $_2H_5 = {}_6C_5 = {}_6C_1 = 6$

따라서 순서쌍 (a, b, c, d, e)의 개수는 $21 \times 6 = 126$

(iii) $a+c+e = 6$일 때,

순서쌍 (a, c, e)의 개수는 $_3H_6 = {}_8C_6 = {}_8C_2 = 28$

㈎에서 $b+d = 4$이므로 순서쌍 (b, d)의 개수는 $_2H_4 = {}_5C_4 = {}_5C_1 = 5$

따라서 순서쌍 (a, b, c, d, e)의 개수는 $28 \times 5 = 140$

(i), (ii), (iii)에서 구하는 순서쌍 (a, b, c, d, e)의 개수는

$$105 + 126 + 140 = 371$$

15 답 440

$|a| = A$, $|b| = B$, $|c| = C$, $|d| = D$로 놓으면 ㈏에서

$$A+B+C+D = 10$$ ······ ㉠

㈎에서 $A \ge 3$, $B \ge 2$, $C \ge 1$이고 $D \ge 0$이므로

$A' = A-3$, $B' = B-2$, $C' = C-1$이라 하면 ㉠에서

$$(A'+3) + (B'+2) + (C'+1) + D = 10$$

$\therefore A'+B'+C'+D = 4$ (단, A', B', C'는 음이 아닌 정수) ······ ㉡

(i) $D = 0$일 때,

㉡에서 $A'+B'+C' = 4$

순서쌍 (A, B, C, D)의 개수는 이 방정식을 만족시키는 음이 아닌 정수 A', B', C'의 순서쌍 (A', B', C')의 개수와 같으므로

$$_3H_4 = {}_6C_4 = {}_6C_2 = 15$$

이때 각각의 A, B, C에 대하여 a, b, c의 값은 음의 정수 또는 양의 정수가 될 수 있으므로 순서쌍 (a, b, c, d)의 개수는

$$15 \times 2^3 = 120$$

(ii) $D \ge 1$일 때,

$D' = D-1$이라 하면 ㉡에서

$$A'+B'+C' + (D'+1) = 4$$

$\therefore A'+B'+C'+D' = 3$ (단, A', B', C', D'은 음이 아닌 정수)

따라서 순서쌍 (A, B, C, D)의 개수는 이 방정식을 만족시키는 음이 아닌 정수 A', B', C', D'의 순서쌍 (A', B', C', D')의 개수와 같으므로

$$_4H_3 = {}_6C_3 = 20$$

이때 각각의 A, B, C, D에 대하여 a, b, c, d의 값은 음의 정수 또는 양의 정수가 될 수 있으므로 순서쌍 (a, b, c, d)의 개수는

$$20 \times 2^4 = 320$$

(i), (ii)에서 구하는 순서쌍 (a, b, c, d)의 개수는

$$120 + 320 = 440$$

16 답 ③

3의 배수가 아닌 세 자연수를 더하여 15, 즉 3의 배수가 되려면 더하는 세 수를 각각 3으로 나누었을 때의 나머지가 서로 같아야 한다.

(i) x, y, z를 각각 3으로 나누었을 때의 나머지가 모두 1인 경우
$x=3x'+1$, $y=3y'+1$, $z=3z'+1$ (x', y', z'은 음이 아닌 정수)로
놓으면 $x+y+z=15$에서
$(3x'+1)+(3y'+1)+(3z'+1)=15$
$\therefore x'+y'+z'=4$
따라서 순서쌍 (x, y, z)의 개수는 이 방정식을 만족시키는 음이 아
닌 정수 x', y', z'의 순서쌍 (x', y', z')의 개수와 같으므로
$_3H_4={}_6C_4={}_6C_2=15$

(ii) x, y, z를 각각 3으로 나누었을 때의 나머지가 모두 2인 경우
$x=3x'+2$, $y=3y'+2$, $z=3z'+2$ (x', y', z'은 음이 아닌 정수)로
놓으면 $x+y+z=15$에서
$(3x'+2)+(3y'+2)+(3z'+2)=15$
$\therefore x'+y'+z'=3$
따라서 순서쌍 (x, y, z)의 개수는 이 방정식을 만족시키는 음이 아
닌 정수 x', y', z'의 순서쌍 (x', y', z')의 개수와 같으므로
$_3H_3={}_5C_3={}_5C_2=10$

(i), (ii)에서 구하는 순서쌍 (x, y, z)의 개수는
$15+10=25$

17 답 80

네 자리의 자연수의 천의 자리, 백의 자리, 십의 자리, 일의 자리의 숫자
를 각각 a, b, c, d라 하면 (나)에서
$a+b+c+d<8$
$\therefore a+b+c+d\leq7$ ...... ㉠
이때 (가)에서 $a\geq1$이고 d는 1, 3, 5이다.
$a'=a-1$이라 하면 ㉠에서
$(a'+1)+b+c+d\leq7$
$\therefore a'+b+c+d\leq6$ (단, a', b, c는 음이 아닌 정수, $d=1$, 3, 5) ...... ㉡

(i) $d=1$일 때,
㉡에서 $a'+b+c+1\leq6$
$\therefore a'+b+c\leq5$
① $a'+b+c=5$를 만족시키는 음이 아닌 정수 a', b, c의 순서쌍
(a', b, c)의 개수는
$_3H_5={}_7C_5={}_7C_2=21$
② $a'+b+c=4$를 만족시키는 음이 아닌 정수 a', b, c의 개수는
$_3H_4={}_6C_4={}_6C_2=15$
③ $a'+b+c=3$을 만족시키는 음이 아닌 정수 a', b, c의 순서쌍
(a', b, c)의 개수는
$_3H_3={}_5C_3={}_5C_2=10$
④ $a'+b+c=2$를 만족시키는 음이 아닌 정수 a', b, c의 개수는
$_3H_2={}_4C_2=6$
⑤ $a'+b+c=1$을 만족시키는 음이 아닌 정수 a', b, c의 순서쌍
(a', b, c)의 개수는
$_3H_1={}_3C_1=3$

⑥ $a'+b+c=0$을 만족시키는 음이 아닌 정수 a', b, c의 순서쌍
(a', b, c)의 개수는 1
①~⑥에서 $d=1$일 때 자연수의 개수는 음이 아닌 정수 a', b, c의
순서쌍 (a', b, c)의 개수와 같으므로
$21+15+10+6+3+1=56$

(ii) $d=3$일 때,
㉡에서 $a'+b+c+3\leq6$
$\therefore a'+b+c\leq3$
① $a'+b+c=3$을 만족시키는 음이 아닌 정수 a', b, c의 순서쌍
(a', b, c)의 개수는
$_3H_3={}_5C_3={}_5C_2=10$
② $a'+b+c=2$를 만족시키는 음이 아닌 정수 a', b, c의 순서쌍
(a', b, c)의 개수는
$_3H_2={}_4C_2=6$
③ $a'+b+c=1$을 만족시키는 음이 아닌 정수 a', b, c의 순서쌍
(a', b, c)의 개수는
$_3H_1={}_3C_1=3$
④ $a'+b+c=0$을 만족시키는 음이 아닌 정수 a', b, c의 순서쌍
(a', b, c)의 개수는 1
①~④에서 $d=3$일 때 자연수의 개수는 음이 아닌 정수 a', b, c의
순서쌍 (a', b, c)의 개수와 같으므로
$10+6+3+1=20$

(iii) $d=5$일 때,
㉡에서 $a'+b+c+5\leq6$
$\therefore a'+b+c\leq1$
① $a'+b+c=1$을 만족시키는 음이 아닌 정수 a', b, c의 순서쌍
(a', b, c)의 개수는
$_3H_1={}_3C_1=3$
② $a'+b+c=0$을 만족시키는 음이 아닌 정수 a', b, c의 순서쌍
(a', b, c)의 개수는 1
①, ②에서 $d=5$일 때 자연수의 개수는 음이 아닌 정수 a', b, c의
순서쌍 (a', b, c)의 개수와 같으므로
$3+1=4$

(i), (ii), (iii)에서 구하는 자연수의 개수는 $56+20+4=80$

다른 풀이

(i) $d=1$일 때,
㉡에서 $a'+b+c+1\leq6$
$\therefore a'+b+c\leq5$
이때 $a'+b+c=5-e$ (e는 $0\leq e\leq5$인 정수)로 놓으면
$a'+b+c+e=5$
따라서 구하는 자연수의 개수는 이 방정식을 만족시키는 음이 아닌
정수 a', b, c, e의 순서쌍 (a', b, c, e)의 개수와 같으므로
$_4H_5={}_8C_5={}_8C_3=56$

(ii) $d=3$일 때,
㉡에서 $a'+b+c+3\leq6$
$\therefore a'+b+c\leq3$
이때 $a'+b+c=3-f$ (f는 $0\leq f\leq3$인 정수)로 놓으면
$a'+b+c+f=3$
따라서 구하는 자연수의 개수는 이 방정식을 만족시키는 음이 아닌
정수 a', b, c, f의 순서쌍 (a', b, c, f)의 개수와 같으므로
$_4H_3={}_6C_3=20$

(iii) $d=5$일 때,

ⓒ에서 $a'+b+c+5\leq6$

$\therefore a'+b+c\leq1$

이때 $a'+b+c=1-g$ (g는 $0\leq g\leq1$인 정수)로 놓으면

$a'+b+c+g=1$

따라서 구하는 자연수의 개수는 이 방정식을 만족시키는 음이 아닌 정수 a', b, c, g의 순서쌍 (a', b, c, g)의 개수와 같으므로

$_4H_1={}_4C_1=4$

(i), (ii), (iii)에서 구하는 자연수의 개수는

$56+20+4=80$

18 탑 35

A역과 첫 번째 정차한 역 사이의 역의 개수를 a, 첫 번째 정차한 역과 두 번째 정차한 역 사이의 역의 개수를 b, 두 번째 정차한 역과 세 번째 정차한 역 사이의 역의 개수를 c, 세 번째 정차한 역과 B역 사이의 역의 개수를 d라 하자.

두 기차역 A, B 사이에 10개의 역이 있으므로

$a+b+c+d+3=10$

$\therefore a+b+c+d=7$ ······ ㉠

이때 a, b, c, d는 음이 아닌 정수이고, (나)에서 $b\geq1$, (다)에서 $c\geq2$이므로 $b'=b-1$, $c'=c-2$라 하면 ㉠에서

$a+(b'+1)+(c'+2)+d=7$

$\therefore a+b'+c'+d=4$ (단, a, b', c', d는 음이 아닌 정수)

따라서 구하는 경우의 수는 이 방정식을 만족시키는 음이 아닌 정수 a, b', c', d의 순서쌍 (a, b', c', d)의 개수와 같으므로

$_4H_4={}_7C_4={}_7C_3=35$

19 탑 126

$f(1)<f(2)\leq f(3)\leq f(4)<f(5)$를 만족시키는 함수의 개수는

$f(1)\leq f(2)\leq f(3)\leq f(4)\leq f(5)$를 만족시키는 함수의 개수에서

$f(1)=f(2)\leq f(3)\leq f(4)\leq f(5)$ 또는

$f(1)\leq f(2)\leq f(3)\leq f(4)=f(5)$를 만족시키는 함수의 개수를 빼면 된다.

(i) $f(1)\leq f(2)\leq f(3)\leq f(4)\leq f(5)$를 만족시키는 함수의 개수

집합 Y의 원소 7개 중에서 중복을 허락하여 5개를 택하는 중복조합의 수와 같으므로 함수의 개수는

$_7H_5={}_{11}C_5=462$

(ii) $f(1)=f(2)\leq f(3)\leq f(4)\leq f(5)$를 만족시키는 함수의 개수

집합 Y의 원소 7개 중에서 중복을 허락하여 4개를 택하는 중복조합의 수와 같으므로 함수의 개수는

$_7H_4={}_{10}C_4=210$

(iii) $f(1)\leq f(2)\leq f(3)\leq f(4)=f(5)$를 만족시키는 함수의 개수

(ii)와 같은 방법으로 하면 함수의 개수는 210

(iv) $f(1)=f(2)\leq f(3)\leq f(4)=f(5)$를 만족시키는 함수의 개수

집합 Y의 원소 7개 중에서 중복을 허락하여 3개를 택하는 중복조합의 수와 같으므로 함수의 개수는

$_7H_3={}_9C_3=84$

(i)~(iv)에서 구하는 함수의 개수는

$462-(210+210-84)=126$

20 탑 ②

$f(3)\leq7$이므로 (가)에서 $2f(6)\leq7$

$f(6)\leq\dfrac{7}{2}$

$\therefore f(6)=2$ 또는 $f(6)=3$

(i) $f(6)=2$일 때,

(가)에서 $f(3)=4$이므로 (나)에서

$f(2)\geq\underset{f(3)}{4}\geq f(4)\geq f(5)\geq\underset{f(6)}{2}\geq f(7)$

$f(2)$의 값이 될 수 있는 수는 4, 5, 6, 7의 4가지

$f(4)$, $f(5)$의 값을 정하는 경우의 수는 2, 3, 4 중에서 중복을 허락하여 2개를 택하는 중복조합의 수와 같으므로

$_3H_2={}_4C_2=6$

$f(7)$의 값이 될 수 있는 수는 2의 1가지

따라서 함수의 개수는

$4\times6\times1=24$

(ii) $f(6)=3$일 때,

(가)에서 $f(3)=6$이므로 (나)에서

$f(2)\geq\underset{f(3)}{6}\geq f(4)\geq f(5)\geq\underset{f(6)}{3}\geq f(7)$

$f(2)$의 값이 될 수 있는 수는 6, 7의 2가지

$f(4)$, $f(5)$의 값을 정하는 경우의 수는 3, 4, 5, 6 중에서 중복을 허락하여 2개를 택하는 중복조합의 수와 같으므로

$_4H_2={}_5C_2=10$

$f(7)$의 값이 될 수 있는 수는 2, 3의 2가지

따라서 함수의 개수는

$2\times10\times2=40$

(i), (ii)에서 구하는 함수의 개수는

$24+40=64$

21 탑 65

(가)를 만족시키는 함수 f의 개수는 집합 Y의 원소 5개 중에서 중복을 허락하여 5개를 택하는 중복조합의 수와 같다.

이때 (나)를 만족시키려면 집합 Y의 원소 중에서 -1과 1을 적어도 1개씩 택하거나 0을 적어도 2개 택해야 한다.

(i) -1과 1을 적어도 1개씩 택하는 경우

함수 f의 개수는 집합 Y의 원소 중에서 -1과 1을 먼저 각각 1개씩 택한 후 집합 Y의 원소 5개 중에서 중복을 허락하여 3개를 택하는 중복조합의 수와 같으므로

$_5H_3={}_7C_3=35$

(ii) 0을 적어도 2개 택하는 경우

함수 f의 개수는 집합 Y의 원소 중에서 0을 먼저 2개 택한 후 집합 Y의 원소 5개 중에서 중복을 허락하여 3개를 택하는 중복조합의 수와 같으므로

$_5H_3={}_7C_3=35$

(iii) (i), (ii)를 동시에 만족시키는 경우

함수 f의 개수는 집합 Y의 원소 중에서 먼저 -1과 1을 각각 1개씩, 0을 2개 택한 후 집합 Y의 원소 5개 중에서 1개를 택하는 경우의 수와 같으므로

$_5C_1=5$

(i), (ii), (iii)에서 구하는 함수의 개수는

$35+35-5=65$

22 답 115

$f(1)=1$이면 (가)에서 $f(1)=4$이므로 성립하지 않는다.

(i) $f(1)=2$일 때,

(가)에서 $f(2)=4$

$f(3)$, $f(5)$의 값을 정하는 경우의 수는 2, 3, 4, 5 중에서 중복을 허락하여 2개를 택하는 중복조합의 수와 같으므로

$_4H_2=_5C_2=10$

$f(4)$의 값이 될 수 있는 수는 1, 2, 3, 4, 5의 5가지

따라서 함수의 개수는

$10×5=50$

(ii) $f(1)=3$일 때,

(가)에서 $f(3)=4$

$f(5)$의 값이 될 수 있는 수는 4, 5의 2가지

$f(2)$, $f(4)$의 값을 정하는 경우의 수는 1, 2, 3, 4, 5 중에서 중복을 허락하여 2개를 택하는 중복순열의 수와 같으므로

$_5\Pi_2=5^2=25$

따라서 함수의 개수는

$2×25=50$

(iii) $f(1)=4$일 때,

(가)에서 $f(4)=4$

$f(3)$, $f(5)$의 값을 정하는 경우의 수는 4, 5 중에서 중복을 허락하여 2개를 택하는 중복조합의 수와 같으므로

$_2H_2=_3C_2=_3C_1=3$

$f(2)$의 값이 될 수 있는 수는 1, 2, 3, 4, 5의 5가지

따라서 함수의 개수는

$3×5=15$

(iv) $f(1)=5$일 때,

(가)에서 $f(5)=4$

이는 (나)를 만족시키지 않는다.

(i)~(iv)에서 구하는 함수의 개수는

$50+50+15=115$

23 답 14

(나)에서 $f(1)<f(2)<f(3)$이므로 (가)에 의하여 $f(1)$, $f(2)$, $f(3)$, $f(4)$의 값이 될 수 있는 수는

1, 2, 3, 6 또는 1, 2, 4, 8 또는 2, 3, 4, 6 또는 3, 4, 6, 8

(i) $f(1)=1$, $f(2)=2$, $f(3)=3$, $f(4)=6$일 때,

$f(4)=6$이므로 (나)에서

$6≤f(5)≤f(6)$

따라서 $f(5)$, $f(6)$의 값을 정하는 경우의 수는 6, 7, 8 중에서 중복을 허락하여 2개를 택하는 중복조합의 수와 같으므로

$_3H_2=_4C_2=6$

(ii) $f(1)=1$, $f(2)=2$, $f(3)=4$, $f(4)=8$일 때,

$f(4)=8$이므로 $f(5)=f(6)=8$의 1가지

(iii) $f(1)=2$, $f(2)=3$, $f(3)=4$, $f(4)=6$일 때,

$f(4)=6$이므로 (i)과 같은 방법으로 하면 $f(5)$, $f(6)$의 값을 정하는 경우의 수는 6

(iv) $f(1)=3$, $f(2)=4$, $f(3)=6$, $f(4)=8$일 때,

$f(4)=8$이므로 $f(5)=f(6)=8$의 1가지

(i)~(iv)에서 구하는 함수의 개수는

$6+1+6+1=14$

24 답 ⑤

$(1+2x)^n$의 전개식의 일반항은 $_nC_r(2x)^r=2^r{}_nC_r x^r$

x^2항은 $r=2$일 때이고, $2≤n≤10$인 경우에만 x^2항이 존재하므로 구하는 x^2의 계수는

$$2^2(_2C_2+_3C_2+_4C_2+\cdots+_{10}C_2)=4(_3C_3+_3C_2+_4C_2+\cdots+_{10}C_2)$$
$$=4(_4C_3+_4C_2+_5C_2+\cdots+_{10}C_2)$$
$$=4(_5C_3+_5C_2+_6C_2+\cdots+_{10}C_2)$$
$$=4(_6C_3+_6C_2+_7C_2+\cdots+_{10}C_2)$$
$$=4(_7C_3+_7C_2+_8C_2+_9C_2+_{10}C_2)$$
$$=4(_8C_3+_8C_2+_9C_2+_{10}C_2)$$
$$=4(_9C_3+_9C_2+_{10}C_2)$$
$$=4(_{10}C_3+_{10}C_2)$$
$$=4×_{11}C_3$$
$$=4×165=660$$

25 답 6

$(x+1)^m$의 전개식의 일반항은 $_mC_r x^r$, $(x+1)^n$의 전개식의 일반항은 $_nC_s x^s$이므로 $(x+1)^m+(x+1)^n$의 전개식의 일반항은

$_mC_r x^r+_nC_s x^s$ ·········· 배점 **20%**

x항은 $r=1$, $s=1$일 때이므로 x의 계수는

$_mC_1+_nC_1=m+n$ ·········· 배점 **10%**

즉, $m+n=12$이므로 $n=12-m$ ······ ㉠ ·········· 배점 **10%**

또 x^2항은 $r=2$, $s=2$일 때이므로 x^2의 계수는

$_mC_2+_nC_2=\dfrac{1}{2}\{m(m-1)+n(n-1)\}$

$=\dfrac{1}{2}\{m^2+n^2-(m+n)\}$ ·········· 배점 **30%**

이 식에 ㉠을 대입하면

$\dfrac{1}{2}\{m^2+n^2-(m+n)\}=\dfrac{1}{2}\{m^2+(12-m)^2-12\}$

$=\dfrac{1}{2}(2m^2-24m+132)$

$=m^2-12m+66=(m-6)^2+30$ ······ 배점 **20%**

따라서 x^2의 계수가 최소가 되도록 하는 m의 값은 6이다. ······ 배점 **10%**

26 답 ④

$f(n)=_nC_{n-2}+2_nC_{n-1}+_nC_n$
$\quad\quad=(_nC_{n-2}+_nC_{n-1})+(_nC_{n-1}+_nC_n)$
$\quad\quad=_{n+1}C_{n-1}+_{n+1}C_n=_{n+2}C_n$

$\therefore f(2)+f(3)+f(4)+\cdots+f(10)=_4C_2+_5C_3+_6C_4+\cdots+_{12}C_{10}$
$=_4C_1+_4C_2+_5C_3+\cdots+_{12}C_{10}-_4C_1$
$=_5C_2+_5C_3+\cdots+_{12}C_{10}-_4C_1$
$=_6C_3+_6C_4+\cdots+_{12}C_{10}-_4C_1$
$=_7C_4+_7C_5+\cdots+_{12}C_{10}-_4C_1$
$=_8C_5+_8C_6+\cdots+_{12}C_{10}-_4C_1$
$=_9C_6+_9C_7+_{10}C_8+_{11}C_9+_{12}C_{10}-_4C_1$
$=_{10}C_7+_{10}C_8+_{11}C_9+_{12}C_{10}-_4C_1$
$=_{11}C_8+_{11}C_9+_{12}C_{10}-_4C_1$
$=_{12}C_9+_{12}C_{10}-_4C_1$
$=_{13}C_{10}-_4C_1$
$=_{13}C_3-4$
$=286-4=282$

27 답 ③

20 이하의 소수는 2, 3, 5, 7, 11, 13, 17, 19의 8개이다.

이 수 중에서 2개 이상의 수를 각각 1번씩 택한 후 모두 곱하여 만든 수는 모두 다르다.

따라서 구하는 서로 다른 수의 개수는 8개의 소수에서 $r(2 \le r \le 8)$개를 택하는 경우의 수와 같으므로

$_8C_2 + _8C_3 + _8C_4 + _8C_5 + _8C_6 + _8C_7 + _8C_8$

$= (_8C_0 + _8C_1 + _8C_2 + \cdots + _8C_8) - (_8C_0 + _8C_1)$

$= 2^8 - (1+8) = 247$

28 답 ①

$22^7 = (1+21)^7 = _7C_0 + _7C_1 \times 21 + _7C_2 \times 21^2 + \cdots + _7C_7 \times 21^7$

$_7C_0 = 1$이고 $_7C_0$을 제외한 나머지 항은 모두 7의 배수이다.

따라서 오늘로부터 22^7일 후는 월요일이다.

29 답 ④

$11^{12} = (1+10)^{12}$

$= _{12}C_0 + _{12}C_1 \times 10 + _{12}C_2 \times 10^2 + _{12}C_3 \times 10^3 + \cdots + _{12}C_{12} \times 10^{12}$

$= 1 + 12 \times 10 + 66 \times 100 + 10^3(_{12}C_3 + _{12}C_4 \times 10 + \cdots + _{12}C_{12} \times 10^9)$

$= 6721 + 10^3(_{12}C_3 + _{12}C_4 \times 10 + \cdots + _{12}C_{12} \times 10^9)$

이때 $10^3(_{12}C_3 + _{12}C_4 \times 10 + \cdots + _{12}C_{12} \times 10^9)$은 1000으로 나누어떨어지므로 11^{12}의 백의 자리의 숫자는 7, 십의 자리의 숫자는 2, 일의 자리의 숫자는 1이다.

따라서 $a=7$, $b=2$, $c=1$이므로 $a+bc=9$

step ③ 최고난도 문제 | 33~35쪽

| 01 720 | 02 51 | 03 ② | 04 730 | 05 36 | 06 206 |
| 07 ⑤ | 08 ③ | 09 218 | 10 60 | 11 852 | |

01 답 720

1단계 ㉮를 만족시키는 경우의 수 구하기

㉮에서 함수 f의 치역의 원소를 택하는 경우의 수는 집합 Y의 원소 4개 중에서 3개를 택하면 되므로

$_4C_3 = _4C_1 = 4$

2단계 ㉯를 만족시키는 경우의 수 구하기

㉮를 만족시키는 각각의 치역에 대하여 ㉯의 $f(a) \le f(b)$를 만족시키는 함수 f의 개수는 치역의 원소 3개를 각각 1개씩 먼저 택하고 치역의 원소 3개 중에서 중복을 허락하여 2개를 택한 후 그 값이 작거나 같은 순서대로 정의역 X의 원소에 차례로 대응시키는 경우의 수와 같으므로

$_3H_2 = _4C_2 = 6$

㉯의 $(g \circ f)(a) \ge (g \circ f)(b)$에서 $g(f(a)) \ge g(f(b))$

이때 $f(a) \le f(b)$이므로 이를 만족시키는 함수 g의 개수는 집합 Z의 원소 3개 중에서 중복을 허락하여 3개를 택한 후 그 값이 크거나 같은 순서대로 함수 f의 치역에 차례로 대응시키고 함수 f의 치역이 아닌 집합 Y의 나머지 원소 1개에는 집합 Z의 3개의 원소 중 1개에 대응시키는 경우의 수와 같으므로

$_3H_3 \times _3C_1 = _5C_3 \times 3 = _5C_2 \times 3 = 10 \times 3 = 30$

3단계 순서쌍 (f, g)의 개수 구하기

따라서 구하는 순서쌍 (f, g)의 개수는

$4 \times 6 \times 30 = 720$

02 답 51

1단계 학생 A가 받는 검은 공과 흰 공의 개수에 따라 경우의 수 구하기

(i) 학생 A가 검은 공 4개, 흰 공 3개를 받는 경우

흰 공 2개, 빨간 공 5개가 남으므로 ㉮를 만족시키지 않는다.

(ii) 학생 A가 검은 공 4개, 흰 공 1개를 받는 경우

흰 공 4개와 빨간 공 5개가 남으므로 나머지 3명의 학생에게 흰 공과 빨간 공을 각각 1개씩 나누어 주고 남은 흰 공 1개와 빨간 공 2개를 나누어 주면 된다.

흰 공 1개를 받는 학생을 택하는 경우의 수는

$_3C_1 = 3$

빨간 공 2개를 나머지 3명의 학생에게 나누어 주는 경우의 수는

$_3H_2 = _4C_2 = 6$

이때 흰 공을 받은 학생에게 빨간 공 2개를 모두 주면 그 학생이 받은 공의 개수가 5로 학생 A가 받은 공의 개수와 같으므로 ㉰를 만족시키지 않는다.

따라서 마지막에 남은 흰 공 1개를 받은 학생에게 빨간 공 2개를 모두 주는 경우를 제외해야 하므로 학생 A가 검은 공 4개, 흰 공 1개를 받는 경우의 수는

$3 \times (6-1) = 15$

(iii) 학생 A가 검은 공 3개, 흰 공 2개를 받는 경우

ⓘ 나머지 3명의 학생 중에서 1명의 학생이 검은 공 1개와 흰 공 1개를 받는 경우

검은 공 1개와 흰 공 1개를 받는 학생을 택하는 경우의 수는

$_3C_1 = 3$

검은 공과 흰 공을 받는 학생이 B일 때, 남은 흰 공 2개와 빨간 공 5개는 학생 B를 제외한 2명의 학생 C, D에게 나누어 준다.

2명의 학생 C, D에게 각각 흰 공 1개와 빨간 공 1개를 나누어 주고 남은 빨간 공 3개를 나누어 주는 경우의 수는

$_2H_3 = _4C_3 = _4C_1 = 4$

이때 C, D 중 1명에게 빨간 공 3개를 모두 주면 그 학생이 받은 공의 개수가 5로 학생 A가 받은 공의 개수와 같으므로 ㉰를 만족시키지 않는다.

따라서 마지막에 C, D 중 1명에게 빨간 공 3개를 모두 주는 경우를 제외해야 하므로 그 경우의 수는

$3 \times (4-2) = 6$

ⓘⓘ 나머지 3명의 학생 중에서 1명의 학생이 검은 공 1개와 빨간 공 1개를 받는 경우

검은 공 1개와 빨간 공 1개를 받는 학생을 택하는 경우의 수는

$_3C_1 = 3$

검은 공과 빨간 공을 받는 학생이 B일 때, 남은 흰 공 3개와 빨간 공 4개는 학생 B를 제외한 2명의 학생 C, D에게 나누어 준다.

2명의 학생 C, D에게 각각 흰 공 1개와 빨간 공 1개를 나누어 주고 남은 흰 공 1개, 빨간 공 2개에 대하여 흰 공 1개는 학생 B를 제외한 2명의 학생 C, D 중에서 1명을 택하여 주고, 빨간 공 2개는 3명의 학생 B, C, D에게 나누어 주는 경우의 수는

$_2C_1 \times _3H_2 = 2 \times _4C_2 = 2 \times 6 = 12$

이때 마지막에 남은 흰 공 1개를 받는 학생에게 빨간 공 2개를
모두 주면 그 학생이 받은 공의 개수가 5로 학생 A가 받은 공의
개수와 같으므로 ㈐를 만족시키지 않는다.

따라서 마지막에 C, D 중 남은 흰 공 1개를 받은 학생에게 빨간
공 2개를 모두 주는 경우를 제외해야 하므로 그 경우의 수는

$$3 \times (12-2) = 30$$

ⅰ, ⅱ에서 학생 A가 검은 공 3개, 흰 공 2개를 받는 경우의 수는

$$6 + 30 = 36$$

(ⅳ) 학생 A가 검은 공 2개, 흰 공 1개를 받는 경우

검은 공 2개, 흰 공 4개, 빨간 공 5개가 남으므로 ㈐를 만족시키지
않는다.

2단계 경우의 수 구하기

(ⅰ)~(ⅳ)에서 구하는 경우의 수는

$$15 + 36 = 51$$

03 답 ②

1단계 숫자 카드부터 시작하는 경우의 수 구하기

(ⅰ) 숫자 카드부터 시작하는 경우

㈐를 만족시키려면 (숫자 카드 – 그림 카드 – 숫자 카드 – 그림 카드
– 숫자 카드)의 순서로 나열해야 한다.

ⅰ 숫자 카드를 나열하는 경우

숫자 카드가 놓이는 자리에 숫자 카드를 1장씩 먼저 놓고, 남은
4장의 숫자 카드를 중복을 허락하여 숫자 카드가 놓이는 자리에
배열하는 경우의 수는

$$_3H_4 = _6C_4 = _6C_2 = 15$$

각각의 경우에 대하여 ㈎, ㈏를 만족시키려면 숫자 2, 4, 3, 5, 7
을 순서대로 나열하고 숫자 1은 숫자 3보다 왼쪽에, 숫자 6은 숫
자 4보다 오른쪽에 나열하면 된다.

숫자 1이 올 수 있는 자리가 3개, 숫자 6이 올 수 있는 자리가 4개
이므로 그 경우의 수는

$$3 \times 4 = 12$$

이때 숫자 1, 6이 모두 숫자 4와 3 사이에 오면 숫자 1, 6이 서로
자리를 바꾸는 경우가 한 가지 더 생기므로 그 경우의 수는

$$12 + 1 = 13$$

따라서 숫자 카드를 나열하는 경우의 수는

$$15 \times 13 = 195$$

ⅱ 그림 카드를 나열하는 경우

그림 카드가 놓이는 자리에 그림 카드를 1장씩 먼저 놓고, 남은
4장의 그림 카드를 중복을 허락하여 그림 카드가 놓이는 자리에
배열하는 경우의 수는

$$_2H_4 = _5C_4 = _5C_1 = 5$$

ⅰ, ⅱ에서 숫자 카드부터 시작하는 경우의 수는 $195 \times 5 = 975$

2단계 그림 카드부터 시작하는 경우의 수 구하기

(ⅱ) 그림 카드부터 시작하는 경우

㈐를 만족시키려면 (그림 카드 – 숫자 카드 – 그림 카드 – 숫자 카드
– 그림 카드)의 순서로 나열해야 한다.

ⅰ 숫자 카드를 나열하는 경우

숫자 카드가 놓이는 자리에 숫자 카드를 1장씩 먼저 놓고, 남은
5장의 숫자 카드를 중복을 허락하여 숫자 카드가 놓이는 자리에
배열하는 경우의 수는

$$_2H_5 = _6C_5 = _6C_1 = 6$$

각각의 경우에 대하여 ㈎, ㈏를 만족시키려면 숫자 2, 4, 3, 5, 7
을 순서대로 나열하고 숫자 1은 숫자 3보다 왼쪽에, 숫자 6은 숫
자 4보다 오른쪽에 나열하면 된다.

숫자 1이 올 수 있는 자리가 3개, 숫자 6이 올 수 있는 자리가 4
개이므로 그 경우의 수는 $3 \times 4 = 12$

이때 숫자 1, 6이 모두 숫자 4와 3 사이에 오면 숫자 1, 6이 서로
자리를 바꾸는 경우가 한 가지 더 생기므로 그 경우의 수는

$$12 + 1 = 13$$

따라서 숫자 카드를 나열하는 경우의 수는 $6 \times 13 = 78$

ⅱ 그림 카드를 나열하는 경우

그림 카드가 놓이는 자리에 그림 카드를 1장씩 먼저 놓고, 남은
3장의 그림 카드를 중복을 허락하여 그림 카드가 놓이는 자리에
배열하는 경우의 수는

$$_3H_3 = _5C_3 = _5C_2 = 10$$

ⅰ, ⅱ에서 그림 카드부터 시작하는 경우의 수는 $78 \times 10 = 780$

3단계 경우의 수 구하기

(ⅰ), (ⅱ)에서 구하는 경우의 수는 $975 + 780 = 1755$

04 답 730

1단계 a_n 구하기

주머니에서 1개의 공을 꺼내어 공에 적혀 있는 수를 확인하고 다시 넣는
7번의 과정 중 m번째 꺼낸 공에 적혀 있는 수를 $f(m)$이라 하면 ㈎에서

$$f(7) \le f(6) \le f(5) \le f(4) \le f(3) \le f(2) \le f(1)$$

㈏에서 $f(3) = f(7) + 2$

$f(7) = k \ (k=0, 1, \cdots, n-2)$라 하면

$$f(3) = f(7) + 2 = k+2$$

$$\therefore k \le f(6) \le f(5) \le f(4) \le k+2 \le f(2) \le f(1)$$

(ⅰ) $f(4)$, $f(5)$, $f(6)$의 값을 정하는 경우

$f(4)$, $f(5)$, $f(6)$의 값은 k, $k+1$, $k+2$의 3개의 정수 중에서 중복
을 허락하여 3개를 택한 후 그 값이 크거나 같은 수부터 차례로 대
응시키면 되므로 $_3H_3 = _5C_3 = _5C_2 = 10$

(ⅱ) $f(1)$, $f(2)$, $f(3)$의 값을 정하는 경우

$f(1) \ge f(2) \ge f(3)$이고 $f(3) = k+2 \ge 2$이므로 $f(1)$, $f(2)$, $f(3)$
의 값은 2부터 n까지의 자연수 중에서 중복을 허락하여 3개를 택한
후 그 값이 크거나 같은 수부터 차례로 대응시키면 되므로

$$_{n-1}H_3 = _{n+1}C_3 = \frac{(n+1)n(n-1)}{6}$$

(ⅰ), (ⅱ)에서 구하는 경우의 수는

$$a_n = 10 \times \frac{(n+1)n(n-1)}{6} = \frac{5}{3}n(n+1)(n-1)$$

2단계 $\sum\limits_{n=2}^{10} \dfrac{a_n}{n-1}$의 값 구하기

$$\therefore \sum_{n=2}^{10} \frac{a_n}{n-1} = \sum_{n=2}^{10} \frac{5}{3} \times \frac{n(n+1)(n-1)}{n-1} = \frac{5}{3}\sum_{n=2}^{10}(n^2+n)$$

$$= \frac{5}{3}\left\{\sum_{n=1}^{10}(n^2+n) - 2\right\} = \frac{5}{3}\left\{\sum_{n=1}^{10}n^2 + \sum_{n=1}^{10}n - 2\right\}$$

$$= \frac{5}{3} \times \left(\frac{10 \times 11 \times 21}{6} + \frac{10 \times 11}{2} - 2\right)$$

$$= \frac{5}{3} \times (385 + 55 - 2) = \frac{5}{3} \times 438 = 730$$

개념 NOTE

자연수 n에 대하여

(1) $\sum\limits_{k=1}^{n} k = \dfrac{n(n+1)}{2}$ (2) $\sum\limits_{k=1}^{n} k^2 = \dfrac{n(n+1)(2n+1)}{6}$

05 답 36

1단계 경우에 따라 순서쌍 (x, y, z, w)의 개수 구하기

㈏에서 $x=3x'+2$, $y=3y'+1$ (x', y'은 음이 아닌 정수)로 놓으면

㈎의 $x+y+|z|+|w|=8$에서

$(3x'+2)+(3y'+1)+|z|+|w|=8$

$\therefore 3x'+3y'+|z|+|w|=5$ ...... ㉠

이때 $|z|+|w|\geq 0$이고 x', y'은 음이 아닌 정수이므로

$0\leq 3x'+3y'\leq 5$

$\therefore x'+y'=0$ 또는 $x'+y'=1$

(i) $x'+y'=0$일 때,

이를 만족시키는 음이 아닌 정수 x', y'의 순서쌍 (x', y')은 $(0, 0)$의 1개

이때 ㉠에서

$|z|+|w|=5$

① $z=0$ 또는 $w=0$인 경우

$z=0$이면 $w=\pm 5$, $w=0$이면 $z=\pm 5$이므로 정수 z, w의 순서쌍 (z, w)는 $(0, -5)$, $(0, 5)$, $(-5, 0)$, $(5, 0)$의 4개

② $z\neq 0$, $w\neq 0$인 경우

$|z|=z'+1$, $|w|=w'+1$ (z', w'은 음이 아닌 정수)로 놓으면

$|z|+|w|=5$에서

$(z'+1)+(w'+1)=5$

$\therefore z'+w'=3$

이를 만족시키는 음이 아닌 정수 z', w'의 순서쌍 (z', w')은 $(0, 3)$, $(1, 2)$, $(2, 1)$, $(3, 0)$의 4개

각각의 z', w'에 대하여 $z=\pm(z'+1)$, $w=\pm(w'+1)$이므로

이를 만족시키는 정수 z, w의 순서쌍 (z, w)의 개수는

$4\times 4=16$

①, ②에서 $x'+y'=0$을 만족시키는 순서쌍 (x, y, z, w)의 개수는

$1\times(4+16)=20$

(ii) $x'+y'=1$일 때,

이를 만족시키는 음이 아닌 정수 x', y'의 순서쌍 (x', y')은 $(0, 1)$, $(1, 0)$의 2개

이때 ㉠에서

$|z|+|w|=2$

① $z=0$ 또는 $w=0$인 경우

$z=0$이면 $w=\pm 2$, $w=0$이면 $z=\pm 2$이므로 정수 z, w의 순서쌍 (z, w)는 $(0, -2)$, $(0, 2)$, $(-2, 0)$, $(2, 0)$의 4개

② $z\neq 0$, $w\neq 0$인 경우

$|z|=z'+1$, $|w|=w'+1$ (z', w'은 음이 아닌 정수)로 놓으면

$|z|+|w|=2$에서

$(z'+1)+(w'+1)=2$

$\therefore z'+w'=0$

이를 만족시키는 음이 아닌 정수 z', w'의 순서쌍 (z', w')은 $(0, 0)$의 1개

각각의 z', w'에 대하여 $z=\pm(z'+1)$, $w=\pm(w'+1)$이므로

이를 만족시키는 정수 z, w의 순서쌍 (z, w)의 개수는

$1\times 4=4$

①, ②에서 $x'+y'=1$을 만족시키는 순서쌍 (x, y, z, w)의 개수는

$2\times(4+4)=16$

2단계 순서쌍 (x, y, z, w)의 개수 구하기

(i), (ii)에서 구하는 순서쌍 (x, y, z, w)의 개수는

$20+16=36$

06 답 206

1단계 음이 아닌 정수 y_1, y_2, y_3, y_4에 대하여 순서쌍 (y_1, y_2, y_3, y_4)의 개수 구하기

㈏에서 음이 아닌 정수 y_1, y_2, y_3, y_4에 대하여

$x_1=2y_1+1$

$x_2=2y_2+2$

$x_3=2y_3+1$

$x_4=2y_4+2$

로 놓으면 ㈎의 $x_1+x_2+x_3+x_4=34$에서

$(2y_1+1)+(2y_2+2)+(2y_3+1)+(2y_4+2)=34$

$\therefore y_1+y_2+y_3+y_4=14$ ...... ㉠

따라서 순서쌍 (x_1, x_2, x_3, x_4)의 개수는 이 방정식을 만족시키는 음이 아닌 정수 y_1, y_2, y_3, y_4의 순서쌍 (y_1, y_2, y_3, y_4)의 개수와 같으므로

${}_4H_{14}={}_{17}C_{14}={}_{17}C_3=680$

2단계 $y_k\geq 7$인 순서쌍 (y_1, y_2, y_3, y_4)의 개수 구하기

이때 x_1, x_2, x_3, x_4는 14 이하의 자연수이므로 y_1, y_2, y_3, y_4는 0 이상 6 이하인 정수이다.

따라서 $y_k\geq 7$($k=1$, 2, 3, 4)인 경우를 제외해야 한다.

(i) $y_k\geq 7$인 k의 값이 1개인 경우

$y_1\geq 7$이라 하고 $z_1=y_1-7$이라 하면 z_1은 음이 아닌 정수이고 ㉠에서

$(z_1+7)+y_2+y_3+y_4=14$

$\therefore z_1+y_2+y_3+y_4=7$

따라서 순서쌍 (y_1, y_2, y_3, y_4)의 개수는 이 방정식을 만족시키는 음이 아닌 정수 z_1, y_2, y_3, y_4의 순서쌍 (z_1, y_2, y_3, y_4)의 개수와 같으므로

${}_4H_7={}_{10}C_7={}_{10}C_3=120$

이때 y_2, y_3, y_4 중에서 그 값이 7인 경우의 순서쌍 (y_2, y_3, y_4)는 $(7, 0, 0)$, $(0, 7, 0)$, $(0, 0, 7)$의 3개이므로 $y_1\geq 7$인 경우의 순서쌍 (y_1, y_2, y_3, y_4)의 개수는

$120-3=117$

같은 방법으로 하면 $y_2\geq 7$, $y_3\geq 7$, $y_4\geq 7$인 경우의 순서쌍 (y_1, y_2, y_3, y_4)의 개수도 각각 117이므로 $y_k\geq 7$인 k의 값이 1개인 순서쌍 (y_1, y_2, y_3, y_4)의 개수는

$4\times 117=468$

(ii) $y_k\geq 7$인 k의 값이 2개인 경우

순서쌍 (y_1, y_2, y_3, y_4)의 개수는 7, 7, 0, 0을 일렬로 나열하는 경우의 수와 같으므로

$\dfrac{4!}{2!\times 2!}=6$

(i), (ii)에서 $y_k\geq 7$인 순서쌍 (y_1, y_2, y_3, y_4)의 개수는

$468+6=474$

3단계 순서쌍 (x_1, x_2, x_3, x_4)의 개수 구하기

따라서 구하는 순서쌍 (x_1, x_2, x_3, x_4)의 개수는

$680-474=206$

07 답 ⑤

1단계 $|a-b|$, $|c-d|$, $|e-f|$의 값에 따라 순서쌍 (a, b, c, d, e, f)의 개수 구하기

㈏에서 $|a-b|\geq 0$, $|c-d|\geq 0$, $|e-f|\geq 0$이므로 $|a-b|$, $|c-d|$, $|e-f|$의 값이 될 수 있는 수는

2, 0, 0 또는 1, 1, 0

(i) $|a-b|$, $|c-d|$, $|e-f|$의 값이 2, 0, 0인 경우

 ① $|a-b|=2$, $|c-d|=0$, $|e-f|=0$일 때

  ⓐ $a=b+2$, $c=d$, $e=f$일 때,

   ㉮의 $a+b+c+d+e+f=12$에서

   $(2b+2)+2d+2f=12$

   $\therefore b+d+f=5$

   따라서 순서쌍 (a, b, c, d, e, f)의 개수는 이 방정식을 만족시키는 음이 아닌 정수 b, d, f의 순서쌍 (b, d, f)의 개수와 같으므로

   ${}_3H_5={}_7C_5={}_7C_2=21$

  ⓑ $b=a+2$, $c=d$, $e=f$일 때,

   ㉮의 $a+b+c+d+e+f=12$에서

   $(2a+2)+2d+2f=12$

   $\therefore a+d+f=5$

   따라서 순서쌍 (a, b, c, d, e, f)의 개수는 이 방정식을 만족시키는 음이 아닌 정수 a, d, f의 순서쌍 (a, d, f)의 개수와 같으므로

   ${}_3H_5={}_7C_5={}_7C_2=21$

  ⓐ, ⓑ에서 $|a-b|=2$, $|c-d|=0$, $|e-f|=0$을 만족시키는 순서쌍 (a, b, c, d, e, f)의 개수는

   $21+21=42$

 ② $|a-b|=0$, $|c-d|=2$, $|e-f|=0$ 또는 $|a-b|=0$, $|c-d|=0$, $|e-f|=2$일 때,

  ①과 같은 방법으로 하면 순서쌍 (a, b, c, d, e, f)의 개수는 각각 42이므로

   $42\times2=84$

 ①, ②에서 순서쌍 (a, b, c, d, e, f)의 개수는

  $42+84=126$

(ii) $|a-b|$, $|c-d|$, $|e-f|$의 값이 1, 1, 0인 경우

 ① $|a-b|=1$, $|c-d|=1$, $|e-f|=0$일 때

  ⓐ $a=b+1$, $c=d+1$, $e=f$일 때,

   ㉮의 $a+b+c+d+e+f=12$에서

   $(2b+1)+(2d+1)+2f=12$

   $\therefore b+d+f=5$

   따라서 순서쌍 (a, b, c, d, e, f)의 개수는 이 방정식을 만족시키는 음이 아닌 정수 b, d, f의 순서쌍 (b, d, f)의 개수와 같으므로

   ${}_3H_5={}_7C_5={}_7C_2=21$

  ⓑ $b=a+1$, $c=d+1$, $e=f$ 또는 $a=b+1$, $d=c+1$, $e=f$ 또는 $b=a+1$, $d=c+1$, $e=f$일 때,

   ⓐ와 같은 방법으로 하면 순서쌍 (a, b, c, d, e, f)의 개수는 각각 21이므로

   $21\times3=63$

  ⓐ, ⓑ에서 $|a-b|=1$, $|c-d|=1$, $|e-f|=0$을 만족시키는 순서쌍 (a, b, c, d, e, f)의 개수는

   $21+63=84$

 ② $|a-b|=0$, $|c-d|=1$, $|e-f|=1$ 또는 $|a-b|=1$, $|c-d|=0$, $|e-f|=1$일 때,

  ①과 같은 방법으로 하면 순서쌍 (a, b, c, d, e, f)의 개수는 각각 84이므로

   $84\times2=168$

 ①, ②에서 순서쌍 (a, b, c, d, e, f)의 개수는

  $84+168=252$

2단계 순서쌍 (a, b, c, d, e, f)의 개수 구하기

(i), (ii)에서 구하는 순서쌍 (a, b, c, d, e, f)의 개수는

$126+252=378$

✦idea
08 답 ③

1단계 경우에 따라 순서쌍 (a, b, c, d)의 개수 구하기

㈏에서 음이 아닌 정수 x, y, z, w에 대하여

$a=x$, $b=x+y$, $c=x+y+z$, $d=x+y+z+w$

로 놓으면 ㈎의 $3a+b+c+d=30$에서

$3x+(x+y)+(x+y+z)+(x+y+z+w)=30$

$\therefore 6x+3y+2z+w=30$ ⋯⋯ ㉠

음이 아닌 정수 y, z, w를

$y=2y_1+y_2$ (y_1은 음이 아닌 정수, $y_2=0$, 1)

$z=3z_1+z_2$ (z_1은 음이 아닌 정수, $z_2=0$, 1, 2)

$w=6w_1+w_2$ (w_1은 음이 아닌 정수, $w_2=0$, 1, 2, 3, 4, 5)

로 놓으면 ㉠에서

$6x+3(2y_1+y_2)+2(3z_1+z_2)+6w_1+w_2=30$

$6(x+y_1+z_1+w_1)+(3y_2+2z_2+w_2)=30$ ⋯⋯ ㉡

(i) $w_2=0$일 때,

 ㉡에서 $y_2=0$, $z_2=0$이어야 하므로

 $x+y_1+z_1+w_1=5$

 이를 만족시키는 음이 아닌 정수 x, y_1, z_1, w_1의 순서쌍 (x, y_1, z_1, w_1)의 개수는

 ${}_4H_5={}_8C_5={}_8C_3=56$

(ii) $w_2=1$일 때,

 ㉡에서 $y_2=1$, $z_2=1$이어야 하므로

 $x+y_1+z_1+w_1=4$

 이를 만족시키는 음이 아닌 정수 x, y_1, z_1, w_1의 순서쌍 (x, y_1, z_1, w_1)의 개수는

 ${}_4H_4={}_7C_4={}_7C_3=35$

(iii) $w_2=2$일 때,

 ㉡에서 $y_2=0$, $z_2=2$이어야 하므로

 $x+y_1+z_1+w_1=4$

 이를 만족시키는 음이 아닌 정수 x, y_1, z_1, w_1의 순서쌍 (x, y_1, z_1, w_1)의 개수는

 ${}_4H_4={}_7C_4={}_7C_3=35$

(iv) $w_2=3$일 때,

 ㉡에서 $y_2=1$, $z_2=0$이어야 하므로

 $x+y_1+z_1+w_1=4$

 이를 만족시키는 음이 아닌 정수 x, y_1, z_1, w_1의 순서쌍 (x, y_1, z_1, w_1)의 개수는

 ${}_4H_4={}_7C_4={}_7C_3=35$

(v) $w_2=4$일 때,

 ㉡에서 $y_2=0$, $z_2=1$이어야 하므로

 $x+y_1+z_1+w_1=4$

 이를 만족시키는 음이 아닌 정수 x, y_1, z_1, w_1의 순서쌍 (x, y_1, z_1, w_1)의 개수는

 ${}_4H_4={}_7C_4={}_7C_3=35$

(vi) $w_2=5$일 때,

ⓒ에서 $y_2=1$, $z_2=2$이어야 하므로

$x+y_1+z_1+w_1=3$

이를 만족시키는 음의 아닌 정수 x, y_1, z_1, w_1의 순서쌍 (x, y_1, z_1, w_1)의 개수는 $_4H_3=_6C_3=20$

2단계 순서쌍 (a, b, c, d)의 개수 구하기

(i)~(vi)에서 구하는 순서쌍 (a, b, c, d)의 개수는

$56+4\times35+20=216$

다른 풀이

(나)에서 $a=b=c=d$라 하면 (가)에서

$3a+a+a+a=30$, $6a=30$

$\therefore a=5$

따라서 조건을 만족시키려면 $a\leq5$이어야 한다.

(i) $a=5$일 때,

(가)에서 $b+c+d=15$

(나)에 의하여 $b\geq5$, $c\geq5$, $d\geq5$이므로

$b=5$, $c=5$, $d=5$

따라서 음이 아닌 정수 a, b, c, d의 순서쌍 (a, b, c, d)는

$(5, 5, 5, 5)$의 1개이다.

(ii) $a=4$일 때,

(가)에서 $b+c+d=18$

(나)에 의하여 $b\geq4$, $c\geq4$, $d\geq4$이므로 $b'=b-4$, $c'=c-4$, $d'=d-4$라 하면 $b+c+d=18$에서

$(b'+4)+(c'+4)+(d'+4)=18$

$\therefore b'+c'+d'=6$ (단, b', c', d'은 음이 아닌 정수, $b'\leq c'\leq d'$)

이때 음이 아닌 정수 b', c', d'에 대하여 $b'\leq c'\leq d'$이므로

$c'=b'+x$, $d'=b'+x+y$ (x, y는 음이 아닌 정수)라 하면

$b'+c'+d'=6$에서

$b'+(b'+x)+(b'+x+y)=6$

$\therefore 3b'+2x+y=6$ ...... ㉠

① $b'=0$일 때,

㉠에서 $2x+y=6$이므로

$x=0, 1, 2, 3$

② $b'=1$일 때,

㉠에서 $2x+y=3$이므로

$x=0, 1$

③ $b'=2$일 때,

㉠에서 $2x+y=0$이므로

$x=0$

①, ②, ③에서 순서쌍 (b', x, y)의 개수는

$4+2+1=7$

(iii) $a=3$일 때,

(가)에서 $b+c+d=21$

(나)에 의하여 $b\geq3$, $c\geq3$, $d\geq3$이므로 $b'=b-3$, $c'=c-3$, $d'=d-3$이라 하면 $b+c+d=21$에서

$(b'+3)+(c'+3)+(d'+3)=21$

$\therefore b'+c'+d'=12$ (단, b', c', d'은 음이 아닌 정수, $b'\leq c'\leq d'$)

이때 음이 아닌 정수 b', c', d'에 대하여 $b'\leq c'\leq d'$이므로

$c'=b'+x$, $d'=b'+x+y$ (x, y는 음이 아닌 정수)라 하면

$b'+c'+d'=12$에서

$b'+(b'+x)+(b'+x+y)=12$

$\therefore 3b'+2x+y=12$ ...... ㉡

① $b'=0$일 때,

㉡에서 $2x+y=12$이므로

$x=0, 1, 2, \cdots, 6$

② $b'=1$일 때,

㉡에서 $2x+y=9$이므로

$x=0, 1, 2, 3, 4$

③ $b'=2, 3, 4$일 때,

(ii)와 같은 방법으로 하면 순서쌍 (b', x, y)는 7개이다.

①, ②, ③에서 순서쌍 (b', x, y)의 개수는

$7+5+7=19$

(iv) $a=2$일 때,

(가)에서 $b+c+d=24$

(나)에 의하여 $b\geq2$, $c\geq2$, $d\geq2$이므로 $b'=b-2$, $c'=c-2$, $d'=d-2$라 하면 $b+c+d=24$에서

$(b'+2)+(c'+2)+(d'+2)=24$

$\therefore b'+c'+d'=18$ (단, b', c', d'은 음이 아닌 정수, $b'\leq c'\leq d'$)

이때 음이 아닌 정수 b', c', d'에 대하여 $b'\leq c'\leq d'$이므로

$c'=b'+x$, $d'=b'+x+y$ (x, y는 음이 아닌 정수)라 하면

$b'+c'+d'=18$에서

$b'+(b'+x)+(b'+x+y)=18$

$\therefore 3b'+2x+y=18$ ...... ㉢

① $b'=0$일 때,

㉢에서 $2x+y=18$이므로

$x=0, 1, 2, \cdots, 9$

② $b'=1$일 때,

㉢에서 $2x+y=15$이므로

$x=0, 1, 2, \cdots, 7$

③ $b'=2, 3, 4, 5, 6$일 때,

(iii)과 같은 방법으로 하면 순서쌍 (b', x, y)는 19개이다.

①, ②, ③에서 순서쌍 (b', x, y)의 개수는

$10+8+19=37$

(v) $a=1$일 때,

(가)에서 $b+c+d=27$

(나)에 의하여 $b\geq1$, $c\geq1$, $d\geq1$이므로 $b'=b-1$, $c'=c-1$, $d'=d-1$이라 하면 $b+c+d=27$에서

$(b'+1)+(c'+1)+(d'+1)=27$

$\therefore b'+c'+d'=24$ (단, b', c', d'은 음이 아닌 정수, $b'\leq c'\leq d'$)

이때 음이 아닌 정수 b', c', d'에 대하여 $b'\leq c'\leq d'$이므로

$c'=b'+x$, $d'=b'+x+y$ (x, y는 음이 아닌 정수)라 하면

$b'+c'+d'=24$에서

$b'+(b'+x)+(b'+x+y)=24$

$\therefore 3b'+2x+y=24$ ...... ㉣

① $b'=0$일 때,

㉣에서 $2x+y=24$이므로

$x=0, 1, 2, \cdots, 12$

② $b'=1$일 때,

㉣에서 $2x+y=21$이므로

$x=0, 1, 2, \cdots, 10$

③ $b'=2, 3, \cdots, 8$일 때,

(iv)와 같은 방법으로 하면 순서쌍 (b', x, y)는 37개이다.

ⓘ, ⓘ, ⓘ에서 순서쌍 (b', x, y)의 개수는

$13+11+37=61$

(vi) $a=0$일 때,

㉮에서 $b+c+d=30$

㉯에 의하여 음이 아닌 정수 b, c, d에 대하여

$c=b+x, d=b+x+y$ (x, y는 음이 아닌 정수)라 하면

$b+c+d=30$에서

$b+(b+x)+(b+x+y)=30$

$\therefore 3b+2x+y=30$ ...... ㉤

ⓘ $b=0$일 때,

㉤에서 $2x+y=30$이므로

$x=0, 1, 2, \cdots, 15$

ⓘ $b=1$일 때,

㉤에서 $2x+y=27$이므로

$x=0, 1, 2, \cdots, 13$

ⓘ $b=2, 3, \cdots, 10$일 때,

(v)와 같은 방법으로 하면 순서쌍 (b, x, y)는 61개이다.

ⓘ, ⓘ, ⓘ에서 순서쌍 (b, x, y)의 개수는

$16+14+61=91$

(i)~(vi)에서 구하는 순서쌍 (a, b, c, d)의 개수는

$1+7+19+37+61+91=216$

09 **답** 218

1단계 ㉮, ㉰를 만족시키는 경우 구하기

㉮, ㉰에서 4명의 학생 A, B, C, D 중 2명은 짝수 개의 사인펜을 받고 나머지 2명은 홀수 개의 사인펜을 받거나 4명의 학생 모두 짝수 개의 사인펜을 받는다.

2단계 짝수 개의 사인펜을 받는 학생 수에 따라 경우의 수 구하기

(i) 4명의 학생 중 2명은 짝수 개의 사인펜을 받고 나머지 2명은 홀수 개의 사인펜을 받는 경우

4명의 학생 중 짝수 개의 사인펜을 받는 2명의 학생을 택하는 경우의 수는

$_4C_2=6$

이때 학생 A, B는 짝수 개의 사인펜을 받고 학생 C, D는 홀수 개의 사인펜을 받는다고 하고 4명의 학생 A, B, C, D가 받는 사인펜의 개수를 각각

$2a+2, 2b+2, 2c+1, 2d+1$ (a, b, c, d는 음이 아닌 정수)

이라 하면 $(2a+2)+(2b+2)+(2c+1)+(2d+1)=14$이므로

$a+b+c+d=4$ ...... ㉠

즉, 학생 A, B는 짝수 개의 사인펜을 받고 학생 C, D는 홀수 개의 사인펜을 받는 경우의 수는 ㉠을 만족시키는 음이 아닌 정수 a, b, c, d의 순서쌍 (a, b, c, d)의 개수와 같으므로

$_4H_4=_7C_4=_7C_3=35$

이때 ㉯에서 $a\neq4, b\neq4$이므로 주어진 조건을 만족시키는 경우의 수는

$6\times(35-2)=198$

(ii) 4명의 학생 모두 짝수 개의 사인펜을 받는 경우

4명의 학생 A, B, C, D가 받는 사인펜의 개수를 각각

$2a+2, 2b+2, 2c+2, 2d+2$ (a, b, c, d는 음이 아닌 정수)

라 하면 $(2a+2)+(2b+2)+(2c+2)+(2d+2)=14$이므로

$a+b+c+d=3$ ...... ㉡

즉, 4명의 학생 모두 짝수 개의 사인펜을 받는 경우의 수는 ㉡을 만족시키는 음이 아닌 정수 a, b, c, d의 순서쌍 (a, b, c, d)의 개수와 같으므로

$_4H_3=_6C_3=20$

3단계 경우의 수 구하기

(i), (ii)에서 구하는 경우의 수는

$198+20=218$

10 **답** 60

1단계 순서쌍 (x_1, y_1, x_2, y_2)의 개수 구하기

x_1, y_1, x_2, y_2가 자연수이므로

$x_1'=x_1-1, y_1'=y_1-1, x_2'=x_2-1, y_2'=y_2-1$

이라 하면 $x_1+y_1+x_2+y_2=12$에서

$(x_1'+1)+(y_1'+1)+(x_2'+1)+(y_2'+1)=12$

$\therefore x_1'+y_1'+x_2'+y_2'=8$ (단, x_1', y_1', x_2', y_2'은 음이 아닌 정수)

순서쌍 (x_1, y_1, x_2, y_2)의 개수는 이 방정식을 만족시키는 음이 아닌 정수 x_1', y_1', x_2', y_2'의 순서쌍 (x_1', y_1', x_2', y_2')의 개수와 같으므로

$_4H_8=_{11}C_8=_{11}C_3=165$

2단계 삼각형이 만들어지지 않는 순서쌍 (x_1, y_1, x_2, y_2)의 개수 구하기

삼각형이 만들어지지 않는 경우는 세 점 $(3, 3), (x_1, y_1), (x_2, y_2)$ 중에서 두 점 이상이 일치하거나 세 점이 한 직선 위에 있는 경우이다.

(i) 두 점 이상이 일치하는 경우

ⓘ $x_1=3, y_1=3$일 때,

$x_1+y_1+x_2+y_2=12$에서

$x_2+y_2=6$

이를 만족시키는 자연수 x_2, y_2의 순서쌍 (x_2, y_2)는

$(1, 5), (2, 4), (3, 3), (4, 2), (5, 1)$의 5개

ⓘ $x_2=3, y_2=3$일 때,

$x_1+y_1+x_2+y_2=12$에서

$x_1+y_1=6$

이를 만족시키는 자연수 x_1, y_1의 순서쌍 (x_1, y_1)은

$(1, 5), (2, 4), (3, 3), (4, 2), (5, 1)$의 5개

ⓘ $x_1=x_2, y_1=y_2$일 때,

$x_1+y_1+x_2+y_2=12$에서

$x_1+y_1=6$

이를 만족시키는 자연수 x_1, y_1의 순서쌍 (x_1, y_1)은

$(1, 5), (2, 4), (3, 3), (4, 2), (5, 1)$의 5개

ⓘ, ⓘ, ⓘ에서 $x_1=3, y_1=3, x_2=3, y_2=3$인 경우가 3번 겹치므로 두 점 이상이 일치할 때, 순서쌍 (x_1, y_1, x_2, y_2)의 개수는

$5+5+5-2=13$

(ii) 세 점이 한 직선 위에 있는 경우

직선의 기울기를 m이라 하면 $\dfrac{y_1-3}{x_1-3}=\dfrac{y_2-3}{x_2-3}=m$이므로

$y_1-3=m(x_1-3), y_2-3=m(x_2-3)$

두 식을 변끼리 더하면

$y_1+y_2-6=m(x_1+x_2-6)$ ...... ㉠

이때 $x_1+y_1+x_2+y_2=12$에서 $y_1+y_2=12-x_1-x_2$이므로 이를 ㉠에 대입하면

$12-x_1-x_2-6=m(x_1+x_2-6)$

$m(x_1+x_2-6)+(x_1+x_2-6)=0$

$\therefore (m+1)(x_1+x_2-6)=0$

ⓘ $m=-1$일 때,

$\dfrac{y_1-3}{x_1-3}=-1$에서 $y_1-3=3-x_1$

$\therefore x_1+y_1=6$

이를 만족시키는 자연수 x_1, y_1의 순서쌍 (x_1, y_1)은

$(1, 5)$, $(2, 4)$, $(4, 2)$, $(5, 1)$의 4개 —— (3, 3)은 ⓘ의 경우이므로 제외한다.

또 $\dfrac{y_2-3}{x_2-3}=-1$에서 $y_2-3=3-x_2$

$\therefore x_2+y_2=6$

이를 만족시키는 자연수 x_2, y_2의 순서쌍 (x_2, y_2)는

$(1, 5)$, $(2, 4)$, $(4, 2)$, $(5, 1)$의 4개 —— (3, 3)은 ⓘ의 경우이므로 제외한다.

따라서 순서쌍 (x_1, y_1, x_2, y_2)의 개수는

$4\times 4=16$

이때 두 점 (x_1, y_1), (x_2, y_2)가 일치하는 경우는 제외해야 하므로

$16-4=12$

ⓘ $m\neq -1$일 때,

$x_1+x_2=6$이므로 $x_1+y_1+x_2+y_2=12$에서

$y_1+y_2=6$

$x_1+x_2=6$을 만족시키는 자연수 x_1, x_2의 순서쌍 (x_1, x_2)는

$(1, 5)$, $(2, 4)$, $(3, 3)$, $(4, 2)$, $(5, 1)$의 5개

$y_1+y_2=6$을 만족시키는 자연수 y_1, y_2의 순서쌍 (y_1, y_2)는

$(1, 5)$, $(2, 4)$, $(3, 3)$, $(4, 2)$, $(5, 1)$의 5개

따라서 순서쌍 (x_1, y_1, x_2, y_2)의 개수는

$5\times 5=25$

이때 두 점 (x_1, y_1), (x_2, y_2)가 (a, b), (b, a)인 경우, 즉 순서쌍 (x_1, x_2), (y_1, y_2)가 (a, b), (b, a)인 경우에는 두 점을 이은 직선의 기울기가 -1이므로 제외해야 한다.

또 두 점 (x_1, y_1), (x_2, y_2)가 $(3, 3)$, $(3, 3)$인 경우도 ⓘ과 겹치므로 제외해야 한다.

따라서 순서쌍 (x_1, y_1, x_2, y_2)의 개수는

$25-5=20$

ⓘ, ⓘ에서 세 점이 한 직선 위에 있을 때, 순서쌍 (x_1, y_1, x_2, y_2)의 개수는

$12+20=32$

ⓘ, ⓘ에서 삼각형이 만들어지지 않는 순서쌍 (x_1, y_1, x_2, y_2)의 개수는 $13+32=45$

3단계 삼각형의 개수 구하기

따라서 세 점 $A(3, 3)$, $B(x_1, y_1)$, $C(x_2, y_2)$를 꼭짓점으로 하는 삼각형 ABC의 개수는 $165-45=120$

이때 B와 C가 바뀌어도 같은 삼각형이므로 구하는 삼각형의 개수는

$\dfrac{120}{2}=60$

---

11 답 852

1단계 $f(4)$의 값에 따라 함수의 개수 구하기

⑷에 의하여 함수 f는 일대일함수이다.

함수 f의 치역의 원소를 a, b, c, d $(a<b<c<d)$라 하자.

이때 a보다 작은 수의 개수를 x_1, a보다 크고 b보다 작은 수의 개수를 x_2, b보다 크고 c보다 작은 수의 개수를 x_3, c보다 크고 d보다 작은 수의 개수를 x_4, d보다 큰 수의 개수를 x_5라 하면 ⑷에서 $x_2\geq 2$, $x_3\geq 2$, $x_4\geq 2$이고 ㈎, ⑷에 의하여 a, b는 $f(4)$의 값이 될 수 없다.

ⓘ $f(4)=c$일 때,

⑷를 만족시키는 d가 존재하려면 $f(4)=12$이고 $d=15$

이때 $x_1\geq 0$, $x_2\geq 2$, $x_3\geq 2$이고 $x_1+x_2+x_3=9$이므로 ⎯→ $f(4)=12$이므로 $x_1+1+x_2+1+x_3=11$ $\therefore x_1+x_2+x_3=9$

$x_2'=x_2-2$, $x_3'=x_3-2$라 하면

$x_1+(x_2'+2)+(x_3'+2)=9$

$\therefore x_1+x_2'+x_3'=5$ (단, x_1, x_2', x_3'는 음이 아닌 정수)

따라서 순서쌍 (x_1, x_2, x_3)의 개수는 이 방정식을 만족시키는 음이 아닌 정수 x_1, x_2', x_3'의 순서쌍 (x_1, x_2', x_3')의 개수와 같으므로

$_3H_5={}_7C_5={}_7C_2=21$

이때 a, b, d에 $f(1)$, $f(2)$, $f(3)$의 값을 대응시키는 경우의 수는

$3!=6$

따라서 함수의 개수는

$21\times 6=126$

ⓘ $f(4)=d$일 때,

$x_1\geq 0$, $x_2\geq 2$, $x_3\geq 2$, $x_4\geq 2$, $0\leq x_5\leq 3$이고

$x_1+x_2+x_3+x_4+x_5=11$이므로

$x_2'=x_2-2$, $x_3'=x_3-2$, $x_4'=x_4-2$라 하면

$x_1+(x_2'+2)+(x_3'+2)+(x_4'+2)+x_5=11$

$\therefore x_1+x_2'+x_3'+x_4'+x_5=5$

(단, x_1, x_2', x_3', x_4'은 음이 아닌 정수, $0\leq x_5\leq 3$) …… ㉠

ⓘ $x_5=0$일 때,

㉠에서 $x_1+x_2'+x_3'+x_4'=5$

따라서 순서쌍 $(x_1, x_2, x_3, x_4, x_5)$의 개수는 이 방정식을 만족시키는 음이 아닌 정수 x_1, x_2', x_3', x_4'의 순서쌍 (x_1, x_2', x_3', x_4')의 개수와 같으므로

$_4H_5={}_8C_5={}_8C_3=56$

ⓘ $x_5=1$일 때,

㉠에서 $x_1+x_2'+x_3'+x_4'=4$

따라서 순서쌍 $(x_1, x_2, x_3, x_4, x_5)$의 개수는 이 방정식을 만족시키는 음이 아닌 정수 x_1, x_2', x_3', x_4'의 순서쌍 (x_1, x_2', x_3', x_4')의 개수와 같으므로

$_4H_4={}_7C_4={}_7C_3=35$

ⓘ $x_5=2$일 때,

㉠에서 $x_1+x_2'+x_3'+x_4'=3$

따라서 순서쌍 $(x_1, x_2, x_3, x_4, x_5)$의 개수는 이 방정식을 만족시키는 음이 아닌 정수 x_1, x_2', x_3', x_4'의 순서쌍 (x_1, x_2', x_3', x_4')의 개수와 같으므로

$_4H_3={}_6C_3=20$

ⓘ $x_5=3$일 때,

㉠에서 $x_1+x_2'+x_3'+x_4'=2$

따라서 순서쌍 $(x_1, x_2, x_3, x_4, x_5)$의 개수는 이 방정식을 만족시키는 음이 아닌 정수 x_1, x_2', x_3', x_4'의 순서쌍 (x_1, x_2', x_3', x_4')의 개수와 같으므로

$_4H_2={}_5C_2=10$

ⓘ~ⓘ에서 순서쌍 $(x_1, x_2, x_3, x_4, x_5)$의 개수는

$56+35+20+10=121$

이때 a, b, c에 $f(1)$, $f(2)$, $f(3)$의 값을 대응시키는 경우의 수는

$3!=6$

따라서 함수의 개수는

$121\times 6=726$

2단계 함수의 개수 구하기

ⓘ, ⓘ에서 구하는 함수의 개수는

$126+726=852$

01 11592　　　**02** 12　　**03** 2197　**04** ②　**05** 80

06 36　　**07** ③　　**08** 3996

01 답 11592

(i) 5개의 원판에 같은 문자가 2개씩 있는 경우

　5개의 문자 중에서 같은 문자를 택할 2개를 택하는 경우의 수는

　$_5C_2=10$

　남은 3개의 문자 중에서 1개를 택하는 경우의 수는 $_3C_1=3$

　이때 1개의 원판의 색을 정하는 경우의 수는 2

　5개의 원판에서 같은 문자가 적혀 있는 원판은 순서가 정해져 있으

　므로 같은 원판으로 생각하여 5개의 원판을 쌓는 경우의 수는

　$\dfrac{5!}{2!\times 2!}=30$

　따라서 그 경우의 수는

　$10\times 3\times 2\times 30=1800$

(ii) 5개의 원판에 같은 문자가 2개 있는 경우

　5개의 문자 중에서 같은 문자를 택할 1개를 택하는 경우의 수는

　$_5C_1=5$

　남은 4개의 문자 중에서 3개를 택하는 경우의 수는 $_4C_3=_4C_1=4$

　이때 3개의 원판의 색을 정하는 경우의 수는 $_2\Pi_3=2^3=8$

　5개의 원판에서 같은 문자가 적혀 있는 원판은 순서가 정해져 있으

　므로 같은 원판으로 생각하여 5개의 원판을 쌓는 경우의 수는

　$\dfrac{5!}{2!}=60$

　따라서 그 경우의 수는

　$5\times 4\times 8\times 60=9600$

(iii) 5개의 원판에 같은 문자가 없는 경우

　5개의 원판의 색을 정하는 경우의 수는 $_2\Pi_5=2^5=32$

　A가 적혀 있는 원판은 맨 위, E가 적혀 있는 원판은 맨 아래에 놓이

　도록 5개의 원판을 쌓는 경우의 수는 $3!=6$

　따라서 그 경우의 수는

　$32\times 6=192$

(i), (ii), (iii)에서 구하는 경우의 수는

$1800+9600+192=11592$

02 답 12

회전하여 일치하는 것은 같은 것으로 보므로 빨간
색을 칠할 영역은 그림과 같이 A, B, C 중에서 선
택할 수 있다.

(i) 영역 A에 빨간색을 칠하는 경우

　파란색을 칠할 수 있는 영역은 그림에서 a, b를
제외한 6개의 영역이므로 파란색을 칠하는 경
우의 수는 6

　파란색을 칠하고 남은 7개의 영역에는 빨간색,
파란색을 제외한 7가지의 색을 칠하면 되므로
경우의 수는 7!

　따라서 영역 A에 빨간색을 칠하는 경우의 수는 $6\times 7!$

(ii) 영역 B에 빨간색을 칠하는 경우

　파란색을 칠할 수 있는 영역은 그림에서 a, b,
c를 제외한 5개의 영역이므로 파란색을 칠하는
경우의 수는 5

　파란색을 칠하고 남은 7개의 영역에는 빨간색,
파란색을 제외한 7가지의 색을 칠하면 되므로
경우의 수는 7!

　따라서 영역 B에 빨간색을 칠하는 경우의 수는 $5\times 7!$

(iii) 영역 C에 빨간색을 칠하는 경우

　파란색을 칠할 수 있는 영역은 그림에서 a, b,
c, d의 4개이고, 회전하여 일치하는 것은 같은
것으로 보므로 파란색을 칠하는 경우의 수는 1

　이때 파란색을 칠하고 남은 7개의 영역에는 빨
간색, 파란색을 제외한 7가지의 색을 칠하면
되므로 경우의 수는 7!

　따라서 영역 C에 빨간색을 칠하는 경우의 수는 $1\times 7!$

(i), (ii), (iii)에서 색칠판을 칠하는 경우의 수는

$6\times 7!+5\times 7!+1\times 7!=(6+5+1)\times 7!=12\times 7!$

$\therefore k=12$

03 답 2197

(나)에서 1, 5는 서로 이웃할 수 없다.

(i) 1이 나오지 않는 경우

　2, 3, 4, 5의 4개의 숫자 중에서 중복을 허락하여 5개를 택하여 일렬
로 나열하면 되므로 경우의 수는

　$_4\Pi_5=4^5=1024$

(ii) 1이 한 번 나오는 경우

　① 1□□□□, □□□□1 꼴인 경우

　　1의 옆에 올 수 있는 숫자는 2, 3, 4의 3개이고, 나머지 자리에
는 2, 3, 4, 5의 4개의 숫자 중에서 중복을 허락하여 3개를 택하
여 일렬로 나열하면 되므로 경우의 수는

　　$2\times 3\times _4\Pi_3=6\times 4^3=384$

　② □1□□□, □□1□□, □□□1□ 꼴인 경우

　　1의 양옆에는 2, 3, 4의 3개의 숫자 중에서 중복을 허락하여 2개
를 택하여 일렬로 나열하고, 나머지 자리에는 2, 3, 4, 5의 4개
의 숫자 중에서 중복을 허락하여 2개를 택하여 일렬로 나열하면
되므로 경우의 수는

　　$3\times _3\Pi_2\times _4\Pi_2=3\times 3^2\times 4^2=432$

　①, ②에서 1이 한 번 나오는 경우의 수는

　$384+432=816$

(iii) 1이 두 번 나오는 경우

　① 1□□1, □1□1, □1□□1 꼴인 경우

　　1의 옆에는 2, 3, 4의 3개의 숫자 중에서 중복을 허락하여 3개를
택하여 일렬로 나열하면 되므로 경우의 수는

　　$3\times _3\Pi_3=3\times 3^3=81$

　② 1□1□□, □1□1□, 1□□□1, □11□□, □□11□ 꼴인
경우

　　1의 옆에는 2, 3, 4의 3개의 숫자 중에서 중복을 허락하여 2개를
택하여 일렬로 나열하고, 나머지 자리에 올 수 있는 숫자는 2, 3,
4, 5의 4개이므로 경우의 수는

　　$5\times _3\Pi_2\times 4=5\times 3^2\times 4=180$

    ⅲ) 11□□□, □□□11 꼴인 경우

      1의 옆에 올 수 있는 숫자는 2, 3, 4의 3개이고, 나머지 자리에
는 2, 3, 4, 5의 4개의 숫자 중에서 중복을 허락하여 2개를 택하
여 일렬로 나열하면 되므로 경우의 수는

$$2 \times 3 \times {}_4\Pi_2 = 2 \times 3 \times 4^2 = 96$$

    ⅰ), ⅱ), ⅲ에서 1이 두 번 나오는 경우의 수는

$$81 + 180 + 96 = 357$$

(ⅰ), (ⅱ), (ⅲ)에서 구하는 경우의 수는

$$1024 + 816 + 357 = 2197$$

04 답 ②

$f(1) + f(2) + f(3) - f(4) = 2m + 1$에서 m이 정수이므로 $2m+1$은 2로 나누었을 때의 나머지가 1이다.

즉, $f(1) + f(2) + f(3)$의 값과 $f(4)$의 값을 각각 2로 나누었을 때의 나머지가 각각 1, 0이거나 0, 1이어야 한다.

이때 집합 Y의 원소들을 2로 나누었을 때의 나머지가 같은 수들을 원소로 하는 집합 Y의 부분집합은 $\{2, 4\}$, $\{1, 3, 5\}$이다.

(ⅰ) $f(4) = 2$ 또는 $f(4) = 4$인 경우

    집합 Y의 원소 중에서 중복을 허락하여 택한 세 수의 합을 2로 나누었을 때의 나머지가 1이 되는 경우는

    $(1, 1, 1)$, $(3, 3, 3)$, $(5, 5, 5)$, $(1, 1, 3)$, $(1, 1, 5)$, $(1, 2, 2)$,
    $(1, 3, 3)$, $(1, 4, 4)$, $(1, 5, 5)$, $(2, 2, 3)$, $(2, 2, 5)$, $(3, 3, 5)$,
    $(3, 4, 4)$, $(3, 5, 5)$, $(4, 4, 5)$, $(1, 2, 4)$, $(1, 3, 5)$, $(2, 3, 4)$,
    $(2, 4, 5)$

    이고, 이 수를 각각 $f(1)$, $f(2)$, $f(3)$에 대응시키는 경우의 수는

$$3 \times \frac{3!}{3!} + 12 \times \frac{3!}{2!} + 4 \times 3! = 3 + 36 + 24 = 63$$

    따라서 함수 f의 개수는

$$2 \times 63 = 126$$

(ⅱ) $f(4) = 1$ 또는 $f(4) = 3$ 또는 $f(4) = 5$인 경우

    집합 Y의 원소 중에서 중복을 허락하여 택한 세 수의 합을 2로 나누었을 때의 나머지가 0이 되는 경우는

    $(2, 2, 2)$, $(4, 4, 4)$, $(1, 1, 2)$, $(1, 1, 4)$, $(2, 2, 4)$, $(2, 3, 3)$,
    $(2, 4, 4)$, $(2, 5, 5)$, $(3, 3, 4)$, $(4, 5, 5)$, $(1, 2, 3)$, $(1, 2, 5)$,
    $(1, 3, 4)$, $(1, 4, 5)$, $(2, 3, 5)$, $(3, 4, 5)$

    이고, 이 수를 각각 $f(1)$, $f(2)$, $f(3)$에 대응시키는 경우의 수는

$$2 \times \frac{3!}{3!} + 8 \times \frac{3!}{2!} + 6 \times 3! = 2 + 24 + 36 = 62$$

    따라서 함수 f의 개수는

$$3 \times 62 = 186$$

(ⅰ), (ⅱ)에서 구하는 함수 f의 개수는

$$126 + 186 = 312$$

05 답 80

그림과 같이 7개의 지점 C_1, C_2, C_3, C_4, C_5, C_6, C_7을 잡고 4개의 정사각형을 R_3, R_4, R_5, R_6이라 하자.

이때 ㈎를 만족시키려면

$A \to C_6 \to C_2 \to B \to C_2 \to C_6 \to A$로 이동해야 하고 ㈏를 만족시키려면 정사각형 R_3, R_4, R_5, R_6 중 네 변을 모두 지나는 정사각형은 없어야 한다.

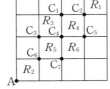

(ⅰ) $A \to C_6$, $C_2 \to B$, $B \to C_2$, $C_6 \to A$로 이동하는 경우

    정사각형 R_1, R_2의 모든 변을 다 지나야 하므로 경우의 수는

    (A 지점에서 C_6 지점으로 이동하는 경우의 수)

    $\times$(C_2 지점에서 B 지점으로 이동하는 경우의 수)

    $\times$(B 지점에서 C_2 지점으로 이동하는 경우의 수)

    $\times$(C_6 지점에서 A 지점으로 이동하는 경우의 수)

$$= 2 \times 2 \times 1 \times 1$$
$$= 4$$

(ⅱ) $C_6 \to C_2$, $C_2 \to C_6$으로 이동하는 경우

    (C_6 지점에서 C_2 지점으로 이동하는 경우의 수)

    $\times$(C_2 지점에서 C_6 지점으로 이동하는 경우의 수)

$$= \frac{4!}{2! \times 2!} \times \frac{4!}{2! \times 2!}$$
$$= 6 \times 6$$
$$= 36$$

    ⅰ) 정사각형 R_3의 네 변을 모두 지나는 경우

      $C_6 \to C_3 \to C_1 \to C_2$, $C_2 \to C_1 \to C_3 \to C_6$으로 이동하는 경우의 수이므로

$$(1 \times 2 \times 1) \times (1 \times 1 \times 1) = 2$$

    ⅱ) 정사각형 R_4의 네 변을 모두 지나는 경우

      $C_6 \to C_4 \to C_2$, $C_2 \to C_4 \to C_6$으로 이동하는 경우의 수이므로

$$(2 \times 2) \times (1 \times 2) = 8$$

    ⅲ) 정사각형 R_5의 네 변을 모두 지나는 경우

      $C_6 \to C_4 \to C_2$, $C_2 \to C_4 \to C_6$으로 이동하는 경우의 수이므로

$$(2 \times 2) \times (2 \times 1) = 8$$

    ⅳ) 정사각형 R_6의 네 변을 모두 지나는 경우

      $C_6 \to C_7 \to C_5 \to C_2$, $C_2 \to C_5 \to C_7 \to C_6$으로 이동하는 경우의 수이므로

$$(1 \times 2 \times 1) \times (1 \times 1 \times 1) = 2$$

    ⅴ) 정사각형 R_4, R_5의 네 변을 모두 지나는 경우

      $C_6 \to C_4 \to C_2$, $C_2 \to C_4 \to C_6$으로 이동하는 경우의 수이므로

$$(2 \times 2) \times (1 \times 1) = 4$$

    ⅰ)~ⅴ)에서 $C_6 \to C_2$, $C_2 \to C_6$으로 이동할 때, 한 변의 길이가 1인 정사각형 중 네 변을 모두 지나는 정사각형이 없는 경우의 수는

$$36 - \{(2 + 8 + 8 + 2) - 4\} = 20$$

(ⅰ), (ⅱ)에서 구하는 경우의 수는

$$4 \times 20 = 80$$

06 답 36

(ⅰ) 학생 A가 검은 공 4개, 빨간 공 2개를 받는 경우

    흰 공 5개와 빨간 공 2개가 남으므로 ㈎를 만족시키지 않는다.

(ⅱ) 학생 A가 검은 공 3개, 빨간 공 1개를 받는 경우

    ⅰ) 나머지 3명의 학생 중에서 1명의 학생이 검은 공 1개와 빨간 공 1개를 받는 경우

      검은 공 1개와 빨간 공 1개를 받는 학생을 택하는 경우의 수는

      $_3C_1 = 3$

      검은 공과 빨간 공을 받는 학생이 B일 때 남은 흰 공 5개와 빨간 공 2개는 학생 B를 제외한 2명의 학생 C, D에게 나누어 준다.

      2명의 학생 C, D에게 각각 흰 공 1개와 빨간 공 1개를 나누어 주고 남은 흰 공 3개를 나누어 주는 경우의 수는

      $_2H_3 = {}_4C_3 = {}_4C_1 = 4$

이때 C, D 중 1명에게 흰 공 3개를 모두 주면 그 학생이 받은 공의 개수가 학생 A가 받은 공의 개수보다 많으므로 (다)를 만족시키지 않는다.

따라서 마지막에 C, D 중 1명에게 흰 공 3개를 모두 주는 경우는 제외해야 하므로 그 경우의 수는
$$3 \times (4-2) = 6$$

ⅱ) 나머지 3명의 학생 중에서 1명의 학생이 검은 공 1개와 흰 공을 받는 경우

검은 공 1개와 흰 공 1개를 받는 학생을 택하는 경우의 수는
$$_3C_1 = 3$$

검은 공과 흰 공을 받는 학생이 B일 때 남은 흰 공 4개와 빨간 공 3개는 학생 B를 제외한 2명의 학생 C, D에게 나누어 준다.

2명의 학생 C, D에게 각각 흰 공 1개와 빨간 공 1개를 나누어 주고 남은 흰 공 2개, 빨간 공 1개에 대하여 빨간 공 1개는 학생 B를 제외한 2명의 학생 C, D 중에서 1명을 택하여 주고, 흰 공 2개는 3명의 학생 B, C, D에게 나누어 주는 경우의 수는
$$_2C_1 \times {}_3H_2 = 2 \times {}_4C_2 = 2 \times 6 = 12$$

이때 마지막에 남은 빨간 공 1개를 받는 학생에게 흰 공 2개를 모두 주면 그 학생이 받은 공의 개수가 학생 A가 받은 공의 개수보다 많으므로 (다)를 만족시키지 않는다.

따라서 마지막에 C, D 중 남은 빨간 공 1개를 받은 학생에게 흰 공 2개를 모두 주는 경우는 제외해야 하므로 그 경우의 수는
$$3 \times (12-2) = 30$$

ⅰ), ⅱ)에서 학생 A가 검은 공 3개, 빨간 공 1개를 받는 경우의 수는
$$6 + 30 = 36$$

ⅰ), ⅱ)에서 구하는 경우의 수는 36

07 답 ③

(나)에서 음이 아닌 정수 y_1, y_2, y_3, y_4에 대하여
$$x_1 = 5n+1 = 5y_1+6$$
$$x_2 = 5n+2 = 5y_2+7$$
$$x_3 = 5n+3 = 5y_3+8$$
$$x_4 = 5n+4 = 5y_4+9$$
로 놓으면 (가)의 $x_1+x_2+x_3+x_4 = 90$에서
$$5(y_1+y_2+y_3+y_4) + 30 = 90$$
$$\therefore y_1+y_2+y_3+y_4 = 12$$

따라서 순서쌍 (x_1, x_2, x_3, x_4)의 개수는 이 방정식을 만족시키는 음이 아닌 정수 y_1, y_2, y_3, y_4의 순서쌍 (y_1, y_2, y_3, y_4)의 개수와 같으므로
$$_4H_{12} = {}_{15}C_{12} = {}_{15}C_3 = 455$$

이때 x_1, x_2, x_3, x_4는 50 이하의 자연수이므로 y_1, y_2, y_3, y_4는 0 이상 8 이하인 정수이다.

따라서 $y_k \geq 9$ ($k=1, 2, 3, 4$)인 경우를 제외해야 한다.

y_1, y_2, y_3, y_4의 값에 9 이상인 정수가 포함되는 경우는
9, 3, 0, 0 또는 10, 2, 0, 0 또는 10, 1, 1, 0 또는 11, 1, 0, 0 또는 9, 1, 1, 1 또는 12, 0, 0, 0 또는 9, 2, 1, 0

이므로 순서쌍 (y_1, y_2, y_3, y_4)의 개수는
$$4 \times \frac{4!}{2!} + 2 \times \frac{4!}{3!} + 1 \times 4! = 48 + 8 + 24 = 80$$

따라서 구하는 순서쌍 (x_1, x_2, x_3, x_4)의 개수는
$$455 - 80 = 375$$

08 답 3996

(가), (다)에서 6명의 학생 A, B, C, D, E, F 중 5명은 홀수 개의 연필을 받고 나머지 1명은 짝수 개의 연필을 받거나 3명은 홀수 개의 연필을 받고 나머지 3명은 짝수 개의 연필을 받는다.

ⅰ) 6명의 학생 중 5명은 홀수 개의 연필을 받고 나머지 1명은 짝수 개의 연필을 받는 경우

6명의 학생 중 짝수 개의 연필을 받는 1명의 학생을 택하는 경우의 수는
$$_6C_1 = 6$$

이때 학생 A는 짝수 개의 연필을 받고 학생 B, C, D, E, F는 홀수 개의 연필을 받는다고 하자.

6명의 학생 A, B, C, D, E, F가 받는 연필의 개수를 각각
$$2a+2, 2b+1, 2c+1, 2d+1, 2e+1, 2f+1$$
$$(a, b, c, d, e, f는 음이 아닌 정수)$$
이라 하면
$$(2a+2) + (2b+1) + (2c+1) + (2d+1) + (2e+1) + (2f+1)$$
$$= 17$$
이므로
$$a+b+c+d+e+f = 5 \quad \cdots\cdots \ \bigcirc$$

즉, 학생 A는 짝수 개의 연필을 받고 학생 B, C, D, E, F는 홀수 개의 연필을 받는 경우의 수는 ⊙을 만족시키는 음이 아닌 정수 a, b, c, d, e, f의 순서쌍 (a, b, c, d, e, f)의 개수와 같으므로
$$_6H_5 = {}_{10}C_5 = 252$$

이때 (나)에서 $a \neq 5$, $b \neq 5$, $c \neq 5$, $d \neq 5$, $e \neq 5$, $f \neq 5$이므로 모든 경우에서 순서쌍 (a, b, c, d, e, f)가 1개의 5와 5개의 0으로 이루어진 경우를 제외해야 한다.

따라서 그 경우의 수는
$$6 \times (252 - 6) = 1476$$

ⅱ) 6명의 학생 중 3명은 홀수 개의 연필을 받고 나머지 3명은 짝수 개의 연필을 받는 경우

6명의 학생 중 짝수 개의 연필을 받는 3명의 학생을 택하는 경우의 수는
$$_6C_3 = 20$$

이때 학생 A, B, C는 짝수 개의 연필을 받고 학생 D, E, F는 홀수 개의 연필을 받는다고 하자.

6명의 학생 A, B, C, D, E, F가 받는 연필의 개수를 각각
$$2a+2, 2b+2, 2c+2, 2d+1, 2e+1, 2f+1$$
$$(a, b, c, d, e, f는 음이 아닌 정수)$$
이라 하면
$$(2a+2) + (2b+2) + (2c+2) + (2d+1) + (2e+1) + (2f+1)$$
$$= 17$$
이므로
$$a+b+c+d+e+f = 4 \quad \cdots\cdots \ \bigcirc$$

즉, 학생 A, B, C는 짝수 개의 연필을 받고 학생 D, E, F는 홀수 개의 연필을 받는 경우의 수는 ⓛ을 만족시키는 음이 아닌 정수 a, b, c, d, e, f의 순서쌍 (a, b, c, d, e, f)의 개수와 같으므로
$$_6H_4 = {}_9C_4 = 126$$

따라서 그 경우의 수는
$$20 \times 126 = 2520$$

ⅰ), ⅱ)에서 구하는 경우의 수는
$$1476 + 2520 = 3996$$

03 확률의 뜻과 활용

step ① 핵심 문제
| 40~41쪽

01 233	02 6개	03 ⑤	04 ②	05 $\dfrac{1}{5}$	06 $\dfrac{2}{35}$
07 ⑤	08 ②	09 $\dfrac{2}{9}$	10 ⑤	11 ④	12 $\dfrac{71}{84}$

01 답 233

한 개의 주사위를 3번 던질 때, 나오는 모든 경우의 수는

$6 \times 6 \times 6 = 216$

주사위를 던져서 첫 번째, 두 번째, 세 번째에 나오는 눈의 수를 각각 x, y, z라 하면 나오는 눈의 수의 총합이 세 번째 시행에서 처음으로 4 이상이 되는 경우는

$x+y<4$, $x+y+z \geq 4$

(i) $x=1$, $y=1$, $z \geq 2$일 때,

　z는 2, 3, 4, 5, 6이므로 그 경우의 수는 5

(ii) $x=1$, $y=2$, $z \geq 1$일 때,

　z는 1, 2, 3, 4, 5, 6이므로 그 경우의 수는 6

(iii) $x=2$, $y=1$, $z \geq 1$일 때,

　z는 1, 2, 3, 4, 5, 6이므로 그 경우의 수는 6

(i), (ii), (iii)에서 세 번째 시행에서 처음으로 4 이상이 되는 경우의 수는

$5+6+6=17$

따라서 구하는 확률은 $\dfrac{17}{216}$이므로

$p=216$, $q=17$　∴ $p+q=233$

02 답 6개

상자에 들어 있는 검은 바둑돌의 개수를 n이라 하면 10개의 바둑돌 중에서 3개를 꺼낼 때, 모두 검은 바둑돌이 나올 확률은

$\dfrac{{}_n\mathrm{C}_3}{{}_{10}\mathrm{C}_3} = \dfrac{n(n-1)(n-2)}{720}$

이 시행에서 6번에 1번꼴로 3개가 모두 검은 바둑돌이었으므로 통계적 확률은 $\dfrac{1}{6}$

즉, $\dfrac{n(n-1)(n-2)}{720} = \dfrac{1}{6}$이므로

$n(n-1)(n-2) = 120 = 6 \times 5 \times 4$　∴ $n=6$ ($\because n$은 자연수)

따라서 상자에 검은 바둑돌은 6개가 들어 있다고 볼 수 있다.

03 답 ⑤

이차방정식 $x^2 + 2ax + 3a = 0$의 판별식을 D라 하면

$\dfrac{D}{4} = a^2 - 3a \geq 0$

$a(a-3) \geq 0$

∴ $a \leq 0$ 또는 $a \geq 3$　　……　㉠

이때 $-1 \leq a \leq 5$와 ㉠을 수직선 위에 나타

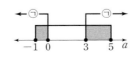

내면 a의 값의 공통 범위는

$-1 \leq a \leq 0$ 또는 $3 \leq a \leq 5$　　……　㉡

따라서 구하는 확률은

$\dfrac{(\text{㉡의 구간의 길이})}{(\text{전체 구간의 길이})} = \dfrac{\{0-(-1)\}+(5-3)}{5-(-1)} = \dfrac{3}{6} = \dfrac{1}{2}$

04 답 ②

모든 경우의 수는 5개의 숫자 중에서 4개를 택하여 일렬로 나열하는 경우의 수이므로 ${}_5\mathrm{P}_4 = 120$

이때 자연수 N이 네 자리의 짝수가 되려면 천의 자리에는 0이 올 수 없고 일의 자리의 숫자는 0 또는 2 또는 4이어야 한다.

(i) 일의 자리의 숫자가 0인 경우

　1, 2, 3, 4 중에서 3개를 택하여 일렬로 나열하면 되므로 그 경우의 수는 ${}_4\mathrm{P}_3 = 24$

(ii) 일의 자리의 숫자가 2인 경우

　천의 자리에 올 수 있는 숫자는 0, 2를 제외한 1, 3, 4의 3가지

　백의 자리와 일의 자리에 올 수 있는 숫자는 천의 자리의 숫자와 2를 제외하고 0을 포함한 3개의 숫자 중에서 2개를 택하여 일렬로 나열하면 되므로 ${}_3\mathrm{P}_2 = 6$

　따라서 그 경우의 수는 $3 \times 6 = 18$

(iii) 일의 자리의 숫자가 4인 경우

　천의 자리에 올 수 있는 숫자는 0, 4를 제외한 1, 2, 3의 3가지

　백의 자리와 일의 자리에 올 수 있는 숫자는 천의 자리의 숫자와 4를 제외하고 0을 포함한 3개의 숫자 중에서 2개를 택하여 일렬로 나열하면 되므로 ${}_3\mathrm{P}_2 = 6$

　따라서 그 경우의 수는 $3 \times 6 = 18$

(i), (ii), (iii)에서 N이 네 자리의 짝수가 되는 경우의 수는

$24+18+18=60$

따라서 구하는 확률은 $\dfrac{60}{120} = \dfrac{1}{2}$

05 답 $\dfrac{1}{5}$

모든 경우의 수는 7개의 공 중에서 3개를 꺼내는 경우의 수이므로

${}_7\mathrm{C}_3 = 35$

1부터 7까지의 자연수의 총합은 28이므로 구하는 경우는 꺼낸 3개의 공에 적혀 있는 수의 합이 14보다 커야 한다.

(i) 꺼낸 3개의 공에 적혀 있는 수의 합이 15인 경우

　$(7, 6, 2)$, $(7, 5, 3)$, $(6, 5, 4)$의 3가지

(ii) 꺼낸 3개의 공에 적혀 있는 수의 합이 16인 경우

　$(7, 6, 3)$, $(7, 5, 4)$의 2가지

(iii) 꺼낸 3개의 공에 적혀 있는 수의 합이 17인 경우

　$(7, 6, 4)$의 1가지

(iv) 꺼낸 3개의 공에 적혀 있는 수의 합이 18인 경우

　$(7, 6, 5)$의 1가지

(i)~(iv)에서 꺼낸 3개의 공에 적혀 있는 수의 합이 14보다 큰 경우의 수는 $3+2+1+1=7$

따라서 구하는 확률은 $\dfrac{7}{35} = \dfrac{1}{5}$

06 답 $\dfrac{2}{35}$

모든 경우의 수는 10장의 카드 중에서 4장을 뽑는 경우의 수이므로

${}_{10}\mathrm{C}_4 = 210$ ·· 배점 20%

(i) $b-a=c-b=d-c=1$인 경우

　a, b, c, d의 순서쌍 (a, b, c, d)는 $(1, 2, 3, 4)$, $(2, 3, 4, 5)$, …, $(7, 8, 9, 10)$의 7가지 ···· 배점 20%

(ii) $b-a=c-b=d-c=2$인 경우

　a, b, c, d의 순서쌍 (a, b, c, d)는 $(1, 3, 5, 7)$, $(2, 4, 6, 8)$, $(3, 5, 7, 9)$, $(4, 6, 8, 10)$의 4가지 ···· 배점 20%

(iii) $b-a=c-b=d-c=3$인 경우

a, b, c, d의 순서쌍 (a, b, c, d)는 $(1, 4, 7, 10)$의 1가지

———————————————————————————————— 배점 20%

(i), (ii), (iii)에서 $b-a=c-b=d-c$인 경우의 수는

$7+4+1=12$ ————————————————————————— 배점 10%

따라서 구하는 확률은 $\dfrac{12}{210}=\dfrac{2}{35}$ ————————— 배점 10%

07 답 ⑤

ㄱ. $P(A \cap B)=\dfrac{1}{2}$이므로

$P(A) \geq \dfrac{1}{2}$, $P(B) \geq \dfrac{1}{2}$ $\quad \therefore P(A)P(B) \geq \dfrac{1}{4}$

ㄴ. $P(A)P(B) \geq \dfrac{1}{4}$이므로

$P(A)+P(B) \geq 2\sqrt{P(A)P(B)} \geq 2\sqrt{\dfrac{1}{4}}=1$

ㄷ. $P(A)+P(B)=1$이므로

$P(B)=1-P(A)$

$\therefore P(A)P(B)=P(A)\{1-P(A)\}$

$\qquad\qquad\quad = -\{P(A)\}^2+P(A)$

$\qquad\qquad\quad = -\left\{P(A)-\dfrac{1}{2}\right\}^2+\dfrac{1}{4} \leq \dfrac{1}{4}$

따라서 보기에서 옳은 것은 ㄱ, ㄴ, ㄷ이다.

08 답 ②

두 사건 A^C, B가 서로 배반사건이므로

$A^C \cap B=\varnothing$ $\quad \therefore B \subset A$

$P(A)=2P(B)=\dfrac{3}{5}$에서

$P(A)=\dfrac{3}{5}$, $P(B)=\dfrac{3}{5} \times \dfrac{1}{2}=\dfrac{3}{10}$

$\therefore P(A \cap B^C)=P(A)-P(B)=\dfrac{3}{5}-\dfrac{3}{10}=\dfrac{3}{10}$

09 답 $\dfrac{2}{9}$

모든 경우의 수는 6개의 공 중에서 1개를 꺼내고 다시 넣는 시행을 2번 반복하는 경우의 수이므로 $6 \times 6=36$

$f(a)=f(b)$에서 $f(a)-f(b)=0$이므로

$(a^2-4a+3)-(b^2-4b+3)=0$

$(a^2-b^2)-4(a-b)=0$, $(a-b)(a+b-4)=0$

$\therefore a=b$ 또는 $a+b=4$

(i) $a=b$인 경우

a, b의 순서쌍 (a, b)는 $(1, 1)$, $(2, 2)$, $(3, 3)$, $(4, 4)$, $(5, 5)$, $(6, 6)$

의 6가지이므로 그 확률은 $\dfrac{6}{36}$

(ii) $a+b=4$인 경우

a, b의 순서쌍 (a, b)는 $(1, 3)$, $(2, 2)$, $(3, 1)$의 3가지이므로 그

확률은 $\dfrac{3}{36}$

(iii) $a=b$이고 $a+b=4$인 경우

a, b의 순서쌍 (a, b)는 $(2, 2)$의 1가지이므로 그 확률은 $\dfrac{1}{36}$

(i), (ii)에서 구하는 확률은

$\dfrac{6}{36}+\dfrac{3}{36}-\dfrac{1}{36}=\dfrac{8}{36}=\dfrac{2}{9}$

10 답 ⑤

한 개의 주사위를 2번 던질 때, 나오는 모든 경우의 수는 $6 \times 6=36$

두 수 a, b의 최대공약수가 홀수인 사건의 여사건은 두 수 a, b의 최대공약수가 짝수인 사건이다.

두 수 a, b의 최대공약수가 짝수이면 두 수 a, b 모두 짝수이므로 그 경우의 수는 $3 \times 3=9$

따라서 여사건의 확률은 $\dfrac{9}{36}=\dfrac{1}{4}$이므로 구하는 확률은

$1-\dfrac{1}{4}=\dfrac{3}{4}$

11 답 ④

모든 경우의 수는 7명의 학생이 7개의 의자에 앉는 경우의 수이므로 7!

2명 이상의 여학생이 서로 이웃하게 앉는 사건의 여사건은 여학생끼리 어느 2명도 서로 이웃하지 않게 앉는 사건이다.

남학생 4명이 먼저 앉은 후 남학생 사이사이와 양 끝의 5개의 자리에 여학생이 앉으면 되므로 그 경우의 수는

$4! \times {}_5P_3$

따라서 여사건의 확률은 $\dfrac{4! \times {}_5P_3}{7!}=\dfrac{2}{7}$이므로 구하는 확률은

$1-\dfrac{2}{7}=\dfrac{5}{7}$

12 답 $\dfrac{71}{84}$

모든 경우의 수는 9개의 동전 중에서 3개를 꺼내는 경우의 수이므로

${}_9C_3=84$

꺼낸 3개의 동전의 금액의 합이 200원 미만인 사건의 여사건은 꺼낸 3개의 동전의 금액의 합이 200원 이상인 사건이다.

100원짜리 동전 2개와 다른 동전 1개를 꺼내거나 100원짜리 동전 1개와 50원짜리 동전 2개를 꺼내면 되므로 그 경우의 수는

${}_2C_2 \times {}_7C_1+{}_2C_1 \times {}_3C_2=7+2 \times {}_3C_1=7+6=13$

따라서 여사건의 확률은 $\dfrac{13}{84}$이므로 구하는 확률은

$1-\dfrac{13}{84}=\dfrac{71}{84}$

step 2 고난도 문제 | 42~46쪽

01 ④	02 $\dfrac{11}{27}$	03 $\dfrac{\pi}{16}$	04 ③	05 $\dfrac{9}{35}$	06 15
07 ①	08 22	09 $\dfrac{3}{28}$	10 $\dfrac{1}{7}$	11 $\dfrac{23}{108}$	12 $\dfrac{4}{7}$
13 $\dfrac{16}{105}$	14 ①	15 $\dfrac{4}{11}$	16 $\dfrac{19}{84}$	17 ②	18 $\dfrac{3}{5}$
19 ③	20 ④	21 $\dfrac{89}{91}$	22 ②	23 $\dfrac{35}{36}$	24 47
25 $\dfrac{66}{91}$	26 ③	27 ⑤			

01 답 ④

한 개의 주사위를 3번 던질 때, 나오는 모든 경우의 수는

$6 \times 6 \times 6=216$

(i) $a=1$일 때,

$(b-4)^2+(c-6)^2=5$이므로

$b-4=\pm1$, $c-6=\pm2$ 또는 $b-4=\pm2$, $c-6=\pm1$

ⓐ $b-4=\pm1$, $c-6=\pm2$일 때,

$b-4=\pm1$에서 $b=3$ 또는 $b=5$

$c-6=\pm2$에서 $c=4$ ($\because 1\le c\le6$)

따라서 b, c의 값을 정하는 경우의 수는 $2\times1=2$

ⓑ $b-4=\pm2$, $c-6=\pm1$일 때,

$b-4=\pm2$에서 $b=2$ 또는 $b=6$

$c-6=\pm1$에서 $c=5$ ($\because 1\le c\le6$)

따라서 b, c의 값을 정하는 경우의 수는 $2\times1=2$

ⓐ, ⓑ에서 그 경우의 수는

$2+2=4$

(ii) $a=2$일 때,

$(b-4)^2+(c-6)^2=6$이므로 이를 만족시키는 자연수 b, c는 존재

하지 않는다.

(iii) $a=3$일 때,

$(b-4)^2+(c-6)^2=5$이므로 (i)과 같은 방법으로 하면 그 경우의

수는 4

(iv) $a=4$일 때,

$(b-4)^2+(c-6)^2=2$이므로 $b-4=\pm1$, $c-6=\pm1$

$b-4=\pm1$에서 $b=3$ 또는 $b=5$

$c-6=\pm1$에서 $c=5$ ($\because 1\le c\le6$)

따라서 b, c의 값을 정하는 경우의 수는 $2\times1=2$

(v) $a\ge5$일 때,

$(a-2)^2\ge9$이므로 $(a-2)^2+(b-4)^2+(c-6)^2=6$을 만족시키지

않는다.

(i)~(v)에서 $(a-2)^2+(b-4)^2+(c-6)^2=6$인 경우의 수는

$4+4+2=10$

따라서 구하는 확률은 $\dfrac{10}{216}=\dfrac{5}{108}$

02 답 $\dfrac{11}{27}$

서로 다른 3개의 주사위를 동시에 던질 때, 나오는 모든 경우의 수는

$6\times6\times6=216$

(i) $c=1$일 때,

$a+b$의 값에 관계없이 c로 나누어떨어지므로 그 경우의 수는

$6\times6=36$

(ii) $c=2$일 때,

$a+b$는 2의 배수이어야 한다.

ⓐ $a+b=2$가 되는 경우는 $(1, 1)$의 1가지

ⓑ $a+b=4$가 되는 경우는 $(1, 3)$, $(2, 2)$, $(3, 1)$의 3가지

ⓒ $a+b=6$이 되는 경우는 $(1, 5)$, $(2, 4)$, $(3, 3)$, $(4, 2)$, $(5, 1)$

의 5가지

ⓓ $a+b=8$이 되는 경우는 $(2, 6)$, $(3, 5)$, $(4, 4)$, $(5, 3)$, $(6, 2)$

의 5가지

ⓔ $a+b=10$이 되는 경우는 $(4, 6)$, $(5, 5)$, $(6, 4)$의 3가지

ⓕ $a+b=12$가 되는 경우는 $(6, 6)$의 1가지

ⓐ~ⓕ에서 그 경우의 수는

$1+3+5+5+3+1=18$

(iii) $c=3$일 때,

$a+b$는 3의 배수이어야 한다.

ⓐ $a+b=3$이 되는 경우는 $(1, 2)$, $(2, 1)$의 2가지

ⓑ $a+b=6$이 되는 경우는 $(1, 5)$, $(2, 4)$, $(3, 3)$, $(4, 2)$, $(5, 1)$

의 5가지

ⓒ $a+b=9$가 되는 경우는 $(3, 6)$, $(4, 5)$, $(5, 4)$, $(6, 3)$의 4가지

ⓓ $a+b=12$가 되는 경우는 $(6, 6)$의 1가지

ⓐ~ⓓ에서 그 경우의 수는

$2+5+4+1=12$

(iv) $c=4$일 때,

$a+b$는 4의 배수이어야 한다.

ⓐ $a+b=4$가 되는 경우는 $(1, 3)$, $(2, 2)$, $(3, 1)$의 3가지

ⓑ $a+b=8$이 되는 경우는 $(2, 6)$, $(3, 5)$, $(4, 4)$, $(5, 3)$, $(6, 2)$

의 5가지

ⓒ $a+b=12$가 되는 경우는 $(6, 6)$의 1가지

ⓐ, ⓑ, ⓒ에서 그 경우의 수는

$3+5+1=9$

(v) $c=5$일 때,

$a+b$는 5의 배수이어야 한다.

ⓐ $a+b=5$가 되는 경우는 $(1, 4)$, $(2, 3)$, $(3, 2)$, $(4, 1)$의 4가지

ⓑ $a+b=10$이 되는 경우는 $(4, 6)$, $(5, 5)$, $(6, 4)$의 3가지

ⓐ, ⓑ에서 그 경우의 수는

$4+3=7$

(vi) $c=6$일 때,

$a+b$는 6의 배수이어야 한다.

ⓐ $a+b=6$이 되는 경우는 $(1, 5)$, $(2, 4)$, $(3, 3)$, $(4, 2)$, $(5, 1)$

의 5가지

ⓑ $a+b=12$가 되는 경우는 $(6, 6)$의 1가지

ⓐ, ⓑ에서 그 경우의 수는

$5+1=6$

(i)~(vi)에서 $a+b$가 c로 나누어떨어지는 경우의 수는

$36+18+12+9+7+6=88$

따라서 구하는 확률은 $\dfrac{88}{216}=\dfrac{11}{27}$

03 답 $\dfrac{\pi}{16}$

정사각형 ABCD의 넓이는 $2\times2=4$

삼각형 PAB가 둔각삼각형이려면 점 P가 선분

AB를 지름으로 하는 반원의 내부에 있어야 한

다.

또 삼각형 PBC의 넓이가 1 이하가 되려면 삼

각형의 높이가 1 이하이어야 하므로 두 변 AB,

DC의 중점을 각각 E, F라 할 때, 점 P가 사각형 EBCF의 내부에 있

어야 한다.

즉, 점 P는 그림의 색칠한 부분에 있어야 한다.

이때 색칠한 부분의 넓이는

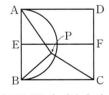

$\pi\times1^2\times\dfrac{1}{4}=\dfrac{\pi}{4}$

따라서 구하는 확률은

$\dfrac{\dfrac{\pi}{4}}{4}=\dfrac{\pi}{16}$

04 답 ③

한 개의 주사위를 4번 던질 때, 나오는 모든 경우의 수는

$6 \times 6 \times 6 \times 6 = 1296$

$a-2$, $b-2$, $c-2$, $d-2$는 모두 -1 이상 4 이하의 정수이므로

$8 = 1 \times 1 \times 2 \times 4$

$= 1 \times 2 \times 2 \times 2$

$= (-1) \times (-1) \times 2 \times 4$

따라서 $(a-2)(b-2)(c-2)(d-2) = 8$을 만족시키는 a, b, c, d의 값은

3, 3, 4, 6 또는 3, 4, 4, 4 또는 1, 1, 4, 6

(i) a, b, c, d의 값이 3, 3, 4, 6일 때,

3, 3, 4, 6을 일렬로 나열하는 경우의 수는

$\dfrac{4!}{2!} = 12$

(ii) a, b, c, d의 값이 3, 4, 4, 4일 때,

3, 4, 4, 4를 일렬로 나열하는 경우의 수는

$\dfrac{4!}{3!} = 4$

(iii) a, b, c, d의 값이 1, 1, 4, 6일 때,

1, 1, 4, 6을 일렬로 나열하는 경우의 수는

$\dfrac{4!}{2!} = 12$

(i), (ii), (iii)에서 $(a-2)(b-2)(c-2)(d-2) = 8$인 경우의 수는

$12 + 4 + 12 = 28$

따라서 구하는 확률은 $\dfrac{28}{1296} = \dfrac{7}{324}$

05 답 $\dfrac{9}{35}$

모든 경우의 수는 0, 0, 0, 0, 1, 1, 1, 1을 일렬로 나열하는 경우의 수이므로

$\dfrac{8!}{4! \times 4!} = 70$

이때 주어진 집합의 원소의 개수가 3이려면 0에서 1 또는 1에서 0으로 3번 바뀌어야 한다.

(i) 0이 먼저 오는 경우

$\underbrace{0 \cdots 0}_{a\text{개}}\underbrace{1 \cdots 1}_{b\text{개}}\underbrace{0 \cdots 0}_{c\text{개}}\underbrace{1 \cdots 1}_{d\text{개}}$

$a + c = 4$ $(a \geq 1$, $c \geq 1)$를 만족시키는 a, c의 순서쌍 (a, c)는

$(1, 3)$, $(2, 2)$, $(3, 1)$의 3개

$b + d = 4$ $(b \geq 1$, $d \geq 1)$를 만족시키는 b, d의 순서쌍 (b, d)는

$(1, 3)$, $(2, 2)$, $(3, 1)$의 3개

따라서 그 경우의 수는

$3 \times 3 = 9$

(ii) 1이 먼저 오는 경우

(i)과 같은 방법으로 하면 그 경우의 수는 9

(i), (ii)에서 주어진 집합의 원소의 개수가 3인 경우의 수는

$9 + 9 = 18$

따라서 구하는 확률은 $\dfrac{18}{70} = \dfrac{9}{35}$

06 답 15

모든 경우의 수는 집합 A에서 A로의 모든 함수 f의 개수와 같으므로

$_4\Pi_4 = 4^4 = 256$

이때 ㈎를 만족시키는 경우는 다음과 같다.

(i) $f(1) = 3$, $f(2) = 3$인 경우

㈏를 만족시키는 함수의 개수는 1, 2, 4 중에서 서로 다른 2개를 택하여 정의역의 원소 3, 4에 대응시키는 경우의 수와 같으므로

$_3P_2 = 6$

(ii) $f(1) = 4$, $f(2) = 4$인 경우

㈏를 만족시키는 함수의 개수는 1, 2, 3 중에서 서로 다른 2개를 택하여 정의역의 원소 3, 4에 대응시키는 경우의 수와 같으므로

$_3P_2 = 6$

(iii) $f(1) = 3$, $f(2) = 4$인 경우

① $f(3)$의 값이 3 또는 4이면 $f(4)$의 값은 1 또는 2가 되어야 하므로 그 경우의 수는 $2 \times 2 = 4$

② $f(4)$의 값이 3 또는 4이면 $f(3)$의 값은 1 또는 2가 되어야 하므로 그 경우의 수는 $2 \times 2 = 4$

③ $f(3)$, $f(4)$의 값이 모두 1이거나 2인 경우의 수는 2

①, ②, ③에서 그 경우의 수는 $4 + 4 + 2 = 10$

(iv) $f(1) = 4$, $f(2) = 3$인 경우

(iii)과 같은 방법으로 하면 그 경우의 수는 10

(i)~(iv)에서 조건을 만족시키는 경우의 수는

$6 + 6 + 10 + 10 = 32$

따라서 $p = \dfrac{32}{256} = \dfrac{1}{8}$이므로 $120p = 120 \times \dfrac{1}{8} = 15$

07 답 ①

모든 경우의 수는 7개의 원소 중에서 3개를 택하여 일렬로 나열하는 경우의 수이므로 $_7P_3 = 210$

(i) $a < b < c$이면서 b가 a의 배수인 경우

① $a = 1$일 때,

$b = 2$이면 123, 124, 125, 126, 127의 5가지

$b = 3$이면 134, 135, 136, 137의 4가지

$b = 4$이면 145, 146, 147의 3가지

$b = 5$이면 156, 157의 2가지

$b = 6$이면 167의 1가지

② $a = 2$일 때,

$b = 4$이면 245, 246, 247의 3가지

$b = 6$이면 267의 1가지

③ $a = 3$일 때,

$b = 6$이면 367의 1가지

①, ②, ③에서 그 경우의 수는

$5 + 4 + 3 + 2 + 1 + 3 + 1 + 1 = 20$

(ii) $a < b < c$이면서 c가 b의 배수인 경우

① $b = 2$일 때,

124, 126의 2가지

② $b = 3$일 때,

136, 236의 2가지

①, ②에서 그 경우의 수는

$2 + 2 = 4$

(iii) $a < b < c$이면서 b가 a의 배수이고 c가 b의 배수인 경우

124, 126, 136의 3가지

(i), (ii), (iii)에서 사건 $A \cap B$가 일어나는 경우의 수는

$20 + 4 - 3 = 21$

따라서 구하는 확률은 $\dfrac{21}{210} = \dfrac{1}{10}$

08 달 22

모든 경우의 수는 1, 1, 2, 2, 3, 3을 일렬로 나열하는 경우의 수이므로

$$\frac{6!}{2! \times 2! \times 2!} = 90$$

이때 $m > n$이려면 $a_1 > a_4$ 또는 $a_1 = a_4$, $a_2 > a_5$이어야 한다.

(i) $a_1 > a_4$인 경우

  ① $a_1 = 3$, $a_4 = 2$이면 1, 1, 2, 3을 일렬로 나열하는 경우의 수는

$$\frac{4!}{2!} = 12$$

  ② $a_1 = 3$, $a_4 = 1$이면 1, 2, 2, 3을 일렬로 나열하는 경우의 수는

$$\frac{4!}{2!} = 12$$

  ③ $a_1 = 2$, $a_4 = 1$이면 1, 2, 3, 3을 일렬로 나열하는 경우의 수는

$$\frac{4!}{2!} = 12$$

  ①, ②, ③에서 그 경우의 수는

  $12 + 12 + 12 = 36$

(ii) $a_1 = a_4$, $a_2 > a_5$인 경우

  ① $a_1 = a_4 = 1$이면 $a_2 = 3$, $a_5 = 2$이므로 2, 3을 일렬로 나열하는 경우의 수는 $2! = 2$

  ② $a_1 = a_4 = 2$이면 $a_2 = 3$, $a_5 = 1$이므로 1, 3을 일렬로 나열하는 경우의 수는 $2! = 2$

  ③ $a_1 = a_4 = 3$이면 $a_2 = 2$, $a_5 = 1$이므로 1, 2를 일렬로 나열하는 경우의 수는 $2! = 2$

  ①, ②, ③에서 그 경우의 수는

  $2 + 2 + 2 = 6$

(i), (ii)에서 $m > n$인 경우의 수는 $36 + 6 = 42$

따라서 구하는 확률은 $\frac{42}{90} = \frac{7}{15}$이므로

$p = 15$, $q = 7$ $\therefore p + q = 22$

09 달 $\frac{3}{28}$

모든 경우의 수는 서로 다른 8개의 숫자 중에서 4개를 택하여 일렬로 나열하는 경우의 수이므로

$_8P_4 = 1680$

(i) 6을 택하는 경우

  ① 6이 첫 번째 자리에 오는 경우

    ⓐ 두 번째와 네 번째 자리에 3의 배수 3, 9를 일렬로 나열하고 세 번째 자리에 2의 배수 2, 4, 8 중에서 1개가 오면 되므로 그 경우의 수는

    $_2P_2 \times _3P_1 = 2 \times 3 = 6$

    ⓑ 두 번째와 네 번째 자리에 2의 배수 2, 4, 8 중에서 2개를 택하여 일렬로 나열하고 세 번째 자리에 3의 배수 3, 9 중에서 1개가 오면 되므로 그 경우의 수는

    $_3P_2 \times _2P_1 = 6 \times 2 = 12$

    ⓐ, ⓑ에서 그 경우의 수는 $6 + 12 = 18$

  ② 6이 두 번째 자리에 오는 경우

    세 번째와 네 번째 자리에 3의 배수 3, 9와 2의 배수 2, 4, 8 중에서 각각 1개씩을 택하여 일렬로 나열하고 첫 번째 자리에는 나머지 5개의 숫자 중에서 1개가 오면 되므로 그 경우의 수는

    $_2P_1 \times _3P_1 \times 2 \times _5P_1 = 2 \times 3 \times 2 \times 5 = 60$

  ③ 6이 세 번째 자리에 오는 경우

    ②와 같은 방법으로 하면 그 경우의 수는 60

  ④ 6이 네 번째 자리에 오는 경우

    ①과 같은 방법으로 하면 그 경우의 수는 18

  ①~④에서 6을 택하는 경우의 수는

  $18 + 60 + 60 + 18 = 156$

(ii) 6을 택하지 않는 경우

  6이 아닌 3의 배수 3, 9와 2의 배수 2, 4, 8이 교대로 오면 되므로 그 경우의 수는

  $_2P_2 \times _3P_2 \times 2 = 2 \times 6 \times 2 = 24$

  → 3의 배수가 먼저 오는 경우와 2의 배수가 먼저 오는 경우의 수이다.

(i), (ii)에서 이웃하는 두 수의 곱이 모두 6의 배수인 경우의 수는

$156 + 24 = 180$

따라서 구하는 확률은 $\frac{180}{1680} = \frac{3}{28}$

10 달 $\frac{1}{7}$

모든 선분의 개수는 6개의 점 중에서 2개를 택하는 경우의 수와 같으므로 $_6C_2 = 15$ 배점 30%

15개의 선분 중에서 2개를 택하는 경우의 수는 $_{15}C_2 = 105$ 배점 20%

원 위의 서로 다른 4개의 점을 택하면 원 내부에서 교점이 생기는 두 선분을 그을 수 있으므로 택한 두 선분의 교점이 원 내부에서 생기는 경우의 수는 $_6C_4 = _6C_2 = 15$ 배점 30%

따라서 구하는 확률은 $\frac{15}{105} = \frac{1}{7}$ 배점 20%

11 달 $\frac{23}{108}$

서로 다른 3개의 주사위를 동시에 던질 때, 나오는 모든 경우의 수는

$6 \times 6 \times 6 = 216$

방정식 $(x-a)^2 + (y-b)^2 = c^2$이 나타내는 도형은 중심이 (a, b)이고 반지름의 길이가 c인 원이다.

이 원과 좌표축의 교점이 2개인 경우는 다음과 같다.

(i) x축과 두 점에서 만나는 경우

  $b < c < a$인 경우는 1부터 6까지의 자연수 중에서 3개를 택하여 그 값이 작은 수부터 차례로 b, c, a에 대응시키면 되므로 그 경우의 수는 $_6C_3 = 20$

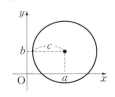

(ii) y축과 두 점에서 만나는 경우

  $a < c < b$인 경우는 1부터 6까지의 자연수 중에서 3개를 택하여 그 값이 작은 수부터 차례로 a, c, b에 대응시키면 되므로 그 경우의 수는 $_6C_3 = 20$

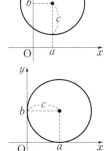

(iii) x축, y축에 동시에 접하는 경우

  $a = b = c$인 경우의 수는 6

(i), (ii), (iii)에서 원과 좌표축의 교점이 2개인 경우의 수는

$20 + 20 + 6 = 46$

따라서 구하는 확률은 $\frac{46}{216} = \frac{23}{108}$

개념 NOTE

중심이 (a, b)이고 반지름의 길이가 r인 원의 방정식은

  $(x-a)^2 + (y-b)^2 = r^2$

정답과 해설

12 답 $\dfrac{4}{7}$

모든 경우의 수는 10개의 구슬을 5개의 상자에 2개씩 넣는 경우의 수이므로

$_{10}C_2 \times _8C_2 \times _6C_2 \times _4C_2 \times _2C_2$

4개의 흰 구슬 중에서 2개를 택하는 경우의 수는 $_4C_2$

흰 구슬 2개가 들어갈 상자를 택하는 경우의 수는 $_5C_1$

남은 4개의 상자 중에서 2개를 택하여 남은 2개의 흰 구슬을 1개씩 넣는 경우의 수는

$_4C_2 \times _2P_2 = 2 \times _4C_2$

이 2개의 상자에 검은 구슬을 1개씩 넣는 경우의 수는

$_6P_2 = 30$

구슬을 하나도 넣지 않은 2개의 상자에 남은 4개의 검은 구슬을 2개씩 넣는 경우의 수는 $_4C_2 \times _2C_2$

즉, 조건을 만족시키는 경우의 수는

$60 \times _4C_2 \times _5C_1 \times _4C_2 \times _4C_2 \times _2C_2$

따라서 구하는 확률은

$\dfrac{60 \times _4C_2 \times _5C_1 \times _4C_2 \times _4C_2 \times _2C_2}{_{10}C_2 \times _8C_2 \times _6C_2 \times _4C_2 \times _2C_2} = \dfrac{60 \times _4C_2 \times _5C_1 \times _4C_2}{_{10}C_2 \times _8C_2 \times _6C_2} = \dfrac{4}{7}$

13 답 $\dfrac{16}{105}$

$k\,(k=2, 3, 4, 5)$가 적혀 있는 공의 개수를 a_k라 하면

$P_k = \dfrac{a_k}{15}$

즉, $P_{k+1} = \dfrac{1}{2}P_k\,(k=2, 3, 4)$에서 $a_{k+1} = \dfrac{1}{2}a_k$이므로

$a_3 = \dfrac{1}{2}a_2$

$a_4 = \dfrac{1}{2}a_3 = \dfrac{1}{2} \times \dfrac{1}{2}a_2 = \dfrac{1}{4}a_2$

$a_5 = \dfrac{1}{2}a_4 = \dfrac{1}{2} \times \dfrac{1}{4}a_2 = \dfrac{1}{8}a_2$

이때 주머니에 들어 있는 공의 개수는 15이므로

$a_2 + a_3 + a_4 + a_5 = 15$

$a_2 + \dfrac{1}{2}a_2 + \dfrac{1}{4}a_2 + \dfrac{1}{8}a_2 = 15$

$\dfrac{15}{8}a_2 = 15$ ∴ $a_2 = 8$

∴ $a_3 = 4$, $a_4 = 2$, $a_5 = 1$

따라서 주머니에는 숫자 2가 적혀 있는 공이 8개, 숫자 3이 적혀 있는 공이 4개, 4가 적혀 있는 공이 2개, 숫자 5가 적혀 있는 공이 1개 들어 있다.

모든 경우의 수는 15개의 공 중에서 2개를 꺼내는 경우의 수이므로

$_{15}C_2 = 105$

(i) 숫자 2가 적혀 있는 공 1개, 숫자 5가 적혀 있는 공 1개가 나오는 경우의 수는

$_8C_1 \times _1C_1 = 8 \times 1 = 8$

(ii) 숫자 3이 적혀 있는 공 1개, 숫자 4가 적혀 있는 공 1개가 나오는 경우의 수는

$_4C_1 \times _2C_1 = 4 \times 2 = 8$

(i), (ii)에서 두 공에 적혀 있는 수의 합이 7인 경우의 수는

$8 + 8 = 16$

따라서 구하는 확률은 $\dfrac{16}{105}$

14 답 ①

모든 경우의 수는 집합 $\{x\,|\,x$는 10 이하의 자연수$\}$의 원소의 개수가 4인 부분집합의 개수와 같으므로

$_{10}C_4 = 210$

1부터 10까지의 자연수 중에서 3으로 나누었을 때의 나머지가 0, 1, 2인 수의 집합을 각각 A_0, A_1, A_2라 하면

$A_0 = \{3, 6, 9\}$, $A_1 = \{1, 4, 7, 10\}$, $A_2 = \{2, 5, 8\}$

집합 X의 서로 다른 세 원소의 합이 항상 3의 배수가 아니려면 집합 X는 세 집합 A_0, A_1, A_2 중 두 집합에서 각각 2개씩 원소를 택하여 이 네 수를 원소로 해야 한다.

(i) 두 집합 A_0, A_1을 택하는 경우

집합 X의 개수는 $_3C_2 \times _4C_2 = _3C_1 \times _4C_2 = 3 \times 6 = 18$

(ii) 두 집합 A_0, A_2를 택하는 경우

집합 X의 개수는 $_3C_2 \times _3C_2 = _3C_1 \times _3C_1 = 3 \times 3 = 9$

(iii) 두 집합 A_1, A_2를 택하는 경우

집합 X의 개수는 $_4C_2 \times _3C_2 = _4C_2 \times _3C_1 = 6 \times 3 = 18$

(i), (ii), (iii)에서 조건을 만족시키는 경우의 수는

$18 + 9 + 18 = 45$

따라서 구하는 확률은 $\dfrac{45}{210} = \dfrac{3}{14}$

15 답 $\dfrac{4}{11}$

모든 경우의 수는 n장의 카드 중에서 3장을 뽑는 경우의 수이므로

$_nC_3 = \dfrac{n(n-1)(n-2)}{6}$

(i) 2개의 수가 연속인 경우

① 1, 2가 적혀 있는 카드를 뽑으면 나머지 1장은 3을 제외한 $(n-3)$장의 카드 중에서 뽑으면 되므로 그 경우의 수는

$n-3$

② $n-1$, n이 적혀 있는 카드를 뽑으면 나머지 1장은 $n-2$를 제외한 $(n-3)$장의 카드 중에서 뽑으면 되므로 그 경우의 수는

$n-3$

③ 2, 3 또는 3, 4 또는 … 또는 $n-2$, $n-1$이 적혀 있는 카드를 뽑으면 나머지 1장은 양옆의 카드를 제외한 $(n-4)$장의 카드 중에서 뽑으면 되므로 그 경우의 수는

$(n-3)(n-4)$

①, ②, ③에서 2개의 수가 연속인 경우의 수는

$n-3+n-3+(n-3)(n-4) = (n-3)(n-2)$

(ii) 3개의 수가 연속인 경우

$(1, 2, 3)$, $(2, 3, 4)$, …, $(n-2, n-1, n)$의 $(n-2)$가지

(i), (ii)에서 세 수 중 2개 이상의 수가 연속인 경우의 수는

$(n-3)(n-2) + n-2 = (n-2)^2$

∴ $p_n = \dfrac{(n-2)^2}{\dfrac{n(n-1)(n-2)}{6}} = \dfrac{6(n-2)}{n(n-1)}$

∴ $p_6 \times p_{12} = \dfrac{6 \times 4}{6 \times 5} \times \dfrac{6 \times 10}{12 \times 11} = \dfrac{4}{11}$

16 답 $\dfrac{19}{84}$

모든 경우의 수는 9개의 공 중에서 3개를 꺼내는 경우의 수이므로

$_9C_3 = 84$ ·· 배점 **10%**

m의 일의 자리의 숫자가 9인 경우는

$m=3^2$ 또는 $m=9^3$ ························· 배점 **30%**

꺼낸 3개의 공 중에서 숫자 1이 적혀 있는 공, 숫자 3이 적혀 있는 공, 숫자 9가 적혀 있는 공의 개수를 각각 a, b, c라 하자.

(i) $m=3^2$인 경우

$3^2=1\times3\times3=1\times1\times9$이므로 a, b, c의 순서쌍 (a, b, c)는

$(1, 2, 0)$, $(2, 0, 1)$

따라서 그 경우의 수는

$_3C_1\times_3C_2+_3C_2\times_3C_1=_3C_1\times_3C_1+_3C_1\times_3C_1$

$=3\times3+3\times3=18$ ············· 배점 **20%**

(ii) $m=9^3$인 경우

$9^3=9\times9\times9$이므로 a, b, c의 순서쌍 (a, b, c)는 $(0, 0, 3)$

따라서 그 경우의 수는 $_3C_3=1$ ············· 배점 **20%**

(i), (ii)에서 m의 일의 자리의 숫자가 9인 경우의 수는

$18+1=19$ ························· 배점 **10%**

따라서 구하는 확률은 $\dfrac{19}{84}$ ············· 배점 **10%**

17 답 ②

모든 경우의 수는 공집합이 아닌 15개의 부분집합 중에서 3개를 뽑아 일렬로 나열하는 경우의 수이므로

$_{15}P_3=2730$

$B-A=Y$, $C-B=Z$라 하면 세 부분집합이 A, B, C로 나열되었을 때, $A\subset B\subset C$이려면 $A\neq\varnothing$, $Y\neq\varnothing$, $Z\neq\varnothing$이어야 한다.

(i) 원소가 집합 A에 1개, 집합 Y에 1개, 집합 Z에 1개 있는 경우

1, 2, 3, 4 중에서 3개를 택하여 일렬로 나열하는 경우의 수는

$_4P_3=24$

(ii) 원소가 집합 A에 1개, 집합 Y에 1개, 집합 Z에 2개 있는 경우

1, 2, 3, 4 중에서 집합 Z에 포함될 원소 2개를 택하여 경우의 수는

$_4C_2=6$

나머지 2개의 원소 중에서 2개를 택하여 일렬로 나열하는 경우의 수는

$_2P_2=2$

따라서 그 경우의 수는 $6\times2=12$

(iii) 원소가 집합 A에 1개, 집합 Y에 2개, 집합 Z에 1개 있는 경우

(ii)와 같은 방법으로 하면 그 경우의 수는 12

(iv) 원소가 집합 A에 2개, 집합 Y에 1개, 집합 Z에 1개 있는 경우

(ii)와 같은 방법으로 하면 그 경우의 수는 12

(i)~(iv)에서 $A\subset B\subset C$인 경우의 수는

$24+12+12+12=60$

따라서 구하는 확률은 $\dfrac{60}{2730}=\dfrac{2}{91}$

18 답 $\dfrac{3}{5}$

(i) 주머니 A에서 1이 적혀 있는 공 2개를 꺼내는 경우

주머니 A에 남아 있는 3개의 공에 적혀 있는 수의 합은

$1+2+2=5$

이때 주머니 A에서 꺼낸 2개의 공을 주머니 B에 넣으면 주머니 B에는 1이 적혀 있는 공 2개, 2가 적혀 있는 공 2개가 들어 있으므로 주머니 B에서 꺼낸 2개의 공에 적혀 있는 수의 합은 항상 5보다 작다.

따라서 그 확률은

$\dfrac{_3C_2}{_5C_2}\times1=\dfrac{_3C_1}{_5C_2}\times1=\dfrac{3}{10}$

(ii) 주머니 A에서 1이 적혀 있는 공 1개, 2가 적혀 있는 공 1개를 꺼내는 경우

주머니 A에 남아 있는 3개의 공에 적혀 있는 수의 합은

$1+1+2=4$

이때 주머니 A에서 꺼낸 2개의 공을 주머니 B에 넣으면 주머니 B에는 1이 적혀 있는 공 1개, 2가 적혀 있는 공 3개가 들어 있으므로 주머니 B에서 꺼낸 2개의 공에 적혀 있는 수의 합이 4보다 작으려면 1이 적혀 있는 공 1개와 2가 적혀 있는 공 1개를 꺼내야 한다.

따라서 그 확률은

$\dfrac{_3C_1\times_2C_1}{_5C_2}\times\dfrac{_1C_1\times_3C_1}{_4C_2}=\dfrac{3}{5}\times\dfrac{1}{2}=\dfrac{3}{10}$

(iii) 주머니 A에서 2가 적혀 있는 공 2개를 꺼내는 경우

주머니 A에 남아 있는 3개의 공에 적혀 있는 수의 합은

$1+1+1=3$

이때 주머니 A에서 꺼낸 2개의 공을 주머니 B에 넣으면 B에는 2가 적혀 있는 공 4개가 들어 있으므로 주머니 B에서 꺼낸 2개의 공에 적혀 있는 수의 합이 3보다 작은 경우는 존재하지 않는다.

따라서 그 확률은 0

(i), (ii), (iii)에서 구하는 확률은

$\dfrac{3}{10}+\dfrac{3}{10}+0=\dfrac{3}{5}$

19 답 ③

모든 경우의 수는 7개의 동아리가 모두 발표하도록 발표 순서를 임의로 정하는 경우의 수이므로 7!

(i) 수학 동아리 A가 수학 동아리 B보다 먼저 발표하는 경우

두 수학 동아리 A, B를 같은 동아리로 보고 발표하는 순서를 정하는 경우의 수는 $\dfrac{7!}{2!}$이므로 그 확률은

$\dfrac{\frac{7!}{2!}}{7!}=\dfrac{1}{2}$

(ii) 두 수학 동아리의 발표 사이에 2개의 과학 동아리만이 발표하는 경우

두 수학 동아리 사이에 발표할 과학 동아리 2개를 택하는 경우의 수는 $_5P_2$

두 수학 동아리와 그 사이에 발표할 과학 동아리 2개를 한 묶음으로 생각하여 4개 동아리의 발표 순서를 정하는 경우의 수는 4!

두 수학 동아리가 서로 순서를 바꾸는 경우의 수는 2!

따라서 두 수학 동아리의 발표 사이에 2개의 과학 동아리만이 발표하는 경우의 수는 $_5P_2\times4!\times2!$이므로 그 확률은

$\dfrac{_5P_2\times4!\times2!}{7!}=\dfrac{4}{21}$

(iii) 수학 동아리 A가 수학 동아리 B보다 먼저 발표하고 두 수학 동아리의 발표 사이에 2개의 과학 동아리만이 발표하는 경우

두 수학 동아리 사이에 발표할 과학 동아리 2개를 택하는 경우의 수는 $_5P_2$

두 수학 동아리와 그 사이에 발표할 과학 동아리 2개를 한 묶음으로 생각하여 4개 동아리의 발표 순서를 정하는 경우의 수는 4!

따라서 수학 동아리 A가 수학 동아리 B보다 먼저 발표하고 두 수학 동아리의 발표 사이에 2개의 과학 동아리만이 발표하는 경우의 수는

$_5P_2\times4!$이므로 그 확률은 $\dfrac{_5P_2\times4!}{7!}=\dfrac{2}{21}$

(i), (ii), (iii)에서 구하는 확률은 $\dfrac{1}{2}+\dfrac{4}{21}-\dfrac{2}{21}=\dfrac{25}{42}$

20 답 ④

모든 경우의 수는 집합 A에서 집합 B로의 모든 함수 f의 개수와 같으므로 $_3\Pi_4 = 3^4 = 81$

(i) $f(1) \geq 2$인 경우

$f(1)$의 값은 2 또는 3이고 $f(2)$, $f(3)$, $f(4)$의 값은 1, 2, 3 중에서 중복을 허락하여 3개를 택하면 되므로 함수 f의 개수는

$2 \times {}_3\Pi_3 = 2 \times 3^3 = 54$

따라서 $f(1) \geq 2$일 확률은 $\dfrac{54}{81}$

(ii) 함수 f의 치역이 B인 경우

치역의 원소 1, 2, 3에 대응되는 정의역의 원소가 2개, 1개, 1개인 경우의 수는

$_4C_2 \times {}_2C_1 \times {}_1C_1 = 6 \times 2 \times 1 = 12$

이때 치역의 원소 중 정의역의 원소 2개에 대응되는 원소를 택하는 경우의 수는 $_3C_1 = 3$

따라서 함수 f의 치역이 B인 경우의 수는 $12 \times 3 = 36$이므로 그 확률은 $\dfrac{36}{81}$

(iii) $f(1) \geq 2$이고 함수 f의 치역이 B인 경우

① $f(1) = 2$이고 함수 f의 치역이 B인 경우

ⓐ 정의역 2, 3, 4가 치역의 원소 1, 2, 3에 일대일대응되는 경우의 수는 $3! = 6$

ⓑ 정의역 2, 3, 4가 치역의 원소 1, 3에 대응되는 경우

치역의 원소 1, 3에 대응되는 정의역의 원소가 2개, 1개인 경우의 수는

$_3C_2 \times {}_1C_1 = {}_3C_1 \times 1 = 3$

이때 치역의 원소 중 정의역의 원소 2개에 대응되는 원소를 택하는 경우의 수는 $_2C_1 = 2$

따라서 그 경우의 수는 $3 \times 2 = 6$

ⓐ, ⓑ에서 $f(1) = 2$이고 함수 f의 치역이 B인 경우의 수는

$6 + 6 = 12$

② $f(1) = 3$이고 함수 f의 치역이 B인 경우

①과 같은 방법으로 하면 그 경우의 수는 12

①, ②에서 $f(1) \geq 2$이고 함수 f의 치역이 B인 경우의 수는

$12 + 12 = 24$이므로 그 확률은 $\dfrac{24}{81}$

(i), (ii), (iii)에서 구하는 확률은

$\dfrac{54}{81} + \dfrac{36}{81} - \dfrac{24}{81} = \dfrac{22}{27}$

21 답 $\dfrac{89}{91}$

$X = \{2, 3, 5, 7\}$의 공집합이 아닌 부분집합의 개수는 $2^4 - 1 = 15$

모든 경우의 수는 15개의 부분집합 중에서 3개를 택하는 경우의 수이므로 $_{15}C_3 = 455$

서로 다른 3개의 집합을 택할 때, 적어도 2개의 집합이 서로소가 아닌 사건의 여사건은 서로 다른 3개의 집합이 모두 서로소인 사건이다.

(i) 서로 다른 3개의 집합의 원소가 모두 1개인 경우의 수는

$_4C_3 = {}_4C_1 = 4$

(ii) 서로 다른 3개의 집합의 원소가 1개, 1개, 2개인 경우의 수는

$_4C_2 = 6$

(i), (ii)에서 서로 다른 3개의 집합이 모두 서로소인 경우의 수는

$4 + 6 = 10$

따라서 여사건의 확률은 $\dfrac{10}{455} = \dfrac{2}{91}$이므로 구하는 확률은

$1 - \dfrac{2}{91} = \dfrac{89}{91}$

22 답 ②

서로 다른 3개의 주사위를 동시에 던질 때, 나오는 모든 경우의 수는

$6 \times 6 \times 6 = 216$

$M - m \geq 3$인 사건의 여사건은 $M - m < 3$인 사건이므로

$M - m = 0$ 또는 $M - m = 1$ 또는 $M - m = 2$

(i) $M - m = 0$인 경우

3개의 주사위를 던져서 나오는 눈의 수가 모두 같으므로 그 경우의 수는 6

(ii) $M - m = 1$인 경우

나오는 눈의 수가 k, k, $k+1$ 또는 k, $k+1$, $k+1$ $(k = 1, 2, 3, 4, 5)$이어야 하므로 그 경우의 수는

$5 \times \left(\dfrac{3!}{2!} + \dfrac{3!}{2!} \right) = 30$

(iii) $M - m = 2$인 경우

나오는 눈의 수가 k, k, $k+2$ 또는 k, $k+1$, $k+2$ 또는 k, $k+2$, $k+2$ $(k = 1, 2, 3, 4)$이어야 하므로 그 경우의 수는

$4 \times \left(\dfrac{3!}{2!} + 3! + \dfrac{3!}{2!} \right) = 48$

(i), (ii), (iii)에서 $M - m < 3$인 경우의 수는 $6 + 30 + 48 = 84$

따라서 여사건의 확률은 $\dfrac{84}{216} = \dfrac{7}{18}$이므로 구하는 확률은

$1 - \dfrac{7}{18} = \dfrac{11}{18}$

23 답 $\dfrac{35}{36}$

모든 경우의 수는 X에서 X로의 모든 함수 f의 개수와 같으므로 $_6\Pi_6 = 6^6$

$\dfrac{(f \circ f)(1)}{f(1)}$의 값이 자연수이거나 2보다 작은 사건의 여사건은

$\dfrac{(f \circ f)(1)}{f(1)}$의 값이 2 이상인 정수가 아닌 유리수인 사건이다.

(i) $f(1) = 1$일 때,

$(f \circ f)(1) = f(f(1)) = f(1) = 1$이므로 $\dfrac{(f \circ f)(1)}{f(1)} = 1$

이는 조건을 만족시키지 않는다.

(ii) $f(1) = 2$일 때,

$(f \circ f)(1) = f(f(1)) = f(2)$이므로 $\dfrac{(f \circ f)(1)}{f(1)} = \dfrac{f(2)}{2}$

이 값이 2 이상인 정수가 아닌 유리수이려면 $f(2) = 5$이어야 하므로 함수 f의 개수는 $_6\Pi_4 = 6^4$

(iii) $f(1) \geq 3$일 때,

$\dfrac{(f \circ f)(1)}{f(1)}$의 값이 2 이상인 정수가 아닌 유리수인 경우는 존재하지 않는다.

(i), (ii), (iii)에서 $\dfrac{(f \circ f)(1)}{f(1)}$의 값이 2 이상인 정수가 아닌 유리수인 경우의 수는 6^4

따라서 여사건의 확률은 $\dfrac{6^4}{6^6} = \dfrac{1}{6^2} = \dfrac{1}{36}$이므로 구하는 확률은

$1 - \dfrac{1}{36} = \dfrac{35}{36}$

24 답 47

모든 경우의 수는 3개의 공 중에서 1개를 꺼내고 다시 넣는 시행을 5번 반복하는 경우의 수이므로 $3 \times 3 \times 3 \times 3 \times 3 = 3^5$

5개의 수의 곱이 6의 배수인 사건의 여사건은 5개의 수의 곱이 6의 배수가 아닌 사건이다.

이때 나오는 눈의 수는 곱이 6의 배수가 아니려면 2와 3이 동시에 나오지 않아야 한다.

(i) 한 개의 숫자만 나오는 경우

　1 또는 2 또는 3이 적혀 있는 공만 나오는 경우의 수는 3

(ii) 두 개의 숫자 1, 2 또는 1, 3이 나오는 경우

　① 1, 2가 적혀 있는 공이 나오는 경우의 수는 1, 2 중에서 중복을 허락하여 5개를 택하여 일렬로 나열하는 경우의 수이므로

　　$_2\Pi_5 = 2^5 = 32$

　　이때 5개 모두 1이거나 2인 경우는 제외해야 하므로

　　$32 - 2 = 30$

　② 1, 3이 적혀 있는 공이 나오는 경우의 수는 1, 3 중에서 중복을 허락하여 5개를 택하여 일렬로 나열하는 경우의 수이므로

　　$_2\Pi_5 = 2^5 = 32$

　　이때 5개 모두 1이거나 3인 경우는 제외해야 하므로

　　$32 - 2 = 30$

　①, ②에서 두 개의 숫자 1, 2 또는 1, 3이 나오는 경우의 수는

　　$30 + 30 = 60$

(i), (ii)에서 5개의 수의 곱이 6의 배수가 아닌 경우의 수는

$3 + 60 = 63$

따라서 여사건의 확률은 $\dfrac{63}{3^5} = \dfrac{7}{27}$ 이므로 구하는 확률은

$1 - \dfrac{7}{27} = \dfrac{20}{27}$

즉, $p = 27$, $q = 20$이므로 $p + q = 47$

25 답 $\dfrac{66}{91}$

$a = a' + 1$, $b = b' + 1$, $c = c' + 1$(a', b', c'은 음이 아닌 정수)로 놓으면

$a + b + c = 15$에서

$(a' + 1) + (b' + 1) + (c' + 1) = 15$

$\therefore a' + b' + c' = 12$　　…… ㉠

즉, 모든 경우의 수는 방정식 ㉠을 만족시키는 음이 아닌 정수 a', b', c'의 순서쌍 (a', b', c')의 개수와 같으므로

$_3H_{12} = _{14}C_{12} = _{14}C_2 = 91$

$(a+b)(b+c)(c+a)$의 값이 3의 배수이려면 $a+b$, $b+c$, $c+a$ 중 적어도 하나가 3의 배수이어야 하므로 이 사건의 여사건은 $a+b$, $b+c$, $c+a$가 모두 3의 배수가 아닌 사건이다.

이때 $a+b = 15 - c$, $b+c = 15 - a$, $c+a = 15 - b$이므로 a, b, c는 3의 배수가 아니어야 한다.

(i) $a = 3l + 1$, $b = 3m + 1$, $c = 3n + 1$(l, m, n은 음이 아닌 정수)인 경우

　$(3l+1) + (3m+1) + (3n+1) = 15$

　$\therefore l + m + n = 4$

　따라서 그 경우의 수는 $_3H_4 = _6C_4 = _6C_2 = 15$

(ii) $a = 3l + 2$, $b = 3m + 2$, $c = 3n + 2$(l, m, n은 음이 아닌 정수)인 경우

　$(3l+2) + (3m+2) + (3n+2) = 15$

　$\therefore l + m + n = 3$

　따라서 그 경우의 수는 $_3H_3 = _5C_3 = _5C_2 = 10$

(i), (ii)에서 $a+b$, $b+c$, $c+a$가 모두 3의 배수가 아닌 경우의 수는

$15 + 10 = 25$

따라서 여사건의 확률은 $\dfrac{25}{91}$이므로 구하는 확률은

$1 - \dfrac{25}{91} = \dfrac{66}{91}$

✦idea 26 답 ③

모든 경우의 수는 방정식 $x + y + z + w = 9$를 만족시키는 음이 아닌 정수 x, y, z, w의 순서쌍 (x, y, z, w)의 개수와 같으므로

$_4H_9 = _{12}C_9 = _{12}C_3 = 220$

x, y, z, w의 합이 9이므로 어느 세 수의 합도 4보다 작지 않으려면 나머지 한 수가 5 이하이어야 하므로 이 사건의 여사건은 x, y, z, w 중 하나가 5보다 큰 사건이다.

(i) x, y, z, w 중 하나가 6인 경우

　x, y, z, w 중 6인 수를 택하는 경우의 수는 4

　나머지 세 수의 합이 3이므로 가능한 순서쌍의 개수는

　$_3H_3 = _5C_3 = _5C_2 = 10$

　따라서 그 경우의 수는 $4 \times 10 = 40$

(ii) x, y, z, w 중 하나가 7인 경우

　x, y, z, w 중 7인 수를 택하는 경우의 수는 4

　나머지 세 수의 합이 2이므로 가능한 순서쌍의 개수는

　$_3H_2 = _4C_2 = 6$

　따라서 그 경우의 수는 $4 \times 6 = 24$

(iii) x, y, z, w 중 하나가 8인 경우

　x, y, z, w 중 8인 수를 택하는 경우의 수는 4

　나머지 세 수의 합이 1이므로 가능한 순서쌍의 개수는 3

　따라서 그 경우의 수는 $4 \times 3 = 12$

(iv) x, y, z, w 중 하나가 9인 경우

　x, y, z, w 중 9인 수를 택하는 경우의 수는 4이고, 나머지 수는 모두 0이므로 그 경우의 수는 $4 \times 1 = 4$

(i)~(iv)에서 x, y, z, w 중 하나가 5보다 큰 경우의 수는

$40 + 24 + 12 + 4 = 80$

따라서 여사건의 확률은 $\dfrac{80}{220} = \dfrac{4}{11}$이므로 구하는 확률은

$1 - \dfrac{4}{11} = \dfrac{7}{11}$

27 답 ⑤

모든 경우의 수는 6장의 카드 중에서 2장을 꺼내고 다시 넣는 시행을 2번 반복하는 경우의 수이므로

$_6C_2 \times _6C_2 = 15 \times 15 = 225$

$A \cap B \neq \varnothing$인 사건의 여사건은 $A \cap B = \varnothing$인 사건이다.

이때 $A \cap B = \varnothing$이려면 $a_2 < b_1$ 또는 $b_2 < a_1$이어야 한다.

(i) $a_2 < b_1$인 경우

　① $a_2 = 2$일 때,

　　$a_1 = 1$이고, b_1, b_2의 값은 3, 4, 5, 6 중에서 2개를 택하면 되므로 그 경우의 수는 $1 \times _4C_2 = 1 \times 6 = 6$

　② $a_2 = 3$일 때,

　　a_1의 값은 1, 2의 2가지이고, b_1, b_2의 값은 4, 5, 6 중에서 2개를 택하면 되므로 그 경우의 수는

　　$2 \times _3C_2 = 2 \times _3C_1 = 2 \times 3 = 6$

(iii) $a_2=4$일 때,

a_1의 값은 1, 2, 3의 3가지이고, b_1, b_2의 값은 5, 6 중에서 2개를 택하면 되므로 그 경우의 수는

$3 \times {}_2C_2 = 3 \times 1 = 3$

ⓘ, ⓘ, ⓘ에서 $a_2 < b_1$인 경우의 수는

$6 + 6 + 3 = 15$

(ii) $b_2 < a_1$인 경우

(ⅰ)과 같은 방법으로 하면 그 경우의 수는 15

(ⅰ), (ii)에서 $A \cap B = \varnothing$인 경우의 수는

$15 + 15 = 30$

따라서 여사건의 확률은 $\dfrac{30}{225} = \dfrac{2}{15}$이므로 구하는 확률은

$1 - \dfrac{2}{15} = \dfrac{13}{15}$

---

step ③ 최고난도 문제 |47~49쪽

$01\ \dfrac{23}{525}$　$02\ 61$　$03\ ②$　$04\ 37$　$05\ ③$　$06\ ④$

$07\ \dfrac{9}{25}$　$08\ ②$　$09\ ⑤$

---

01 답 $\dfrac{23}{525}$

1단계 모든 경우의 수 구하기

모든 경우의 수는 노란색 타일 4개, 파란색 타일 4개, 초록색 타일 2개를 일렬로 나열하는 경우의 수이므로

$\dfrac{10!}{4! \times 4! \times 2!} = 3150$

2단계 조건을 만족시키는 경우의 수 구하기

어떤 색도 같은 색을 연속으로 칠하지 않는 경우의 수는 노란색 타일과 파란색 타일을 먼저 배열한 후 초록색 타일을 그 사이사이에 넣는 순서로 구하면 된다.

노란색 타일을 A, 파란색 타일을 B, 초록색 타일을 C라 하자.

(ⅰ) 노란색 타일과 파란색 타일이 교대로 배열되는 경우

ABABABAB, BABABABA의 2가지

초록색 타일 2개는 A와 B 사이사이와 양 끝의 9개의 자리 중에서 2개를 택하여 배열하면 되므로 그 경우의 수는

${}_9C_2 = 36$

따라서 그 경우의 수는

$2 \times 36 = 72$

(ii) 초록색 타일 1개가 노란색 타일과 노란색 타일 사이에 있는 경우

BAⒸABABAB, BABAⒸABAB, BABABAⒸAB의 3가지

나머지 초록색 타일은 ACA 사이를 제외한 문자 사이사이와 양 끝의 8개의 자리 중에서 1개를 택하여 배열하면 되므로 그 경우의 수는

${}_8C_1 = 8$

따라서 그 경우의 수는 $3 \times 8 = 24$

(iii) 초록색 타일 1개가 파란색 타일과 파란색 타일 사이에 있는 경우

(ii)와 같은 방법으로 하면 그 경우의 수는 24

(iv) 초록색 타일이 각각 노란색 타일과 노란색 타일 사이, 파란색 타일과 파란색 타일 사이에 있는 경우

ABABAB 또는 BABABA에서 A와 B 1개를 각각 ACA, BCB로 바꾸면 되므로 그 경우의 수는

$2 \times {}_3C_1 \times {}_3C_1 = 2 \times 3 \times 3 = 18$

(ⅰ)~(iv)에서 어떤 색도 같은 색을 연속으로 칠하지 않는 경우의 수는

$72 + 24 + 24 + 18 = 138$

3단계 확률 구하기

따라서 구하는 확률은 $\dfrac{138}{3150} = \dfrac{23}{525}$

---

02 답 61

1단계 모든 경우의 수 구하기

모든 경우의 수는 15개의 수 중에서 중복을 허락하여 2개를 택하는 경우의 수이므로 ${}_{15}\Pi_2 = 15^2 = 225$

2단계 $3^m + 8^n$의 일의 자리의 숫자가 3의 배수가 되는 경우 구하기

3^m의 일의 자리의 숫자는 3, 9, 7, 1이 반복되고, 8^n의 일의 자리의 숫자는 8, 4, 2, 6이 반복되므로 $3^m + 8^n$의 일의 자리의 숫자는 다음과 같다.

$+$	3	9	7	1
8	1	7	5	9
4	7	3	1	5
2	5	1	9	3
6	9	5	3	7

← 3^m의 일의 자리의 숫자

↑ 8^n의 일의 자리의 숫자

이때 $3^m + 8^n$의 일의 자리의 숫자가 3의 배수인 경우는 3 또는 9일 때이다.

3단계 $3^m + 8^n$의 일의 자리의 숫자가 3의 배수인 경우의 수 구하기

(ⅰ) $3^m + 8^n$의 일의 자리의 숫자가 3인 경우

3^m과 8^n의 일의 자리의 숫자가 각각 9와 4, 7과 6, 1과 2일 때이다.

ⓘ 3^m의 일의 자리의 숫자가 9이고, 8^n의 일의 자리의 숫자가 4인 경우

m의 값은 2, 6, 10, 14이고, n의 값은 2, 6, 10, 14이므로 그 경우의 수는 $4 \times 4 = 16$

ⓘ 3^m의 일의 자리의 숫자가 7이고, 8^n의 일의 자리의 숫자가 6인 경우

m의 값은 3, 7, 11, 15이고, n의 값은 4, 8, 12이므로 그 경우의 수는 $4 \times 3 = 12$

ⓘ 3^m의 일의 자리의 숫자가 1이고, 8^n의 일의 자리의 숫자가 2인 경우

m의 값은 4, 8, 12이고, n의 값은 3, 7, 11, 15이므로 그 경우의 수는 $3 \times 4 = 12$

ⓘ, ⓘ, ⓘ에서 $3^m + 8^n$의 일의 자리의 숫자가 3인 경우의 수는

$16 + 12 + 12 = 40$

(ii) $3^m + 8^n$의 일의 자리의 숫자가 9인 경우

3^m과 8^n의 일의 자리의 숫자가 각각 3과 6, 7과 2, 1과 8일 때이다.

ⓘ 3^m의 일의 자리의 숫자가 3이고, 8^n의 일의 자리의 숫자가 6인 경우

m의 값은 1, 5, 9, 13이고, n의 값은 4, 8, 12이므로 그 경우의 수는 $4 \times 3 = 12$

ⓘ 3^m의 일의 자리의 숫자가 7이고, 8^n의 일의 자리의 숫자가 2인 경우

m의 값은 3, 7, 11, 15이고, n의 값은 3, 7, 11, 15이므로 그 경우의 수는 $4 \times 4 = 16$

(iii) 3^m의 일의 자리의 숫자가 1이고, 8^n의 일의 자리의 숫자가 8인
      경우

      m의 값은 4, 8, 12이고, n의 값은 1, 5, 9, 13이므로 그 경우의
      수는 $3 \times 4 = 12$

   (i), (ii), (iii)에서 $3^m + 8^n$의 일의 자리의 숫자가 9인 경우의 수는
      $12 + 16 + 12 = 40$

(i), (ii)에서 $3^m + 8^n$의 일의 자리의 숫자가 3의 배수인 경우의 수는
$40 + 40 = 80$

4단계 $p+q$의 값 구하기

따라서 구하는 확률은 $\dfrac{80}{225} = \dfrac{16}{45}$이므로

$p = 45$, $q = 16$ $\therefore p + q = 61$

03 답 ②

1단계 모든 경우의 수 구하기

모든 경우의 수는 7장의 카드를 일렬로 나열하는 경우의 수이므로 7!

2단계 조건을 만족시키는 경우의 수 구하기

㈎에서 4가 적혀 있는 카드의 바로 양옆에 있는 카드는 5, 6, 7이 적혀
있는 3장의 카드 중 2장이다.

(i) 4가 적혀 있는 카드의 바로 양옆에 있는 카드가 6, 7이 적혀 있는 카
   드인 경우

   4가 적혀 있는 카드의 바로 양옆에 6, 7이 적혀 있는 카드가 오는 경
   우는 (6, 4, 7), (7, 4, 6)의 2가지

   ㈏에서 5가 적혀 있는 카드의 바로 양옆에 있는 카드는 1, 2, 3이 적
   혀 있는 카드 중 2장을 택하여 일렬로 나열하면 되므로 그 경우의
   수는 $_3P_2 = 6$

   이 각각에 대하여 4가 적혀 있는 카드와 양옆에 있는 카드를 1장으
   로 생각하고, 5가 적혀 있는 카드와 양옆에 있는 카드를 1장으로 생
   각하여 남은 1장의 카드와 함께 3장의 카드를 일렬로 나열하는 경우
   의 수는 $3! = 6$

   따라서 그 경우의 수는
   $2 \times 6 \times 6 = 72$

(ii) 4가 적혀 있는 카드의 바로 양옆에 있는 카드가 5, 6이 적혀 있는 카
    드인 경우

    4가 적혀 있는 카드의 바로 양옆에 5, 6이 적혀 있는 카드가 오는 경
    우는 (5, 4, 6), (6, 4, 5)의 2가지

    ㈏에서 5가 적혀 있는 카드의 4가 적혀 있는 카드의 반대쪽에 있는
    카드는 1, 2, 3이 적혀 있는 카드 중 1장이므로 그 경우의 수는 3

    이 각각에 대하여 4가 적혀 있는 카드와 양옆에 있는 카드, 그리고 5
    가 적혀 있는 카드의 4가 적혀 있는 카드의 반대쪽에 있는 카드를 1
    장으로 생각하여 남은 3장의 카드와 함께 4장의 카드를 일렬로 나열
    하는 경우의 수는 $4! = 24$

    따라서 그 경우의 수는
    $2 \times 3 \times 24 = 144$

(iii) 4가 적혀 있는 카드의 바로 양옆에 있는 카드가 5, 7이 적혀 있는 카
     드인 경우

     (ii)와 같은 방법으로 하면 그 경우의 수는 144

(i), (ii), (iii)에서 조건을 만족시키는 경우의 수는
$72 + 144 + 144 = 360$

3단계 확률 구하기

따라서 구하는 확률은 $\dfrac{360}{7!} = \dfrac{1}{14}$

04 답 37

1단계 모든 경우의 수 구하기

모든 경우의 수는 정사면체를 4번 던지는 경우의 수이므로
$_4\Pi_4 = 4^4 = 256$

2단계 조건을 만족시키는 경우의 수 구하기

두 점 (a, b), $(c, -d)$의 중점의 좌표는 $\left(\dfrac{a+c}{2}, \dfrac{b-d}{2} \right)$

이 점이 직선 $y = -x + 2$ 위의 점이므로

$\dfrac{b-d}{2} = -\dfrac{a+c}{2} + 2$

$b - d = -(a+c) + 4$

$\therefore a + b + c = d + 4$ $\cdots\cdots$ ㉠

이때 a, b, c, d는 4 이하의 자연수이므로 $a = a' + 1$, $b = b' + 1$,
$c = c' + 1$로 놓으면 a', b', c'은 모두 0 이상 3 이하의 정수이다.

(i) $d = 1$일 때,

   ㉠에서 $a + b + c = 5$이므로

   $(a'+1) + (b'+1) + (c'+1) = 5$

   $\therefore a' + b' + c' = 2$ (단, a', b', c'은 0 이상 3 이하의 정수)

   이를 만족시키는 순서쌍 (a', b', c')의 개수는

   $_3H_2 = {}_4C_2 = 6$

(ii) $d = 2$일 때,

    ㉠에서 $a + b + c = 6$이므로

    $(a'+1) + (b'+1) + (c'+1) = 6$

    $\therefore a' + b' + c' = 3$ (단, a', b', c'은 0 이상 3 이하의 정수)

    이를 만족시키는 순서쌍 (a', b', c')의 개수는

    $_3H_3 = {}_5C_3 = {}_5C_2 = 10$

(iii) $d = 3$일 때,

     ㉠에서 $a + b + c = 7$이므로

     $(a'+1) + (b'+1) + (c'+1) = 7$

     $\therefore a' + b' + c' = 4$ (단, a', b', c'은 0 이상 3 이하의 정수)

     이를 만족시키는 순서쌍 (a', b', c')은 $a' + b' + c' = 4$를 만족시키는
     음이 아닌 정수 a', b', c'의 순서쌍 (a', b', c')에서 순서쌍 $(4, 0, 0)$,
     $(0, 4, 0)$, $(0, 0, 4)$를 제외한 것이므로 그 개수는

     $_3H_4 - 3 = {}_6C_4 - 3 = {}_6C_2 - 3 = 15 - 3 = 12$

(iv) $d = 4$일 때,

    ㉠에서 $a + b + c = 8$이므로

    $(a'+1) + (b'+1) + (c'+1) = 8$

    $\therefore a' + b' + c' = 5$ (단, a', b', c'은 0 이상 3 이하의 정수)

    이를 만족시키는 순서쌍 (a', b', c')은 $a' + b' + c' = 5$를 만족시키는
    음이 아닌 정수 a', b', c'의 순서쌍 (a', b', c')에서 순서쌍 $(5, 0, 0)$,
    $(0, 5, 0)$, $(0, 0, 5)$, $(4, 1, 0)$, $(4, 0, 1)$, $(1, 4, 0)$, $(1, 0, 4)$,
    $(0, 4, 1)$, $(0, 1, 4)$를 제외한 것이므로 그 개수는

    $_3H_5 - 9 = {}_7C_5 - 9 = {}_7C_2 - 9 = 21 - 9 = 12$

(i)~(iv)에서 두 점 (a, b), $(c, -d)$의 중점이 직선 $y = -x + 2$ 위의
점인 경우의 수는

$6 + 10 + 12 + 12 = 40$

3단계 $p+q$의 값 구하기

따라서 구하는 확률은 $\dfrac{40}{256} = \dfrac{5}{32}$이므로

$p = 32$, $q = 5$ $\therefore p + q = 37$

개념 NOTE

두 점 (a, b), (c, d)의 중점의 좌표는 $\left(\dfrac{a+c}{2}, \dfrac{b+d}{2} \right)$

05 답 ③

1단계 모든 함수의 개수 구하기

모든 함수 f의 개수는

$_7\Pi_7 = 7^7$

2단계 조건을 만족시키는 함수의 개수 구하기

(i) 집합 X의 원소 x에 대하여 $f(x)=x$일 때,

$(f \circ f \circ f)(x)=x$이므로 구하는 함수의 개수는 1

(ii) 집합 X의 서로 다른 두 원소 x, y에 대하여 $f(x)=y$일 때,

$f(y)=x$이면

$$\begin{aligned}(f \circ f \circ f)(x) &= (f \circ f)(f(x)) \\ &= (f \circ f)(y) \\ &= f(f(y)) \\ &= f(x) \\ &= y \neq x\end{aligned}$$

즉, $f \circ f \circ f$가 항등함수가 아니므로 $f(y) \neq x$

또 $f(y)=y$이면

$$\begin{aligned}(f \circ f \circ f)(x) &= (f \circ f)(f(x)) \\ &= (f \circ f)(y) \\ &= f(f(y)) \\ &= f(y) \\ &= y \neq x\end{aligned}$$

즉, $f \circ f \circ f$가 항등함수가 아니므로 $f(y) \neq y$

이때 집합 X의 x, y가 아닌 원소 z에 대하여 $f(y)=z$라 하면

$$\begin{aligned}(f \circ f \circ f)(x) &= (f \circ f)(f(x)) \\ &= (f \circ f)(y) \\ &= f(f(y)) \\ &= f(z)\end{aligned}$$

즉, $f(z)=x$이어야 하므로 집합 X의 서로 다른 세 원소 x, y, z에 대하여

$f(x)=y$, $f(y)=z$, $f(z)=x$ ...... ㉠

① 7개의 원소 중에서 3개의 원소에 대하여 ㉠이 성립하고 나머지 4개의 원소는 자기 자신에 대응하는 경우

7개의 원소 중에서 3개를 택하는 경우의 수는 $_7C_3=35$이고, 택한 세 원소 x, y, z에 대하여

$f(x)=y$, $f(y)=z$, $f(z)=x$ 또는 $f(x)=z$, $f(y)=x$, $f(z)=y$

가 성립하면 되므로 함수 f의 개수는

$35 \times 2 = 70$

② 7개의 원소 중에서 6개의 원소에 대하여 ㉠이 성립하고 나머지 한 원소는 자기 자신에 대응하는 경우

7개의 원소 중에서 자기 자신에 대응하는 원소 1개를 택하는 경우의 수는

$_7C_1=7$

나머지 6개의 원소를 3개씩 2묶음으로 나누는 경우의 수는

$_6C_3 \times _3C_3 \times \dfrac{1}{2} = 20 \times 1 \times \dfrac{1}{2} = 10$

이 각 묶음에 대하여 함숫값을 정하는 방법이 2가지씩 존재하므로 함수 f의 개수는

$7 \times 10 \times 2 \times 2 = 280$

①, ②에서 함수 f의 개수는

$70 + 280 = 350$

(i), (ii)에서 $f \circ f \circ f$가 항등함수인 함수 f의 개수는

$1 + 350 = 351$

3단계 확률 구하기

따라서 구하는 확률은 $\dfrac{351}{7^7}$

개념 NOTE

함수 f가 항등함수이면 $f(x)=x$이다.

---

06 답 ④

1단계 모든 경우의 수 구하기

모든 경우의 수는 8개의 수를 원형으로 배열하는 경우의 수이므로

$(8-1)! = 7!$

2단계 각각의 경우에 대한 확률 구하기

(i) 소수끼리 마주 보지 않을 확률

소수 2, 3, 5, 7을 마주 보지 않도록 먼저 배열하고 남은 자리에 1, 4, 6, 8을 배열하면 된다.

2를 먼저 배열하면 3을 배열하는 경우의 수는 2와 마주 보는 자리를 제외한 6가지, 5를 배열하는 경우의 수는 2, 3과 마주 보는 자리를 제외한 4가지, 7을 배열하는 경우의 수는 2, 3, 5와 마주 보는 자리를 제외한 2가지이고, 남은 자리에 1, 4, 6, 8을 배열하는 경우의 수는 4!이므로 소수끼리 마주 보지 않는 경우의 수는

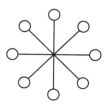

$6 \times 4 \times 2 \times 4!$

따라서 그 확률은

$\dfrac{6 \times 4 \times 2 \times 4!}{7!} = \dfrac{8}{35}$

(ii) 마주 보는 두 수의 합이 모두 짝수일 확률

홀수와 홀수, 짝수와 짝수가 서로 마주 보아야 한다.

① 홀수와 짝수가 교대로 나오는 경우

홀수 4개를 원형으로 배열하는 경우의 수는

$(4-1)! = 3! = 6$

홀수 사이사이에 짝수 4개를 배열하는 경우의 수는

$4! = 24$

따라서 그 경우의 수는

$6 \times 24 = 144$

② 홀수끼리 서로 이웃하는 경우

홀수 4개를 원형으로 배열하는 경우의 수는

$(4-1)! = 3! = 6$

이때 홀수를 배열하는 기준이 되는 자리는 2가지

각각의 경우에 대하여 짝수 4개를 배열하는 경우의 수는

$4! = 24$

따라서 그 경우의 수는

$6 \times 2 \times 24 = 288$

①, ②에서 마주 보는 두 수의 합이 모두 짝수인 경우의 수는

$144 + 288 = 432$

따라서 그 확률은 $\dfrac{432}{7!} = \dfrac{3}{35}$

3단계 확률 구하기

(i), (ii)에서 구하는 확률은

$\dfrac{8}{35} + \dfrac{3}{35} = \dfrac{11}{35}$

07 답 $\dfrac{9}{25}$

1단계 모든 경우의 수 구하기

집합 A의 원소의 개수는

$5 \times 5 = 25$

모든 경우의 수는 25개의 점 중에서 2개를 택하는 경우의 수이므로

$_{25}C_2 = 300$

2단계 원의 중심과 반지름의 길이 구하기

$x^2 + y^2 - 19 = 0$에서 $x^2 + y^2 = 19$이므로 중심이 원점이고 반지름의 길이가 $\sqrt{19}$인 원이다.

$x^2 + y^2 - 12x - 12y + 53 = 0$에서 $(x-6)^2 + (y-6)^2 = 19$이므로 중심이 점 $(6, 6)$이고 반지름의 길이가 $\sqrt{19}$인 원이다.

3단계 여사건의 확률 구하기

두 원과 각각 적어도 한 점에서 만나는 사건의 여사건은 두 원과 모두 만나지 않거나 오직 한 원과 만나는 사건이다.

(i) 두 원과 모두 만나지 않는 경우

각 원의 내부에서 점 $(3, 3)$을 제외한 10개의 점 중에서 2개를 택하는 경우의 수는

$2 \times _{10}C_2 = 2 \times 45 = 90$

두 점 $(1, 5)$, $(2, 4)$ 또는 두 점 $(4, 2)$, $(5, 1)$을 택하는 경우의 수는 2

따라서 두 원과 모두 만나지 않는 경우의 수는

$90 + 2 = 92$

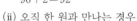

(ii) 오직 한 원과 만나는 경우

5개의 점 $(1, 5)$, $(2, 4)$, $(3, 3)$, $(4, 2)$, $(5, 1)$ 중 1개와 이 5개의 점을 제외한 20개의 점 중에서 1개를 택하는 경우의 수는

$5 \times 20 = 100$

(i), (ii)에서 두 원과 모두 만나지 않거나 오직 한 원과 만나는 경우의 수는 $92 + 100 = 192$이므로 여사건의 확률은

$\dfrac{192}{300} = \dfrac{16}{25}$

4단계 확률 구하기

따라서 구하는 확률은 $1 - \dfrac{16}{25} = \dfrac{9}{25}$

08 답 ②

1단계 모든 경우의 수 구하기

한 개의 주사위를 3번 던질 때, 나오는 모든 경우의 수는

$6 \times 6 \times 6 = 216$

2단계 여사건의 확률 구하기

6개의 접시 위에 각각 한 개 이상의 쿠키가 담겨 있는 사건의 여사건은 빈 접시가 생기는 사건이다.

(i) 빈 접시가 1개인 경우

1이 적혀 있는 접시가 빈 접시인 경우는 주사위의 눈의 수가 3, 3, 5 또는 3, 5, 5 또는 3, 4, 5인 경우이므로 그 경우의 수는

$\dfrac{3!}{2!} + \dfrac{3!}{2!} + 3! = 12$

같은 방법으로 하면 2, 3, 4, 5, 6이 적혀 있는 접시가 빈 접시인 경우의 수도 각각 12

따라서 빈 접시가 1개인 경우의 수는

$6 \times 12 = 72$

(ii) 빈 접시가 2개인 경우

빈 접시가 2개인 경우는 두 접시가 이웃하는 경우이다.

1, 2가 적혀 있는 접시가 빈 접시인 경우는 주사위의 눈의 수가 4, 4, 5 또는 4, 5, 5인 경우이므로 그 경우의 수는

$\dfrac{3!}{2!} + \dfrac{3!}{2!} = 6$

같은 방법으로 하면 $(2, 3)$, $(3, 4)$, $(4, 5)$, $(5, 6)$, $(6, 1)$이 적혀 있는 접시가 빈 접시인 경우의 수도 각각 6

따라서 빈 접시가 2개인 경우의 수는

$6 \times 6 = 36$

(iii) 빈 접시가 3개인 경우

빈 접시가 3개인 경우는 세 접시가 이웃하는 경우이다.

1, 2, 3이 적혀 있는 접시가 빈 접시인 경우는 주사위의 눈의 수가 5, 5, 5인 경우이므로 그 경우의 수는 1

같은 방법으로 하면 $(2, 3, 4)$, $(3, 4, 5)$, $(4, 5, 6)$, $(5, 6, 1)$, $(6, 1, 2)$가 적혀 있는 접시가 빈 접시인 경우의 수도 각각 1

따라서 빈 접시가 3개인 경우의 수는

$6 \times 1 = 6$

(i), (ii), (iii)에서 빈 접시가 생기는 경우의 수는 $72 + 36 + 6 = 114$이므로 여사건의 확률은

$\dfrac{114}{216} = \dfrac{19}{36}$

3단계 확률 구하기

따라서 구하는 확률은 $1 - \dfrac{19}{36} = \dfrac{17}{36}$

idea

09 답 ⑤

1단계 모든 경우의 수 구하기

모든 경우의 수는 27개의 상자 중에서 5개를 택하는 경우의 수이므로

$_{27}C_5$

2단계 여사건의 확률 구하기

어떤 면에서도 빛이 통과하지 않는 사건의 여사건은 적어도 한 면에서는 빛이 통과하는 사건이다.

어떤 면에서 빛이 통과하려면 작은 정육면체 상자 3개로 이루어진 한 줄이 모두 유리 상자로 바뀌어야 한다.

큰 정육면체에서 작은 정육면체 3개로 이루어진 27개의 줄 중에서 한 줄을 고르고, 나머지 24개의 상자 중에서 2개를 고르면 되므로 그 경우의 수는

$27 \times _{24}C_2$

이때 두 줄이 모두 유리 상자로 바뀌는 경우가 중복되므로 이 경우의 수를 빼면 된다.

5개의 상자를 택하여 두 줄이 모두 유리 상자로 바뀌려면 두 줄이 하나의 상자를 공유해야 한다. 하나의 줄을 택하였을 때, 그 줄과 하나의 상자를 공유하는 다른 줄은 6개이고, 두 줄의 선택 순서에 따라 경우가 달라지지 않으므로 그 경우의 수는

$27 \times 6 \times \dfrac{1}{2} = 81$

따라서 적어도 한 면에서 빛이 통과하는 경우의 수는 $27 \times _{24}C_2 - 81$이므로 여사건의 확률은

$\dfrac{27 \times _{24}C_2 - 81}{_{27}C_5} = \dfrac{21}{230}$

3단계 확률 구하기

따라서 구하는 확률은 $1 - \dfrac{21}{230} = \dfrac{209}{230}$

조건부확률

| 50~51쪽

step ① 핵심 문제

01 $\frac{9}{40}$ 02 ④ 03 $\frac{4}{35}$ 04 ⑤ 05 4 06 $\frac{7}{46}$

07 $\frac{3}{14}$ 08 $\frac{19}{25}$ 09 ④ 10 $\frac{9}{17}$ 11 ④ 12 $\frac{4}{9}$

01 답 $\frac{9}{40}$

$P(A \cup B^c) = \frac{7}{10}$에서 $P((A \cup B^c)^c) = 1 - P(A \cup B^c)$이므로

$P(A^c \cap B) = 1 - \frac{7}{10} = \frac{3}{10}$

$P(B)P(B|A^c) = \frac{2}{5}$에서 $P(B) \times \frac{P(B \cap A^c)}{P(A^c)} = \frac{2}{5}$

$\frac{P(B)}{P(A^c)} \times \frac{3}{10} = \frac{2}{5}$ $\therefore \frac{P(B)}{P(A^c)} = \frac{4}{3}$

$\therefore P(A^c)P(A^c|B) = P(A^c) \times \frac{P(A^c \cap B)}{P(B)}$

$= \frac{P(A^c)}{P(B)} \times P(A^c \cap B) = \frac{3}{4} \times \frac{3}{10} = \frac{9}{40}$

02 답 ④

두 눈의 수의 곱이 짝수인 사건을 A, 두 눈의 수의 합이 짝수인 사건을 B라 하면 구하는 확률은 $P(B|A)$이다.

서로 다른 2개의 주사위를 동시에 던질 때, 나오는 모든 경우의 수는 $6 \times 6 = 36$

두 눈의 수의 곱이 짝수인 사건의 여사건은 두 눈의 수의 곱이 홀수인 사건이고 두 눈의 수의 곱이 홀수인 경우의 수는 두 눈의 수가 모두 홀수인 경우의 수와 같으므로 $3 \times 3 = 9$

$\therefore P(A) = 1 - P(A^c) = 1 - \frac{9}{36} = \frac{3}{4}$

두 눈의 수의 곱이 짝수이고 두 눈의 수의 합이 짝수인 경우의 수는 두 눈의 수가 모두 짝수인 경우의 수와 같으므로 $3 \times 3 = 9$

$\therefore P(A \cap B) = \frac{9}{36} = \frac{1}{4}$

$\therefore P(B|A) = \frac{P(A \cap B)}{P(A)} = \frac{\frac{1}{4}}{\frac{3}{4}} = \frac{1}{3}$

03 답 $\frac{4}{35}$

첫 번째 시행에서 서로 다른 색의 공 2개를 꺼내는 사건을 A, 두 번째 시행에서 서로 같은 색의 공 2개를 꺼내는 사건을 B라 하자.

첫 번째 시행에서 서로 다른 색의 공 2개를 꺼낼 확률은 4가지 색 중에서 2가지 색을 정하고 정한 색의 공을 각각 하나씩 꺼내면 되므로

$P(A) = \frac{{}_4C_2 \times {}_2C_1 \times {}_2C_1}{{}_8C_2} = \frac{6}{7}$

두 번째 시행에서 서로 같은 색의 공 2개를 꺼낼 확률은 남은 6개의 공 중에서 같은 색의 공이 2개인 경우가 2가지이므로

$P(B|A) = \frac{2}{{}_6C_2} = \frac{2}{15}$

따라서 구하는 확률은

$P(A \cap B) = P(A)P(B|A) = \frac{6}{7} \times \frac{2}{15} = \frac{4}{35}$

04 답 ⑤

한 개의 동전을 1번 던져서 앞면이 나온 사건을 A, 나온 주사위의 눈의 수의 총합이 4 이하인 사건을 B라 하자.

(i) 동전이 앞면이 나오고 주사위를 2번 던져서 나온 두 눈의 수의 총합이 4 이하일 확률

$P(A) = \frac{1}{2}$이고 주사위를 2번 던져서 나온 두 눈의 수의 합이 4 이하인 경우는 $(1, 1)$, $(1, 2)$, $(1, 3)$, $(2, 1)$, $(2, 2)$, $(3, 1)$의 6가지이므로 $P(A \cap B) = P(A)P(B|A) = \frac{1}{2} \times \frac{6}{6^2} = \frac{1}{12}$

(ii) 동전이 뒷면이 나오고 주사위를 3번 던져서 나온 세 눈의 수의 총합이 4 이하일 확률

$P(A^c) = \frac{1}{2}$이고 주사위를 3번 던져서 나온 세 눈의 수의 합이 4 이하인 경우는 $(1, 1, 1)$, $(1, 1, 2)$, $(1, 2, 1)$, $(2, 1, 1)$의 4가지이므로 $P(A^c \cap B) = P(A^c)P(B|A^c) = \frac{1}{2} \times \frac{4}{6^3} = \frac{1}{108}$

(i), (ii)에서 구하는 확률은

$P(B) = P(A \cap B) + P(A^c \cap B) = \frac{1}{12} + \frac{1}{108} = \frac{5}{54}$

05 답 4

주머니 B에 들어 있는 흰 공의 개수를 a라 하면 검은 공의 개수는 $6 - a$이다. ······ 배점 **10%**

주머니 A를 택하고 주머니 A에서 흰 공이 나올 확률은

$\frac{1}{2} \times \frac{2}{6} = \frac{1}{6}$

주머니 B를 택하고 주머니 B에서 흰 공이 나올 확률은

$\frac{1}{2} \times \frac{a}{6} = \frac{a}{12}$

$\therefore p_1 = \frac{1}{6} + \frac{a}{12} = \frac{a+2}{12}$ ······ 배점 **30%**

주머니 A에서 검은 공이 나올 확률은 $\frac{4}{6} = \frac{2}{3}$

주머니 B에서 검은 공이 나올 확률은 $\frac{6-a}{6}$

$\therefore p_2 = \frac{2}{3} \times \frac{6-a}{6} = \frac{6-a}{9}$ ······ 배점 **30%**

$4p_1 = 9p_2$에서 $4 \times \frac{a+2}{12} = 9 \times \frac{6-a}{9}$

$\frac{a+2}{3} = 6 - a$, $a + 2 = 18 - 3a$, $4a = 16$ $\therefore a = 4$

따라서 주머니 B에 들어 있는 흰 공의 개수는 4이다. ······ 배점 **30%**

06 답 $\frac{7}{46}$

3개의 입학 전형 A, B, C에 지원하여 합격할 확률이 각각 0.2, 0.3, 0.1이므로 불합격할 확률은 각각 0.8, 0.7, 0.9이다.

(i) 합격한 학생이 입학 전형 A와 B, 불합격한 학생이 입학 전형 C에 지원했을 확률은 $0.2 \times 0.3 \times 0.9 = 0.054$

(ii) 합격한 학생이 입학 전형 A와 C, 불합격한 학생이 입학 전형 B에 지원했을 확률은 $0.2 \times 0.7 \times 0.1 = 0.014$

(iii) 합격한 학생이 입학 전형 B와 C, 불합격한 학생이 입학 전형 A에 지원했을 확률은 $0.8 \times 0.3 \times 0.1 = 0.024$

(i), (ii), (iii)에서 구하는 확률은

$\frac{0.014}{0.054 + 0.014 + 0.024} = \frac{0.014}{0.092} = \frac{7}{46}$

07 탑 $\dfrac{3}{14}$

A가 2개 모두 '당첨'이 적혀 있는 공을 꺼내는 사건을 A, B가 2개 모두 '당첨'이 적혀 있는 공을 꺼내는 사건을 B라 하면 구하는 확률은 $P(A\,|\,B)$이다.

(i) A가 '당첨'이 적혀 있는 공 2개를 꺼내고 B가 '당첨'이 적혀 있는 공 2개를 꺼낼 확률은

$$\dfrac{_6C_2}{_{10}C_2}\times\dfrac{_4C_2}{_{10}C_2}=\dfrac{1}{3}\times\dfrac{2}{15}=\dfrac{2}{45}$$

(ii) A가 '당첨'이 적혀 있는 공 1개, '꽝'이 적혀 있는 공 1개를 꺼내고, B가 '당첨'이 적혀 있는 공 2개를 꺼낼 확률은

$$\dfrac{_6C_1\times _4C_1}{_{10}C_2}\times\dfrac{_5C_2}{_{10}C_2}=\dfrac{8}{15}\times\dfrac{2}{9}=\dfrac{16}{135}$$

(iii) A가 '꽝'이 적혀 있는 공 2개를 꺼내고, B가 '당첨'이 적혀 있는 공 2개를 꺼낼 확률은

$$\dfrac{_4C_2}{_{10}C_2}\times\dfrac{_6C_2}{_{10}C_2}=\dfrac{2}{15}\times\dfrac{1}{3}=\dfrac{2}{45}$$

(i), (ii), (iii)에서 $P(B)=\dfrac{2}{45}+\dfrac{16}{135}+\dfrac{2}{45}=\dfrac{28}{135}$

(i)에서 $P(A\cap B)=\dfrac{2}{45}$

$$\therefore\ P(A\,|\,B)=\dfrac{P(A\cap B)}{P(B)}=\dfrac{\dfrac{2}{45}}{\dfrac{28}{135}}=\dfrac{3}{14}$$

08 탑 $\dfrac{19}{25}$

두 사건 A, B가 서로 독립이면 두 사건 A, B^c도 서로 독립이다.

$P(B^c)=1-P(B)=1-\dfrac{2}{5}=\dfrac{3}{5}$이므로

$P(A\cap B^c)=P(A)P(B^c)=\dfrac{2}{5}\times\dfrac{3}{5}=\dfrac{6}{25}$

$\therefore\ P(A\cup B^c)=P(A)+P(B^c)-P(A\cap B^c)$

$$=\dfrac{2}{5}+\dfrac{3}{5}-\dfrac{6}{25}=\dfrac{19}{25}$$

09 탑 ④

ㄱ. 두 사건 A, B가 서로 배반사건이면 $A\cap B=\varnothing$에서
$\quad P(A\cap B)=0$
$\quad$이때 $P(A)\neq0$, $P(B)\neq0$이므로 $P(A)P(B)\neq0$
$\quad$따라서 $P(A\cap B)\neq P(A)P(B)$이므로 두 사건 A, B는 서로 독립이 아니다.

ㄴ. $1-P(A^c\,|\,B)=1-\dfrac{P(A^c\cap B)}{P(B)}=1-\dfrac{P(B)-P(A\cap B)}{P(B)}$

$$=\dfrac{P(A\cap B)}{P(B)}=P(A\,|\,B)$$

$\quad$이때 두 사건 A, B가 서로 독립이면 $P(A\,|\,B^c)=P(A\,|\,B)$이므로
$\quad P(A\,|\,B^c)=1-P(A^c\,|\,B)$

ㄷ. 두 사건 A, B가 서로 독립이면 $P(A\cap B)=P(A)P(B)$이므로
$\quad 1-P(A\cup B)=1-\{P(A)+P(B)-P(A\cap B)\}$

$$=1-P(A)-P(B)+P(A)P(B)$$
$$=1-P(A)-P(B)\{1-P(A)\}$$
$$=\{1-P(A)\}\{1-P(B)\}$$
$$=P(A^c)P(B^c)$$

따라서 보기에서 옳은 것은 ㄴ, ㄷ이다.

10 탑 $\dfrac{9}{17}$

과학을 선택한 여학생을 x명이라 하면 이 고등학교의 3학년 학생 수는
$180+160+45+x=x+385$이므로

$$P(A)=\dfrac{180+160}{x+385}=\dfrac{340}{x+385}$$

$$P(B)=\dfrac{180+45}{x+385}=\dfrac{225}{x+385}$$

$$P(A\cap B)=\dfrac{180}{x+385}$$

두 사건 A, B가 서로 독립이므로 $P(A\cap B)=P(A)P(B)$에서

$$\dfrac{180}{x+385}=\dfrac{340}{x+385}\times\dfrac{225}{x+385}$$

$x+385=425$

$\therefore\ x=40$

$$\therefore\ P(B)=\dfrac{225}{40+385}=\dfrac{9}{17}$$

11 탑 ④

시행을 5번 반복할 때, 앞면이 나온 횟수를 x라 하면 뒷면이 나온 횟수는 $5-x$이다.

동전을 한 번 던져 앞면이 나오면 2점, 뒷면이 나오면 1점을 얻으므로 5번 시행 후 점수의 합이 6 이하이려면

$2x+1\times(5-x)\leq6$ $\quad\therefore\ x\leq1$

따라서 앞면이 0번 또는 1번 나와야 한다.

한 개의 동전을 1번 던져서 앞면이 나올 확률은 $\dfrac{1}{2}$

(i) 앞면이 0번, 뒷면이 5번 나올 확률은 $_5C_0\left(\dfrac{1}{2}\right)^0\left(\dfrac{1}{2}\right)^5=\dfrac{1}{32}$

(ii) 앞면이 1번, 뒷면이 4번 나올 확률은 $_5C_1\left(\dfrac{1}{2}\right)^1\left(\dfrac{1}{2}\right)^4=\dfrac{5}{32}$

(i), (ii)에서 구하는 확률은 $\dfrac{1}{32}+\dfrac{5}{32}=\dfrac{3}{16}$

12 탑 $\dfrac{4}{9}$

정육면체 모양의 상자를 1번 던져서 바닥에 닿은 면에 적혀 있는 숫자가 3인 사건을 A, 동전의 앞면이 3번 이상 나오는 사건을 B라 하면 구하는 확률은 $P(A\,|\,B)$이다.

한 개의 동전을 1번 던져서 앞면이 나올 확률은 $\dfrac{1}{2}$

(i) 정육면체에서 바닥에 닿은 면에 적혀 있는 숫자가 3이고 동전을 3번 던져서 앞면이 3번 나올 확률은

$$\dfrac{2}{6}\times _3C_3\left(\dfrac{1}{2}\right)^3\left(\dfrac{1}{2}\right)^0=\dfrac{2}{6}\times\dfrac{1}{8}=\dfrac{1}{24}$$

(ii) 정육면체에서 바닥에 닿은 면에 적혀 있는 숫자가 4이고 동전을 4번 던져서 앞면이 3번 이상 나올 확률은

$$\dfrac{1}{6}\times\left\{_4C_3\left(\dfrac{1}{2}\right)^3\left(\dfrac{1}{2}\right)^1+_4C_4\left(\dfrac{1}{2}\right)^4\left(\dfrac{1}{2}\right)^0\right\}=\dfrac{1}{6}\times\left(\dfrac{1}{4}+\dfrac{1}{16}\right)=\dfrac{5}{96}$$

(i), (ii)에서 $P(B)=\dfrac{1}{24}+\dfrac{5}{96}=\dfrac{3}{32}$

(i)에서 $P(A\cap B)=\dfrac{1}{24}$

$$\therefore\ P(A\,|\,B)=\dfrac{P(A\cap B)}{P(B)}=\dfrac{\dfrac{1}{24}}{\dfrac{3}{32}}=\dfrac{4}{9}$$

01 ③	02 $\dfrac{1}{3}$	03 9	04 ②	05 $\dfrac{20}{81}$	06 $\dfrac{16}{25}$
07 $\dfrac{11}{32}$	08 131	09 ④	10 ③	11 $\dfrac{2}{7}$	12 ④
13 8	14 ⑤	15 ③	16 ③	17 $\dfrac{8}{81}$	18 277
19 $\dfrac{12}{25}$	20 25	21 ③	22 $\dfrac{1}{3}$	23 21	

01 답 ③

전체집합 U의 부분집합의 개수는 2^6이므로 두 부분집합 A, B를 택하는 경우의 수는 $2^6 \times 2^6 = 2^{12}$

(i) $n(A \cap B) = 2$일 때,

집합 $A \cap B$의 원소 2개를 택하는 경우의 수는 $_6C_2$이고 나머지 4개의 원소는 세 집합 $A-B$, $B-A$, $(A \cup B)^c$ 중 하나의 원소이므로 $n(A \cap B) = 2$인 두 부분집합 A, B를 택하는 경우의 수는

$_6C_2 \times _3\Pi_4$

$\therefore P(Y) = \dfrac{_6C_2 \times _3\Pi_4}{2^{12}}$

(ii) $n(A \cap B) = 2$, $n(A) = 3$일 때,

집합 $A \cap B$의 원소 2개를 택하는 경우의 수는 $_6C_2$, 나머지 4개의 원소 중 집합 $A-B$의 원소 1개를 택하는 경우의 수는 $_4C_1$이고, 나머지 3개의 원소는 두 집합 $B-A$, $(A \cup B)^c$ 중 하나의 원소이므로 $n(A \cap B) = 2$, $n(A) = 3$인 두 부분집합 A, B를 택하는 경우의 수는 $_6C_2 \times _4C_1 \times _2\Pi_3$

$\therefore P(X \cap Y) = \dfrac{_6C_2 \times _4C_1 \times _2\Pi_3}{2^{12}}$

(i), (ii)에서 $P(X|Y) = \dfrac{P(X \cap Y)}{P(Y)} = \dfrac{\dfrac{_6C_2 \times _4C_1 \times _2\Pi_3}{2^{12}}}{\dfrac{_6C_2 \times _3\Pi_4}{2^{12}}} = \dfrac{32}{81}$

02 답 $\dfrac{1}{3}$

한 개의 주사위를 2번 던질 때, 나오는 모든 경우의 수는 $6 \times 6 = 36$
$(\sqrt{2})^a(\sqrt{6})^b$이 무리수인 사건을 A, $(\sqrt{2})^a(\sqrt{6})^b = k\sqrt{3}$을 만족시키는 자연수 k가 존재하는 사건을 B라 하면 구하는 확률은 $P(B|A)$이다.
$(\sqrt{2})^a(\sqrt{6})^b = (\sqrt{2})^a(\sqrt{2} \times \sqrt{3})^b = (\sqrt{2})^{a+b}(\sqrt{3})^b$에서 $(\sqrt{2})^a(\sqrt{6})^b$이 무리수이려면 $a+b$ 또는 b가 홀수이어야 하고, $(\sqrt{2})^a(\sqrt{6})^b = k\sqrt{3}$을 만족시키는 자연수 k가 존재하려면 $a+b$는 짝수이고 b는 홀수이어야 한다.

(i) $a+b$가 짝수이고 b가 홀수인 경우

a가 홀수이고 b가 홀수이므로 그 경우의 수는 $3 \times 3 = 9$

(ii) $a+b$가 홀수이고 b가 짝수인 경우

a가 홀수이고 b가 짝수이므로 그 경우의 수는 $3 \times 3 = 9$

(iii) $a+b$가 홀수이고 b가 홀수인 경우

a가 짝수이고 b가 홀수이므로 그 경우의 수는 $3 \times 3 = 9$

(i), (ii), (iii)에서 $P(A) = \dfrac{9+9+9}{36} = \dfrac{3}{4}$

(i)에서 $P(A \cap B) = \dfrac{9}{36} = \dfrac{1}{4}$

$\therefore P(B|A) = \dfrac{P(A \cap B)}{P(A)} = \dfrac{\dfrac{1}{4}}{\dfrac{3}{4}} = \dfrac{1}{3}$

03 답 9

$b-a \geq 5$인 사건을 A, $c-a \geq 10$인 사건을 B라 하면 구하는 확률은 $P(B|A)$이다.
모든 경우의 수는 12개의 공 중에서 3개를 꺼내는 경우의 수이므로 $_{12}C_3 = 220$
$b-a \geq 5$를 만족시키는 순서쌍 (a, b)는
$(1, 6)$, $(1, 7)$, $(1, 8)$, $(1, 9)$, $(1, 10)$, $(1, 11)$,
$(2, 7)$, $(2, 8)$, $(2, 9)$, $(2, 10)$, $(2, 11)$,
$(3, 8)$, $(3, 9)$, $(3, 10)$, $(3, 11)$,
$(4, 9)$, $(4, 10)$, $(4, 11)$,
$(5, 10)$, $(5, 11)$,
$(6, 11)$
$b-a \geq 5$에서 $b \geq a+5$

(i) $a=1$일 때,

$b=6$이면 c는 $7, 8, \cdots, 12$의 6개

$b=7$이면 c는 $8, 9, \cdots, 12$의 5개

$b=8$이면 c는 $9, 10, 11, 12$의 4개

$b=9$이면 c는 $10, 11, 12$의 3개

$b=10$이면 c는 $11, 12$의 2개

$b=11$이면 c는 12의 1개

따라서 c의 개수는 $6+5+4+3+2+1 = 21$

(ii) $a=2$일 때,

(i)과 같은 방법으로 하면 c의 개수는

$5+4+3+2+1 = 15$

(iii) $a=3$일 때,

(i)과 같은 방법으로 하면 c의 개수는

$4+3+2+1 = 10$

(iv) $a=4$일 때,

(i)과 같은 방법으로 하면 c의 개수는

$3+2+1 = 6$

(v) $a=5$일 때,

(i)과 같은 방법으로 하면 c의 개수는

$2+1 = 3$

(vi) $a=6$일 때,

(i)과 같은 방법으로 하면 c의 개수는 1

(i)~(vi)에서 $b-a \geq 5$를 만족시키는 순서쌍 (a, b, c)의 개수는
$21+15+10+6+3+1 = 56$

$\therefore P(A) = \dfrac{56}{220} = \dfrac{14}{55}$

또 $b-a \geq 5$, $c-a \geq 10$에서 $b \geq a+5$, $c \geq a+10$

(i) $a=1$, $c=11$일 때, $b=6, 7, 8, 9, 10$의 5개

(ii) $a=1$, $c=12$일 때, $b=6, 7, 8, 9, 10, 11$의 6개

(iii) $a=2$, $c=12$일 때, $b=7, 8, 9, 10, 11$의 5개

(i), (ii), (iii)에서 $b-a \geq 5$이고 $c-a \geq 10$을 만족시키는 순서쌍 (a, b, c)의 개수는
$5+6+5 = 16$

$\therefore P(A \cap B) = \dfrac{16}{220} = \dfrac{4}{55}$

$\therefore P(B|A) = \dfrac{P(A \cap B)}{P(A)} = \dfrac{\dfrac{4}{55}}{\dfrac{14}{55}} = \dfrac{2}{7}$

따라서 $p=7$, $q=2$이므로 $p+q=9$

04 답 ②

선택한 함수 f가 4 이하의 모든 자연수 n에 대하여 $f(2n-1)<f(2n)$인 사건을 A, $f(1)=f(5)$인 사건을 B라 하면 구하는 확률은 $\mathrm{P}(B\,|\,A)$이다.

모든 경우의 수는 집합 X에서 X로의 모든 함수 f의 개수와 같으므로 ${}_8\Pi_8=8^8$

함수 f가 4 이하의 모든 자연수 n에 대하여 $f(2n-1)<f(2n)$이므로 $n=1$, 2, 3, 4를 차례로 대입하면

$f(1)<f(2)$, $f(3)<f(4)$, $f(5)<f(6)$, $f(7)<f(8)$

이때 $f(1)<f(2)$를 만족시키도록 $f(1)$, $f(2)$의 값을 정하는 경우의 수는 1부터 8까지의 자연수 중에서 2개를 택하는 경우의 수와 같으므로 ${}_8C_2=28$

$f(3)<f(4)$, $f(5)<f(6)$, $f(7)<f(8)$에 대해서도 같은 방법으로 하면 4 이하의 모든 자연수 n에 대하여 $f(2n-1)<f(2n)$을 만족시키도록 $f(2n-1)$, $f(2n)$의 값을 정하는 경우의 수는 28^4이므로

$$\mathrm{P}(A)=\frac{28^4}{8^8}$$

이때 $f(1)<f(2)$, $f(5)<f(6)$이므로 $f(1)=f(5)$인 경우는 $f(2)=f(6)$인 경우와 $f(2)\neq f(6)$인 경우로 나누어 생각한다.

(i) $f(2)=f(6)$인 경우

$f(1)$, $f(2)$의 값, $f(3)$, $f(4)$의 값, $f(7)$, $f(8)$의 값을 정하는 경우의 수는 각각 28이고 $f(5)=f(1)$, $f(6)=f(2)$이므로 함숫값을 정하는 경우의 수는 28^3

(ii) $f(2)\neq f(6)$인 경우

$f(1)=f(5)<f(2)<f(6)$ 또는 $f(1)=f(5)<f(6)<f(2)$이므로 각각의 경우에 $f(1)$, $f(2)$, $f(6)$의 값을 정하는 경우의 수는 ${}_8C_3=56$이고 $f(5)=f(1)$이므로 $f(1)$, $f(2)$, $f(5)$, $f(6)$의 값을 정하는 경우의 수는 $2\times56=112$

$f(3)$, $f(4)$의 값과 $f(7)$, $f(8)$의 값을 정하는 경우의 수는 각각 28

따라서 함숫값을 정하는 경우의 수는
$$112\times28^2$$

(i), (ii)에서 $f(1)=f(5)$인 경우의 수는
$$28^3+112\times28^2=140\times28^2$$

$$\therefore \mathrm{P}(A\cap B)=\frac{140\times28^2}{8^8}$$

$$\therefore \mathrm{P}(B\,|\,A)=\frac{\mathrm{P}(A\cap B)}{\mathrm{P}(A)}=\frac{\dfrac{140\times28^2}{8^8}}{\dfrac{28^4}{8^8}}=\frac{5}{28}$$

05 답 $\dfrac{20}{81}$

월요일에 연아와 진우가 각각 A, B 작업장에서 근무하였으므로 화요일에 연아는 B, C, D 작업장 중 한 곳에서 근무하게 되고, 진우는 A, C, D 작업장 중 한 곳에서 근무하게 되므로 어느 날 서로 다른 작업장에서 근무한 후 다음 날 같은 작업장에서 근무할 확률은
$$\frac{2}{3\times3}=\frac{2}{9}$$

또 화요일에 연아와 진우가 모두 C 작업장에서 일을 했다고 하면 수요일에 연아와 진우가 각각 A, B, D 작업장 중 한 곳에서 근무하게 되고, 같은 작업장에서 일하는 경우는 A, B, D의 3가지이므로 어느 날 서로 같은 작업장에서 근무한 후 다음 날 같은 작업장에서 근무할 확률은
$$\frac{3}{3\times3}=\frac{1}{3}$$

화요일에 같은 작업장에서 근무하는 사건을 X, 수요일에 같은 작업장에서 근무하는 사건을 Y라 하면

$$\mathrm{P}(X\cap Y)=\mathrm{P}(X)\mathrm{P}(Y\,|\,X)=\frac{2}{9}\times\frac{1}{3}=\frac{2}{27}$$

$$\mathrm{P}(X^c\cap Y)=\mathrm{P}(X^c)\mathrm{P}(Y\,|\,X^c)=\frac{7}{9}\times\frac{2}{9}=\frac{14}{81}$$

따라서 구하는 확률은

$$\mathrm{P}(Y)=\mathrm{P}(X\cap Y)+\mathrm{P}(X^c\cap Y)=\frac{2}{27}+\frac{14}{81}=\frac{20}{81}$$

06 답 $\dfrac{16}{25}$

(i) 첫 번째 시행에서 앞면인 동전 2개를 택하는 경우

앞면이 1개, 뒷면이 4개이므로 두 번째 시행에서는 뒷면인 동전 2개를 택해야 하므로 그 확률은

$$\frac{{}_3C_2}{{}_5C_2}\times\frac{{}_4C_2}{{}_5C_2}=\frac{3}{10}\times\frac{6}{10}=\frac{9}{50}$$ ·············· 배점 **30%**

(ii) 첫 번째 시행에서 앞면인 동전 1개와 뒷면인 동전 1개를 택하는 경우

앞면이 3개, 뒷면이 2개이므로 두 번째 시행에서는 앞면인 동전 1개와 뒷면인 동전 1개를 택해야 하므로 그 확률은

$$\frac{{}_3C_1\times{}_2C_1}{{}_5C_2}\times\frac{{}_3C_1\times{}_2C_1}{{}_5C_2}=\frac{6}{10}\times\frac{6}{10}=\frac{9}{25}$$ ·············· 배점 **30%**

(iii) 첫 번째 시행에서 뒷면인 동전 2개를 택하는 경우

앞면이 5개이므로 두 번째 시행에서는 앞면인 동전 2개를 택해야 하므로 그 확률은

$$\frac{{}_2C_2}{{}_5C_2}\times\frac{{}_5C_2}{{}_5C_2}=\frac{1}{10}\times1=\frac{1}{10}$$ ·············· 배점 **30%**

(i), (ii), (iii)에서 구하는 확률은

$$\frac{9}{50}+\frac{9}{25}+\frac{1}{10}=\frac{16}{25}$$ ·············· 배점 **10%**

✦idea 07 답 $\dfrac{11}{32}$

최단 거리로 이동하려면 연지는 아래쪽으로 1번, 민우는 위쪽으로 1번 이동해야 하므로 두 사람은 $\overline{\text{AE}}$, $\overline{\text{BF}}$, $\overline{\text{CG}}$, $\overline{\text{DH}}$의 중점에서만 만날 수 있다.

(i) $\overline{\text{AE}}$의 중점에서 만날 확률

연지가 A → E로 이동할 확률은 $\dfrac{1}{2}$

민우가 E → A로 이동할 확률은 $\dfrac{1}{2}$

따라서 그 확률은 $\dfrac{1}{2}\times\dfrac{1}{2}=\dfrac{1}{4}$

(ii) $\overline{\text{BF}}$의 중점에서 만날 확률

연지가 A → B → F로 이동할 확률은 $\dfrac{1}{2}\times\dfrac{1}{2}=\dfrac{1}{4}$

민우가 E → F → B로 이동할 확률은 $\dfrac{1}{2}\times\dfrac{1}{2}=\dfrac{1}{4}$

따라서 그 확률은 $\dfrac{1}{4}\times\dfrac{1}{4}=\dfrac{1}{16}$

(iii) $\overline{\text{CG}}$의 중점에서 만날 확률

연지가 A → B → C → G로 이동할 확률은 $\dfrac{1}{2}\times\dfrac{1}{2}\times\dfrac{1}{2}=\dfrac{1}{8}$

민우가 E → F → G → C로 이동할 확률은 $\dfrac{1}{2}\times\dfrac{1}{2}\times\dfrac{1}{2}=\dfrac{1}{8}$

따라서 그 확률은 $\dfrac{1}{8}\times\dfrac{1}{8}=\dfrac{1}{64}$

(iv) $\overline{\text{DH}}$의 중점에서 만날 확률

연지가 A → B → C → D → H로 이동할 확률은 $\dfrac{1}{2}\times\dfrac{1}{2}\times\dfrac{1}{2}=\dfrac{1}{8}$

민우가 $E \rightarrow F \rightarrow G \rightarrow H \rightarrow D$로 이동할 확률은 $\dfrac{1}{2} \times \dfrac{1}{2} \times \dfrac{1}{2} = \dfrac{1}{8}$

따라서 그 확률은 $\dfrac{1}{8} \times \dfrac{1}{8} = \dfrac{1}{64}$

(i)~(iv)에서 구하는 확률은

$\dfrac{1}{4} + \dfrac{1}{16} + \dfrac{1}{64} + \dfrac{1}{64} = \dfrac{11}{32}$

08 답 131

(i) ★ 모양의 스티커가 3개 붙어 있는 카드가 2장 들어 있는 경우
2번의 시행에서 모두 ★ 모양의 스티커가 붙어 있는 카드를 2장 꺼내야 하므로 그 확률은

$\dfrac{{}_2C_2}{{}_5C_2} \times \dfrac{{}_2C_2}{{}_5C_2} = \dfrac{1}{10} \times \dfrac{1}{10} = \dfrac{1}{100}$

(ii) ★ 모양의 스티커가 3개 붙어 있는 카드가 1장 들어 있는 경우
ⓘ 첫 번째 시행에서 ★ 모양의 스티커가 붙어 있는 카드를 2장 꺼내면 두 번째 시행에서는 ★ 모양의 스티커가 붙어 있는 카드를 1장, 붙어 있지 않은 카드를 1장 꺼내야 하므로 그 확률은

$\dfrac{{}_2C_2}{{}_5C_2} \times \dfrac{{}_2C_1 \times {}_3C_1}{{}_5C_2} = \dfrac{1}{10} \times \dfrac{6}{10} = \dfrac{3}{50}$

ⓘ 첫 번째 시행에서 ★ 모양의 스티커가 붙어 있는 카드를 1장, 붙어 있지 않은 카드를 1장 꺼내면 두 번째 시행에서는 ★ 모양의 스티커가 2장 붙어 있는 카드를 1장, 나머지 카드 중에서 1장 꺼내야 하므로 그 확률은

$\dfrac{{}_2C_1 \times {}_3C_1}{{}_5C_2} \times \dfrac{1 \times {}_4C_1}{{}_5C_2} = \dfrac{6}{10} \times \dfrac{4}{10} = \dfrac{6}{25}$

ⓘ, ⓘ에서 ★ 모양의 스티커가 3개 붙어 있는 카드가 1장 들어 있을 확률은

$\dfrac{3}{50} + \dfrac{6}{25} = \dfrac{3}{10}$

(i), (ii)에서 ★ 모양의 스티커가 3개 붙어 있는 카드가 들어 있을 확률은

$\dfrac{1}{100} + \dfrac{3}{10} = \dfrac{31}{100}$

따라서 $p = 100$, $q = 31$이므로 $p + q = 131$

09 답 ④

흰 공 2개를 모두 꺼낼 때까지 꺼낸 공의 개수가 k인 경우는 $(k-1)$번째까지 1개의 흰 공과 $(k-2)$개의 검은 공을 꺼내고 k번째에 흰 공을 꺼내는 경우이다.

10개의 공이 들어 있는 주머니에서 꺼낸 $(k-1)$개의 공 중에 흰 공이 1개, 검은 공이 $(k-2)$개 있을 확률은

$\dfrac{{}_2C_1 \times {}_8C_{k-2}}{{}_{10}C_{k-1}} = 2 \times \dfrac{8!}{(k-2)!(10-k)!} \times \dfrac{(k-1)!(11-k)!}{10!}$

$= 2 \times \dfrac{(k-1)(11-k)}{10 \times 9} = \dfrac{(k-1)(11-k)}{45}$

k번째에 흰 공을 꺼낼 확률은 $\dfrac{1}{10-(k-1)} = \dfrac{1}{11-k}$

따라서 흰 공 2개를 모두 꺼낼 때까지 꺼낸 공의 개수가 k일 확률은

$P(k) = \dfrac{(k-1)(11-k)}{45} \times \dfrac{1}{11-k} = \dfrac{k-1}{45}$

$\therefore P(4) + P(5) + P(6) = \dfrac{3}{45} + \dfrac{4}{45} + \dfrac{5}{45} = \dfrac{4}{15}$

개념 NOTE

${}_nC_r = \dfrac{{}_nP_r}{r!} = \dfrac{n!}{r!(n-r)!}$ (단, $0 \le r \le n$)

10 답 ③

(i) 첫 번째 시행 후 주머니 A에 흰 공이 들어 있을 확률
주머니 A에서 검은 공을 꺼내거나, 주머니 A에서 흰 공을 꺼내고 주머니 B에서 다시 흰 공을 꺼낼 확률이므로

$P(1) = \dfrac{1}{2} + \dfrac{1}{2} \times \dfrac{1}{3} = \dfrac{2}{3}$

(ii) 두 번째 시행 후 주머니 A에 흰 공이 들어 있을 확률
ⓘ 첫 번째 시행 후 주머니 A에 흰 공이 들어 있는 경우
(i)과 같은 방법으로 하면 그 확률은

$\dfrac{2}{3} \times \dfrac{2}{3} = \dfrac{4}{9}$

ⓘ 첫 번째 시행 후 주머니 A에 흰 공이 없는 경우
첫 번째 시행 후 주머니 A에 흰 공이 없을 확률은 $1 - \dfrac{2}{3} = \dfrac{1}{3}$이고, 이때 두 번째 시행에서 주머니 A에서 검은 공을 꺼내고 주머니 B에서 흰 공을 꺼내야 하므로 그 확률은

$\dfrac{1}{3} \times \dfrac{1}{3} = \dfrac{1}{9}$

ⓘ, ⓘ에서 두 번째 시행 후 주머니 A에 흰 공이 들어 있을 확률은

$P(2) = \dfrac{4}{9} + \dfrac{1}{9} = \dfrac{5}{9}$

(iii) 세 번째 시행 후 주머니 A에 흰 공이 들어 있을 확률
ⓘ 두 번째 시행 후 주머니 A에 흰 공이 들어 있는 경우
(i), (ii)와 같은 방법으로 하면 그 확률은

$\dfrac{5}{9} \times \dfrac{2}{3} = \dfrac{10}{27}$

ⓘ 두 번째 시행 후 주머니 A에 흰 공이 없는 경우
두 번째 시행 후 주머니 A에 흰 공이 없을 확률은 $1 - \dfrac{5}{9} = \dfrac{4}{9}$이고, 이때 세 번째 시행에서 주머니 A에서 검은 공을 꺼내고 주머니 B에서 흰 공을 꺼내야 하므로 그 확률은

$\dfrac{4}{9} \times \dfrac{1}{3} = \dfrac{4}{27}$

ⓘ, ⓘ에서 세 번째 시행 후 주머니 A에 흰 공이 들어 있을 확률은 $P(3) = \dfrac{10}{27} + \dfrac{4}{27} = \dfrac{14}{27}$

(i), (ii), (iii)에서 $P(1) + P(2) - P(3) = \dfrac{2}{3} + \dfrac{5}{9} - \dfrac{14}{27} = \dfrac{19}{27}$

11 답 $\dfrac{2}{7}$

처음 주머니 A에서 꺼낸 2개의 공 중 7이 적혀 있는 공이 포함되는 사건을 X, 주머니 A에 들어 있는 4개의 공에 적혀 있는 수 중 최댓값이 7인 사건을 Y라 하면 구하는 확률은 $P(X|Y)$이다.

(i) 주머니 A에서 7이 적혀 있는 공을 포함하여 2개의 공을 꺼내어 주머니 B에 넣은 다음 다시 주머니 B에서 8이 적혀 있는 공을 제외한 공 중에서 7이 적혀 있는 공을 포함하여 2개를 꺼내어 주머니 A에 넣을 확률은

$P(X \cap Y) = P(X)P(Y|X)$

$= \dfrac{{}_3C_1}{{}_4C_2} \times \dfrac{{}_4C_1}{{}_6C_2} = \dfrac{1}{2} \times \dfrac{4}{15} = \dfrac{2}{15}$

(ii) 주머니 A에서 7이 적혀 있는 공을 제외한 공 중에서 2개를 꺼내어 주머니 B에 넣은 다음 다시 주머니 B에서 8이 적혀 있는 공을 제외한 공 중에서 2개를 꺼내어 주머니 A에 넣을 확률은
$P(X^C \cap Y) = P(X^C)P(Y|X^C)$

$= \dfrac{{}_3C_2}{{}_4C_2} \times \dfrac{{}_5C_2}{{}_6C_2} = \dfrac{1}{2} \times \dfrac{2}{3} = \dfrac{1}{3}$

(i), (ii)에서

$$P(Y)=P(X\cap Y)+P(X^c\cap Y)=\frac{2}{15}+\frac{1}{3}=\frac{7}{15}$$

$$\therefore P(X|Y)=\frac{P(X\cap Y)}{P(Y)}=\frac{\frac{2}{15}}{\frac{7}{15}}=\frac{2}{7}$$

12 답 ④

가위바위보를 2번 한 결과 A 학생이 최종 승자로 정해지는 사건을 A, 2번째 가위바위보를 한 학생이 2명인 사건을 B라 하면 구하는 확률은 $P(B|A)$이다.

가위바위보를 2번 하였으므로 첫 번째 가위바위보에서 이긴 학생이 없거나 2명이어야 한다.

(i) 첫 번째 가위바위보에서 이긴 학생이 없는 경우

첫 번째 가위바위보에서 세 학생이 모두 다른 것을 내거나 모두 같은 것을 내고, 두 번째 가위바위보에서 A만 이기면 된다.

세 학생이 모두 다른 것을 내는 경우의 수는 3!이고 모두 같은 것을 내는 경우의 수는 3이므로 세 학생이 가위바위보를 하여 이긴 학생이 없을 확률은 $\frac{3!+3}{3^3}=\frac{1}{3}$

세 학생이 가위바위보를 하여 A만 이길 확률은 $\frac{3}{3^3}=\frac{1}{9}$

따라서 그 확률은 $\frac{1}{3}\times\frac{1}{9}=\frac{1}{27}$

(ii) 첫 번째 가위바위보에서 이긴 학생이 2명인 경우

첫 번째 가위바위보에서 A를 포함한 2명의 학생이 이기고, 두 번째 가위바위보에서 A가 이기면 된다.

세 학생이 가위바위보를 하여 B 또는 C가 A와 같은 것을 내고 이기는 경우가 각각 3가지이므로 A를 포함한 2명의 학생이 이길 확률은 $\frac{2\times3}{3^3}=\frac{2}{9}$

B 또는 C가 A와 가위바위보를 하여 A가 이길 확률은 $\frac{3}{3^2}=\frac{1}{3}$

따라서 그 확률은 $\frac{2}{9}\times\frac{1}{3}=\frac{2}{27}$

(i), (ii)에서 $P(A)=\frac{1}{27}+\frac{2}{27}=\frac{1}{9}$

(ii)에서 $P(A\cap B)=\frac{2}{27}$

$$\therefore P(B|A)=\frac{P(A\cap B)}{P(A)}=\frac{\frac{2}{27}}{\frac{1}{9}}=\frac{2}{3}$$

13 답 8

한 개의 주사위를 1번 던져서 홀수의 눈이 나올 확률은

$$P(A)=\frac{3}{6}=\frac{1}{2}$$

두 사건 A와 B가 서로 독립이려면 $P(A\cap B)=P(A)P(B)$이어야 한다.

(i) $m=1$일 때,

1의 약수의 눈은 1이므로 $P(B)=\frac{1}{6}$

1의 약수 중 홀수의 눈은 1이므로 $P(A\cap B)=\frac{1}{6}$

$\therefore P(A\cap B)\neq P(A)P(B)$

(ii) $m=2$일 때,

2의 약수의 눈은 1, 2의 2가지이므로 $P(B)=\frac{2}{6}=\frac{1}{3}$

2의 약수 중 홀수의 눈은 1이므로 $P(A\cap B)=\frac{1}{6}$

$\therefore P(A\cap B)=P(A)P(B)$

(iii) $m=3$일 때,

3의 약수의 눈은 1, 3의 2가지이므로 $P(B)=\frac{2}{6}=\frac{1}{3}$

3의 약수 중 홀수의 눈은 1, 3의 2가지이므로 $P(A\cap B)=\frac{2}{6}=\frac{1}{3}$

$\therefore P(A\cap B)\neq P(A)P(B)$

(iv) $m=4$일 때,

4의 약수의 눈은 1, 2, 4의 3가지이므로 $P(B)=\frac{3}{6}=\frac{1}{2}$

4의 약수 중 홀수의 눈은 1이므로 $P(A\cap B)=\frac{1}{6}$

$\therefore P(A\cap B)\neq P(A)P(B)$

(v) $m=5$일 때,

5의 약수의 눈은 1, 5의 2가지이므로 $P(B)=\frac{2}{6}=\frac{1}{3}$

5의 약수 중 홀수의 눈은 1, 5의 2가지이므로 $P(A\cap B)=\frac{2}{6}=\frac{1}{3}$

$\therefore P(A\cap B)\neq P(A)P(B)$

(vi) $m=6$일 때,

6의 약수의 눈은 1, 2, 3, 6의 4가지이므로 $P(B)=\frac{4}{6}=\frac{2}{3}$

6의 약수 중 홀수의 눈은 1, 3의 2가지이므로 $P(A\cap B)=\frac{2}{6}=\frac{1}{3}$

$\therefore P(A\cap B)=P(A)P(B)$

(i)~(vi)에서 $P(A\cap B)=P(A)P(B)$를 만족시키는 m의 값은 2, 6이다.

따라서 모든 m의 값의 합은 $2+6=8$

14 답 ⑤

주머니에 들어 있는 카드의 개수를 표로 나타내면 다음과 같다.

색 \ 숫자	1	2	합계
노란색	4	$\frac{n}{4}-4$	$\frac{n}{4}$
빨간색	$\frac{n}{2}-a$	a	$\frac{n}{2}$
파란색	5	$\frac{n}{4}-5$	$\frac{n}{4}$
합계	$\frac{n}{2}-a+9$	$\frac{n}{2}+a-9$	n

$$P(A)=\frac{\frac{n}{2}}{n}=\frac{1}{2},\ P(B)=\frac{\frac{n}{2}+a-9}{n}=\frac{n+2a-18}{2n},\ P(A\cap B)=\frac{a}{n}$$

두 사건 A, B가 서로 독립이려면 $P(A\cap B)=P(A)P(B)$이어야 하므로

$$\frac{a}{n}=\frac{1}{2}\times\frac{n+2a-18}{2n}$$

$$4a=n+2a-18 \qquad \therefore a=\frac{n}{2}-9$$

따라서 $f(n)=\frac{n}{2}-9$이므로

$$f(20)+f(40)=1+11=12$$

15 답 ③

20 이하의 소수는 2, 3, 5, 7, 11, 13, 17, 19의 8개이므로

$$P(A)=\frac{8}{20}=\frac{2}{5}$$

20보다 작은 자연수 n에 대하여 n 이하의 수가 나오는 사건이 B_n이므로

$$P(B_n)=\frac{n}{20}$$

20보다 작은 자연수 n에 대하여 두 사건 A와 B_n이 서로 독립이려면

$P(A \cap B_n)=P(A)P(B_n)$이어야 한다.

$A \cap B_n$의 원소의 개수를 k라 하면 $P(A \cap B_n)=\frac{k}{20}$이므로

$$\frac{k}{20}=\frac{2}{5}\times\frac{n}{20} \qquad \therefore k=\frac{2}{5}n$$

이때 k는 자연수이므로 n은 5의 배수이다.

(i) $n=5$일 때,

  $P(B_5)=\frac{5}{20}=\frac{1}{4}$이고, 5 이하의 소수는 2, 3, 5의 3개이므로

  $$P(A \cap B_5)=\frac{3}{20}$$

  $$\therefore P(A \cap B_5)\neq P(A)P(B_5)$$

(ii) $n=10$일 때,

  $P(B_{10})=\frac{10}{20}=\frac{1}{2}$이고, 10 이하의 소수는 2, 3, 5, 7의 4개이므로

  $$P(A \cap B_{10})=\frac{4}{20}=\frac{1}{5}$$

  $$\therefore P(A \cap B_{10})=P(A)P(B_{10})$$

(iii) $n=15$일 때,

  $P(B_{15})=\frac{15}{20}=\frac{3}{4}$이고, 15 이하의 소수는 2, 3, 5, 7, 11, 13의 6개

  이므로

  $$P(A \cap B_{15})=\frac{6}{20}=\frac{3}{10}$$

  $$\therefore P(A \cap B_{15})=P(A)P(B_{15})$$

(i), (ii), (iii)에서 두 사건 A와 B_n이 서로 독립이 되도록 하는 n의 값은

10, 15이므로 최댓값은 15이다.

16 답 ③

6번째 시행 후 상자 B에 8개의 공이 들어 있으려면 상자 A에서 공 1개를 꺼내어 상자 B에 넣는 것을 상자 B에서 공 1개를 꺼내어 상자 A에 넣는 것보다 2번 더 해야 하므로 동전의 앞면이 4번, 뒷면이 2번 나와야 한다.

이때 6번째 시행 후 처음으로 상자 B에 8개의 공이 들어 있으려면 5번째 시행 후에는 7개, 4번째 시행 후에는 6개의 공이 상자 B에 들어 있어야 한다.

따라서 4번째 시행까지 동전의 앞면이 2번, 뒷면이 2번 나와야 하고, 이 중 상자 B에 공이 8개 들어가는 경우를 제외하면 되므로 조건을 만족시키는 경우는 다음과 같다. └→ 1, 2번째 모두 앞면이 나오는 경우

1번째	2번째	3번째	4번째	5번째	6번째
앞	뒤	앞	뒤	앞	앞
앞	뒤	뒤	앞	앞	앞
뒤	앞	앞	뒤	앞	앞
뒤	앞	뒤	앞	앞	앞
뒤	뒤	앞	앞	앞	앞

동전을 1번 던져서 앞면이 나올 확률은 $\frac{1}{2}$, 뒷면이 나올 확률은 $\frac{1}{2}$이므로 5가지 경우 모두 앞면이 4번, 뒷면이 2번 나올 확률은

$$\left(\frac{1}{2}\right)^4\left(\frac{1}{2}\right)^2=\frac{1}{64}$$

따라서 구하는 확률은

$$5\times\frac{1}{64}=\frac{5}{64}$$

17 답 $\frac{8}{81}$

(i) $a_1=1$일 때,

  $b_1=a_1=1$이므로 $b_1+b_2+b_3+b_4+b_5=3$에서

  $b_2+b_3+b_4+b_5=2$

  ① $a_2=1$일 때,

    $b_2=b_1+1=2$이므로 $b_2+b_3+b_4+b_5=2$에서

    $b_3+b_4+b_5=0$

    따라서 $b_3=b_4=b_5=0$이어야 하므로 $a_3=a_4=a_5=0$

  ② $a_2=0$일 때,

    $b_2=0$이므로 $b_2+b_3+b_4+b_5=2$에서

    $b_3+b_4+b_5=2$

    ⓐ $a_3=1$일 때,

      $b_3=b_2+1=1$이므로 $b_3+b_4+b_5=2$에서

      $b_4+b_5=1$

      따라서 $b_4=0$, $b_5=1$이어야 하므로 $a_4=0$, $a_5=1$

    ⓑ $a_3=0$일 때,

      $b_3=0$이므로 $b_3+b_4+b_5=2$에서

      $b_4+b_5=2$

      이를 만족시키는 b_4, b_5의 값은 존재하지 않는다.

    ⓐ, ⓑ에서 $a_3=1$, $a_4=0$, $a_5=1$

(ii) $a_1=0$일 때,

  $b_1=a_1=0$이므로 $b_1+b_2+b_3+b_4+b_5=3$에서

  $b_2+b_3+b_4+b_5=3$

  ① $a_2=1$일 때,

    $b_2=b_1+1=1$이므로 $b_2+b_3+b_4+b_5=3$에서

    $b_3+b_4+b_5=2$

    ⓐ $a_3=1$일 때,

      $b_3=b_2+1=2$이므로 $b_3+b_4+b_5=2$에서

      $b_4+b_5=0$

      따라서 $b_4=b_5=0$이어야 하므로 $a_4=a_5=0$

    ⓑ $a_3=0$일 때,

      $b_3=0$이므로 $b_3+b_4+b_5=2$에서

      $b_4+b_5=2$

      이를 만족시키는 b_4, b_5의 값은 존재하지 않는다.

    ⓐ, ⓑ에서 $a_3=1$, $a_4=0$, $a_5=0$

  ② $a_2=0$일 때,

    $b_2=0$이므로 $b_2+b_3+b_4+b_5=3$에서

    $b_3+b_4+b_5=3$

    ⓐ $a_3=1$일 때,

      $b_3=b_2+1=1$이므로 $b_3+b_4+b_5=3$에서

      $b_4+b_5=2$

      따라서 $b_4=2$, $b_5=0$이어야 하므로 $a_4=1$, $a_5=0$

ⓑ $a_3=0$일 때,

$b_3=0$이므로 $b_3+b_4+b_5=3$에서

$b_4+b_5=3$

따라서 $b_4=1$, $b_5=2$이어야 하므로 $a_4=1$, $a_5=1$

ⓐ, ⓑ에서 $a_3=1$, $a_4=1$, $a_5=0$ 또는 $a_3=0$, $a_4=1$, $a_5=1$

(i), (ii)에서 순서쌍 $(a_1, a_2, a_3, a_4, a_5)$는 $(1, 1, 0, 0, 0)$,

$(1, 0, 1, 0, 1)$, $(0, 1, 1, 0, 0)$, $(0, 0, 1, 1, 0)$, $(0, 0, 0, 1, 1)$

이때 1이 적혀 있는 공을 꺼낼 확률은 $\frac{4}{6}=\frac{2}{3}$, 0이 적혀 있는 공을 꺼낼

확률은 $\frac{2}{6}=\frac{1}{3}$이므로 구하는 확률은

$$\left(\frac{2}{3}\right)^3\left(\frac{1}{3}\right)^2+4\times\left(\frac{2}{3}\right)^2\left(\frac{1}{3}\right)^3=\frac{8}{243}+\frac{16}{243}=\frac{8}{81}$$

18 답 277

한 개의 주사위를 3번 던져서 나오는 눈의 수의 최댓값을 M이라 하자.

(i) $M\leq5$인 경우

주사위를 1번 던져서 5 이하의 눈이 나올 확률은 $\frac{5}{6}$

주사위에서 3번 모두 5 이하의 눈이 나와야 하므로 그 확률은

$${}_3C_3\left(\frac{5}{6}\right)^3=\frac{125}{216}$$ ·························· 배점 **40%**

(ii) $M\leq4$인 경우

주사위를 1번 던져서 4 이하의 눈이 나올 확률은 $\frac{4}{6}=\frac{2}{3}$

주사위에서 3번 모두 4 이하의 눈이 나와야 하므로 그 확률은

$${}_3C_3\left(\frac{2}{3}\right)^3=\frac{8}{27}$$ ····························· 배점 **40%**

(i), (ii)에서 $M=5$일 확률은

$$\frac{125}{216}-\frac{8}{27}=\frac{61}{216}$$ ·························· 배점 **10%**

따라서 $p=216$, $q=61$이므로

$p+q=277$ ····································· 배점 **10%**

19 답 $\frac{12}{25}$

한 개의 동전을 3번 던져서 앞면이 2개가 나오는 사건을 A, 한 개의 주사위를 던져서 3의 배수의 눈이 1번 나오는 사건을 B라 하면 구하는 확률은 $\mathrm{P}(A|B)$이다.

한 개의 동전을 1번 던져서 앞면이 나올 확률은 $\frac{1}{2}$이고 주사위를 1번 던져서 3의 배수의 눈이 나올 확률은 $\frac{2}{6}=\frac{1}{3}$

(i) 동전을 3번 던져서 나오는 앞면의 개수가 1이고, 주사위를 1번 던져서 3의 배수의 눈이 나올 확률은

$${}_3C_1\left(\frac{1}{2}\right)^1\left(\frac{1}{2}\right)^2\times\frac{1}{3}=\frac{1}{8}$$

(ii) 동전을 3번 던져서 나오는 앞면의 개수가 2이고, 주사위를 2번 던져서 3의 배수의 눈이 1번 나올 확률은

$${}_3C_2\left(\frac{1}{2}\right)^2\left(\frac{1}{2}\right)^1\times{}_2C_1\left(\frac{1}{3}\right)\left(\frac{2}{3}\right)^1=\frac{1}{6}$$

(iii) 동전을 3번 던져서 나오는 앞면의 개수가 3이고, 주사위를 3번 던져서 3의 배수의 눈이 1번 나올 확률은

$${}_3C_3\left(\frac{1}{2}\right)^3\left(\frac{1}{2}\right)^0\times{}_3C_1\left(\frac{1}{3}\right)^1\left(\frac{2}{3}\right)^2=\frac{1}{18}$$

(i), (ii), (iii)에서 $\mathrm{P}(B)=\frac{1}{8}+\frac{1}{6}+\frac{1}{18}=\frac{25}{72}$

(ii)에서 $\mathrm{P}(A\cap B)=\frac{1}{6}$

$$\therefore \mathrm{P}(A|B)=\frac{\mathrm{P}(A\cap B)}{\mathrm{P}(B)}=\frac{\dfrac{1}{6}}{\dfrac{25}{72}}=\frac{12}{25}$$

20 답 25

서로 다른 2개의 주사위를 동시에 던져서 나오는 두 눈의 수의 곱이 홀수인 경우는 두 눈의 수가 모두 홀수인 경우이므로 그 확률은

$$\frac{3}{6}\times\frac{3}{6}=\frac{1}{4}$$

두 눈의 수의 곱이 짝수일 확률은 $1-\frac{1}{4}=\frac{3}{4}$

서로 다른 2개의 주사위를 동시에 던지는 시행을 8번 반복한 후 점 P의 좌표를 (a, b)라 하면 $a+b=8$이므로 원 $(x-8)^2+y^2=4$의 내부에 있는 점 P의 좌표는 $(8, 0)$,

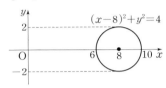

$(7, 1)$의 2가지이다.

(i) 점 P의 좌표가 $(8, 0)$인 경우

주사위를 던져서 나오는 두 눈의 수의 곱이 홀수인 사건이 8번 일어날 확률은 ${}_8C_8\left(\frac{1}{4}\right)^8\left(\frac{3}{4}\right)^0=\left(\frac{1}{4}\right)^8$

(ii) 점 P의 좌표가 $(7, 1)$인 경우

주사위를 던져서 나오는 두 눈의 수의 곱이 홀수인 사건이 7번, 짝수인 사건이 1번 일어날 확률은 ${}_8C_7\left(\frac{1}{4}\right)^7\left(\frac{3}{4}\right)^1=24\times\left(\frac{1}{4}\right)^8$

(i), (ii)에서 구하는 확률은

$$\left(\frac{1}{4}\right)^8+24\times\left(\frac{1}{4}\right)^8=25\times\left(\frac{1}{4}\right)^8=\frac{25}{2^{16}}$$

$\therefore p=25$

21 답 ③

점 A의 y좌표가 처음으로 3이 되는 사건을 A, 점 A의 x좌표가 1인 사건을 B라 하면 구하는 확률은 $\mathrm{P}(B|A)$이다.

한 개의 동전을 1번 던져서 앞면이 나올 확률은 $\frac{1}{2}$

(i) 점 A의 좌표가 $(0, 3)$인 경우

한 개의 동전을 3번 던져서 앞면이 0번, 뒷면이 3번 나와야 하므로 그 확률은

$${}_3C_0\left(\frac{1}{2}\right)^0\left(\frac{1}{2}\right)^3=\frac{1}{8}$$

(ii) 점 A의 좌표가 $(1, 3)$인 경우

세 번의 시행에서 점 A를 점 $(1, 2)$까지 이동시킨 후 네 번째 시행에서 점 A를 y축의 양의 방향으로 1만큼 이동시키면 된다.

즉, 한 개의 동전을 3번 던져서 앞면이 1번, 뒷면이 2번 나오고 4번째 던진 동전이 뒷면이 나와야 하므로 그 확률은

$${}_3C_1\left(\frac{1}{2}\right)^1\left(\frac{1}{2}\right)^2\times\frac{1}{2}=\frac{3}{16}$$

(iii) 점 A의 좌표가 $(2, 3)$인 경우

네 번의 시행에서 점 A를 점 $(2, 2)$까지 이동시킨 후 다섯 번째 시행에서 점 A를 y축의 양의 방향으로 1만큼 이동시키면 된다.

즉, 한 개의 동전을 4번 던져서 앞면이 2번, 뒷면이 2번 나오고 5번째 던진 동전이 뒷면이 나와야 하므로 그 확률은

$$_4\mathrm{C}_2\left(\frac{1}{2}\right)^2\left(\frac{1}{2}\right)^2\times\frac{1}{2}=\frac{3}{16}$$

(ⅰ), (ⅱ), (ⅲ)에서 $\mathrm{P}(A)=\frac{1}{8}+\frac{3}{16}+\frac{3}{16}=\frac{1}{2}$

(ⅱ)에서 $\mathrm{P}(A\cap B)=\frac{3}{16}$

$$\therefore\ \mathrm{P}(B|A)=\frac{\mathrm{P}(A\cap B)}{\mathrm{P}(A)}=\frac{\dfrac{3}{16}}{\dfrac{1}{2}}=\frac{3}{8}$$

22 답 $\frac{1}{3}$

정육면체 모양의 상자를 1번 던져서 바닥에 닿은 면에 적혀 있는 수가 짝수일 확률은 $\frac{2}{6}=\frac{1}{3}$, 홀수일 확률은 $1-\frac{1}{3}=\frac{2}{3}$

시계 반대 방향으로 1만큼 이동하는 횟수를 a, 시계 방향으로 1만큼 이동하는 횟수를 b라 하면 $a+b=7$

이때 시계 반대 방향을 양의 방향으로 생각하자.

(ⅰ) $a-b=1$인 경우

$a=4$, $b=3$이므로 정육면체 모양의 상자를 7번 던져서 바닥에 닿은 면에 적혀 있는 수가 짝수가 4번, 홀수가 3번 나올 확률은

$$_7\mathrm{C}_4\left(\frac{1}{3}\right)^4\left(\frac{2}{3}\right)^3=\frac{280}{3^7}$$

(ⅱ) $a-b=7$인 경우

$a=7$, $b=0$이므로 정육면체 모양의 상자를 7번 던져서 바닥에 닿은 면에 적혀 있는 수가 모두 짝수일 확률은

$$_7\mathrm{C}_7\left(\frac{1}{3}\right)^7\left(\frac{2}{3}\right)^0=\frac{1}{3^7}$$

(ⅲ) $a-b=-5$인 경우

$a=1$, $b=6$이므로 정육면체 모양의 상자를 7번 던져서 바닥에 닿은 면에 적혀 있는 수가 짝수가 1번, 홀수가 6번 나올 확률은

$$_7\mathrm{C}_1\left(\frac{1}{3}\right)^1\left(\frac{2}{3}\right)^6=\frac{448}{3^7}$$

(ⅰ), (ⅱ), (ⅲ)에서 구하는 확률은 $\frac{280+1+448}{3^7}=\frac{729}{3^7}=\frac{1}{3}$

23 답 21

주머니에서 임의로 4개의 구슬을 동시에 꺼낼 때, a, b의 순서쌍 (a, b)는 $(1, 3)$, $(2, 2)$, $(3, 1)$

한 번의 시행에서 $a>b$, 즉 $a=3$, $b=1$일 확률은 $\frac{_3\mathrm{C}_3\times_3\mathrm{C}_1}{_6\mathrm{C}_4}=\frac{1}{5}$이고,

이때 점 P는 x축의 양의 방향으로 3만큼 이동한다.

또 한 번의 시행에서 $a\leq b$일 확률은 $1-\frac{1}{5}=\frac{4}{5}$이고, 이때 점 P는 x축의 음의 방향으로 1만큼 이동한다.

5번의 시행 중에서 $a>b$인 사건이 일어나는 횟수를 m이라 하면 $a\leq b$인 사건이 일어나는 횟수는 $(5-m)$이므로 5번의 시행 후 점 P의 좌표는 $3m-(5-m)=4m-5$

이때 점 P의 좌표가 10 이상이려면

$4m-5\geq10$, $4m\geq15$ $\qquad\therefore\ m\geq\frac{15}{4}$

그런데 m은 5 이하의 음이 아닌 정수이므로 $m=4$ 또는 $m=5$

$$\therefore\ p=_5\mathrm{C}_4\left(\frac{1}{5}\right)^4\left(\frac{4}{5}\right)^1+_5\mathrm{C}_5\left(\frac{1}{5}\right)^5\left(\frac{4}{5}\right)^0=\frac{20}{5^5}+\frac{1}{5^5}=\frac{21}{5^5}$$

$$\therefore\ 5^5\times p=21$$

01 25	02 ②	03 3080	04 $\frac{3}{7}$	05 $\frac{11}{28}$	06 $\frac{20}{61}$
07 135	08 ④	09 191			

01 답 25

1단계 조건부확률 이용하기

선택한 2장의 카드에 적힌 두 수의 곱의 모든 양의 약수의 개수가 3 이하인 사건을 A, 두 수의 합이 짝수인 사건을 B라 하면 구하는 확률은 $\mathrm{P}(B|A)$이다.

2단계 $\mathrm{P}(A)$의 값 구하기

모든 경우의 수는 15장의 카드 중에서 2장을 택하는 경우의 수이므로 $_{15}\mathrm{C}_2=105$

두 수의 곱의 모든 양의 약수의 개수가 3 이하가 되려면 두 수 중 하나가 1이거나 두 수가 서로 같은 소수인 경우이다.

(ⅰ) 두 수 중 하나가 1인 경우

나머지 1장의 카드는 1이 적힌 카드를 제외한 14장의 카드 중에서 1장을 택하면 되므로 그 경우의 수는 $_{14}\mathrm{C}_1=14$

(ⅱ) 두 수가 서로 같은 소수인 경우

ⓐ 두 수가 2인 경우

2가 적힌 2장의 카드 중에서 2장을 택하면 되므로 그 경우의 수는 $_2\mathrm{C}_2=1$

ⓑ 두 수가 3인 경우

3이 적힌 3장의 카드 중에서 2장을 택하면 되므로 그 경우의 수는 $_3\mathrm{C}_2=_3\mathrm{C}_1=3$

ⓒ 두 수가 5인 경우

5가 적힌 5장의 카드 중에서 2장을 택하면 되므로 그 경우의 수는 $_5\mathrm{C}_2=10$

ⓐ, ⓑ, ⓒ에서 두 수가 서로 같은 소수인 경우의 수는 $1+3+10=14$

(ⅰ), (ⅱ)에서 그 경우의 수는 $14+14=28$

$$\therefore\ \mathrm{P}(A)=\frac{28}{105}$$

3단계 $\mathrm{P}(A\cap B)$의 값 구하기

두 수의 곱의 모든 양의 약수의 개수가 3 이하이고 두 수의 합이 짝수인 사건은 (ⅰ)에서 1이 적힌 카드 1장을 택하고 3 또는 5가 적힌 8장의 카드 중에서 1장을 택하는 경우와 (ⅱ)인 경우이므로 그 경우의 수는 $1\times_8\mathrm{C}_1+14=8+14=22$

$$\therefore\ \mathrm{P}(A\cap B)=\frac{22}{105}$$

4단계 $\mathrm{P}(B|A)$의 값 구하기

$$\therefore\ \mathrm{P}(B|A)=\frac{\mathrm{P}(A\cap B)}{\mathrm{P}(A)}=\frac{\dfrac{22}{105}}{\dfrac{28}{105}}=\frac{11}{14}$$

5단계 $p+q$의 값 구하기

따라서 $p=14$, $q=11$이므로 $p+q=25$

02 답 ②

1단계 조건부확률 이용하기

9개의 점 중에서 서로 다른 4개를 택할 때, 4개의 점을 꼭짓점으로 하는 사각형이 존재하는 사건을 X, 사각형에 외접하는 원이 존재하는 사건을 Y라 하면 구하는 확률은 $\mathrm{P}(Y|X)$이다.

2단계 $\mathrm{P}(X)$의 값 구하기

9개의 점 중에서 서로 다른 4개를 택하는 경우의 수는

$_9\mathrm{C}_4 = 126$

사건 X가 일어나지 않는 경우는 다음과 같다.

(i) 네 점이 한 직선 위에 있는 경우

삼각형의 한 변 위의 4개의 점을 택하는 경우의 수이므로

$3 \times _4\mathrm{C}_4 = 3 \times 1 = 3$

(ii) 네 점 중 세 점이 한 직선 위에 있는 경우

삼각형의 한 변 위의 3개의 점과 그 변 위에 있지 않은 1개의 점을 택하는 경우의 수이므로

$3 \times _4\mathrm{C}_3 \times _5\mathrm{C}_1 = 3 \times _4\mathrm{C}_1 \times _5\mathrm{C}_1 = 3 \times 4 \times 5 = 60$

(i), (ii)에서 사건 X가 일어나지 않는 경우의 수는 $3 + 60 = 63$이므로

$\mathrm{P}(X) = 1 - \dfrac{63}{126} = \dfrac{1}{2}$

3단계 $\mathrm{P}(X \cap Y)$의 값 구하기

사건 $X \cap Y$가 일어나는 경우는 다음과 같다.

(i) 네 점 중 정삼각형의 꼭짓점이 없는 경우

6개의 삼등분점을 꼭짓점으로 하는 육각형은 정육각형이므로 6개의 삼등분점은 모두 한 원 위에 있다.

따라서 6개의 삼등분점 중에서 택한 4개의 점을 꼭짓점으로 하는 사각형은 외접하는 원이 항상 존재하므로 그 경우의 수는

$_6\mathrm{C}_4 = _6\mathrm{C}_2 = 15$

(ii) 네 점 중 정삼각형의 꼭짓점이 2개인 경우

택한 4개의 점 중 정삼각형의 꼭짓점이 아닌 나머지 2개의 점을 지나는 직선이 정삼각형의 꼭짓점을 지나는 변과 평행해야 하므로 그 경우의 수는

$_3\mathrm{C}_2 \times 2 = _3\mathrm{C}_1 \times 2 = 3 \times 2 = 6$

(i), (ii)에서 사건 $X \cap Y$가 일어나는 경우의 수는 $15 + 6 = 21$이므로

$\mathrm{P}(X \cap Y) = \dfrac{21}{126} = \dfrac{1}{6}$

4단계 확률 구하기

$\therefore \mathrm{P}(Y|X) = \dfrac{\mathrm{P}(X \cap Y)}{\mathrm{P}(X)} = \dfrac{\frac{1}{6}}{\frac{1}{2}} = \dfrac{1}{3}$

---

03 답 3080

1단계 사건 A의 개수 구하기

표본공간에 속하는 근원사건의 개수는 8이므로 $n(A) = 5$를 만족시키는 사건 A의 개수는

$_8\mathrm{C}_5 = _8\mathrm{C}_3 = 56$

2단계 사건 B의 개수 구하기

$\mathrm{P}(A|B) = \dfrac{1}{2}$에서 $\dfrac{n(A \cap B)}{n(B)} = \dfrac{1}{2}$이므로

$n(B) = 2 \times n(A \cap B)$

이때 $n(B) = n(A \cap B) + n(A^c \cap B)$이므로

$n(A \cap B) + n(A^c \cap B) = 2 \times n(A \cap B)$

$\therefore n(A \cap B) = n(A^c \cap B)$

(i) $n(A \cap B) = n(A^c \cap B) = 1$일 때,

사건 B의 개수는 사건 A의 근원 사건 5개 중에서 하나를 택하여 $A \cap B$로 정하고, 사건 A의 근원 사건이 아닌 3개의 사건 중에서 하나를 택하여 $A^c \cap B$로 정하는 경우의 수와 같으므로

$_5\mathrm{C}_1 \times _3\mathrm{C}_1 = 5 \times 3 = 15$

(ii) $n(A \cap B) = n(A^c \cap B) = 2$일 때,

사건 B의 개수는 사건 A의 근원 사건 5개 중에서 2개를 택하여 $A \cap B$로 정하고, 사건 A의 근원 사건이 아닌 3개의 사건 중에서 2개를 택하여 $A^c \cap B$로 정하는 경우의 수와 같으므로

$_5\mathrm{C}_2 \times _3\mathrm{C}_2 = _5\mathrm{C}_2 \times _3\mathrm{C}_1 = 10 \times 3 = 30$

(iii) $n(A \cap B) = n(A^c \cap B) = 3$일 때,

사건 B의 개수는 사건 A의 근원 사건 5개 중에서 3개를 택하여 $A \cap B$로 정하고, 사건 A의 근원 사건이 아닌 3개의 사건 중에서 3개를 택하여 $A^c \cap B$로 정하는 경우의 수와 같으므로

$_5\mathrm{C}_3 \times _3\mathrm{C}_3 = _5\mathrm{C}_2 \times _3\mathrm{C}_3 = 10 \times 1 = 10$

(i), (ii), (iii)에서 사건 B의 개수는

$15 + 30 + 10 = 55$

3단계 순서쌍 (A, B)의 개수 구하기

따라서 순서쌍 (A, B)의 개수는

$56 \times 55 = 3080$

---

04 답 $\dfrac{3}{7}$

1단계 조건부확률 이용하기

기울기가 음수인 선분의 개수가 소수인 사건을 A, 기울기가 음수인 선분의 개수가 3인 사건을 B라 하면 구하는 확률은 $\mathrm{P}(B|A)$이다.

2단계 기울기가 음수가 되는 경우 파악하기

기울기가 음수인 선분의 개수가 n인 경우의 수를 $N(n)$이라 하면

$N(0) = N(6)$, $N(1) = N(5)$, $N(2) = N(4)$를 만족시킨다.

$N(U) = N(0) + N(1) + N(2) + N(3) + N(4) + N(5) + N(6)$이라 하면

$N(U) - N(3) = 2\{N(0) + N(2) + N(5)\}$

$N(2) + N(5) = \dfrac{N(U) - N(3)}{2} - N(0)$

$\therefore N(2) + N(3) + N(5) = \dfrac{N(U) - N(3)}{2} - N(0) + N(3)$

$\qquad\qquad\qquad\qquad\qquad\qquad \cdots\cdots \ \text{㉠}$

따라서 $N(U)$, $N(0)$, $N(3)$을 구하면 기울기가 음수인 선분의 개수가 소수인 경우의 수를 구할 수 있다.

3단계 $\mathrm{P}(A \cap B)$의 값 구하기

$N(U) = _6\mathrm{P}_4 = 360$

기울기가 음수인 선분이 3이려면 $c < a < d < b$, $b < d < a < c$, $a < d < c < b$, $b < c < d < a$, $c < b < a < d$, $d < a < b < c$를 만족시켜야 하므로

$N(3) = _6\mathrm{C}_4 \times 6 = _6\mathrm{C}_2 \times 6 = 15 \times 6 = 90$

$\therefore \mathrm{P}(A \cap B) = \dfrac{90}{360} = \dfrac{1}{4}$

4단계 $\mathrm{P}(A)$의 값 구하기

기울기가 음수인 선분이 존재하지 않으려면 $a < b < c < d$를 만족시켜야 하므로

$N(0) = _6\mathrm{C}_4 = _6\mathrm{C}_2 = 15$

따라서 ㉠에서 기울기가 음수인 선분의 개수가 소수인 경우의 수는

$N(2) + N(3) + N(5) = \dfrac{360 - 90}{2} - 15 + 90 = 210$

$\therefore \mathrm{P}(A) = \dfrac{210}{360} = \dfrac{7}{12}$

5단계 확률 구하기

$\therefore \mathrm{P}(B|A) = \dfrac{\mathrm{P}(A \cap B)}{\mathrm{P}(A)} = \dfrac{\frac{1}{4}}{\frac{7}{12}} = \dfrac{3}{7}$

두 점 $A(a, b)$, $B(c, d)$에 대하여 $a<c$일 때, 선분 AB의 기울기가 음수이려면 $b>d$

---

^{idea}
05 답 $\dfrac{11}{28}$

1단계 P(5)의 값 구하기

5개의 상자를 확인한 후 검은 공이 들어 있는 3개의 상자를 모두 찾는 경우는 4번째까지 확인한 상자가 검은 공이 들어 있는 상자 2개, 흰 공이 들어 있는 상자 2개이고 5번째에 검은 공이 들어 있는 상자를 확인하는 경우이거나, 확인한 5개의 상자가 모두 흰 공이 들어 있는 상자인 경우이므로 그 확률은

$$P(5)=\frac{{}_3C_2 \times {}_5C_2}{{}_8C_4} \times \frac{1}{4}+\frac{{}_5C_5}{{}_8C_5}=\frac{3}{28}+\frac{1}{56}=\frac{1}{8}$$

2단계 P(6)의 값 구하기

6개의 상자를 확인한 후 검은 공이 들어 있는 3개의 상자를 모두 찾는 경우는 5번째까지 확인한 상자가 검은 공이 들어 있는 상자 2개, 흰 공이 들어 있는 상자 3개이고 6번째에 검은 공이 들어 있는 상자를 확인하는 경우이거나, 5번째까지 확인한 상자가 검은 공이 들어 있는 상자 1개, 흰 공이 들어 있는 상자 4개이고 6번째에 흰 공이 들어 있는 상자를 확인하는 경우이므로 그 확률은

$$P(6)=\frac{{}_3C_2 \times {}_5C_3}{{}_8C_5} \times \frac{1}{3}+\frac{{}_3C_1 \times {}_5C_4}{{}_8C_5} \times \frac{1}{3}=\frac{5}{28}+\frac{5}{56}=\frac{15}{56}$$

3단계 P(5)+P(6)의 값 구하기

$$\therefore P(5)+P(6)=\frac{1}{8}+\frac{15}{56}=\frac{11}{28}$$

---

06 답 $\dfrac{20}{61}$

1단계 조건부확률 이용하기

타일이 3개 이하의 영역으로 구분되는 사건을 A, 2개의 영역으로 구분되는 사건을 B라 하면 구하는 확률은 $P(B|A)$이다.

2단계 6의 약수의 눈의 수가 나올 확률과 나오지 않을 확률 구하기

6의 약수의 눈의 수가 나오는 경우는 1, 2, 3, 6의 4가지이므로 그 확률은 $\dfrac{4}{6}=\dfrac{2}{3}$

6의 약수가 아닌 눈의 수가 나올 확률은 $1-\dfrac{2}{3}=\dfrac{1}{3}$

3단계 구분 영역의 개수에 따라 확률 구하기

(i) 구분 영역이 1개일 때,

모두 빨간색으로 칠하거나 모두 파란색으로 칠해야 하므로 그 확률은
$$\left(\frac{2}{3}\right)^5+\left(\frac{1}{3}\right)^5=\frac{11}{81}$$

(ii) 구분 영역이 2개일 때,

(1, 4), (2, 3), (3, 2), (4, 1)로 구분될 수 있고, 각각에 대하여 빨간색으로 시작하는 경우와 파란색으로 시작하는 경우가 있으므로 그 확률은
$$\left\{\frac{2}{3} \times \left(\frac{1}{3}\right)^4+\frac{1}{3} \times \left(\frac{2}{3}\right)^4\right\}+\left\{\left(\frac{2}{3}\right)^2 \times \left(\frac{1}{3}\right)^3+\left(\frac{1}{3}\right)^2 \times \left(\frac{2}{3}\right)^3\right\}$$
$$+\left\{\left(\frac{2}{3}\right)^3 \times \left(\frac{1}{3}\right)^2+\left(\frac{1}{3}\right)^3 \times \left(\frac{2}{3}\right)^2\right\}+\left\{\left(\frac{2}{3}\right)^4 \times \frac{1}{3}+\left(\frac{1}{3}\right)^4 \times \frac{2}{3}\right\}$$
$$=\frac{20}{81}$$

(iii) 구분 영역이 3개일 때,

(1, 1, 3), (1, 2, 2), (1, 3, 1), (2, 1, 2), (2, 2, 1), (3, 1, 1)로 구분될 수 있다.

ⓘ (1, 1, 3) 또는 (2, 1, 2) 또는 (3, 1, 1)로 구분되는 경우

빨간색으로 시작하는 경우와 파란색으로 시작하는 경우가 있으므로 그 확률은
$$3 \times \left\{\left(\frac{2}{3}\right)^4 \times \frac{1}{3}+\left(\frac{1}{3}\right)^4 \times \frac{2}{3}\right\}=\frac{2}{9}$$

ⓘⓘ (2, 2, 1) 또는 (1, 2, 2)로 구분되는 경우

빨간색으로 시작하는 경우와 파란색으로 시작하는 경우가 있으므로 그 확률은
$$2 \times \left\{\left(\frac{2}{3}\right)^3 \times \left(\frac{1}{3}\right)^2+\left(\frac{1}{3}\right)^3 \times \left(\frac{2}{3}\right)^2\right\}=\frac{8}{81}$$

ⓘⓘⓘ (1, 3, 1)로 구분되는 경우

빨간색으로 시작하는 경우와 파란색으로 시작하는 경우가 있으므로 그 확률은
$$\left(\frac{2}{3}\right)^2 \times \left(\frac{1}{3}\right)^3+\left(\frac{1}{3}\right)^2 \times \left(\frac{2}{3}\right)^3=\frac{4}{81}$$

ⓘ, ⓘⓘ, ⓘⓘⓘ에서 구분 영역이 3개일 확률은
$$\frac{2}{9}+\frac{8}{81}+\frac{4}{81}=\frac{10}{27}$$

4단계 확률 구하기

(i), (ii), (iii)에서 $P(A)=\dfrac{11}{81}+\dfrac{20}{81}+\dfrac{10}{27}=\dfrac{61}{81}$

(ii)에서 $P(A \cap B)=\dfrac{20}{81}$

$$\therefore P(B|A)=\frac{P(A \cap B)}{P(A)}=\frac{\dfrac{20}{81}}{\dfrac{61}{81}}=\frac{20}{61}$$

---

07 답 135

1단계 한 번의 시행 후 A가 가진 공의 개수의 변화에 따라 확률 구하기

한 개의 주사위를 1번 던질 때, 짝수의 눈이 나올 확률은 $\dfrac{3}{6}=\dfrac{1}{2}$

A가 가진 공이 1개 늘어날 확률은 A가 던진 주사위의 눈의 수가 짝수이고 B가 던진 주사위의 눈의 수가 홀수일 확률이므로
$$\frac{1}{2} \times \frac{1}{2}=\frac{1}{4}$$

A가 가진 공의 개수가 변화가 없을 확률은 A, B 던진 주사위의 눈의 수가 모두 짝수이거나 모두 홀수일 확률이므로
$$\frac{1}{2} \times \frac{1}{2}+\frac{1}{2} \times \frac{1}{2}=\frac{1}{2}$$

A가 가진 공이 1개 줄어들 확률은 A가 던진 주사위의 눈의 수가 홀수이고 B가 던진 주사위의 눈의 수가 짝수일 확률이므로
$$\frac{1}{2} \times \frac{1}{2}=\frac{1}{4}$$

2단계 확률 구하기

각 시행 후 A가 가진 공의 개수가 4번째 시행 후 처음으로 6이 되는 경우는

(3, 4, 5, 6), (4, 4, 5, 6), (4, 5, 5, 6), (5, 4, 5, 6), (5, 5, 5, 6)

(i) 각 시행 후 A가 가진 공의 개수가 (3, 4, 5, 6)인 경우

1번째 시행 후 1개 줄어들고 2번째, 3번째, 4번째 시행 후 1개씩 늘어나야 하므로 그 확률은
$$\frac{1}{4} \times \frac{1}{4} \times \frac{1}{4} \times \frac{1}{4}=\frac{1}{256}$$

(ii) 각 시행 후 A가 가진 공의 개수가 (4, 4, 5, 6)인 경우

1번째, 2번째 시행 후 변화가 없고 3번째, 4번째 시행 후 1개씩 늘어나야 하므로 그 확률은
$$\frac{1}{2} \times \frac{1}{2} \times \frac{1}{4} \times \frac{1}{4}=\frac{1}{64}$$

(iii) 각 시행 후 A가 가진 공의 개수가 (4, 5, 5, 6)인 경우

1번째 시행 후 변화가 없고 2번째 시행 후 1개가 늘어나고 3번째 시행 후 변화가 없고 4번째 시행 후 1개가 늘어나야 하므로 그 확률은

$$\frac{1}{2} \times \frac{1}{4} \times \frac{1}{2} \times \frac{1}{4} = \frac{1}{64}$$

(iv) 각 시행 후 A가 가진 공의 개수가 (5, 4, 5, 6)인 경우

1번째 시행 후 1개가 늘어나고 2번째 시행 후 1개가 줄어들고 3번째, 4번째 시행 후 1개씩 늘어나야 하므로 그 확률은

$$\frac{1}{4} \times \frac{1}{4} \times \frac{1}{4} \times \frac{1}{4} = \frac{1}{256}$$

(v) 각 시행 후 A가 가진 공의 개수가 (5, 5, 5, 6)인 경우

1번째 시행 후 1개가 늘어나고 2번째, 3번째 시행 후 변화가 없고 4번째 시행 후 1개가 늘어나야 하므로 그 확률은

$$\frac{1}{4} \times \frac{1}{2} \times \frac{1}{2} \times \frac{1}{4} = \frac{1}{64}$$

(i)~(v)에서 각 시행 후 A가 가진 공의 개수를 세었을 때, 4번째 시행 후 센 공의 개수가 처음으로 6이 될 확률은

$$\frac{1}{256} + \frac{1}{64} + \frac{1}{64} + \frac{1}{256} + \frac{1}{64} = \frac{7}{128}$$

3단계 $p+q$의 **값 구하기**

따라서 $p=128$, $q=7$이므로

$p+q=135$

08 답 ④

1단계 a_{2k} **구하기**

(i) $n=2k \, (k=1, 2, 3, \cdots)$일 때,

$$P(A)=\frac{1}{2}, \quad P(B)=\frac{2k-m}{2k}$$

이때 $P(A \cap B)=\frac{l}{2k} \, (l=1, 2, 3, \cdots, k)$이라 하자.

두 사건 A, B가 서로 독립이려면 $P(A \cap B)=P(A)P(B)$이어야 하므로

$$\frac{l}{2k}=\frac{1}{2} \times \frac{2k-m}{2k} \qquad \therefore \ m=2k-2l$$

따라서 m의 값은 $2, 4, 6, \cdots, 2(k-1)$

$$\therefore \ a_{2k}=2+4+6+\cdots+2(k-1)$$

$$=\sum_{t=1}^{k-1} 2t = 2 \times \frac{(k-1)k}{2}=k(k-1)$$

2단계 a_{2k+1} **구하기**

(ii) $n=2k+1 \, (k=1, 2, 3, \cdots)$일 때,

$$P(A)=\frac{k}{2k+1}, \quad P(B)=\frac{2k+1-m}{2k+1}$$

이때 $P(A \cap B)=\frac{l}{2k+1} \, (l=1, 2, 3, \cdots, k)$이라 하자.

두 사건 A, B가 서로 독립이려면 $P(A \cap B)=P(A)P(B)$이어야 하므로

$$\frac{l}{2k+1}=\frac{k}{2k+1} \times \frac{2k+1-m}{2k+1}$$

$$l(2k+1)=2k^2+k-km$$

$$\therefore \ m=2k+1-2l-\frac{l}{k}$$

이때 m이 자연수이므로 $l=k$이어야 한다.

$$\therefore \ m=2k+1-2k-1=0$$

이는 m이 자연수라는 조건을 만족시키지 않으므로 n은 홀수가 될 수 없다.

$$\therefore \ a_{2k+1}=0$$

3단계 $\sum_{n=2}^{20} a_n$의 **값 구하기**

$$\therefore \sum_{n=2}^{20} a_n = \sum_{n=1}^{10} a_{2n} = \sum_{n=1}^{10} n(n-1) = \sum_{n=1}^{10} (n^2-n)$$

$$=\frac{10 \times 11 \times 21}{6} - \frac{10 \times 11}{2} = 385 - 55 = 330$$

09 답 191

1단계 조건부확률 이용하기

$a_5+b_5 \geq 7$인 사건을 A, $a_k=b_k$인 자연수 $k \, (1 \leq k \leq 5)$가 존재하는 사건을 B라 하면 구하는 확률은 $P(B|A)$이다.

2단계 주사위를 1번 던져서 나온 눈의 수가 5 이상일 확률과 4 이하일 확률 구하기

한 개의 주사위를 1번 던질 때, 5 이상의 눈의 수가 나올 확률은 $\frac{2}{6}=\frac{1}{3}$

4 이하의 눈이 나올 확률은 $1-\frac{1}{3}=\frac{2}{3}$

3단계 $P(A)$의 **값 구하기**

시행을 5번 한 후 5 이상의 눈의 수가 나온 횟수를 x라 하면 4 이하의 눈의 수가 나온 횟수는 $5-x$이므로 5번의 시행 후 공의 개수가 7 이상이려면

$$2x+1 \times (5-x) \geq 7 \qquad \therefore \ x \geq 2$$

따라서 $a_5+b_5 \geq 7$이려면 5번의 시행에서 5 이상의 눈의 수가 2번 이상 나와야 한다.

(i) 5 이상의 눈의 수가 2번 나올 확률은

$$_5C_2 \left(\frac{1}{3}\right)^2 \left(\frac{2}{3}\right)^3 = \frac{80}{3^5}$$

(ii) 5 이상의 눈의 수가 3번 나올 확률은

$$_5C_3 \left(\frac{1}{3}\right)^3 \left(\frac{2}{3}\right)^2 = \frac{40}{3^5}$$

(iii) 5 이상의 눈의 수가 4번 나올 확률은

$$_5C_4 \left(\frac{1}{3}\right)^4 \left(\frac{2}{3}\right)^1 = \frac{10}{3^5}$$

(iv) 5 이상의 눈의 수가 5번 나올 확률은

$$_5C_5 \left(\frac{1}{3}\right)^5 \left(\frac{2}{3}\right)^0 = \frac{1}{3^5}$$

(i)~(iv)에서 $P(A)=\frac{80}{3^5}+\frac{40}{3^5}+\frac{10}{3^5}+\frac{1}{3^5}=\frac{131}{3^5}$

4단계 $P(A \cap B)$의 **값 구하기**

$n \, (1 \leq n \leq 5)$번째 시행 후 주머니에 들어 있는 흰 공과 검은 공의 개수가 같은 경우는 흰 공 2개, 검은 공 2개가 들어 있는 경우, 즉 $a_3=b_3$인 경우이다.

따라서 3번의 시행에서 5 이상의 눈의 수가 1번 나온 후 나머지 2번의 시행에서 5 이상의 눈의 수가 1번 이상 나와야 한다.

(i) 5 이상의 눈의 수가 1번 더 나올 확률은

$$_3C_1 \left(\frac{1}{3}\right)^1 \left(\frac{2}{3}\right)^2 \times {}_2C_1 \left(\frac{1}{3}\right)^1 \left(\frac{2}{3}\right)^1 = \frac{12}{3^3} \times \frac{4}{3^2} = \frac{48}{3^5}$$

(ii) 5 이상의 눈의 수가 2번 더 나올 확률은

$$_3C_1 \left(\frac{1}{3}\right)^1 \left(\frac{2}{3}\right)^2 \times {}_2C_2 \left(\frac{1}{3}\right)^2 \left(\frac{2}{3}\right)^0 = \frac{12}{3^3} \times \frac{1}{3^2} = \frac{12}{3^5}$$

(i), (ii)에서 $P(A \cap B)=\frac{48}{3^5}+\frac{12}{3^5}=\frac{60}{3^5}$

5단계 $P(B|A)$의 **값 구하기**

$$\therefore \ P(B|A)=\frac{P(A \cap B)}{P(A)}=\frac{\dfrac{60}{3^5}}{\dfrac{131}{3^5}}=\frac{60}{131}$$

6단계 $p+q$의 **값 구하기**

따라서 $p=131$, $q=60$이므로 $p+q=191$

01 $\dfrac{1}{2}$ 02 $\dfrac{15}{56}$ 03 ① 04 $\dfrac{18}{25}$ 05 $\dfrac{13}{25}$ 06 ③

07 332 08 $\dfrac{19}{42}$

01 달 $\dfrac{1}{2}$

모든 경우의 수는 1, 1, 1, 2, 2, 2, 3, 3을 일렬로 나열하는 경우의 수 이므로

$$\dfrac{8!}{3!\times3!\times2!}=560$$

이때 $m>n$이려면 $a_1>a_5$ 또는 $a_1=a_5$, $a_2>a_6$ 또는 $a_1=a_5$, $a_2=a_6$, $a_3>a_7$ 또는 $a_1=a_5$, $a_2=a_6$, $a_3=a_7$, $a_4>a_8$이어야 한다.

(i) $a_1>a_5$인 경우

  ⓘ $a_1=3$, $a_5=2$이면 1, 1, 2, 2, 3을 일렬로 나열하는 경우의 수는

$$\dfrac{6!}{3!\times2!}=60$$

  ⓘⓘ $a_1=3$, $a_5=1$이면 1, 1, 2, 2, 2, 3을 일렬로 나열하는 경우의 수는

$$\dfrac{6!}{2!\times3!}=60$$

  ⓘⓘⓘ $a_1=2$, $a_5=1$이면 1, 1, 2, 2, 3, 3을 일렬로 나열하는 경우의 수는

$$\dfrac{6!}{2!\times2!\times2!}=90$$

  ⓘ, ⓘⓘ, ⓘⓘⓘ에서 그 경우의 수는 $60+60+90=210$

(ii) $a_1=a_5$, $a_2>a_6$인 경우

  ⓘ $a_1=a_5=1$인 경우

    ⓐ $a_2=3$, $a_6=2$이면 1, 2, 2, 3을 일렬로 나열하는 경우의 수는

$$\dfrac{4!}{2!}=12$$

    ⓑ $a_2=3$, $a_6=1$이면 2, 2, 2, 3을 일렬로 나열하는 경우의 수는

$$\dfrac{4!}{3!}=4$$

    ⓒ $a_2=2$, $a_6=1$이면 2, 2, 3, 3을 일렬로 나열하는 경우의 수는

$$\dfrac{4!}{2!\times2!}=6$$

    ⓐ, ⓑ, ⓒ에서 그 경우의 수는 $12+4+6=22$

  ⓘⓘ $a_1=a_5=2$인 경우

    ⓘ과 같은 방법으로 하면 그 경우의 수는 22

  ⓘⓘⓘ $a_1=a_5=3$이면 $a_2=2$, $a_6=1$이므로 1, 1, 2, 2를 일렬로 나열하는 경우의 수는

$$\dfrac{4!}{2!\times2!}=6$$

  ⓘ, ⓘⓘ, ⓘⓘⓘ에서 그 경우의 수는 $22+22+6=50$

(iii) $a_1=a_5$, $a_2=a_6$, $a_3>a_7$인 경우

  ⓘ $a_1=a_5=1$, $a_2=a_6=2$인 경우

    ⓐ $a_3=3$, $a_7=2$이면 1, 3을 일렬로 나열하는 경우의 수는

$$2!=2$$

    ⓑ $a_3=3$, $a_7=1$이면 2, 3을 일렬로 나열하는 경우의 수는

$$2!=2$$

    ⓒ $a_3=2$, $a_7=1$이면 $a_4=3$, $a_8=3$의 1가지

    ⓐ, ⓑ, ⓒ에서 그 경우의 수는 $2+2+1=5$

  ⓘⓘ $a_1=a_5=1$, $a_2=a_6=3$이면 $a_3=2$, $a_7=1$이므로 $a_4=2$, $a_8=2$의 1가지

  ⓘⓘⓘ $a_1=a_5=2$, $a_2=a_6=1$인 경우

    ⓘ과 같은 방법으로 하면 그 경우의 수는 5

  ⓘⓥ $a_1=a_5=2$, $a_2=a_6=3$이면 $a_3=2$, $a_7=1$이므로 $a_4=1$, $a_8=1$의 1가지

  ⓥ $a_1=a_5=3$, $a_2=a_6=1$이면 $a_3=2$, $a_7=1$이므로 $a_4=2$, $a_8=2$의 1가지

  ⓥ $a_1=a_5=3$, $a_2=a_6=2$이면 $a_3=2$, $a_7=1$이므로 $a_4=1$, $a_8=1$의 1가지

  ⓘ~ⓥ에서 그 경우의 수는 $5+1+5+1+1+1=14$

(iv) $a_1=a_5$, $a_2=a_6$, $a_3=a_7$, $a_4>a_8$인 경우

  $a_1=a_5=1$, $a_2=a_6=2$, $a_3=a_7=3$이면 $a_4=2$, $a_8=1$의 1가지

  이와 같은 경우가 $3!=6$(가지)이므로 그 경우의 수는

$$1\times6=6$$

(i)~(iv)에서 $m>n$인 경우의 수는 $210+50+14+6=280$

따라서 구하는 확률은 $\dfrac{280}{560}=\dfrac{1}{2}$

02 달 $\dfrac{15}{56}$

모든 경우의 수는 8개의 공 중에서 2개를 동시에 꺼내고 다시 넣는 시행을 2번 반복하는 경우의 수이므로

$$_8C_2\times{_8C_2}=28\times28=784$$

이때 $A\subset B$이려면 $b_1\leq a_1<a_2\leq b_2$이어야 한다.

(i) $a_1=1$일 때,

  $b_1=1$이고, a_2, b_2의 값은 2, 3, 4, 5, 6, 7, 8 중에서 중복을 허락하여 2개를 택하면 되므로 그 경우의 수는

$$1\times{_7H_2}=1\times{_8C_2}=28$$

(ii) $a_1=2$일 때,

  b_1의 값은 1, 2의 2가지이고, a_2, b_2의 값은 3, 4, 5, 6, 7, 8 중에서 중복을 허락하여 2개를 택하면 되므로 그 경우의 수는

$$2\times{_6H_2}=2\times{_7C_2}=2\times21=42$$

(iii) $a_1=3$일 때,

  b_1의 값은 1, 2, 3의 3가지이고, a_2, b_2의 값은 4, 5, 6, 7, 8 중에서 중복을 허락하여 2개를 택하면 되므로 그 경우의 수는

$$3\times{_5H_2}=3\times{_6C_2}=3\times15=45$$

(iv) $a_1=4$일 때,

  b_1의 값은 1, 2, 3, 4의 4가지이고, a_2, b_2의 값은 5, 6, 7, 8 중에서 중복을 허락하여 2개를 택하면 되므로 그 경우의 수는

$$4\times{_4H_2}=4\times{_5C_2}=4\times10=40$$

(v) $a_1=5$일 때,

  b_1의 값은 1, 2, 3, 4, 5의 5가지이고, a_2, b_2의 값은 6, 7, 8 중에서 중복을 허락하여 2개를 택하면 되므로 그 경우의 수는

$$5\times{_3H_2}=5\times{_4C_2}=5\times6=30$$

(vi) $a_1=6$일 때,

  b_1의 값은 1, 2, 3, 4, 5, 6의 6가지이고, a_2, b_2의 값은 7, 8 중에서 중복을 허락하여 2개를 택하면 되므로 그 경우의 수는

$$6\times{_2H_2}=6\times{_3C_2}=6\times{_3C_1}=6\times3=18$$

(vii) $a_1=7$일 때,

  b_1의 값은 1, 2, 3, 4, 5, 6, 7의 7가지이고, a_2, b_2의 값은 8의 1가지이므로 그 경우의 수는 7

(i)~(vii)에서 $A\subset B$인 경우의 수는 $28+42+45+40+30+18+7=210$

따라서 구하는 확률은 $\dfrac{210}{784}=\dfrac{15}{56}$

03 답 ①

모든 경우의 수는 7장의 카드를 일렬로 나열하는 경우의 수이므로 7!

(가)에서 3이 적혀 있는 카드의 바로 양옆에 있는 카드는 0, 1, 2가 적혀 있는 3장의 카드 중 2장이다.

(i) 3이 적혀 있는 카드의 바로 양옆에 있는 카드가 1, 2가 적혀 있는 카드인 경우

3이 적혀 있는 카드의 바로 양옆에 1, 2가 적혀 있는 카드가 오는 경우는 (1, 3, 2), (2, 3, 1)의 2가지

(나)에서 4가 적혀 있는 카드의 바로 양옆에 5, 6이 적혀 있는 카드가 오면 되므로 그 경우는 (5, 4, 6), (6, 4, 5)의 2가지

이 각각에 대하여 3이 적혀 있는 카드와 양옆에 있는 카드를 1장으로 생각하고, 4가 적혀 있는 카드와 양옆의 카드를 1장으로 생각하여 남은 1장의 카드와 함께 3장의 카드를 일렬로 나열하는 경우의 수는 3!=6

따라서 그 경우의 수는 $2 \times 2 \times 6 = 24$

(ii) 3이 적혀 있는 카드의 바로 양옆에 있는 카드가 0, 1이 적혀 있는 카드인 경우

(i)과 같은 방법으로 하면 그 경우의 수는 24

(iii) 3이 적혀 있는 카드의 바로 양옆에 있는 카드가 0, 2가 적혀 있는 카드인 경우

(i)과 같은 방법으로 하면 그 경우의 수는 24

(i), (ii), (iii)에서 조건을 만족시키는 경우의 수는 $24+24+24=72$

따라서 구하는 확률은 $\dfrac{72}{7!}$

$\therefore p=72$

04 답 $\dfrac{18}{25}$

모든 경우의 수는 5장의 카드 중에서 1장을 꺼내는 시행을 3번 반복하는 경우의 수이므로

$5 \times 5 \times 5 = 125$

5개의 접시에 각각 1개 이상의 쿠키가 담겨 있는 사건의 여사건은 빈 접시가 생기는 사건이다.

(i) 빈 접시가 1개인 경우

1이 적혀 있는 접시가 빈 접시인 경우는 꺼낸 카드에 적혀 있는 수가 3, 3, 4 또는 3, 4, 4인 경우이므로 그 경우의 수는

$\dfrac{3!}{2!}+\dfrac{3!}{2!}=3+3=6$

같은 방법으로 하면 2, 3, 4, 5가 적혀 있는 접시가 빈 접시인 경우의 수도 각각 6

따라서 빈 접시가 1개인 경우의 수는 $5 \times 6 = 30$

(ii) 빈 접시가 2개인 경우

빈 접시가 2개인 경우는 두 접시가 이웃하는 경우이다.

1, 2가 적혀 있는 접시가 빈 접시인 경우는 꺼낸 카드에 적혀 있는 수가 4, 4, 4인 경우이므로 그 경우의 수는 1

같은 방법으로 하면 (2, 3), (3, 4), (4, 5), (5, 1)이 적혀 있는 접시가 빈 접시인 경우의 수도 각각 1

따라서 빈 접시가 2개인 경우의 수는 $5 \times 1 = 5$

(i), (ii)에서 빈 접시가 생기는 경우의 수는 $30+5=35$이므로 여사건의 확률은 $\dfrac{35}{125}=\dfrac{7}{25}$

따라서 구하는 확률은 $1-\dfrac{7}{25}=\dfrac{18}{25}$

05 답 $\dfrac{13}{25}$

(i) ☆ 모양의 스티커가 3개 붙어 있는 카드가 2장 들어 있는 경우

① 첫 번째 시행에서 ☆ 모양의 스티커가 2개 붙어 있는 카드를 1장, ☆ 모양의 스티커가 1개 붙어 있는 카드를 1장 꺼내면 두 번째 시행에서는 ☆ 모양의 스티커가 2개 붙어 있는 카드를 1장, ☆ 모양의 스티커가 붙어 있지 않은 카드를 1장 꺼내야 하므로 그 확률은

$\dfrac{{}_1C_1 \times {}_1C_1}{{}_6C_2} \times \dfrac{{}_1C_1 \times {}_4C_1}{{}_6C_2} = \dfrac{1}{15} \times \dfrac{4}{15} = \dfrac{4}{225}$

② 첫 번째 시행에서 ☆ 모양의 스티커가 1개 붙어 있는 카드를 1장, ☆ 모양의 스티커가 붙어 있지 않은 카드를 1장 꺼내면 두 번째 시행에서는 ☆ 모양의 스티커가 2개 붙어 있는 카드를 2장 꺼내야 하므로 그 확률은

$\dfrac{{}_1C_1 \times {}_4C_1}{{}_6C_2} \times \dfrac{{}_2C_2}{{}_6C_2} = \dfrac{4}{15} \times \dfrac{1}{15} = \dfrac{4}{225}$

①, ②에서 ☆ 모양의 스티커가 3개 붙어 있는 카드가 2장 들어 있을 확률은 $\dfrac{4}{225}+\dfrac{4}{225}=\dfrac{8}{225}$

(ii) ☆ 모양의 스티커가 3개 붙어 있는 카드가 1장 들어 있는 경우

① 첫 번째 시행에서 ☆ 모양의 스티커가 2개 붙어 있는 카드를 1장, ☆ 모양의 스티커가 1개 붙어 있는 카드를 1장 꺼내면 두 번째 시행에서 ☆ 모양의 스티커가 붙어 있지 않은 카드를 2장 꺼내거나 ☆ 모양의 스티커가 3개 붙어 있는 카드를 1장, ☆ 모양의 스티커가 2개 붙어 있는 카드를 1장 꺼내야 하므로 그 확률은

$\dfrac{{}_1C_1 \times {}_1C_1}{{}_6C_2} \times \left(\dfrac{{}_4C_2}{{}_6C_2} + \dfrac{{}_1C_1 \times {}_1C_1}{{}_6C_2}\right) = \dfrac{1}{15} \times \left(\dfrac{6}{15} + \dfrac{1}{15}\right) = \dfrac{7}{225}$

② 첫 번째 시행에서 ☆ 모양의 스티커가 2개 붙어 있는 카드를 1장, ☆ 모양의 스티커가 붙어 있지 않은 카드를 1장 꺼내면 두 번째 시행에서 ☆ 모양의 스티커가 3개 붙어 있는 카드를 제외한 나머지 5장의 카드 중에서 2장을 꺼내야 하므로 그 확률은

$\dfrac{{}_1C_1 \times {}_4C_1}{{}_6C_2} \times \dfrac{{}_5C_2}{{}_6C_2} = \dfrac{4}{15} \times \dfrac{10}{15} = \dfrac{40}{225}$

③ 첫 번째 시행에서 ☆ 모양의 스티커가 1개 붙어 있는 카드를 1장, ☆ 모양의 스티커가 붙어 있지 않은 카드를 1장 꺼내면 두 번째 시행에서 ☆ 모양의 스티커가 2개 붙어 있는 카드를 1장, ☆ 모양의 스티커가 2개 붙어 있는 카드를 제외한 나머지 4장의 카드 중에서 1장을 꺼내야 하므로 그 확률은

$\dfrac{{}_1C_1 \times {}_4C_1}{{}_6C_2} \times \dfrac{{}_2C_1 \times {}_4C_1}{{}_6C_2} = \dfrac{4}{15} \times \dfrac{8}{15} = \dfrac{32}{225}$

④ 첫 번째 시행에서 ☆ 모양의 스티커가 붙어 있지 않은 카드를 2장 꺼내면 두 번째 시행에서 ☆ 모양의 스티커가 2개 붙어 있는 카드를 1장, ☆ 모양의 스티커가 2개 붙어 있는 카드를 제외한 5장의 카드 중에서 1장을 꺼내야 하므로 그 확률은

$\dfrac{{}_4C_2}{{}_6C_2} \times \dfrac{{}_1C_1 \times {}_5C_1}{{}_6C_2} = \dfrac{6}{15} \times \dfrac{5}{15} = \dfrac{30}{225}$

①~④에서 ☆ 모양의 스티커가 3개 붙어 있는 카드가 1장 들어 있을 확률은 $\dfrac{7}{225}+\dfrac{40}{225}+\dfrac{32}{225}+\dfrac{30}{225}=\dfrac{109}{225}$

(i), (ii)에서 구하는 확률은 $\dfrac{8}{225}+\dfrac{109}{225}=\dfrac{13}{25}$

06 답 ③

택한 2장의 카드에 적혀 있는 두 수의 곱의 모든 양의 약수의 개수가 4 이상인 사건을 A, 두 수의 합이 홀수인 사건을 B라 하면 구하는 확률은 $P(B|A)$이다.

모든 경우의 수는 15장의 카드 중에서 2장을 택하는 경우의 수이므로

$_{15}C_2=105$

두 수의 곱의 모든 양의 약수의 개수가 4 이상인 경우는 택한 2장의 카드에 적혀 있는 두 수가 $(2, 3)$, $(2, 4)$, $(2, 5)$, $(3, 4)$, $(3, 5)$, $(4, 4)$, $(4, 5)$인 경우이므로

$P(A)=\dfrac{_4C_1\times_3C_1+_4C_1\times_2C_1+_4C_1\times_1C_1+_3C_1\times_2C_1+_3C_1\times_1C_1+_2C_2+_2C_1\times_1C_1}{105}$

$=\dfrac{12+8+4+6+3+1+2}{105}=\dfrac{12}{35}$

이때 두 수의 합이 홀수인 경우는 택한 2장의 카드에 적혀 있는 두 수가 $(2, 3)$, $(2, 5)$, $(3, 4)$, $(4, 5)$인 경우이므로

$P(A\cap B)=\dfrac{_4C_1\times_3C_1+_4C_1\times_1C_1+_3C_1\times_2C_1+_2C_1\times_1C_1}{105}$

$=\dfrac{12+4+6+2}{105}=\dfrac{8}{35}$

$\therefore P(B|A)=\dfrac{P(A\cap B)}{P(A)}=\dfrac{\frac{8}{35}}{\frac{12}{35}}=\dfrac{2}{3}$

07 답 332

한 개의 주사위를 1번 던져서 5의 약수의 눈이 나올 확률은 $\dfrac{2}{6}=\dfrac{1}{3}$

A가 가진 공이 1개 늘어날 확률은 A가 던진 주사위의 눈의 수가 5의 약수이고 B가 던진 주사위의 눈의 수가 5의 약수가 아닐 확률이므로

$\dfrac{1}{3}\times\dfrac{2}{3}=\dfrac{2}{9}$

A가 가진 공의 개수가 변화가 없을 확률은 A, B가 던진 주사위의 눈의 수가 모두 5의 약수이거나 모두 5의 약수가 아닐 확률이므로

$\dfrac{1}{3}\times\dfrac{1}{3}+\dfrac{2}{3}\times\dfrac{2}{3}=\dfrac{5}{9}$

A가 가진 공이 1개 줄어들 확률은 A가 던진 주사위의 눈의 수가 5의 약수가 아니고 B가 던진 주사위의 눈의 수가 5의 약수일 확률이므로

$\dfrac{2}{3}\times\dfrac{1}{3}=\dfrac{2}{9}$

각 시행 후 A가 가진 공의 개수가 4번째 시행 후 처음으로 5가 되는 경우는

$(2, 3, 4, 5)$, $(3, 3, 4, 5)$, $(3, 4, 4, 5)$, $(4, 3, 4, 5)$, $(4, 4, 4, 5)$

(i) 각 시행 후 A가 가진 공의 개수가 $(2, 3, 4, 5)$인 경우

1번째 시행 후 1개 줄어들고 2번째, 3번째, 4번째 시행 후 1개씩 늘어나야 하므로 그 확률은

$\dfrac{2}{9}\times\dfrac{2}{9}\times\dfrac{2}{9}\times\dfrac{2}{9}=\dfrac{16}{9^4}$

(ii) 각 시행 후 A가 가진 공의 개수가 $(3, 3, 4, 5)$인 경우

1번째, 2번째 시행 후 변화가 없고 3번째, 4번째 시행 후 1개씩 늘어나야 하므로 그 확률은

$\dfrac{5}{9}\times\dfrac{5}{9}\times\dfrac{2}{9}\times\dfrac{2}{9}=\dfrac{100}{9^4}$

(iii) 각 시행 후 A가 가진 공의 개수가 $(3, 4, 4, 5)$인 경우

1번째 시행 후 변화가 없고 2번째 시행 후 1개 늘어나고 3번째 시행 후 변화가 없고 4번째 시행 후 1개 늘어나야 하므로 그 확률은

$\dfrac{5}{9}\times\dfrac{2}{9}\times\dfrac{5}{9}\times\dfrac{2}{9}=\dfrac{100}{9^4}$

(iv) 각 시행 후 A가 가진 공의 개수가 $(4, 3, 4, 5)$인 경우

1번째 시행 후 1개 늘어나고 2번째 시행 후 1개 줄어들고 3번째, 4번째 시행 후 1개씩 늘어나야 하므로 그 확률은

$\dfrac{2}{9}\times\dfrac{2}{9}\times\dfrac{2}{9}\times\dfrac{2}{9}=\dfrac{16}{9^4}$

(v) 각 시행 후 A가 가진 공의 개수가 $(4, 4, 4, 5)$인 경우

1번째 시행 후 1개 늘어나고 2번째, 3번째 시행 후 변화가 없고 4번째 시행 후 1개 늘어나야 하므로 그 확률은

$\dfrac{2}{9}\times\dfrac{5}{9}\times\dfrac{5}{9}\times\dfrac{2}{9}=\dfrac{100}{9^4}$

(i)~(v)에서 각 시행 후 A가 가진 공의 개수가 4번째 시행 후 처음으로 5가 될 확률은

$p=\dfrac{16}{9^4}+\dfrac{100}{9^4}+\dfrac{100}{9^4}+\dfrac{16}{9^4}+\dfrac{100}{9^4}=\dfrac{332}{9^4}$

$\therefore 3^8\times p=332$

08 답 $\dfrac{19}{42}$

$b_7+10\ge a_7\ge b_7$인 사건을 A, $a_k=b_k$인 자연수 $k\,(1\le k\le7)$가 존재하는 사건을 B라 하면 구하는 확률은 $P(B|A)$이다.

한 개의 주사위를 2번 던져서 나오는 모든 경우의 수는 $6\times6=36$

나오는 눈의 수의 합이 8 이상인 경우는 $(2, 6)$, $(3, 5)$, $(3, 6)$, $(4, 4)$, $(4, 5)$, $(4, 6)$, $(5, 3)$, $(5, 4)$, $(5, 5)$, $(5, 6)$, $(6, 2)$, $(6, 3)$, $(6, 4)$, $(6, 5)$, $(6, 6)$의 15가지이므로 한 개의 주사위를 2번 던져서 나오는 눈의 수의 합이 8 이상일 확률은 $\dfrac{15}{36}=\dfrac{5}{12}$

7 이하일 확률은 $1-\dfrac{5}{12}=\dfrac{7}{12}$

시행을 7번 한 후 합이 8 이상인 횟수를 x라 하면 합이 7 이하인 횟수는 $7-x$이므로 7번의 시행 후 $b_7+10\ge a_7\ge b_7$이려면

$2\times(7-x)+10\ge3x\ge2\times(7-x)$

$14\le5x\le24$ $\therefore \dfrac{14}{5}\le x\le\dfrac{24}{5}$

따라서 $b_7+10\ge a_7\ge b_7$이려면 7번의 시행에서 합이 8 이상인 경우가 3번 또는 4번이 나와야 한다.

(i) 합이 8 이상인 경우가 3번, 7 이하인 경우가 4번 나올 확률은

$_7C_3\left(\dfrac{5}{12}\right)^3\left(\dfrac{7}{12}\right)^4=35\times\left(\dfrac{5}{12}\right)^3\left(\dfrac{7}{12}\right)^4$

(ii) 합이 8 이상인 경우가 4번, 7 이하인 경우가 3번 나올 확률은

$_7C_4\left(\dfrac{5}{12}\right)^4\left(\dfrac{7}{12}\right)^3=35\times\left(\dfrac{5}{12}\right)^4\left(\dfrac{7}{12}\right)^3$

(i), (ii)에서 $P(A)=35\times\left(\dfrac{5}{12}\right)^3\left(\dfrac{7}{12}\right)^4+35\times\left(\dfrac{5}{12}\right)^4\left(\dfrac{7}{12}\right)^3$

$n\,(1\le n\le7)$번째 시행 후 주머니에 들어 있는 흰 공과 검은 공의 개수가 같은 경우는 흰 공 6개, 검은 공 6개가 들어 있는 경우, 즉 $a_5=b_5$인 경우이다.

따라서 5번의 시행에서 합이 8 이상인 경우가 2번, 7 이하인 경우가 3번 나온 후 나머지 2번의 시행에서 합이 8 이상인 경우와 7 이하인 경우가 각각 1번씩 나오거나 합이 8 이상인 경우만 2번 나와야 한다.

(i) 합이 8 이상인 경우와 7 이하인 경우가 각각 1번씩 더 나올 확률은

$_5C_2\left(\dfrac{5}{12}\right)^2\left(\dfrac{7}{12}\right)^3\times_2C_1\left(\dfrac{5}{12}\right)^1\left(\dfrac{7}{12}\right)^1=20\times\left(\dfrac{5}{12}\right)^3\left(\dfrac{7}{12}\right)^4$

(ii) 합이 8 이상인 경우가 2번 더 나올 확률은

$_5C_2\left(\dfrac{5}{12}\right)^2\left(\dfrac{7}{12}\right)^3\times_2C_2\left(\dfrac{5}{12}\right)^2\left(\dfrac{7}{12}\right)^0=10\times\left(\dfrac{5}{12}\right)^4\left(\dfrac{7}{12}\right)^3$

(i), (ii)에서 $P(A\cap B)=20\times\left(\dfrac{5}{12}\right)^3\left(\dfrac{7}{12}\right)^4+10\times\left(\dfrac{5}{12}\right)^4\left(\dfrac{7}{12}\right)^3$

$\therefore P(B|A)=\dfrac{P(A\cap B)}{P(A)}=\dfrac{20\times\left(\dfrac{5}{12}\right)^3\left(\dfrac{7}{12}\right)^4+10\times\left(\dfrac{5}{12}\right)^4\left(\dfrac{7}{12}\right)^3}{35\times\left(\dfrac{5}{12}\right)^3\left(\dfrac{7}{12}\right)^4+35\times\left(\dfrac{5}{12}\right)^4\left(\dfrac{7}{12}\right)^3}$

$=\dfrac{20\times7+10\times5}{35\times7+35\times5}=\dfrac{19}{42}$

01 답 ⑤

$$P(X=x)=\frac{k}{4x^2-1}=\frac{k}{(2x-1)(2x+1)}=\frac{k}{2}\left(\frac{1}{2x-1}-\frac{1}{2x+1}\right)$$

확률의 총합은 1이므로

$$P(X=1)+P(X=2)+P(X=3)+P(X=4)=1$$

$$\frac{k}{2}\left\{\left(1-\frac{1}{3}\right)+\left(\frac{1}{3}-\frac{1}{5}\right)+\left(\frac{1}{5}-\frac{1}{7}\right)+\left(\frac{1}{7}-\frac{1}{9}\right)\right\}=1$$

$$\frac{k}{2}\left(1-\frac{1}{9}\right)=1,\ \frac{4}{9}k=1\qquad\therefore k=\frac{9}{4}$$

$$\therefore P(X<k)=P\left(X<\frac{9}{4}\right)=P(X=1)+P(X=2)$$

$$=\frac{9}{4}\left(\frac{1}{3}+\frac{1}{15}\right)=\frac{9}{10}$$

02 답 2

$X^2\leq 2X$에서 $X^2-2X\leq 0$, $X(X-2)\leq 0$ $\therefore 0\leq X\leq 2$

$$\therefore P(X^2\leq 2X)=P(0\leq X\leq 2)=P(X=0)+P(X=1)+P(X=2)$$

$$=\frac{1}{12}+\frac{1}{6}+a=a+\frac{1}{4}$$

즉, $a+\frac{1}{4}=\frac{2}{3}$이므로 $a=\frac{5}{12}$

확률의 총합은 1이고 $P(X=0)+P(X=1)+P(X=2)=\frac{2}{3}$이므로

$$\frac{2}{3}+b=1\qquad\therefore b=\frac{1}{3}$$

따라서 확률변수 X의 평균은

$$E(X)=0\times\frac{1}{12}+1\times\frac{1}{6}+2\times\frac{5}{12}+3\times\frac{1}{3}=2$$

03 답 $\frac{665}{243}$

확률변수 X가 가질 수 있는 값은 1, 2, 3이다.

상자에서 임의로 1개의 공을 꺼내어 색을 확인한 후 다시 넣는 시행을 6번 반복할 때, 나오는 모든 경우의 수는 $_3\Pi_6=3^6$

(i) $X=1$일 때,

같은 색의 공이 6번 나오는 경우이므로 모두 흰 공 또는 검은 공 또는 노란 공이 나오는 3가지이다.

$$\therefore P(X=1)=\frac{3}{3^6}=\frac{1}{243}$$

(ii) $X=2$일 때,

2가지 색의 공이 나오는 경우이므로 3가지 색 중에서 나오는 2가지 색을 택하는 경우의 수는 $_3C_2=_3C_1=3$

이 2가지 색 중에서 1가지를 택하는 경우의 수는 $_2\Pi_6=2^6=64$

이때 1가지 색을 모두 택하는 경우의 2가지는 제외해야 하므로 2가지 색의 공이 나오는 경우의 수는 $3\times(64-2)=186$

$$\therefore P(X=2)=\frac{186}{3^6}=\frac{62}{243}$$

(iii) $X=3$일 때,

$$P(X=3)=1-\{P(X=1)+P(X=2)\}$$

$$=1-\left(\frac{1}{243}+\frac{62}{243}\right)=\frac{20}{27}$$

(i), (ii), (iii)에서 확률변수 X의 확률분포를 표로 나타내면 다음과 같다.

X	1	2	3	합계
$P(X=x)$	$\frac{1}{243}$	$\frac{62}{243}$	$\frac{20}{27}$	1

$$\therefore E(X)=1\times\frac{1}{243}+2\times\frac{62}{243}+3\times\frac{20}{27}=\frac{665}{243}$$

04 답 $\frac{\sqrt{5}}{3}$

확률변수 X가 가질 수 있는 값은 0, 1, 2이다.

(i) $X=0$일 때,

처음 A 상자에서 흰 공을 꺼낸 후 다시 A 상자에서 흰 공을 꺼내는 경우이므로 $P(X=0)=\frac{3}{4}\times\frac{2}{3}=\frac{1}{2}$

(ii) $X=1$일 때,

처음 A 상자에서 흰 공을 꺼낸 후 다시 A 상자에서 빨간 공을 꺼내거나 처음 A 상자에서 빨간 공을 꺼낸 후 B 상자에서 흰 공을 꺼내는 경우이므로 $P(X=1)=\frac{3}{4}\times\frac{1}{3}+\frac{1}{4}\times\frac{1}{3}=\frac{1}{3}$

(iii) $X=2$일 때,

처음 A 상자에서 빨간 공을 꺼낸 후 B 상자에서도 빨간 공을 꺼내는 경우이므로 $P(X=2)=\frac{1}{4}\times\frac{2}{3}=\frac{1}{6}$

(i), (ii), (iii)에서 확률변수 X의 확률분포를 표로 나타내면 다음과 같다.

X	0	1	2	합계
$P(X=x)$	$\frac{1}{2}$	$\frac{1}{3}$	$\frac{1}{6}$	1

$$E(X)=0\times\frac{1}{2}+1\times\frac{1}{3}+2\times\frac{1}{6}=\frac{2}{3}$$

$$E(X^2)=0^2\times\frac{1}{2}+1^2\times\frac{1}{3}+2^2\times\frac{1}{6}=1$$

$$\therefore V(X)=E(X^2)-\{E(X)\}^2=1-\left(\frac{2}{3}\right)^2=\frac{5}{9}$$

$$\therefore \sigma(X)=\sqrt{V(X)}=\sqrt{\frac{5}{9}}=\frac{\sqrt{5}}{3}$$

05 답 28

$$E(Y)=P(Y=1)+2P(Y=2)+3P(Y=3)+4P(Y=4)+5P(Y=5)$$

$$=\left\{\frac{1}{2}P(X=1)+\frac{1}{10}\right\}+2\left\{\frac{1}{2}P(X=2)+\frac{1}{10}\right\}$$

$$+3\left\{\frac{1}{2}P(X=3)+\frac{1}{10}\right\}+4\left\{\frac{1}{2}P(X=4)+\frac{1}{10}\right\}$$

$$+5\left\{\frac{1}{2}P(X=5)+\frac{1}{10}\right\}$$

$$=\frac{1}{2}\{P(X=1)+2P(X=2)+3P(X=3)+4P(X=4)$$

$$+5P(X=5)\}+\frac{1}{10}(1+2+3+4+5)$$

$$=\frac{1}{2}E(X)+\frac{3}{2}=\frac{1}{2}\times 4+\frac{3}{2}\ (\because E(X)=4)$$

$$=\frac{7}{2}$$

따라서 $a=\frac{7}{2}$이므로 $8a=8\times\frac{7}{2}=28$

06 답 ③

확률변수 X가 가질 수 있는 값은 3, 4, 5, 6, 7, 8, 9이다.

5장의 카드 중에서 2장을 택하는 모든 경우의 수는 $_5C_2=10$

(ⅰ) $X=3$일 때,

꺼낸 카드에 적혀 있는 두 수는 1, 2의 1가지이므로

$$P(X=3)=\frac{1}{10}$$

(ⅱ) $X=4$일 때,

꺼낸 카드에 적혀 있는 두 수는 1, 3의 1가지이므로

$$P(X=4)=\frac{1}{10}$$

(ⅲ) $X=5$일 때,

꺼낸 카드에 적혀 있는 두 수는 1, 4 또는 2, 3의 2가지이므로

$$P(X=5)=\frac{2}{10}=\frac{1}{5}$$

(ⅳ) $X=6$일 때,

꺼낸 카드에 적혀 있는 두 수는 1, 5 또는 2, 4의 2가지이므로

$$P(X=6)=\frac{2}{10}=\frac{1}{5}$$

(ⅴ) $X=7$일 때,

꺼낸 카드에 적혀 있는 두 수는 2, 5 또는 3, 4의 2가지이므로

$$P(X=7)=\frac{2}{10}=\frac{1}{5}$$

(ⅵ) $X=8$일 때,

꺼낸 카드에 적혀 있는 두 수는 3, 5의 1가지이므로

$$P(X=8)=\frac{1}{10}$$

(ⅶ) $X=9$일 때,

꺼낸 카드에 적혀 있는 두 수는 4, 5의 1가지이므로

$$P(X=9)=\frac{1}{10}$$

(ⅰ)~(ⅶ)에서 확률변수 X의 확률분포를 표로 나타내면 다음과 같다.

X	3	4	5	6	7	8	9	합계
$P(X=x)$	$\frac{1}{10}$	$\frac{1}{10}$	$\frac{1}{5}$	$\frac{1}{5}$	$\frac{1}{5}$	$\frac{1}{10}$	$\frac{1}{10}$	1

$$E(X)=3\times\frac{1}{10}+4\times\frac{1}{10}+5\times\frac{1}{5}+6\times\frac{1}{5}+7\times\frac{1}{5}+8\times\frac{1}{10}+9\times\frac{1}{10}$$
$$=6$$

$$\therefore E(Y)=E(2X+3)=2E(X)+3=2\times6+3=15$$

07 답 35

확률변수 X가 이항분포 $B(3, p)$를 따르므로 X의 확률질량함수는

$$P(X=x)=_3C_x p^x(1-p)^{3-x}\ (x=0, 1, 2, 3)$$
$$\therefore P(X=3)=_3C_3 p^3=p^3$$

확률변수 Y가 이항분포 $B(4, 2p)$를 따르므로 Y의 확률질량함수는

$$P(Y=y)=_4C_y(2p)^y(1-2p)^{4-y}\ (y=0, 1, 2, 3, 4)$$
$$\therefore P(Y\geq3)=P(Y=3)+P(Y=4)$$
$$=_4C_3(2p)^3(1-2p)+_4C_4(2p)^4$$
$$=32p^3(1-2p)+16p^4$$
$$=-48p^4+32p^3$$

이때 $10P(X=3)=P(Y\geq3)$에서

$$10p^3=-48p^4+32p^3,\ 48p^4-22p^3=0$$
$$2p^3(24p-11)=0\quad\therefore p=\frac{11}{24}\ (\because p>0)$$

따라서 $m=24$, $n=11$이므로 $m+n=35$

08 답 ④

확률변수 X의 확률질량함수가

$$P(X=x)=_{45}C_x\frac{2^{45-x}}{3^{45}}=_{45}C_x\left(\frac{1}{3}\right)^x\left(\frac{2}{3}\right)^{45-x}$$

이므로 확률변수 X는 이항분포 $B\left(45, \frac{1}{3}\right)$을 따른다.

따라서 $V(X)=45\times\frac{1}{3}\times\frac{2}{3}=10$이므로

$$\sigma(X)=\sqrt{V(X)}=\sqrt{10}$$

09 답 ①

$E(2X-1)=5$에서 $2E(X)-1=5$

$2E(X)=6$ $\therefore E(X)=3$

$$\therefore V(X)=E(X^2)-\{E(X)\}^2$$
$$=11-3^2=2\ (\because E(X^2)=11)$$

$E(X)=3$에서 $np=3$ …… ㉠

$V(X)=2$에서 $np(1-p)=2$

㉠을 대입하면 $3(1-p)=2$, $1-p=\frac{2}{3}$ $\therefore p=\frac{1}{3}$

이를 ㉠에 대입하면 $\frac{1}{3}n=3$ $\therefore n=9$

따라서 확률변수 X는 이항분포 $B\left(9, \frac{1}{3}\right)$을 따르므로 X의 확률질량함수는

$$P(X=x)=_9C_x\left(\frac{1}{3}\right)^x\left(\frac{2}{3}\right)^{9-x}\ (x=0, 1, 2, \cdots, 9)$$

$$\therefore \frac{P(X=5)}{P(X=6)}=\frac{_9C_5\left(\frac{1}{3}\right)^5\left(\frac{2}{3}\right)^4}{_9C_6\left(\frac{1}{3}\right)^6\left(\frac{2}{3}\right)^3}=3$$

10 답 20

한 개의 주사위를 2번 던질 때, 나오는 모든 경우의 수는 $6\times6=36$

$|a-b|=2$를 만족시키는 a, b의 순서쌍 (a, b)는 $(1, 3)$, $(3, 1)$, $(2, 4)$, $(4, 2)$, $(3, 5)$, $(5, 3)$, $(4, 6)$, $(6, 4)$의 8가지이므로 그 확률은

$$\frac{8}{36}=\frac{2}{9}$$ ·················· 배점 **40%**

따라서 확률변수 X는 이항분포 $B\left(90, \frac{2}{9}\right)$를 따르므로

$$E(X)=90\times\frac{2}{9}=20,\ V(X)=90\times\frac{2}{9}\times\frac{7}{9}=\frac{140}{9}$$ ·········· 배점 **40%**

$$\therefore E(8X)-V(3X)=8E(X)-3^2V(X)$$
$$=8\times20-9\times\frac{140}{9}$$
$$=20$$ ·················· 배점 **20%**

11 답 325

상자에서 공을 1개 꺼낼 때, 검은 공이 나올 확률은 $\frac{3}{k+3}$이므로 확률변수 X는 이항분포 $B\left(45, \frac{3}{k+3}\right)$을 따른다.

$E(X)=15$에서 $45\times\frac{3}{k+3}=15$

$k+3=9$ $\therefore k=6$

따라서 확률변수 X는 이항분포 $\mathrm{B}\left(45, \dfrac{1}{3}\right)$을 따르므로

$$\mathrm{V}(X)=45\times\dfrac{1}{3}\times\dfrac{2}{3}=10$$

$$\begin{aligned}
\therefore \mathrm{E}(X^2)+\mathrm{E}(kX)&=\mathrm{E}(X^2)+\mathrm{E}(6X)\\
&=\{\mathrm{E}(X)\}^2+\mathrm{V}(X)+6\mathrm{E}(X)\\
&=15^2+10+6\times15=325
\end{aligned}$$

12 🅐 11

서로 다른 2개의 주사위를 동시에 던질 때, 나오는 모든 경우의 수는

$6\times6=36$

나오는 두 눈의 수를 각각 a, b라 하면 두 눈의 수의 합이 10보다 큰 경우의 a, b의 순서쌍 (a, b)는 $(5, 6)$, $(6, 5)$, $(6, 6)$의 3가지이므로

[게임 1]을 한 번 할 때, 당첨될 확률은

$$\dfrac{3}{36}=\dfrac{1}{12}$$

따라서 확률변수 X는 이항분포 $\mathrm{B}\left(20, \dfrac{1}{12}\right)$을 따르므로

$$\mathrm{V}(X)=20\times\dfrac{1}{12}\times\dfrac{11}{12}=\dfrac{55}{36}$$ …… 배점 **40%**

5개의 동전을 동시에 던질 때, 나오는 모든 경우의 수는

$2\times2\times2\times2\times2=32$

5개의 동전을 던져서 앞면이 4개 이상 나오는 경우는 앞면이 4개 나오는 경우 5가지, 앞면이 5개 나오는 경우 1가지이므로 그 경우의 수는

$5+1=6$ ⌐ $_5\mathrm{C}_4=\,_5\mathrm{C}_1=5$

즉, [게임 2]를 한 번 할 때, 당첨될 확률은

$$\dfrac{6}{32}=\dfrac{3}{16}$$

따라서 확률변수 Y는 이항분포 $\mathrm{B}\left(n, \dfrac{3}{16}\right)$을 따르므로

$$\mathrm{V}(Y)=n\times\dfrac{3}{16}\times\dfrac{13}{16}=\dfrac{39}{256}n$$ …… 배점 **40%**

이때 확률변수 Y의 표준편차가 확률변수 X의 표준편차보다 크면 확률변수 Y의 분산이 확률변수 X의 분산보다 크므로

$$\dfrac{39}{256}n>\dfrac{55}{36}$$

$$\therefore n>\dfrac{3520}{351}=10.02\cdots$$

따라서 자연수 n의 최솟값은 11이다. …… 배점 **20%**

step ② 고난도 문제 | 66~70쪽

01 ⑤	02 ⑤	03 $\dfrac{3}{4}$	04 ②	05 37	06 $\dfrac{7}{10}$
07 $\dfrac{12}{7}$	08 $\dfrac{4}{3}$	09 78	10 5	11 ③	12 ④
13 10	14 27	15 $\dfrac{3\sqrt{37}}{10}$	16 117	17 4	18 ②
19 $67\sqrt{3}$	20 ②	21 ③	22 ③	23 ③	24 24
25 300	26 ①				

01 🅐 ⑤

(i) $X=1$일 때,

꺼낸 2장의 카드에 적혀 있는 수가 모두 1인 경우이므로 1이 적혀 있는 카드 2장을 꺼내면 된다.

$$\therefore \mathrm{P}(X=1)=\dfrac{_3\mathrm{C}_2}{_9\mathrm{C}_2}=\dfrac{1}{12}$$

(ii) $X=2$일 때,

꺼낸 2장의 카드에 적혀 있는 수가 1, 2 또는 2, 2인 경우이므로 1이 적혀 있는 카드 1장과 2가 적혀 있는 카드 1장을 꺼내거나 2가 적혀 있는 카드 2장을 꺼내면 된다.

$$\therefore \mathrm{P}(X=2)=\dfrac{_3\mathrm{C}_1\times\,_3\mathrm{C}_1+\,_3\mathrm{C}_2}{_9\mathrm{C}_2}=\dfrac{1}{3}$$

이때 확률변수 X의 확률질량함수가

$\mathrm{P}(X=x)=ax+b\ (x=1, 2, 3)$

이므로 $\mathrm{P}(X=1)=\dfrac{1}{12}$, $\mathrm{P}(X=2)=\dfrac{1}{3}$에서

$$a+b=\dfrac{1}{12},\ 2a+b=\dfrac{1}{3}$$

두 식을 연립하여 풀면 $a=\dfrac{1}{4}$, $b=-\dfrac{1}{6}$ $\quad\therefore a-b=\dfrac{5}{12}$

참고 (iii) $X=3$일 때,

꺼낸 2장의 카드에 적혀 있는 수가 1, 3 또는 2, 3 또는 3, 3인 경우이므로 1이 적혀 있는 카드 1장과 3이 적혀 있는 카드 1장을 꺼내거나 2가 적혀 있는 카드 1장과 3이 적혀 있는 카드 1장을 꺼내거나 3이 적혀 있는 카드 2장을 꺼내면 된다.

$$\therefore \mathrm{P}(X=3)=\dfrac{_3\mathrm{C}_1\times\,_3\mathrm{C}_1+\,_3\mathrm{C}_1\times\,_3\mathrm{C}_1+\,_3\mathrm{C}_2}{_9\mathrm{C}_2}=\dfrac{7}{12}$$

다른 풀이

(ii) $X=2$일 때,

1 또는 2가 적혀 있는 카드에서만 2장을 꺼내는 경우에서 1이 적혀 있는 카드만 2장을 꺼내는 경우를 제외한 것과 같으므로

$$\mathrm{P}(X=2)=\dfrac{_6\mathrm{C}_2-\,_3\mathrm{C}_2}{_9\mathrm{C}_2}=\dfrac{1}{3}$$

(iii) $X=3$일 때,

9장의 카드 중에서 2장을 꺼내는 경우에서 1 또는 2가 적혀 있는 카드에서만 2장을 꺼내는 경우를 제외한 것과 같으므로

$$\mathrm{P}(X=3)=\dfrac{_9\mathrm{C}_2-\,_6\mathrm{C}_2}{_9\mathrm{C}_2}=\dfrac{7}{12}$$

02 🅐 ⑤

ㄱ. 확률의 총합은 1이므로

$$\dfrac{1}{12}+\dfrac{1}{6}+\dfrac{1}{4}+\dfrac{a-4}{12}+\dfrac{a-5}{12}+\dfrac{a-6}{12}=1$$

$$\dfrac{3a-15}{12}=\dfrac{1}{2},\ 3a-15=6$$

$$3a=21 \quad \therefore a=7$$

따라서 $\mathrm{P}(X=x)=\begin{cases} \dfrac{x}{12} & (x=1, 2, 3) \\ \dfrac{7-x}{12} & (x=4, 5, 6) \end{cases}$ 이므로

$f(1)=\mathrm{P}(X\geq1)=1$ → 확률의 총합은 1이다.

$$f(5)=\mathrm{P}(X\geq5)=\mathrm{P}(X=5)+\mathrm{P}(X=6)=\dfrac{1}{6}+\dfrac{1}{12}=\dfrac{1}{4}$$

$$\therefore f(1)=4f(5)$$

ㄴ. $\begin{aligned} f(k)=\mathrm{P}(X\geq k)&=\mathrm{P}(X=k)+\mathrm{P}(X\geq k+1)\\ &=\mathrm{P}(X=k)+f(k+1) \end{aligned}$

$\therefore \mathrm{P}(X=k)=f(k)-f(k+1)$ (단, $k=1, 2, 3, 4, 5$)

ㄷ. ㄴ에 의하여

$$E(X)=P(X=1)+2P(X=2)+3P(X=3)+4P(X=4)$$
$$+5P(X=5)+6P(X=6)$$
$$=f(1)-f(2)+2\{f(2)-f(3)\}+3\{f(3)-f(4)\}$$
$$+4\{f(4)-f(5)\}+5\{f(5)-f(6)\}+6f(6)$$
$$=f(1)+f(2)+f(3)+f(4)+f(5)+f(6)$$

따라서 보기에서 옳은 것은 ㄱ, ㄴ, ㄷ이다.

03 답 $\dfrac{3}{4}$

확률변수 X가 가질 수 있는 값은 0, 1, 2, 3이다.
한 개의 동전을 4번 던질 때, 나오는 모든 경우의 수는
$2\times2\times2\times2=16$
동전의 앞면을 H, 뒷면을 T라 하자.

(i) $X=0$일 때,
  HTHT, THTH의 2가지이므로
  $P(X=0)=\dfrac{2}{16}=\dfrac{1}{8}$

(ii) $X=1$일 때,
  HHTH, THHT, HTHH, TTHT, HTTH, THTT의 6가지
  이므로
  $P(X=1)=\dfrac{6}{16}=\dfrac{3}{8}$

(iii) $X=2$일 때,
  HHHT, THHH, HTTT, TTTH, HHTT, TTHH의 6가지
  이므로
  $P(X=2)=\dfrac{6}{16}=\dfrac{3}{8}$

(iv) $X=3$일 때, HHHH, TTTT의 2가지이므로
  $P(X=3)=\dfrac{2}{16}=\dfrac{1}{8}$

(i)~(iv)에서 확률변수 X의 확률분포를 표로 나타내면 다음과 같다.

X	0	1	2	3	합계
$P(X=x)$	$\dfrac{1}{8}$	$\dfrac{3}{8}$	$\dfrac{3}{8}$	$\dfrac{1}{8}$	1

$E(X)=0\times\dfrac{1}{8}+1\times\dfrac{3}{8}+2\times\dfrac{3}{8}+3\times\dfrac{1}{8}=\dfrac{3}{2}$

$E(X^2)=0^2\times\dfrac{1}{8}+1^2\times\dfrac{3}{8}+2^2\times\dfrac{3}{8}+3^2\times\dfrac{1}{8}=3$

$\therefore V(X)=E(X^2)-\{E(X)\}^2=3-\left(\dfrac{3}{2}\right)^2=\dfrac{3}{4}$

04 답 ②

$n=3$일 때, 점 P_1, P_2, P_3, P_4, P_5는 호 AB를
6등분하므로 부채꼴 OAB를 6등분한 부채꼴
1개의 넓이는

$\dfrac{1}{6}\times\left(\dfrac{1}{2}\times1^2\times\dfrac{\pi}{2}\right)=\dfrac{\pi}{24}$

(i) 점 P_1 또는 P_5를 선택할 때,
  X는 6등분한 부채꼴 5개의 넓이의 합에서
  6등분한 부채꼴 1개의 넓이를 뺀 값과 같으므로
  $X=5\times\dfrac{\pi}{24}-\dfrac{\pi}{24}=\dfrac{\pi}{6}$

(ii) 점 P_2 또는 P_4를 선택할 때,
  X는 6등분한 부채꼴 4개의 넓이의 합에서 6등분한 부채꼴 2개의
  넓이의 합을 뺀 값과 같으므로 $X=4\times\dfrac{\pi}{24}-2\times\dfrac{\pi}{24}=\dfrac{\pi}{12}$

(iii) 점 P_3을 선택할 때,
  X는 6등분한 부채꼴 3개의 넓이의 합에서 6등분한 부채꼴 3개의
  넓이의 합을 뺀 값과 같으므로 $X=0$

(i), (ii), (iii)에서 확률변수 X의 확률분포를 표로 나타내면 다음과 같다.

X	0	$\dfrac{\pi}{12}$	$\dfrac{\pi}{6}$	합계
$P(X=x)$	$\dfrac{1}{5}$	$\dfrac{2}{5}$	$\dfrac{2}{5}$	1

$\therefore E(X)=0\times\dfrac{1}{5}+\dfrac{\pi}{12}\times\dfrac{2}{5}+\dfrac{\pi}{6}\times\dfrac{2}{5}=\dfrac{\pi}{10}$

05 답 37

5개의 공 중에서 4개를 꺼내는 모든 경우의 수는 $_5C_4=_5C_1=5$

(i) $n=4$ 또는 $n=5$일 때,
  확률변수 X가 가질 수 있는 값은 n, 6이다.
  ① $X=n$일 때,
    1, 2, 3, n이 적혀 있는 공을 꺼내는 경우 1가지이므로
    $P(X=n)=\dfrac{1}{5}$
  ② $X=6$일 때,
    6이 적혀 있는 공을 꺼내고 나머지 1, 2, 3, n이 적혀 있는 공 중
    에서 3개를 꺼내면 되므로 그 경우의 수는 $_4C_3=_4C_1=4$
    $\therefore P(X=6)=\dfrac{4}{5}$
  ①, ②에서 $f(n)=E(X)=n\times\dfrac{1}{5}+6\times\dfrac{4}{5}=\dfrac{n+24}{5}$

(ii) $n>6$일 때,
  확률변수 X가 가질 수 있는 값은 6, n이다.
  ① $X=6$일 때,
    1, 2, 3, 6이 적혀 있는 공을 꺼내는 경우 1가지이므로
    $P(X=6)=\dfrac{1}{5}$
  ② $X=n$일 때,
    n이 적혀 있는 공을 꺼내고 나머지 1, 2, 3, 6이 적혀 있는 공 중
    에서 3개를 꺼내면 되므로 그 경우의 수는 $_4C_3=_4C_1=4$
    $\therefore P(X=n)=\dfrac{4}{5}$
  ①, ②에서 $f(n)=E(X)=6\times\dfrac{1}{5}+n\times\dfrac{4}{5}=\dfrac{4n+6}{5}$

(i), (ii)에서 $f(4)+f(5)+f(14)+f(15)=\dfrac{28}{5}+\dfrac{29}{5}+\dfrac{62}{5}+\dfrac{66}{5}=37$

06 답 $\dfrac{7}{10}$

확률변수 X가 가질 수 있는 값은 0, 1, 2, 3이다.

(i) $X=0$일 때,
  첫 번째 꺼낸 공에 적혀 있는 수와 두 번째 꺼낸 공에 적혀 있는 수
  가 모두 다른 경우이므로 두 번째에는 첫 번째 나온 공을 제외한 7
  개의 공 중에서 3개를 택하면 된다.
  $\therefore P(X=0)=1\times\dfrac{_7C_3}{_{10}C_3}=\dfrac{7}{24}$

(ii) $X=1$일 때,

첫 번째 꺼낸 공에 적혀 있는 수와 두 번째 꺼낸 공에 적혀 있는 수 중 1개는 같고 나머지 2개는 다른 경우이므로 두 번째에는 첫 번째 나온 3개의 공 중에서 1개를 택하고 나머지 7개의 공 중에서 2개를 택하면 된다.

$$\therefore P(X=1)=1\times\frac{_3C_1\times{}_7C_2}{_{10}C_3}=\frac{21}{40}$$

(iii) $X=2$일 때,

첫 번째 꺼낸 공에 적혀 있는 수와 두 번째 꺼낸 공에 적혀 있는 수 중 2개는 같고 나머지 1개는 다른 경우이므로 두 번째에는 첫 번째 나온 3개의 공 중에서 2개를 택하고 나머지 7개의 공 중에서 1개를 택하면 된다.

$$\therefore P(X=2)=1\times\frac{_3C_2\times{}_7C_1}{_{10}C_3}=\frac{7}{40}$$

(iv) $X=3$일 때,

첫 번째 꺼낸 공에 적혀 있는 수와 두 번째 꺼낸 공에 적혀 있는 수가 모두 같은 경우이므로 두 번째에는 첫 번째 나온 공을 택하면 된다.

$$\therefore P(X=3)=1\times\frac{1}{_{10}C_3}=\frac{1}{120}$$

(i)~(iv)에서 확률변수 X의 확률분포를 표로 나타내면 다음과 같다.

X	0	1	2	3	합계
$P(X=x)$	$\frac{7}{24}$	$\frac{21}{40}$	$\frac{7}{40}$	$\frac{1}{120}$	1

························· 배점 **60%**

$$E(X)=0\times\frac{7}{24}+1\times\frac{21}{40}+2\times\frac{7}{40}+3\times\frac{1}{120}=\frac{9}{10}$$

$$E(X^2)=0^2\times\frac{7}{24}+1^2\times\frac{21}{40}+2^2\times\frac{7}{40}+3^2\times\frac{1}{120}=\frac{13}{10}$$ ········ 배점 **20%**

$$\therefore V(X)=E(X^2)-\{E(X)\}^2=\frac{13}{10}-\left(\frac{9}{10}\right)^2=\frac{49}{100}$$

$$\therefore \sigma(X)=\sqrt{V(X)}=\sqrt{\frac{49}{100}}=\frac{7}{10}$$ ········ 배점 **20%**

07 답 $\frac{12}{7}$

오른쪽 방향으로 1칸 움직이는 것을 a, 위쪽 방향으로 1칸 움직이는 것을 b라 하면 A 지점에서 B 지점까지 최단 거리로 이동하는 모든 경우의 수는 $aaabbbb$를 일렬로 나열하는 경우의 수와 같으므로

$$\frac{7!}{3!\times4!}=35$$

확률변수 X가 가질 수 있는 값은 0, 1, 2, 3이다.

(i) $X=0$일 때,

$bbbbaaa$의 1가지이므로 $P(X=0)=\frac{1}{35}$

(ii) $X=1$일 때,

$\times\bigcirc ab\times\bigcirc$에서 $\bigcirc$의 자리에 a가 오고 $\times$의 자리에 b가 오는 경우이므로 남은 a 2개를 $\bigcirc$의 자리에, 남은 b 3개를 $\times$의 자리에 중복을 허락하여 배열하는 경우의 수는

$$_2H_2\times{}_2H_3={}_3C_2\times{}_4C_3={}_3C_1\times{}_4C_1=3\times4=12$$

$$\therefore P(X=1)=\frac{12}{35}$$

(iii) $X=2$일 때,

$\times\bigcirc ab\times\bigcirc ab\times\bigcirc$에서 $\bigcirc$의 자리에 a가 오고 $\times$의 자리에 b가 오는 경우이므로 남은 a 1개를 $\bigcirc$의 자리에, 남은 b 2개를 $\times$의 자리에 중복을 허락하여 배열하는 경우의 수는

$$_3H_1\times{}_3H_2={}_3C_1\times{}_4C_2=3\times6=18$$

$$\therefore P(X=2)=\frac{18}{35}$$

(iv) $X=3$일 때,

$\times ab\times ab\times ab\times$에서 $\times$의 자리에 b가 오는 경우이므로 남은 b 1개를 $\times$의 자리에 중복을 허락하여 배열하는 경우의 수는

$$_4H_1={}_4C_1=4$$

$$\therefore P(X=3)=\frac{4}{35}$$

(i)~(iv)에서 확률변수 X의 확률분포를 표로 나타내면 다음과 같다.

X	0	1	2	3	합계
$P(X=x)$	$\frac{1}{35}$	$\frac{12}{35}$	$\frac{18}{35}$	$\frac{4}{35}$	1

$$\therefore E(X)=0\times\frac{1}{35}+1\times\frac{12}{35}+2\times\frac{18}{35}+3\times\frac{4}{35}=\frac{12}{7}$$

08 답 $\frac{4}{3}$

한 개의 주사위를 2번 던질 때, 나오는 모든 경우의 수는 $6\times6=36$

(i) 두 점 A, B가 서로 같을 때,

두 점 A, B 사이의 거리는 0이므로 $X=0^2=0$

이때 두 점 A, B가 서로 같은 경우는 1, 2, $\cdots$, 6의 6가지이므로

$$P(X=0)=\frac{6}{36}=\frac{1}{6}$$

(ii) 두 점 A, B가 정팔면체의 한 모서리의 양 끝 점일 때,

두 점 A, B 사이의 거리는 1이므로 $X=1^2=1$

이때 정팔면체의 모서리는 12개이고 한 모서리를 택하는 경우는 2개씩 있으므로 그 경우의 수는 $12\times2=24$
└→ 주사위에서 나오는 두 눈의 수가 1, 3인 경우와 3, 1인 경우는 같은 모서리가 된다.

$$\therefore P(X=1)=\frac{24}{36}=\frac{2}{3}$$

(iii) (i), (ii)가 아닐 때

① 두 점 3, 4 또는 5, 6을 택하는 경우

두 점 사이의 거리는 $\sqrt{1^2+1^2}=\sqrt{2}$

② 두 점 1, 2를 택하는 경우

정사면체의 높이는 $\sqrt{1^2-\left(\frac{\sqrt{2}}{2}\right)^2}=\frac{\sqrt{2}}{2}$이므로 두 점 사이의 거리는 $\frac{\sqrt{2}}{2}\times2=\sqrt{2}$

①, ②에서 $X=(\sqrt{2})^2=2$

$$\therefore P(X=2)=1-\left(\frac{1}{6}+\frac{2}{3}\right)=\frac{1}{6}$$

(i), (ii), (iii)에서 확률변수 X의 확률분포를 표로 나타내면 다음과 같다.

X	0	1	2	합계
$P(X=x)$	$\frac{1}{6}$	$\frac{2}{3}$	$\frac{1}{6}$	1

$$E(X)=0\times\frac{1}{6}+1\times\frac{2}{3}+2\times\frac{1}{6}=1$$

$$E(X^2)=0^2\times\frac{1}{6}+1^2\times\frac{2}{3}+2^2\times\frac{1}{6}=\frac{4}{3}$$

$$\therefore V(X)=E(X^2)-\{E(X)\}^2=\frac{4}{3}-1^2=\frac{1}{3}$$

$$\therefore E(X)+V(X)=1+\frac{1}{3}=\frac{4}{3}$$

09 답 78

확률의 총합은 1이므로

$$a+b+c+b+a=1 \qquad \therefore 2a+2b+c=1 \qquad \cdots\cdots\;\text{㉠}$$

$$E(X)=1\times a+3\times b+5\times c+7\times b+9\times a$$
$$=10a+10b+5c=5(2a+2b+c)$$
$$=5\times 1\ (\because \bigcirc)$$
$$=5$$
$$E(X^2)=1^2\times a+3^2\times b+5^2\times c+7^2\times b+9^2\times a$$
$$=82a+58b+25c$$

$V(X)=E(X^2)-\{E(X)\}^2$에서

$$E(X^2)=\{E(X)\}^2+V(X)$$

이때 $V(X)=\dfrac{31}{5}$이므로

$$82a+58b+25c=5^2+\dfrac{31}{5}\qquad \cdots\cdots \bigcirc$$

$$E(Y)=1\times\left(a+\dfrac{1}{20}\right)+3\times b+5\times\left(c-\dfrac{1}{10}\right)+7\times b+9\times\left(a+\dfrac{1}{20}\right)$$
$$=10a+10b+5c=5(2a+2b+c)$$
$$=5\times 1\ (\because \bigcirc)$$
$$=5$$
$$E(Y^2)=1^2\times\left(a+\dfrac{1}{20}\right)+3^2\times b+5^2\times\left(c-\dfrac{1}{10}\right)+7^2\times b$$
$$+9^2\times\left(a+\dfrac{1}{20}\right)$$
$$=82a+58b+25c+\dfrac{8}{5}$$
$$=5^2+\dfrac{31}{5}+\dfrac{8}{5}\ (\because \bigcirc)$$
$$=25+\dfrac{39}{5}$$

$$\therefore V(Y)=E(Y^2)-\{E(Y)\}^2=25+\dfrac{39}{5}-5^2=\dfrac{39}{5}$$

$$\therefore 10\times V(Y)=10\times\dfrac{39}{5}=78$$

10 답 5

$kP(Y=k)=aP(X=k)+\dfrac{a}{4}\ (k=1,\ 2,\ 3,\ 4)$에서

$$\sum_{k=1}^{4}kP(Y=k)=\sum_{k=1}^{4}\left\{aP(X=k)+\dfrac{a}{4}\right\}$$

이때 $\displaystyle\sum_{k=1}^{4}kP(Y=k)=E(Y)$이고,

$$\sum_{k=1}^{4}\left\{aP(X=k)+\dfrac{a}{4}\right\}=a\sum_{k=1}^{4}P(X=k)+\sum_{k=1}^{4}\dfrac{a}{4}$$
$$=a+\dfrac{a}{4}\times 4=2a$$

↳ 확률의 총합은 1이므로 $\displaystyle\sum_{k=1}^{4}P(X=k)=1$

이므로 $E(Y)=2a\qquad \cdots\cdots \bigcirc$

한편 주어진 등식의 양변에 k를 곱하면

$$k^2P(Y=k)=akP(X=k)+\dfrac{a}{4}k\ (k=1,\ 2,\ 3,\ 4)$$

$$\sum_{k=1}^{4}k^2P(Y=k)=\sum_{k=1}^{4}\left\{akP(X=k)+\dfrac{a}{4}k\right\}$$

이때 $\displaystyle\sum_{k=1}^{4}k^2P(Y=k)=E(Y^2)$이고,

$$\sum_{k=1}^{4}\left\{akP(X=k)+\dfrac{a}{4}k\right\}=a\sum_{k=1}^{4}kP(X=k)+\dfrac{a}{4}\sum_{k=1}^{4}k$$
$$=aE(X)+\dfrac{a}{4}\times 10$$
$$=\dfrac{a}{2}+\dfrac{5}{2}a\left(\because E(X)=\dfrac{1}{2}\right)$$
$$=3a$$

이므로 $E(Y^2)=3a\qquad \cdots\cdots \bigcirc$

$\bigcirc$, $\bigcirc$에서 $V(Y)=E(Y^2)-\{E(Y)\}^2=3a-(2a)^2=3a-4a^2$

$E(Y)=V(Y)$에서 $2a=3a-4a^2$, $4a^2-a=0$

$$a(4a-1)=0\qquad \therefore a=0\ 또는\ a=\dfrac{1}{4}$$

그런데 $a=0$이면 $P(Y=k)=0\ (k=1,\ 2,\ 3,\ 4)$이므로 확률의 성질을 만족시키지 않는다.

따라서 $a=\dfrac{1}{4}$이므로 $20a=20\times\dfrac{1}{4}=5$

idea
11 답 ③

$Y=10X-2.31$이라 하면

$X=0.131$일 때, $Y=10\times 0.131-2.31=-1$

$X=0.231$일 때, $Y=10\times 0.231-2.31=0$

$X=0.331$일 때, $Y=10\times 0.331-2.31=1$

이므로 확률변수 Y의 확률분포를 표로 나타내면 다음과 같다.

Y	-1	0	1	합계
$P(Y=y)$	a	b	$\dfrac{1}{2}$	1

$$\therefore E(Y)=-1\times a+0\times b+1\times\dfrac{1}{2}=-a+\dfrac{1}{2}$$

한편 $E(X)=0.256$이므로

$$E(Y)=E(10X-2.31)=10E(X)-2.31$$
$$=10\times 0.256-2.31=0.25$$

즉, $-a+\dfrac{1}{2}=\dfrac{1}{4}$이므로 $a=\dfrac{1}{4}$

확률의 총합은 1이므로

$$\dfrac{1}{4}+b+\dfrac{1}{2}=1\qquad \therefore b=\dfrac{1}{4}$$

이때 $E(Y^2)=(-1)^2\times\dfrac{1}{4}+0^2\times\dfrac{1}{4}+1^2\times\dfrac{1}{2}=\dfrac{3}{4}$이므로

$$V(Y)=E(Y^2)-\{E(Y)\}^2=\dfrac{3}{4}-\left(\dfrac{1}{4}\right)^2=\dfrac{11}{16}$$

따라서 $V(Y)=V(10X-2.31)=10^2V(X)$이므로

$$V(X)=\dfrac{1}{100}V(Y)=\dfrac{1}{100}\times\dfrac{11}{16}=\dfrac{11}{1600}$$

12 답 ④

함수 $f(x)$의 역함수가 존재하지 않으려면 함숫값이 같은 경우가 존재해야 한다.

(i) $f(1)=f(2)$인 경우

$$\dfrac{1}{4}=a-\dfrac{3}{4}a^2,\ 3a^2-4a+1=0$$

$$(3a-1)(a-1)=0\qquad \therefore a=\dfrac{1}{3}\ 또는\ a=1$$

이때 확률의 총합은 1이므로 $f(1)+f(2)+f(3)=1$에서

$$\dfrac{1}{4}+\dfrac{1}{4}+b=1\qquad \therefore b=\dfrac{1}{2}$$

(ii) $f(1)=f(3)$인 경우

확률의 총합은 1이므로 $f(1)+f(2)+f(3)=1$에서

$$2f(1)+f(2)=1,\ \dfrac{1}{2}+a-\dfrac{3}{4}a^2=1$$

$$\therefore 3a^2-4a+2=0$$

이 이차방정식의 판별식을 D_1이라 하면

$$\dfrac{D_1}{4}=2^2-3\times 2=-2<0$$

따라서 이를 만족시키는 실수 a는 존재하지 않는다.

(iii) $f(2)=f(3)$인 경우

확률의 총합은 1이므로 $f(1)+f(2)+f(3)=1$에서

$f(1)+2f(2)=1$, $\dfrac{1}{4}+2a-\dfrac{3}{2}a^2=1$

$\therefore 6a^2-8a+3=0$

이 이차방정식의 판별식을 D_2라 하면

$\dfrac{D_2}{4}=4^2-6\times3=-2<0$

따라서 이를 만족시키는 실수 a는 존재하지 않는다.

(i), (ii), (iii)에서 $f(x)=\begin{cases} \dfrac{1}{4} & (x=1) \\[2mm] \dfrac{1}{4} & (x=2) \\[2mm] \dfrac{1}{2} & (x=3) \end{cases}$

따라서 $E(X)=1\times\dfrac{1}{4}+2\times\dfrac{1}{4}+3\times\dfrac{1}{2}=\dfrac{9}{4}$이므로

$E(2X+b)=E\Big(2X+\dfrac{1}{2}\Big)=2E(X)+\dfrac{1}{2}=2\times\dfrac{9}{4}+\dfrac{1}{2}=5$

13 답 10

4개의 공 중에서 1개의 공을 꺼내는 과정을 2번 반복하는 모든 경우의 수는 $_4C_1\times_4C_1=4\times4=16$

확률변수 X가 가질 수 있는 값은 -3, -2, -1, 0, 1, 2, 3이다.

(i) $X=-3$일 때,

순서쌍 (a,b)는 $(1,4)$의 1가지이므로

$P(X=-3)=\dfrac{1}{16}$

(ii) $X=-2$일 때,

순서쌍 (a,b)는 $(1,3)$, $(2,4)$의 2가지이므로

$P(X=-2)=\dfrac{2}{16}=\dfrac{1}{8}$

(iii) $X=-1$일 때,

순서쌍 (a,b)는 $(1,2)$, $(2,3)$, $(3,4)$의 3가지이므로

$P(X=-1)=\dfrac{3}{16}$

(iv) $X=0$일 때,

순서쌍 (a,b)는 $(1,1)$, $(2,2)$, $(3,3)$, $(4,4)$의 4가지이므로

$P(X=0)=\dfrac{4}{16}=\dfrac{1}{4}$

(v) $X=1$일 때,

순서쌍 (a,b)는 $(2,1)$, $(3,2)$, $(4,3)$의 3가지이므로

$P(X=1)=\dfrac{3}{16}$

(vi) $X=2$일 때,

순서쌍 (a,b)는 $(3,1)$, $(4,2)$의 2가지이므로

$P(X=2)=\dfrac{2}{16}=\dfrac{1}{8}$

(vii) $X=3$일 때,

순서쌍 (a,b)는 $(4,1)$의 1가지이므로

$P(X=3)=\dfrac{1}{16}$

(i)~(vii)에서 확률변수 X의 확률분포를 표로 나타내면 다음과 같다.

X	-3	-2	-1	0	1	2	3	합계
$P(X=x)$	$\dfrac{1}{16}$	$\dfrac{1}{8}$	$\dfrac{3}{16}$	$\dfrac{1}{4}$	$\dfrac{3}{16}$	$\dfrac{1}{8}$	$\dfrac{1}{16}$	1

$E(X)=-3\times\dfrac{1}{16}+(-2)\times\dfrac{1}{8}+(-1)\times\dfrac{3}{16}+0\times\dfrac{1}{4}+1\times\dfrac{3}{16}$
$\qquad\qquad\qquad\qquad\qquad +2\times\dfrac{1}{8}+3\times\dfrac{1}{16}$

$\quad=0$

$E(X^2)=(-3)^2\times\dfrac{1}{16}+(-2)^2\times\dfrac{1}{8}+(-1)^2\times\dfrac{3}{16}+0^2\times\dfrac{1}{4}$
$\qquad\qquad\qquad +1^2\times\dfrac{3}{16}+2^2\times\dfrac{1}{8}+3^2\times\dfrac{1}{16}$

$\quad=\dfrac{5}{2}$

$\therefore V(X)=E(X^2)-\{E(X)\}^2=\dfrac{5}{2}$

$\therefore V(Y)=V(2X+1)=2^2V(X)=4\times\dfrac{5}{2}=10$

14 답 27

n개의 점 중에서 서로 다른 3개의 점을 택하는 모든 경우의 수는 $_nC_3$

이때 삼각형의 각 꼭짓점에 적혀 있는 세 수 중 두 번째로 큰 수가 확률변수 X이므로 $X=x$이면 나머지 두 수는 x보다 큰 수 $(n-x)$개 중에서 하나를 택하고 x보다 작은 수 $(x-1)$개 중에서 하나를 택하면 된다.

$\therefore P(X=x)=\dfrac{_{n-x}C_1\times_{x-1}C_1}{_nC_3}$

$\qquad\quad=\dfrac{(n-x)(x-1)}{\dfrac{n(n-1)(n-2)}{6}}$

$\qquad\quad=\dfrac{-6\{x^2-(n+1)x+n\}}{n(n-1)(n-2)}$

$\qquad\quad=\dfrac{-6}{n(n-1)(n-2)}\Big\{\Big(x-\dfrac{n+1}{2}\Big)^2-\dfrac{(n-1)^2}{4}\Big\}$
$\qquad\qquad\qquad\qquad\qquad (x=2,3,4,\cdots,n-1)$

따라서 $P(X=x)$는 $x=\dfrac{n+1}{2}$에서 최대이므로

$\dfrac{n+1}{2}=4$ $\quad\therefore n=7$

따라서 확률변수 X의 확률질량함수는

$P(X=x)=\dfrac{-x^2+8x-7}{35}$ $(x=2,3,4,5,6)$

$\therefore E(X)=2P(X=2)+3P(X=3)+4P(X=4)+5P(X=5)$
$\qquad\qquad\qquad\qquad\qquad\qquad\qquad\quad +6P(X=6)$

$\quad=2\times\dfrac{1}{7}+3\times\dfrac{8}{35}+4\times\dfrac{9}{35}+5\times\dfrac{8}{35}+6\times\dfrac{1}{7}$

$\quad=4$

$\therefore E(7X-1)=7E(X)-1=7\times4-1=27$

15 답 $\dfrac{3\sqrt{37}}{10}$

두 상자 A, B에서 꺼낸 카드에 적혀 있는 수를 각각 X_1, X_2라 할 때, 두 확률변수 X_1, X_2의 확률분포를 표로 나타내면 각각 다음과 같다.

X_1	1	2	3	합계
$P(X_1=x)$	$\dfrac{1}{3}$	$\dfrac{1}{2}$	$\dfrac{1}{6}$	1

X_2	1	2	3	합계
$P(X_2=x)$	$\dfrac{1}{6}$	$\dfrac{1}{3}$	$\dfrac{1}{2}$	1

이때 확률변수 X가 가질 수 있는 값은 2, 3, 4, 5, 6이다.

(i) $X=2$일 때,

$X_1=1$, $X_2=1$인 경우이므로

$P(X=2)=\dfrac{1}{3}\times\dfrac{1}{6}=\dfrac{1}{18}$

(ii) $X=3$일 때,

$X_1=1$, $X_2=2$ 또는 $X_1=2$, $X_2=1$인 경우이므로

$P(X=3)=\dfrac{1}{3}\times\dfrac{1}{3}+\dfrac{1}{2}\times\dfrac{1}{6}=\dfrac{7}{36}$

(iii) $X=4$일 때,

$X_1=1$, $X_2=3$ 또는 $X_1=2$, $X_2=2$ 또는 $X_1=3$, $X_2=1$인 경우이므로

$P(X=4)=\dfrac{1}{3}\times\dfrac{1}{2}+\dfrac{1}{2}\times\dfrac{1}{3}+\dfrac{1}{6}\times\dfrac{1}{6}=\dfrac{13}{36}$

(iv) $X=5$일 때,

$X_1=2$, $X_2=3$ 또는 $X_1=3$, $X_2=2$인 경우이므로

$P(X=5)=\dfrac{1}{2}\times\dfrac{1}{2}+\dfrac{1}{6}\times\dfrac{1}{3}=\dfrac{11}{36}$

(v) $X=6$일 때,

$X_1=3$, $X_2=3$인 경우이므로

$P(X=6)=\dfrac{1}{6}\times\dfrac{1}{2}=\dfrac{1}{12}$

(i)~(v)에서 확률변수 X의 확률분포를 표로 나타내면 다음과 같다.

X	2	3	4	5	6	합계
$P(X=x)$	$\dfrac{1}{18}$	$\dfrac{7}{36}$	$\dfrac{13}{36}$	$\dfrac{11}{36}$	$\dfrac{1}{12}$	1

따라서 X의 값이 소수일 확률은

$p=P(X=2)+P(X=3)+P(X=5)$

$=\dfrac{1}{18}+\dfrac{7}{36}+\dfrac{11}{36}=\dfrac{5}{9}$

이때 확률변수 X에 대하여

$E(X)=2\times\dfrac{1}{18}+3\times\dfrac{7}{36}+4\times\dfrac{13}{36}+5\times\dfrac{11}{36}+6\times\dfrac{1}{12}=\dfrac{25}{6}$

$E(X^2)=2^2\times\dfrac{1}{18}+3^2\times\dfrac{7}{36}+4^2\times\dfrac{13}{36}+5^2\times\dfrac{11}{36}+6^2\times\dfrac{1}{12}=\dfrac{331}{18}$

$\therefore V(X)=E(X^2)-\{E(X)\}^2=\dfrac{331}{18}-\left(\dfrac{25}{6}\right)^2=\dfrac{37}{36}$

$\therefore \sigma\left(\dfrac{X}{p}\right)=\dfrac{1}{p}\sigma(X)=\dfrac{1}{p}\sqrt{V(X)}=\dfrac{9}{5}\times\sqrt{\dfrac{37}{36}}=\dfrac{3\sqrt{37}}{10}$

16 답 117

확률변수 X가 가질 수 있는 값은 3, 4, 5이다.

주머니에서 임의로 1개의 공을 꺼낼 때, 공에 적혀 있는 수가 2, 3, 4일 확률은 각각 $\dfrac{1}{2}$, $\dfrac{1}{4}$, $\dfrac{1}{4}$이다.

(i) $X=5$일 때,

네 번째 시행까지 모두 2가 적혀 있는 공을 꺼내면 공에 적혀 있는 수의 합이 8이고, 이때 다섯 번째 시행에서는 어떤 공을 꺼내도 공에 적혀 있는 수의 합이 9 이상이다.

$\therefore P(X=5)=\left(\dfrac{1}{2}\right)^4=\dfrac{1}{16}$

(ii) $X=4$일 때,

① 세 번째 시행까지 꺼낸 공에 적혀 있는 수의 합이 6인 경우

세 번째 시행까지 모두 2가 적혀 있는 공을 꺼내고 네 번째 시행에서 3 또는 4가 적혀 있는 공을 꺼내면 되므로 그 확률은

$\left(\dfrac{1}{2}\right)^3\times\dfrac{1}{4}+\left(\dfrac{1}{2}\right)^3\times\dfrac{1}{4}=\dfrac{1}{16}$

② 세 번째 시행까지 꺼낸 공에 적혀 있는 수의 합이 7인 경우

세 번째 시행까지 2가 적혀 있는 공을 2번, 3이 적혀 있는 공을 1번 꺼내고 네 번째 시행에서는 어떤 공을 꺼내도 된다.

이때 세 번째 시행까지 공을 꺼내는 순서를 정하는 경우의 수가 $_3C_1$이므로 그 확률은

$_3C_1\times\left(\dfrac{1}{2}\right)^2\times\dfrac{1}{4}=\dfrac{3}{16}$

③ 세 번째 시행까지 꺼낸 공에 적혀 있는 수의 합이 8인 경우

세 번째 시행까지 2가 적혀 있는 공을 2번, 4가 적혀 있는 공을 1번 꺼내거나 2가 적혀 있는 공을 1번, 3이 적혀 있는 공을 2번 꺼내고, 네 번째 시행에서는 어떤 공을 꺼내도 된다.

이때 세 번째 시행까지 공을 꺼내는 순서를 정하는 경우의 수가 $_3C_1$이므로 그 확률은

$_3C_1\times\left(\dfrac{1}{2}\right)^2\times\dfrac{1}{4}+_3C_1\times\dfrac{1}{2}\times\left(\dfrac{1}{4}\right)^2=\dfrac{3}{16}+\dfrac{3}{32}=\dfrac{9}{32}$

①, ②, ③에서

$P(X=4)=\dfrac{1}{16}+\dfrac{3}{16}+\dfrac{9}{32}=\dfrac{17}{32}$

(iii) $X=3$일 때,

$P(X=3)=1-\{P(X=5)+P(X=4)\}$

$=1-\left(\dfrac{1}{16}+\dfrac{17}{32}\right)=\dfrac{13}{32}$

(i), (ii), (iii)에서 확률변수 X의 확률분포를 표로 나타내면 다음과 같다.

X	3	4	5	합계
$P(X=x)$	$\dfrac{13}{32}$	$\dfrac{17}{32}$	$\dfrac{1}{16}$	1

$E(X)=3\times\dfrac{13}{32}+4\times\dfrac{17}{32}+5\times\dfrac{1}{16}=\dfrac{117}{32}$

$\therefore E(32X)=32E(X)=32\times\dfrac{117}{32}=117$

17 답 4

주사위 2개를 던질 때, 나오는 모든 경우의 수는 $6\times6=36$

함수 $f(x)=-x^2+3x$에서

$f(1)>0$, $f(2)>0$, $f(3)=0$, $f(4)<0$, $f(5)<0$, $f(6)<0$

이때 $f(a)f(b)<0$을 만족시키려면 $f(a)>0$, $f(b)<0$ 또는 $f(a)<0$, $f(b)>0$이어야 하므로 a, b는 1, 2와 4, 5, 6 중 각각 1개씩을 택해야 한다.

즉, 순서쌍 (a, b)의 개수는 $_2C_1\times_3C_1\times2!=2\times3\times2=12$이므로 그 확률은 $\dfrac{12}{36}=\dfrac{1}{3}$

따라서 확률변수 X는 이항분포 $B\left(18, \dfrac{1}{3}\right)$을 따르므로

$V(X)=18\times\dfrac{1}{3}\times\dfrac{2}{3}=4$

18 답 ②

화살을 한 번 쏠 때, 10점을 얻을 확률이 $\dfrac{2}{5}$이므로 확률변수 X는 이항분포 $B\left(100, \dfrac{2}{5}\right)$를 따른다.

$\therefore E(X)=100\times\dfrac{2}{5}=40$, $V(X)=100\times\dfrac{2}{5}\times\dfrac{3}{5}=24$

이때 $V(X)=E(X^2)-\{E(X)\}^2$에서

$E(X^2)=V(X)+\{E(X)\}^2=24+40^2=1624$

$$\therefore \sum_{k=0}^{100}(k-2)^2 \mathrm{P}(X=k)$$
$$=\sum_{k=0}^{100}(k^2-4k+4)\mathrm{P}(X=k)$$
$$=\sum_{k=0}^{100}k^2\mathrm{P}(X=k)-4\sum_{k=0}^{100}k\mathrm{P}(X=k)+4\sum_{k=0}^{100}\mathrm{P}(X=k)$$
$$=\mathrm{E}(X^2)-4\mathrm{E}(X)+4\times1$$
$$=1624-4\times40+4=1468$$

19 답 $67\sqrt{3}$

2개의 동전을 동시에 던져서 모두 앞면이 나올 확률은
$$\frac{1}{2}\times\frac{1}{2}=\frac{1}{4}$$
따라서 확률변수 X는 이항분포 $\mathrm{B}\left(64,\frac{1}{4}\right)$을 따른다. ·········· 배점 **20%**
$$\therefore \mathrm{E}(X)=64\times\frac{1}{4}=16,\ \mathrm{V}(X)=64\times\frac{1}{4}\times\frac{3}{4}=12$$ ·········· 배점 **20%**

한 변의 길이가 X인 정삼각형의 넓이는 $\frac{\sqrt{3}}{4}X^2$이므로 정삼각형의 넓이의 기댓값은 $\mathrm{E}\left(\frac{\sqrt{3}}{4}X^2\right)$이다. ·········· 배점 **20%**

$\mathrm{V}(X)=\mathrm{E}(X^2)-\{\mathrm{E}(X)\}^2$에서
$$\mathrm{E}(X^2)=\mathrm{V}(X)+\{\mathrm{E}(X)\}^2=12+16^2=268$$ ·········· 배점 **20%**
$$\therefore \mathrm{E}\left(\frac{\sqrt{3}}{4}X^2\right)=\frac{\sqrt{3}}{4}\mathrm{E}(X^2)=\frac{\sqrt{3}}{4}\times268=67\sqrt{3}$$ ·········· 배점 **20%**

> **개념 NOTE**
> 한 변의 길이가 a인 정삼각형의 넓이 S는
> $$S=\frac{\sqrt{3}}{4}a^2$$

20 답 ②

확률변수 X가 이항분포 $\mathrm{B}(n,p)$를 따르므로 X의 확률질량함수는
$$\mathrm{P}(X=x)={}_n\mathrm{C}_x p^x(1-p)^{n-x}$$
$\mathrm{P}(X=1)=\frac{4}{5}\mathrm{P}(X=2)$에서
$${}_n\mathrm{C}_1 p(1-p)^{n-1}=\frac{4}{5}\times{}_n\mathrm{C}_2 p^2(1-p)^{n-2}$$
$$np(1-p)^{n-1}=\frac{4}{5}\times\frac{n(n-1)}{2}\times p^2(1-p)^{n-2}$$
$$1-p=\frac{2}{5}(n-1)p\ (\because n\neq0,\ 0<p<1)$$
$$\therefore \frac{2}{5}np+\frac{3}{5}p=1$$ ······ ㉠
한편 $\mathrm{E}(X)=2$에서 $np=2$ ······ ㉡
이를 ㉠에 대입하면
$$\frac{4}{5}+\frac{3}{5}p=1,\ \frac{3}{5}p=\frac{1}{5}\quad\therefore p=\frac{1}{3}$$
이를 ㉡에 대입하면
$$\frac{n}{3}=2\quad\therefore n=6$$
따라서 확률변수 X는 이항분포 $\mathrm{B}\left(6,\frac{1}{3}\right)$을 따르므로
$$\mathrm{V}(X)=6\times\frac{1}{3}\times\frac{2}{3}=\frac{4}{3}$$
$$\therefore p\times\mathrm{V}(nX)=\frac{1}{3}\mathrm{V}(6X)=\frac{1}{3}\times6^2\times\mathrm{V}(X)$$
$$=\frac{1}{3}\times36\times\frac{4}{3}=16$$

21 답 ③

바닥에 닿은 면에 적혀 있는 수가 자연수 k의 약수일 확률을 p라 하면 확률변수 X는 이항분포 $\mathrm{B}(144,p)$를 따르므로
$$\mathrm{V}(X)=144p(1-p)$$
$\mathrm{V}\left(\frac{X}{3}+1\right)=3$에서 $\left(\frac{1}{3}\right)^2\mathrm{V}(X)=3$
$$\therefore \mathrm{V}(X)=27$$
즉, $144p(1-p)=27$이므로 $16p(1-p)=3$
$16p^2-16p+3=0,\ (4p-1)(4p-3)=0$
$$\therefore p=\frac{1}{4}\ \text{또는}\ p=\frac{3}{4}$$
(ⅰ) $p=\frac{1}{4}$일 때,

양의 약수의 개수가 $12\times\frac{1}{4}=3$이므로 이를 만족시키는 12 이하의 자연수 k의 값은 4, 9이다.

(ⅱ) $p=\frac{3}{4}$일 때,

양의 약수의 개수가 $12\times\frac{3}{4}=9$이므로 이를 만족시키는 12 이하의 자연수 k는 존재하지 않는다.

(ⅰ), (ⅱ)에서 모든 자연수 k의 값의 합은
$$4+9=13$$

22 답 ③

공장에서 생산한 제품 중에서 실제 등급이 A인 제품을 A로 판별할 확률은
$$\frac{4}{10}\times\frac{9}{10}=\frac{9}{25}$$
공장에서 생산한 제품 중에서 실제 등급이 B인 제품을 A로 판별할 확률은
$$\frac{6}{10}\times\frac{1}{10}=\frac{3}{50}$$
따라서 등급을 A로 판별한 제품이 실제 등급은 B인 제품일 확률은
$$\frac{\frac{3}{50}}{\frac{9}{25}+\frac{3}{50}}=\frac{\frac{3}{50}}{\frac{21}{50}}=\frac{1}{7}$$
따라서 확률변수 X는 이항분포 $\mathrm{B}\left(350,\frac{1}{7}\right)$을 따르므로
$$\mathrm{E}(X)=350\times\frac{1}{7}=50$$

23 답 ③

주사위를 15번 던져서 2 이하의 눈의 수가 나오는 횟수를 확률변수 Y라 하면 3 이상의 눈의 수가 나오는 횟수는 $15-Y$이므로 주어진 시행을 15번 반복하여 이동된 점 P의 좌표는 $(3Y,\ 15-Y)$이다.
따라서 점 P와 직선 $3x+4y=0$ 사이의 거리는
$$X=\frac{|9Y+4(15-Y)|}{\sqrt{3^2+4^2}}=\frac{|5Y+60|}{5}=Y+12\ (\because Y\geq0)$$
주사위를 한 번 던져서 2 이하의 눈의 수가 나올 확률은 $\frac{2}{6}=\frac{1}{3}$이므로
확률변수 Y는 이항분포 $\mathrm{B}\left(15,\frac{1}{3}\right)$를 따른다.
$$\therefore \mathrm{E}(Y)=15\times\frac{1}{3}=5$$
$$\therefore \mathrm{E}(X)=\mathrm{E}(Y+12)=\mathrm{E}(Y)+12=5+12=17$$

24 답 24

주사위를 n번 던져서 6의 약수의 눈의 수가 나오는 횟수를 확률변수 Y라 하면 6의 약수가 아닌 눈의 수가 나오는 횟수는 $n-Y$이므로
$$X = 80 + 2Y - 3(n-Y) = 5Y + 80 - 3n$$

주사위를 한 번 던져서 6의 약수의 눈의 수가 나올 확률은 $\frac{4}{6} = \frac{2}{3}$이므로

확률변수 Y는 이항분포 $B\left(n, \frac{2}{3}\right)$를 따른다.

$$\therefore V(Y) = n \times \frac{2}{3} \times \frac{1}{3} = \frac{2}{9}n$$

$$\therefore V(X) = V(5Y+80-3n) = 5^2 V(Y)$$
$$= 25 \times \frac{2}{9}n = \frac{50}{9}n$$

따라서 $\frac{50}{9}n = \frac{400}{3}$이므로 $n=24$

25 답 300

주사위를 $2n$번 던질 때 홀수 번째 시행에서 짝수의 눈의 수가 나오는 횟수를 확률변수 X_1이라 하면 주사위를 한 번 던져서 짝수의 눈의 수가 나올 확률은 $\frac{1}{2}$이므로 확률변수 X_1은 이항분포 $B\left(n, \frac{1}{2}\right)$을 따른다.

$$\therefore E(X_1) = \frac{n}{2}$$

따라서 n번의 홀수 번째 시행에서 받을 수 있는 상금의 기댓값은
$$\frac{n}{2} \times 200 = 100n(원)$$

또 주사위를 $2n$번 던질 때 짝수 번째 시행에서 3의 배수의 눈의 수가 나오는 횟수를 확률변수 X_2라 하면 주사위를 한 번 던져서 3의 배수의 눈의 수가 나올 확률은 $\frac{2}{6} = \frac{1}{3}$이므로 확률변수 X_2는 이항분포 $B\left(n, \frac{1}{3}\right)$을 따른다.

$$\therefore E(X_2) = \frac{n}{3}$$

이때 n번의 짝수 번째 시행에서 3의 배수가 아닌 눈의 수가 나오는 횟수는 $n-X_2$이므로 받을 수 있는 상금의 기댓값을 확률변수 Y라 하면
$$Y = 300X_2 + 150(n-X_2) = 150X_2 + 150n$$

$$\therefore E(Y) = E(150X_2 + 150n) = 150E(X_2) + 150n$$
$$= 150 \times \frac{1}{3}n + 150n = 200n(원)$$

따라서 $2n$번의 시행에서 받을 수 있는 상금의 기댓값은
$$100n + 200n = 300n(원)$$

$$\therefore a = 300$$

26 답 ①

정사면체 모양의 상자를 10번 던져서 3이 적혀 있는 면이 바닥에 닿는 횟수를 확률변수 X라 하면 정사면체를 한 번 던져서 3이 적혀 있는 면이 바닥에 닿을 확률은 $\frac{1}{4}$이므로 확률변수 X는 이항분포 $B\left(10, \frac{1}{4}\right)$을 따른다.

이때 확률변수 X의 확률질량함수는
$$P(X=x) = {}_{10}C_x \left(\frac{1}{4}\right)^x \left(\frac{3}{4}\right)^{10-x} \quad (x=0, 1, 2, \cdots, 10)$$

따라서 상금 9^k원의 기댓값은
$$E(9^X) = \sum_{x=0}^{10} 9^x P(X=x)$$
$$= \sum_{x=0}^{10} 9^x {}_{10}C_x \left(\frac{1}{4}\right)^x \left(\frac{3}{4}\right)^{10-x}$$
$$= \sum_{x=0}^{10} {}_{10}C_x \left(\frac{9}{4}\right)^x \left(\frac{3}{4}\right)^{10-x}$$
$$= \left(\frac{9}{4} + \frac{3}{4}\right)^{10} = 3^{10}(원)$$

step ③ 최고난도 문제 | 71~73쪽

01 ⑤	02 3	03 25	04 ③	05 7	06 $\frac{1}{5}$
07 15	08 ①	09 ①	10 ②	11 30	

idea

★01 답 ⑤

1단계 $P(X=k) = P(X=21-k)$임을 알기

확률변수 X가 가질 수 있는 값은 3, 4, 5, $\cdots$, 18이다.

a, b, c가 각각 6 이하의 자연수이므로 $7-a$, $7-b$, $7-c$도 각각 6 이하의 자연수이다.

$3 \leq k \leq 18$인 자연수 k에 대하여 $a+b+c=k$를 만족시키는 6 이하의 자연수 a, b, c의 순서쌍 (a, b, c)의 개수는 $(7-a)+(7-b)+(7-c)=k$, 즉 $a+b+c=21-k$를 만족시키는 6 이하의 자연수 a, b, c의 순서쌍 (a, b, c)의 개수와 같다.

따라서 $3 \leq k \leq 18$인 자연수 k에 대하여 $a+b+c=k$일 확률 $P(X=k)$와 $(7-a)+(7-b)+(7-c)=k$일 확률 $P(X=21-k)$는 서로 같다.

2단계 $E(X)$를 $P(X=3)$, $P(X=4)$, $\cdots$, $P(X=10)$을 이용하여 나타내기

즉, $P(X=3) = P(X=18)$, $P(X=4) = P(X=17)$,
$P(X=5) = P(X=16)$, $\cdots$, $P(X=10) = P(X=11)$이므로
$$E(X) = 3P(X=3) + 4P(X=4) + 5P(X=5)$$
$$+ \cdots + 17P(X=17) + 18P(X=18)$$
$$= (3+18)P(X=3) + (4+17)P(X=4)$$
$$+ \cdots + (10+11)P(X=10)$$
$$= 21\{P(X=3) + P(X=4) + \cdots + P(X=10)\} \quad \cdots\cdots \text{㉠}$$

3단계 $P(X=3) + P(X=4) + \cdots + P(X=10)$의 값 구하기

확률질량함수의 성질에 의하여
$$P(X=3) + P(X=4) + \cdots + P(X=10)$$
$$+ P(X=11) + P(X=12) + \cdots + P(X=18)$$
$$= 1$$
이고
$$P(X=3) + P(X=4) + \cdots + P(X=10)$$
$$= P(X=11) + P(X=12) + \cdots + P(X=18)$$
이므로
$$P(X=3) + P(X=4) + \cdots + P(X=10) = \frac{1}{2}$$

4단계 $E(X)$의 값 구하기

따라서 ㉠에서
$$E(X) = 21 \times \frac{1}{2} = \frac{21}{2}$$

02 답 3

1단계 X의 값에 따른 확률 구하기

확률변수 X가 가질 수 있는 값은 1, 2, 3, 4, 5, 6이고, 각각의 확률 $\mathrm{P}(X=x)(x=1,\ 2,\ 3,\ 4,\ 5,\ 6)$는 다음과 같다.

(i) $1 \leq x \leq a$일 때,

첫 번째 꺼낸 카드에 적혀 있는 수는 a 이하이고 두 번째 꺼낸 카드에 적혀 있는 수는 x이어야 하므로

$$\mathrm{P}(X=x)=\frac{a}{6}\times\frac{1}{6}=\frac{a}{36}\ (x=1,\ 2,\ \cdots,\ a)$$

(ii) $a < x \leq 6$일 때,

첫 번째 꺼낸 카드에 적혀 있는 수가 x이거나 첫 번째 꺼낸 카드에 적혀 있는 수는 a 이하이고 두 번째 꺼낸 카드에 적혀 있는 수는 x 이어야 하므로

$$\mathrm{P}(X=x)=\frac{1}{6}+\frac{a}{6}\times\frac{1}{6}=\frac{a}{36}+\frac{1}{6}\ (x=a+1,\ a+2,\ \cdots,\ 6)$$

2단계 $\mathrm{E}(X)$를 a에 대한 식으로 나타내기

(i), (ii)에서

$$\mathrm{E}(X)=\sum_{k=1}^{6}k\mathrm{P}(X=k)$$
$$=\sum_{k=1}^{a}k\mathrm{P}(X=k)+\sum_{k=a+1}^{6}k\mathrm{P}(X=k)$$
$$=\sum_{k=1}^{a}\frac{a}{36}k+\sum_{k=a+1}^{6}\left(\frac{a}{36}+\frac{1}{6}\right)k$$
$$=\frac{a}{36}\sum_{k=1}^{a}k+\frac{a}{36}\sum_{k=a+1}^{6}k+\frac{1}{6}\sum_{k=a+1}^{6}k$$
$$=\frac{a}{36}\left(\sum_{k=1}^{a}k+\sum_{k=a+1}^{6}k\right)+\frac{1}{6}\left(\sum_{k=1}^{6}k-\sum_{k=1}^{a}k\right)$$
$$=\frac{a}{36}\sum_{k=1}^{6}k+\frac{1}{6}\sum_{k=1}^{6}k-\frac{1}{6}\sum_{k=1}^{a}k$$
$$=\left(\frac{a}{36}+\frac{1}{6}\right)\sum_{k=1}^{6}k-\frac{1}{6}\sum_{k=1}^{a}k$$
$$=\frac{a+6}{36}\times\frac{6\times7}{2}-\frac{1}{6}\times\frac{a(a+1)}{2}$$
$$=\frac{7}{12}(a+6)-\frac{1}{12}(a^2+a)$$
$$=-\frac{1}{12}(a^2-6a-42)$$
$$=-\frac{1}{12}(a-3)^2+\frac{17}{4}$$

3단계 $\mathrm{E}(X)$가 최대가 되도록 하는 자연수 a의 값 구하기

따라서 $\mathrm{E}(X)$는 $a=3$에서 최대이다.

03 답 25

1단계 X의 확률질량함수 구하기

3개의 검은 공에 1부터 n까지의 자연수 중 3개를 적는 모든 경우의 수는 ${}_{n}\mathrm{C}_3$

확률변수 X가 가질 수 있는 값을 $k(k=2,\ 3,\ \cdots,\ n-1)$라 하자.

이때 검은 공에 적혀 있는 수 중 가장 작은 수를 1이라 하면 가장 큰 수는 $k+1$이므로 나머지 1개의 수는 1보다 크고 $k+1$보다 작다.

따라서 나머지 1개의 검은 공에 적혀 있는 수를 택하는 모든 경우의 수는 ${}_{k-1}\mathrm{C}_1$

이때 검은 공에 적혀 있는 수 중 가장 작은 수가 될 수 있는 수는 1, 2, $\cdots$, $n-k$이므로 확률변수 $X=k$인 경우의 수는

$${}_{k-1}\mathrm{C}_1\times(n-k)=(k-1)(n-k)$$
$$\therefore\ \mathrm{P}(X=k)=\frac{(k-1)(n-k)}{{}_{n}\mathrm{C}_3}\ (k=2,\ 3,\ \cdots,\ n-1)$$

2단계 $\mathrm{E}(X)$를 n에 대한 식으로 나타내기

$$\therefore\ \mathrm{E}(X)$$
$$=\sum_{k=2}^{n-1}k\mathrm{P}(X=k)$$
$$=\sum_{k=2}^{n-1}\frac{(k-1)(n-k)}{{}_{n}\mathrm{C}_3}k$$
$$=\frac{1}{{}_{n}\mathrm{C}_3}\sum_{k=2}^{n-1}\{-k^3+(n+1)k^2-nk\}$$
$$=\frac{1}{{}_{n}\mathrm{C}_3}\left[\sum_{k=1}^{n-1}\{-k^3+(n+1)k^2-nk\}-\{-1+(n+1)-n\}\right]$$
$$=\frac{1}{{}_{n}\mathrm{C}_3}\left\{-\sum_{k=1}^{n-1}k^3+(n+1)\sum_{k=1}^{n-1}k^2-n\sum_{k=1}^{n-1}k\right\}$$
$$=\frac{6}{n(n-1)(n-2)}$$
$$\times\left[-\left\{\frac{(n-1)n}{2}\right\}^2+\frac{(n+1)(n-1)n(2n-1)}{6}-\frac{(n-1)n^2}{2}\right]$$
$$=\frac{6}{n(n-1)(n-2)}\times\frac{n(n-1)(n-2)(n+1)}{12}$$
$$=\frac{n+1}{2}$$

3단계 n의 값 구하기

따라서 $\frac{n+1}{2}=13$이므로

$$n+1=26\qquad\therefore\ n=25$$

04 답 ③

1단계 $\mathrm{P}(X=k)$ 구하기

$$\left\{9\mathrm{P}(X=k)+\frac{2}{tk}\right\}\{9\mathrm{P}(X=k)-2tk\}=0에서$$

$$\mathrm{P}(X=k)=-\frac{2}{9tk}\ \text{또는}\ \mathrm{P}(X=k)=\frac{2tk}{9}$$

2단계 $t>0$일 때, $\mathrm{E}(3X+4)$의 값 구하기

(i) $t>0$일 때,

$\mathrm{P}(X=k)\geq0$이므로

$k=-2,\ -1$일 때, $\mathrm{P}(X=k)=-\frac{2}{9tk}$

$k=1,\ 2$일 때, $\mathrm{P}(X=k)=\frac{2tk}{9}$

$$\therefore\ \mathrm{P}(X=-2)=\frac{1}{9t},\ \mathrm{P}(X=-1)=\frac{2}{9t},\ \mathrm{P}(X=1)=\frac{2t}{9},$$
$$\mathrm{P}(X=2)=\frac{4t}{9}$$

확률의 총합은 1이므로

$$\frac{1}{9t}+\frac{2}{9t}+\frac{2t}{9}+\frac{4t}{9}=1$$
$$\frac{1}{3t}+\frac{2t}{3}=1,\ 2t^2-3t+1=0$$
$$(2t-1)(t-1)=0\qquad\therefore\ t=\frac{1}{2}\ \text{또는}\ t=1$$

① $t=\frac{1}{2}$일 때,

$$\mathrm{P}(X=-2)=\frac{2}{9},\ \mathrm{P}(X=-1)=\frac{4}{9},\ \mathrm{P}(X=1)=\frac{1}{9},$$
$$\mathrm{P}(X=2)=\frac{2}{9}이므로$$
$$\mathrm{E}(X)=-2\times\frac{2}{9}+(-1)\times\frac{4}{9}+1\times\frac{1}{9}+2\times\frac{2}{9}=-\frac{1}{3}$$
$$\therefore\ \mathrm{E}(3X+4)=3\mathrm{E}(X)+4=3\times\left(-\frac{1}{3}\right)+4=3$$

ⅱ) $t=1$일 때,

$$P(X=-2)=\frac{1}{9},\ P(X=-1)=\frac{2}{9},\ P(X=1)=\frac{2}{9},$$

$$P(X=2)=\frac{4}{9}$$이므로

$$E(X)=-2\times\frac{1}{9}+(-1)\times\frac{2}{9}+1\times\frac{2}{9}+2\times\frac{4}{9}=\frac{2}{3}$$

$$\therefore E(3X+4)=3E(X)+4=3\times\frac{2}{3}+4=6$$

3단계 $t<0$일 때, $E(3X+4)$의 값 구하기

ⅱ) $t<0$일 때,

$$P(X=k)\geq0$$이므로

$k=-2,\ -1$일 때, $P(X=k)=\dfrac{2tk}{9}$

$k=1,\ 2$일 때, $P(X=k)=-\dfrac{2}{9tk}$

$$\therefore P(X=-2)=-\frac{4t}{9},\ P(X=-1)=-\frac{2t}{9},\ P(X=1)=-\frac{2}{9t},$$

$$P(X=2)=-\frac{1}{9t}$$

확률의 총합은 1이므로

$$-\frac{4t}{9}-\frac{2t}{9}-\frac{2}{9t}-\frac{1}{9t}=1$$

$$-\frac{2t}{3}-\frac{1}{3t}=1,\ 2t^2+3t+1=0$$

$$(t+1)(2t+1)=0\qquad\therefore t=-1\ \text{또는}\ t=-\frac{1}{2}$$

ⓘ $t=-1$일 때,

$$P(X=-2)=\frac{4}{9},\ P(X=-1)=\frac{2}{9},\ P(X=1)=\frac{2}{9},$$

$$P(X=2)=\frac{1}{9}$$이므로

$$E(X)=-2\times\frac{4}{9}+(-1)\times\frac{2}{9}+1\times\frac{2}{9}+2\times\frac{1}{9}=-\frac{2}{3}$$

$$\therefore E(3X+4)=3E(X)+4=3\times\left(-\frac{2}{3}\right)+4=2$$

ⅱ) $t=-\frac{1}{2}$일 때,

$$P(X=-2)=\frac{2}{9},\ P(X=-1)=\frac{1}{9},\ P(X=1)=\frac{4}{9},$$

$$P(X=2)=\frac{2}{9}$$이므로

$$E(X)=-2\times\frac{2}{9}+(-1)\times\frac{1}{9}+1\times\frac{4}{9}+2\times\frac{2}{9}=\frac{1}{3}$$

$$\therefore E(3X+4)=3E(X)+4=3\times\frac{1}{3}+4=5$$

4단계 $E(3X+4)$의 값의 곱 구하기

ⅰ), ⅱ)에서 $E(3X+4)$의 값은 2, 3, 5, 6이므로 그 곱은

$$2\times3\times5\times6=180$$

05 답 7

1단계 X가 가질 수 있는 값 구하기

원 C_1: $x^2+y^2=5$는 중심이 $(0,\ 0)$, 반지름의 길이가 $\sqrt{5}$이고, 원

C_2: $\left(x-\dfrac{3}{2}\right)^2+y^2=\dfrac{5}{4}$는 중심이 $\left(\dfrac{3}{2},\ 0\right)$, 반지름의 길이가 $\dfrac{\sqrt{5}}{2}$이다.

또 $y=-\dfrac{a}{2}x+a+1$에서 $y=a\left(-\dfrac{1}{2}x+1\right)+1$이므로 직선

$y=-\dfrac{a}{2}x+a+1$은 a의 값에 관계없이 항상 점 $(2,\ 1)$을 지난다.

이때 점 $(2,\ 1)$은 두 원 C_1, C_2 위에 있으므로 직선 $y=-\dfrac{a}{2}x+a+1$과 두 원 C_1, C_2는 접하거나 두 점에서 만난다.

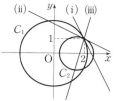

(ⅰ) 직선이 원 C_1에 접할 때,

원 C_1의 중심 $(0,\ 0)$과 점 $(2,\ 1)$을 지나는 직선의 기울기가 $\dfrac{1}{2}$이므로 원 C_1 위의 점 $(2,\ 1)$에서의 접선의 기울기는 -2이다.

이때 $-\dfrac{a}{2}=-2$에서 $a=4$

따라서 $a=4$일 때, 직선 $y=-2x+5$는 원 C_1과 점 $(2,\ 1)$에서 접하고, 원 C_2와 점 $(2,\ 1)$과 다른 한 점에서 만나므로 $X=2$

(ⅱ) 직선이 원 C_2에 접할 때,

원 C_2의 중심 $\left(\dfrac{3}{2},\ 0\right)$과 점 $(2,\ 1)$을 지나는 직선의 기울기가

$\dfrac{1-0}{2-\dfrac{3}{2}}=2$이므로 원 C_2 위의 점 $(2,\ 1)$에서의 접선의 기울기는 $-\dfrac{1}{2}$이다.

이때 $-\dfrac{a}{2}=-\dfrac{1}{2}$에서 $a=1$

따라서 $a=1$일 때, 직선 $y=-\dfrac{1}{2}x+2$는 원 C_2와 점 $(2,\ 1)$에서 접하고, 원 C_1과 점 $(2,\ 1)$과 다른 한 점에서 만나므로 $X=2$

(ⅲ) 직선이 두 원 C_1, C_2에 접하지 않을 때,

(ⅰ), (ⅱ)가 아닌 경우, 즉 $a=2,\ 3,\ 5,\ 6$일 때, 직선 $y=-\dfrac{a}{2}x+a+1$은 원 C_1과 점 $(2,\ 1)$과 다른 한 점에서 만나고, 원 C_2와 점 $(2,\ 1)$과 다른 한 점에서 만나므로 $X=3$

(ⅰ), (ⅱ), (ⅲ)에서 확률변수 X가 가질 수 있는 값은 2, 3이다.

2단계 $E(X)$, $V(X)$의 값 구하기

$$P(X=2)=\frac{2}{6}=\frac{1}{3},\ P(X=3)=\frac{4}{6}=\frac{2}{3}$$이므로

$$E(X)=2\times\frac{1}{3}+3\times\frac{2}{3}=\frac{8}{3},\ E(X^2)=2^2\times\frac{1}{3}+3^2\times\frac{2}{3}=\frac{22}{3}$$

$$\therefore V(X)=E(X^2)-\{E(X)\}^2=\frac{22}{3}-\left(\frac{8}{3}\right)^2=\frac{2}{9}$$

3단계 $E(3X+1)-V(3X-1)$의 값 구하기

$$\therefore E(3X+1)-V(3X-1)=3E(X)+1-3^2V(X)$$
$$=3\times\frac{8}{3}+1-9\times\frac{2}{9}=7$$

06 답 $\dfrac{1}{5}$

1단계 X가 가질 수 있는 값과 그때의 확률 구하기

주머니 A, B, C 중에서 1개를 택할 확률은 $\dfrac{1}{3}$이다.

(ⅰ) 1개의 주머니만 3번 택하는 경우

추가하는 6개의 공이 한 주머니에 모두 들어가므로 공을 추가한 후 주머니에 들어 있는 공의 개수를 3으로 나누었을 때의 나머지는 공을 추가하기 전과 같다.

따라서 $a=1,\ b=2,\ c=0$이므로

$$X=1+2+0=3$$

이때 1개의 주머니를 택하는 경우의 수는 $_3C_1=3$이므로 한 주머니만 3번 택할 확률은

$$3\times\left(\frac{1}{3}\right)^3=\frac{1}{9}$$

(ii) 2개의 주머니만 택하는 경우

① A를 1번, B를 2번 택하는 경우

주머니 A, B, C에 들어 있는 공의 개수는 각각 3, 6, 3이므로

$a=0$, $b=0$, $c=0$

$\therefore X=0$

② A를 2번, B를 1번 택하는 경우

주머니 A, B, C에 들어 있는 공의 개수는 각각 5, 4, 3이므로

$a=2$, $b=1$, $c=0$

$\therefore X=2+1+0=3$

③ B를 1번, C를 2번 택하는 경우

주머니 A, B, C에 들어 있는 공의 개수는 각각 1, 4, 7이므로

$a=1$, $b=1$, $c=1$

$\therefore X=1+1+1=3$

④ B를 2번, C를 1번 택하는 경우

주머니 A, B, C에 들어 있는 공의 개수는 각각 1, 6, 5이므로

$a=1$, $b=0$, $c=2$

$\therefore X=1+0+2=3$

⑤ A를 1번, C를 2번 택하는 경우

주머니 A, B, C에 들어 있는 공의 개수는 각각 3, 2, 7이므로

$a=0$, $b=2$, $c=1$

$\therefore X=0+2+1=3$

⑥ A를 2번, C를 1번 택하는 경우

주머니 A, B, C에 들어 있는 공의 개수는 각각 5, 2, 5이므로

$a=2$, $b=2$, $c=2$

$\therefore X=2+2+2=6$

이때 ①~⑥ 각각에서 주머니를 택하는 순서를 정하는 경우의 수는

$_3C_1=3$이므로 각각의 경우의 확률은

$3\times\left(\dfrac{1}{3}\right)^3=\dfrac{1}{9}$

(iii) 3개의 주머니를 각각 1번씩 택하는 경우

주머니 A, B, C에 들어 있는 공의 개수는 각각 3, 4, 5이므로

$a=0$, $b=1$, $c=2$

$\therefore X=0+1+2=3$

이때 주머니를 택하는 순서를 정하는 경우의 수는 $3!=6$이므로 주머니를 각각 1번씩 택할 확률은

$6\times\left(\dfrac{1}{3}\right)^3=\dfrac{2}{9}$

(i), (ii), (iii)에서 확률변수 X가 가질 수 있는 값은 0, 3, 6이고

$P(X=0)=\dfrac{1}{9}$

$P(X=3)=\dfrac{1}{9}+4\times\dfrac{1}{9}+\dfrac{2}{9}=\dfrac{7}{9}$

$P(X=6)=\dfrac{1}{9}$

2단계 $E(X)$, $V(X)$의 값 구하기

따라서 확률변수 X에 대하여

$E(X)=0\times\dfrac{1}{9}+3\times\dfrac{7}{9}+6\times\dfrac{1}{9}=3$

$E(X^2)=0^2\times\dfrac{1}{9}+3^2\times\dfrac{7}{9}+6^2\times\dfrac{1}{9}=11$

$\therefore V(X)=E(X^2)-\{E(X)\}^2=11-3^2=2$

3단계 $\dfrac{E(4X-2)}{V(5X+1)}$의 값 구하기

$E(4X-2)=4E(X)-2=4\times3-2=10$

$V(5X+1)=5^2V(X)=25\times2=50$

$\therefore \dfrac{E(4X-2)}{V(5X+1)}=\dfrac{10}{50}=\dfrac{1}{5}$

07 답 15

1단계 X가 따르는 이항분포 구하기

(i) 주사위를 던져서 나오는 눈의 수가 2보다 크지 않은 경우

주사위를 던져서 나오는 눈의 수가 2보다 크지 않을, 즉 2보다 작거나 같을 확률은

$\dfrac{2}{6}=\dfrac{1}{3}$

동전을 5번 던져서 동전의 앞면과 뒷면이 나오는 횟수가 같은 경우는 존재하지 않고, 동전의 앞면이 뒷면보다 많이 나올 확률과 동전의 뒷면이 앞면보다 많이 나올 확률은 같으므로 동전의 앞면이 뒷면보다 많이 나올 확률은 $\dfrac{1}{2}$

(ii) 주사위를 던져서 나오는 눈의 수가 2보다 큰 경우

주사위를 던져서 나오는 눈의 수가 2보다 클 확률은

$\dfrac{4}{6}=\dfrac{2}{3}$

동전을 4번 던져서 동전의 앞면과 뒷면이 나오는 횟수가 같을 확률은 앞면과 뒷면이 각각 2번씩 나오면 되므로

$_4C_2\times\left(\dfrac{1}{2}\right)^2\times\left(\dfrac{1}{2}\right)^2=6\times\dfrac{1}{16}=\dfrac{3}{8}$

이때 동전의 앞면이 뒷면보다 많이 나올 확률과 동전의 뒷면이 앞면보다 많이 나올 확률은 같으므로 동전의 앞면이 뒷면보다 많이 나올 확률은

$\dfrac{1}{2}\times\left(1-\dfrac{3}{8}\right)=\dfrac{5}{16}$

(i), (ii)에서 주어진 시행을 1번 할 때, 동전의 앞면이 뒷면보다 많이 나올 확률은 $\dfrac{1}{3}\times\dfrac{1}{2}+\dfrac{2}{3}\times\dfrac{5}{16}=\dfrac{3}{8}$

따라서 확률변수 X는 이항분포 $B\left(n, \dfrac{3}{8}\right)$을 따른다.

2단계 $\sigma(X)$를 n에 대한 식으로 나타내기

$\therefore \sigma(X)=\sqrt{V(X)}=\sqrt{n\times\dfrac{3}{8}\times\dfrac{5}{8}}=\dfrac{\sqrt{15n}}{8}$

3단계 자연수 n의 최솟값 구하기

따라서 $\sigma(X)=\dfrac{\sqrt{15n}}{8}$이 유리수가 되도록 하는 자연수 n의 최솟값은 15이다.

08 답 ①

1단계 추가된 부품 중 S의 개수를 확률변수 X로 놓고 X의 확률질량함수 구하기

추가된 부품 중 S의 개수를 확률변수 X라 하면 X가 가질 수 있는 값은 0, 1, 2이고 확률변수 X는 이항분포 $B\left(2, \dfrac{1}{2}\right)$을 따르므로 X의 확률질량함수는

$P(X=x)=_2C_x\left(\dfrac{1}{2}\right)^x\left(\dfrac{1}{2}\right)^{2-x}=_2C_x\left(\dfrac{1}{2}\right)^2=\dfrac{_2C_x}{4}$ $(x=0, 1, 2)$

2단계 조건부확률 이용하기

이때 7개의 부품 중 임의로 선택한 1개가 T인 사건을 A, 추가된 부품이 모두 S인 사건을 B라 하면 구하는 확률은 $P(B|A)$이다.

3단계 X의 값에 따른 확률 구하기

(i) $X=0$일 때,

$P(X=0)=\dfrac{_2C_0}{4}=\dfrac{1}{4}$

추가된 부품 2개가 모두 T인 경우이므로 창고에는 부품 S가 3개, 부품 T가 4개 있고, 이 7개의 부품 중에서 임의로 선택한 1개의 부품이 T일 확률은 $\dfrac{4}{7}$이므로

$$\mathrm{P}(A)=\dfrac{1}{4}\times\dfrac{4}{7}=\dfrac{1}{7}$$

(ii) $X=1$일 때,

$$\mathrm{P}(X=1)=\dfrac{{}_2\mathrm{C}_1}{4}=\dfrac{1}{2}$$

추가된 부품이 S, T 각각 1개인 경우이므로 창고에는 부품 S가 4개, 부품 T가 3개 있고, 이 7개의 부품 중에서 임의로 선택한 1개의 부품이 T일 확률은 $\dfrac{3}{7}$이므로

$$\mathrm{P}(A)=\dfrac{1}{2}\times\dfrac{3}{7}=\dfrac{3}{14}$$

(iii) $X=2$일 때,

$$\mathrm{P}(X=2)=\dfrac{{}_2\mathrm{C}_2}{4}=\dfrac{1}{4}$$

추가된 부품 2개가 모두 S인 경우이므로 창고에는 부품 S가 5개, 부품 T가 2개 있고, 이 7개의 부품 중에서 임의로 선택한 1개의 부품이 T일 확률은 $\dfrac{2}{7}$이므로

$$\mathrm{P}(A)=\dfrac{1}{4}\times\dfrac{2}{7}=\dfrac{1}{14}$$

4단계 $\mathrm{P}(B|A)$**의 값 구하기**

(i), (ii), (iii)에서 $\mathrm{P}(A)=\dfrac{1}{7}+\dfrac{3}{14}+\dfrac{1}{14}=\dfrac{3}{7}$

(iii)에서 $\mathrm{P}(A\cap B)=\dfrac{1}{14}$

$$\therefore \mathrm{P}(B|A)=\dfrac{\mathrm{P}(A\cap B)}{\mathrm{P}(A)}=\dfrac{\frac{1}{14}}{\frac{3}{7}}=\dfrac{1}{6}$$

09 답 ①

1단계 X**의 확률질량함수 구하기**

주사위를 36번 던져서 1의 눈의 수가 나오는 횟수를 확률변수 Y라 하면 주사위를 한 번 던져서 1의 눈의 수가 나올 확률은 $\dfrac{1}{6}$이므로 확률변수 Y는 이항분포 $\mathrm{B}\left(36,\dfrac{1}{6}\right)$을 따른다.

첫 번째 시행과 두 번째 시행에서 1의 눈의 수가 나오는 횟수의 합을 k라 하면 첫 번째 시행에서 1의 눈의 수가 r번 $(r=0,1,2,\cdots,k)$ 나오고 두 번째 시행에서 주사위를 $(36-r)$번 던져서 1의 눈의 수가 $(k-r)$번 나올 확률은

$$_{36}\mathrm{C}_r\left(\dfrac{1}{6}\right)^r\left(\dfrac{5}{6}\right)^{36-r}\times {}_{36-r}\mathrm{C}_{k-r}\left(\dfrac{1}{6}\right)^{k-r}\left(\dfrac{5}{6}\right)^{36-k}$$

$$={}_{36}\mathrm{C}_r\times {}_{36-r}\mathrm{C}_{k-r}\left(\dfrac{1}{6}\right)^k\left(\dfrac{5}{6}\right)^{72-k-r} \quad\cdots\cdots\ \text{㉠}$$

$$_{36}\mathrm{C}_r\times {}_{36-r}\mathrm{C}_{k-r}=\dfrac{36!}{r!(36-r)!}\times\dfrac{(36-r)!}{(k-r)!(36-k)!}$$

$$=\dfrac{36!}{(36-k)!}\times\dfrac{1}{r!(k-r)!}$$

$$=\dfrac{36!}{k!(36-k)!}\times\dfrac{k!}{r!(k-r)!}$$

$$={}_{36}\mathrm{C}_k\times {}_k\mathrm{C}_r$$

이므로 ㉠에서

$$_{36}\mathrm{C}_r\times {}_{36-r}\mathrm{C}_{k-r}\left(\dfrac{1}{6}\right)^k\left(\dfrac{5}{6}\right)^{72-k-r}={}_{36}\mathrm{C}_k\times {}_k\mathrm{C}_r\left(\dfrac{1}{6}\right)^k\left(\dfrac{5}{6}\right)^{72-k-r}$$

따라서 확률변수 X의 확률질량함수는

$$\mathrm{P}(X=k)=\sum_{r=0}^{k}{}_{36}\mathrm{C}_k\times {}_k\mathrm{C}_r\left(\dfrac{1}{6}\right)^k\left(\dfrac{5}{6}\right)^{72-k-r}$$

$$=\sum_{r=0}^{k}{}_{36}\mathrm{C}_k\times {}_k\mathrm{C}_r\left(\dfrac{1}{6}\right)^k\left(\dfrac{5}{6}\right)^{72-2k}\left(\dfrac{5}{6}\right)^{k-r}$$

$$={}_{36}\mathrm{C}_k\left(\dfrac{1}{6}\right)^k\left(\dfrac{5}{6}\right)^{72-2k}\sum_{r=0}^{k}{}_k\mathrm{C}_r\times 1^r\times\left(\dfrac{5}{6}\right)^{k-r}$$

$$={}_{36}\mathrm{C}_k\left(\dfrac{1}{6}\right)^k\left(\dfrac{5}{6}\right)^{2(36-k)}\times\left(1+\dfrac{5}{6}\right)^k$$

$$={}_{36}\mathrm{C}_k\left(\dfrac{1}{6}\times\dfrac{11}{6}\right)^k\left\{\left(\dfrac{5}{6}\right)^2\right\}^{36-k}$$

$$={}_{36}\mathrm{C}_k\left(\dfrac{11}{36}\right)^k\times\left(\dfrac{25}{36}\right)^{36-k}$$

2단계 $\mathrm{E}(X)$**의 값 구하기**

따라서 확률변수 X는 이항분포 $\mathrm{B}\left(36,\dfrac{11}{36}\right)$을 따르므로

$$\mathrm{E}(X)=36\times\dfrac{11}{36}=11$$

10 답 ②

1단계 $\mathrm{P}(X=k)$**의 값의 대소 파악하기**

확률변수 X가 이항분포 $\mathrm{B}\left(n,\dfrac{2}{7}\right)$를 따르므로 X의 확률질량함수는

$$\mathrm{P}(X=x)={}_n\mathrm{C}_x\left(\dfrac{2}{7}\right)^x\left(\dfrac{5}{7}\right)^{n-x}$$

$$\therefore \dfrac{\mathrm{P}(X=k+1)}{\mathrm{P}(X=k)}=\dfrac{{}_n\mathrm{C}_{k+1}\left(\dfrac{2}{7}\right)^{k+1}\left(\dfrac{5}{7}\right)^{n-k-1}}{{}_n\mathrm{C}_k\left(\dfrac{2}{7}\right)^k\left(\dfrac{5}{7}\right)^{n-k}}$$

$$=\dfrac{\dfrac{n!}{(k+1)!(n-k-1)!}\times\dfrac{2}{7}}{\dfrac{n!}{k!(n-k)!}\times\dfrac{5}{7}}$$

$$=\dfrac{2(n-k)}{5(k+1)}$$

이때 $\mathrm{P}(X=k)\leq\mathrm{P}(X=k+1)$에서

$$\dfrac{2(n-k)}{5(k+1)}\geq 1,\ 2n-2k\geq 5k+5$$

$$\therefore k\leq\dfrac{2n-5}{7}\quad\cdots\cdots\ \text{㉠}$$

또 $\mathrm{P}(X=k)\geq\mathrm{P}(X=k+1)$에서

$$k\geq\dfrac{2n-5}{7}\quad\cdots\cdots\ \text{㉡}$$

따라서 $\mathrm{P}(X=k)$의 값은 k의 값이 커짐에 따라 커지다가 다시 작아진다.

2단계 $\mathrm{P}(X=4)\geq\mathrm{P}(X=5)$**를 만족시키는 자연수** n**의 값 구하기**

(i) $\mathrm{P}(X=4)\geq\mathrm{P}(X=5)$인 경우

$\mathrm{P}(X=k)\geq\mathrm{P}(X=5)$를 만족시키는 5가 아닌 정수 k가 오직 1개 존재하므로 $\mathrm{P}(X=4)\geq\mathrm{P}(X=5)\geq\mathrm{P}(X=3)$이어야 한다.

① $\mathrm{P}(X=4)\geq\mathrm{P}(X=5)$일 때,

㉡에서 $4\geq\dfrac{2n-5}{7},\ 2n-5\leq 28$ $\therefore n\leq\dfrac{33}{2}$

② $\mathrm{P}(X=5)\geq\mathrm{P}(X=3)$일 때,

$$_n\mathrm{C}_5\left(\dfrac{2}{7}\right)^5\left(\dfrac{5}{7}\right)^{n-5}\geq {}_n\mathrm{C}_3\left(\dfrac{2}{7}\right)^3\left(\dfrac{5}{7}\right)^{n-3}$$

$$_n\mathrm{C}_5\left(\dfrac{2}{7}\right)^2\geq {}_n\mathrm{C}_3\left(\dfrac{5}{7}\right)^2,\ \dfrac{{}_n\mathrm{C}_5}{{}_n\mathrm{C}_3}\geq\dfrac{25}{4}$$

$$\dfrac{(n-3)(n-4)}{20}\geq\dfrac{25}{4},\ (n-3)(n-4)\geq 125$$

이때 $12\times 11\geq 125\geq 11\times 10$이므로

$$n-3\geq 12 \quad\therefore n\geq 15$$

ⓘ, ⓘ에서 $15 \le n \le \dfrac{33}{2}$이므로 이를 만족시키는 자연수 n의 값은

15, 16이다.

3단계 $P(X=6) \ge P(X=5)$를 만족시키는 자연수 n의 값 구하기

(ii) $P(X=6) \ge P(X=5)$인 경우

$P(X=k) \ge P(X=5)$를 만족시키는 5가 아닌 정수 k가 오직 1개

존재하므로 $P(X=6) \ge P(X=5) \ge P(X=7)$이어야 한다.

ⓘ $P(X=6) \ge P(X=5)$일 때,

㉠에서 $5 \le \dfrac{2n-5}{7}$, $2n-5 \ge 35$　　∴ $n \ge 20$

ⓘ $P(X=5) \ge P(X=7)$일 때,

$_n\mathrm{C}_5 \left(\dfrac{2}{7}\right)^5 \left(\dfrac{5}{7}\right)^{n-5} \ge {}_n\mathrm{C}_7 \left(\dfrac{2}{7}\right)^7 \left(\dfrac{5}{7}\right)^{n-7}$

$_n\mathrm{C}_5 \left(\dfrac{5}{7}\right)^2 \ge {}_n\mathrm{C}_7 \left(\dfrac{2}{7}\right)^2$, $\dfrac{_n\mathrm{C}_7}{_n\mathrm{C}_5} \le \dfrac{25}{4}$

$\dfrac{(n-5)(n-6)}{42} \le \dfrac{25}{4}$, $(n-5)(n-6) \le \dfrac{525}{2}$

이때 $16 \times 15 \le \dfrac{525}{2} \le 17 \times 16$이므로

$n-5 \le 16$　　∴ $n \le 21$

ⓘ, ⓘ에서 $20 \le n \le 21$이므로 이를 만족시키는 자연수 n의 값은

20, 21이다.

4단계 자연수 n의 값의 합 구하기

(i), (ii)에서 자연수 n의 값은 15, 16, 20, 21이므로 그 합은

$15+16+20+21=72$

11 답 30

1단계 기댓값 구하기

50개의 제품 한 상자에 포함된 불량품의 개수를 확률변수 X, 1개의 제품이 불량품일 확률을 p라 하면 확률변수 X는 이항분포 $\mathrm{B}(50, p)$를 따르므로

$\mathrm{E}(X)=50p$, $\mathrm{V}(X)=50p(1-p)$

이때 $\mathrm{E}(X)=m$이므로 $50p=m$　　……㉠

또 $\mathrm{V}(X)=\dfrac{48}{25}$이므로 $50p(1-p)=\dfrac{48}{25}$

$50p-50p^2=\dfrac{48}{25}$, $p^2-p+\dfrac{24}{25^2}=0$

$\left(p-\dfrac{1}{25}\right)\left(p-\dfrac{24}{25}\right)=0$

∴ $p=\dfrac{1}{25}$ 또는 $p=\dfrac{24}{25}$

그런데 $p=\dfrac{24}{25}$이면 ㉠에서 $m=48>5$이므로 조건을 만족시키지 않는다.

따라서 $p=\dfrac{1}{25}$이므로

$\mathrm{E}(X)=50p=50 \times \dfrac{1}{25}=2$

2단계 $\dfrac{a}{1000}$의 값 구하기

불량품 한 개에 필요한 애프터서비스 비용이 a원이므로 불량품 X개에 대한 애프터서비스 비용 aX원의 기댓값은

$\mathrm{E}(aX)=a\mathrm{E}(X)=2a$

한 상자의 제품을 모두 검사하는 비용과 애프터서비스로 인해 필요한 비용의 기댓값이 같으므로

$60000=2a$　　∴ $a=30000$

∴ $\dfrac{a}{1000}=\dfrac{30000}{1000}=30$

 연속확률변수와 정규분포

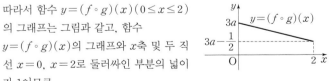

| 01 ② | 02 2 | 03 $\dfrac{1}{4}$ | 04 ③ | 05 ⑤ | 06 ① |
| 07 ④ | 08 59 | 09 ③ | 10 ② | 11 ① | |

01 답 ②

$P(0 \le X \le 3)=1$이므로

$P(0 \le X \le 1)+P(1 \le X \le 2)+P(2 \le X \le 3)=1$

$k+k \times 2+k \times 3=1$

$6k=1$　　∴ $k=\dfrac{1}{6}$

따라서 $P(x \le X \le x+1)=\dfrac{1}{6}(x+1)$이므로

$P\left(\dfrac{1}{2} \le X \le \dfrac{5}{2}\right)=P\left(\dfrac{1}{2} \le X \le \dfrac{3}{2}\right)+P\left(\dfrac{3}{2} \le X \le \dfrac{5}{2}\right)$

$=\dfrac{1}{6} \times \dfrac{3}{2}+\dfrac{1}{6} \times \dfrac{5}{2}$

$=\dfrac{2}{3}$

02 답 2

함수 $y=f(x)(0 \le x \le 2)$의 그래프와 x축 및 두 직선 $x=0$, $x=2$로 둘러싸인 부분의 넓이가 1이므로

$2a+\dfrac{1}{2} \times 2 \times a=1$

$3a=1$　　∴ $a=\dfrac{1}{3}$ ……………………………………………… 배점 **40%**

이때 $P(0 \le X \le b)=\dfrac{1}{4}$에서

$\dfrac{1}{2} \times \left(\dfrac{1}{3}+\dfrac{2}{3}\right) \times b=\dfrac{1}{4}$

∴ $b=\dfrac{1}{2}$ …………………………………………………………… 배점 **40%**

∴ $12ab=12 \times \dfrac{1}{3} \times \dfrac{1}{2}=2$ …………………………… 배점 **20%**

03 답 $\dfrac{1}{4}$

$(f \circ g)(x)=f(g(x))=f\left(-\dfrac{1}{2}x+4a\right)$

$=\dfrac{1}{2}\left(-\dfrac{1}{2}x+4a\right)+a=-\dfrac{1}{4}x+3a$

따라서 함수 $y=(f \circ g)(x)(0 \le x \le 2)$의 그래프는 그림과 같고, 함수 $y=(f \circ g)(x)$의 그래프와 x축 및 두 직선 $x=0$, $x=2$로 둘러싸인 부분의 넓이가 1이므로

$\dfrac{1}{2} \times \left(3a+3a-\dfrac{1}{2}\right) \times 2=1$

$6a-\dfrac{1}{2}=1$, $6a=\dfrac{3}{2}$

∴ $a=\dfrac{1}{4}$

04 답 ③

함수 $f(x)$의 그래프는 직선 $x=4$에 대하여 대칭이므로

$P(2 \leq X \leq 4) = P(4 \leq X \leq 6)$

$P(0 \leq X \leq 2) = P(6 \leq X \leq 8)$

이때 $P(2 \leq X \leq 4) = a$, $P(0 \leq X \leq 2) = b$로 놓으면

$3P(2 \leq X \leq 4) = 4P(6 \leq X \leq 8)$에서

$3a = 4b$ ...... ㉠

또 $P(0 \leq X \leq 8) = 1$이므로

$P(0 \leq X \leq 2) + P(2 \leq X \leq 4) + P(4 \leq X \leq 6) + P(6 \leq X \leq 8) = 1$

$\therefore 2a + 2b = 1$ ...... ㉡

㉠, ㉡을 연립하여 풀면

$a = \dfrac{2}{7}$, $b = \dfrac{3}{14}$

$\therefore P(2 \leq X \leq 6) = P(2 \leq X \leq 4) + P(4 \leq X \leq 6)$

$= 2a = 2 \times \dfrac{2}{7} = \dfrac{4}{7}$

05 답 ⑤

정규분포 곡선은 직선 $x=m$에 대하여 대칭이므로 $P(40 \leq X \leq 45) = P(55 \leq X \leq 60)$에서 두 직선 $x=45$, $x=55$는 직선 $x=m$에 대하여 대칭이다.

→ 두 직선 $x=40$, $x=60$이 직선 $x=m$에 대하여 대칭임을 이용해도 된다.

$\therefore m = \dfrac{45+55}{2} = 50$

$\therefore P(X \geq 40) - P(50 \leq X \leq 55)$

$= P(40 \leq X \leq 45) + P(X \geq 45) - P(50 \leq X \leq 55)$

$= P(40 \leq X \leq 45) + P(X \geq 45) - P(45 \leq X \leq 50)$

$= P(40 \leq X \leq 45) + P(X \geq 50)$

$= 0.1359 + 0.5 = 0.6359$

06 답 ①

확률변수 X가 정규분포 $N(40, 4^2)$을 따르므로 $Y = \dfrac{X-40}{4}$으로 놓으면 확률변수 Y는 표준정규분포 $N(0, 1)$을 따른다.

$\therefore P(|X-39| \leq 5) = P(-5 \leq X-39 \leq 5)$

$= P(34 \leq X \leq 44)$

$= P\left(\dfrac{34-40}{4} \leq Y \leq \dfrac{44-40}{4}\right)$

$= P(-1.5 \leq Y \leq 1)$

$= P(-1.5 \leq Y \leq 0) + P(0 \leq Y \leq 1)$

$= \dfrac{1}{2}P(-1.5 \leq Y \leq 1.5) + P(Y \leq 1) - P(Y \leq 0)$

$= \dfrac{1}{2} \times p_1 + p_2 - 0.5$

$= \dfrac{p_1 + 2p_2 - 1}{2}$

07 답 ④

정규분포 $N(5, 2^2)$을 따르는 확률변수 X의 정규분포 곡선은 직선 $x=5$에 대하여 대칭이다.

이때 $P(X \leq 9-2a) = P(X \geq 3a-3)$을 만족시키려면 그림과 같아야 하므로

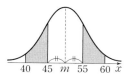

$\dfrac{(9-2a) + (3a-3)}{2} = 5$

$a + 6 = 10$ $\therefore a = 4$

한편 확률변수 X가 정규분포 $N(5, 2^2)$을 따르므로 $Z = \dfrac{X-5}{2}$로 놓으면 확률변수 Z는 표준정규분포 $N(0, 1)$을 따른다.

$\therefore P(9-2a \leq X \leq 3a-3) = P(1 \leq X \leq 9) = P\left(\dfrac{1-5}{2} \leq Z \leq \dfrac{9-5}{2}\right)$

$= P(-2 \leq Z \leq 2) = 2P(0 \leq Z \leq 2)$

$= 2 \times 0.4772 = 0.9544$

08 답 59

두 확률변수 X, Y는 각각 정규분포 $N(50, \sigma^2)$, $N(65, (2\sigma)^2)$을 따르므로 $Z_X = \dfrac{X-50}{\sigma}$, $Z_Y = \dfrac{Y-65}{2\sigma}$로 놓으면 두 확률변수 Z_X, Z_Y는 모두 표준정규분포 $N(0, 1)$을 따른다.

$P(X \geq k) = P(Y \leq k) = 0.1056$에서

$P\left(Z_X \geq \dfrac{k-50}{\sigma}\right) = P\left(Z_Y \leq \dfrac{k-65}{2\sigma}\right) = 0.1056$

따라서 $\dfrac{k-50}{\sigma} = -\dfrac{k-65}{2\sigma}$이므로

$2(k-50) = -(k-65)$, $3k = 165$ $\therefore k = 55$

즉, $P\left(Z_X \geq \dfrac{k-50}{\sigma}\right) = 0.1056$에서 $P\left(Z_X \geq \dfrac{5}{\sigma}\right) = 0.1056$

$P(Z_X \geq 0) - P\left(0 \leq Z_X \leq \dfrac{5}{\sigma}\right) = 0.1056$

$0.5 - P\left(0 \leq Z_X \leq \dfrac{5}{\sigma}\right) = 0.1056$

$\therefore P\left(0 \leq Z_X \leq \dfrac{5}{\sigma}\right) = 0.3944$

이때 $P(0 \leq Z \leq 1.25) = 0.3944$이므로

$\dfrac{5}{\sigma} = 1.25$ $\therefore \sigma = 4$

$\therefore k + \sigma = 55 + 4 = 59$

09 답 ③

ㄱ. 정규분포 $N(100, \sigma^2)$을 따르는 확률변수 X의 정규분포 곡선은 직선 $x=100$에 대하여 대칭이므로

$P(X \geq 100) = 0.5$

ㄴ. 두 확률변수 X, Y는 각각 정규분포 $N(100, \sigma_1^2)$, $N(100, \sigma_2^2)$을 따르므로 $Z_X = \dfrac{X-100}{\sigma_1}$, $Z_Y = \dfrac{Y-100}{\sigma_2}$으로 놓으면 두 확률변수 Z_X, Z_Y는 모두 표준정규분포 $N(0, 1)$을 따른다.

$P(X \leq 90) = P\left(Z_X \leq \dfrac{90-100}{\sigma_1}\right) = P\left(Z_X \leq -\dfrac{10}{\sigma_1}\right)$

$P(Y \geq 105) = P\left(Z_Y \geq \dfrac{105-100}{\sigma_2}\right) = P\left(Z_Y \geq \dfrac{5}{\sigma_2}\right)$

이때 $\sigma_1 = 2\sigma_2$이면

$P\left(Z_X \leq -\dfrac{5}{\sigma_2}\right) = P\left(Z_Y \geq \dfrac{5}{\sigma_2}\right)$

$\therefore P(X \leq 90) = P(Y \geq 105)$

ㄷ. $P(X \leq 105) = P\left(Z_X \leq \dfrac{105-100}{\sigma_1}\right) = P\left(Z_X \leq \dfrac{5}{\sigma_1}\right)$

$P(Y \leq 105) = P\left(Z_Y \leq \dfrac{105-100}{\sigma_2}\right) = P\left(Z_Y \leq \dfrac{5}{\sigma_2}\right)$

이때 $\sigma_1 < \sigma_2$이면 $\dfrac{5}{\sigma_1} > \dfrac{5}{\sigma_2} > 0$이므로

$P\left(Z_X \leq \dfrac{5}{\sigma_1}\right) > P\left(Z_Y \leq \dfrac{5}{\sigma_2}\right)$

$\therefore P(X \leq 105) > P(Y \leq 105)$

따라서 보기에서 옳은 것은 ㄱ, ㄴ이다.

10 답 ②

참가자의 수학 점수를 X점이라 하면 확률변수 X는 정규분포 $N(58, 4^2)$

을 따르므로 $Z=\dfrac{X-58}{4}$로 놓으면 확률변수 Z는 표준정규분포

$N(0, 1)$을 따른다.

이때 상위 4% 안에 드는 학생의 최저 점수를 a점이라 하면

$P(X \geq a)=0.04$

$P\left(Z \geq \dfrac{a-58}{4}\right)=0.04$

$P(Z \geq 0)-P\left(0 \leq Z \leq \dfrac{a-58}{4}\right)=0.04$

$0.5-P\left(0 \leq Z \leq \dfrac{a-58}{4}\right)=0.04$

$\therefore P\left(0 \leq Z \leq \dfrac{a-58}{4}\right)=0.46$

이때 $P(0 \leq Z \leq 1.75)=0.46$이므로

$\dfrac{a-58}{4}=1.75$, $a-58=7$

$\therefore a=65$

따라서 상장을 받은 학생의 최저 점수는 65점이다.

11 답 ①

투표에 참여한 유권자는 4800명이고, C 정당에 투표할 확률은

$\dfrac{25}{100}=\dfrac{1}{4}$이므로 C 정당에 투표한 유권자 수를 X명이라 하면 확률변수

X는 이항분포 $B\left(4800, \dfrac{1}{4}\right)$을 따른다.

$\therefore E(X)=4800 \times \dfrac{1}{4}=1200$, $V(X)=4800 \times \dfrac{1}{4} \times \dfrac{3}{4}=900$

이때 확률변수 X는 근사적으로 정규분포 $N(1200, 30^2)$을 따르므로

$Z=\dfrac{X-1200}{30}$으로 놓으면 확률변수 Z는 표준정규분포 $N(0, 1)$을 따른다.

$\therefore P(X \geq 1260)=P\left(Z \geq \dfrac{1260-1200}{30}\right)$

$=P(Z \geq 2)$

$=P(Z \geq 0)-P(0 \leq Z \leq 2)$

$=0.5-0.4772$

$=0.0228$

step ② 고난도 문제

| 76~81쪽

01 $\dfrac{3}{4}$	02 $\dfrac{3}{2}$	03 $\dfrac{68}{45}$	04 ⑤	05 31	06 35
07 ④	08 19	09 ③	10 ⑤	11 ②	12 ②
13 $\dfrac{3}{2}$	14 ①	15 ⑤	16 ②	17 ⑤	18 32
19 ⑤	20 ④	21 404명	22 80	23 ③	24 ③
25 ③	26 159				

01 답 $\dfrac{3}{4}$

㈎에서 함수 $f(x)$의 그래프는 직선 $x=2$에 대하여 대칭이므로

$P(0 \leq X \leq 2)=P(2 \leq X \leq 4)$

이때 $P(0 \leq X \leq 4)=1$이므로

$P(0 \leq X \leq 2)+P(2 \leq X \leq 4)=1$

$2P(0 \leq X \leq 2)=1$

$\therefore P(0 \leq X \leq 2)=\dfrac{1}{2}$

㈏의 $P(0 \leq X \leq x)=ax^2$에 $x=2$를 대입하면

$P(0 \leq X \leq 2)=4a$

즉, $4a=\dfrac{1}{2}$이므로 $a=\dfrac{1}{8}$

따라서 $0 \leq x \leq 2$에서

$P(0 \leq X \leq x)=\dfrac{1}{8}x^2$

또 함수 $f(x)$의 그래프가 직선 $x=2$에 대하여 대칭이므로

$P(1 \leq X \leq 2)=P(2 \leq X \leq 3)$

$\therefore P(1 \leq X \leq 3)=P(1 \leq X \leq 2)+P(2 \leq X \leq 3)$

$=2P(1 \leq X \leq 2)$

$=2\{P(0 \leq X \leq 2)-P(0 \leq X \leq 1)\}$

$=2\left(\dfrac{1}{2}-\dfrac{1}{8}\right)=\dfrac{3}{4}$

02 답 $\dfrac{3}{2}$

$-1 \leq x \leq 1$에서 $f(x) \geq 0$이므로

$f(-1) \geq 0$에서 $-a+b \geq 0$ ...... ㉠

$f(0) \geq 0$에서 $b \geq 0$

$f(1) \geq 0$에서 $a+b+1 \geq 0$ ...... ㉡

또 함수 $y=f(x)$의 그래프와 x축 및 두 직선 $x=-1$, $x=1$로 둘러싸인 부분의 넓이가 1이므로

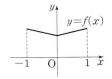

$\dfrac{1}{2} \times \{f(-1)+f(0)\} \times 1$

$\qquad +\dfrac{1}{2} \times \{f(0)+f(1)\} \times 1=1$

$\dfrac{1}{2} \times \{(-a+b)+b\}+\dfrac{1}{2} \times \{b+(a+b+1)\}=1$

$(-a+2b)+(a+2b+1)=2$

$4b+1=2$ $\therefore b=\dfrac{1}{4}$ ...... ㉢

㉢을 ㉠에 대입하면

$-a+\dfrac{1}{4} \geq 0$ $\therefore a \leq \dfrac{1}{4}$ ...... ㉣

㉢을 ㉡에 대입하면

$a+\dfrac{1}{4}+1 \geq 0$ $\therefore a \geq -\dfrac{5}{4}$ ...... ㉤

㉣, ㉤에서 $-\dfrac{5}{4} \leq a \leq \dfrac{1}{4}$ ...... ㉥

즉, ㉢, ㉥에서 $-1 \leq a+b \leq \dfrac{1}{2}$이므로 $a+b$의 최댓값은 $\dfrac{1}{2}$, 최솟값은 -1이다.

따라서 $M=\dfrac{1}{2}$, $m=-1$이므로

$M-m=\dfrac{3}{2}$

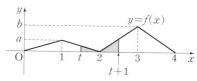

03 답 $\dfrac{68}{45}$

함수 $y=f(x)$의 그래프는 그림과 같다.

이때 $y=f(x)$의 그래프와 x축으로 둘러싸인 부분의 넓이가 1이므로

$\dfrac{1}{2}\times2\times a+\dfrac{1}{2}\times2\times b=1$

$a+b=1$ $\quad\therefore b=1-a$ $\quad\cdots\cdots$ ㉠

$P(t\leq X\leq t+1)$은 t와 $t+1$ 사이에 2가 존재할 때 최소이므로

$P(t\leq X\leq t+1)=P(t\leq X\leq2)+P(2\leq X\leq t+1)$

$\qquad=\dfrac{1}{2}\times(2-t)\times f(t)+\dfrac{1}{2}\times\{(t+1)-2\}\times f(t+1)$

$\qquad=\dfrac{1}{2}\times(2-t)\times\{-a(t-2)\}$

$\qquad\qquad+\dfrac{1}{2}\times(t-1)\times b\{(t+1)-2\}$

$\qquad=\dfrac{1}{2}a(t-2)^2+\dfrac{1}{2}b(t-1)^2$

$\qquad=\dfrac{1}{2}a(t-2)^2+\dfrac{1}{2}(1-a)(t-1)^2$ $(\because$ ㉠$)$

$\qquad=\dfrac{1}{2}t^2-(a+1)t+\dfrac{1}{2}(3a+1)$

$\qquad=\dfrac{1}{2}\{t-(a+1)\}^2-\dfrac{1}{2}(a^2-a)$

따라서 $P(t\leq X\leq t+1)$은 $t=a+1$에서 최솟값 $-\dfrac{1}{2}(a^2-a)$를 가지므로

$g(a)=a+1$, $h(a)=-\dfrac{1}{2}(a^2-a)$

$\therefore g\left(\dfrac{2}{5}\right)+h\left(\dfrac{1}{3}\right)=\dfrac{7}{5}+\dfrac{1}{9}=\dfrac{68}{45}$

04 답 ⑤

ㄱ. 함수 $y=f(x)$의 그래프와 x축으로 둘러싸인 부분의 넓이가 1이므로

$\dfrac{1}{2}\times3a\times b=1$, $ab=\dfrac{2}{3}$ $\quad\cdots\cdots$ ㉠

$\therefore a=\dfrac{2}{3b}$

따라서 $a>\dfrac{3}{2}$이면 $\dfrac{2}{3b}>\dfrac{3}{2}$ $\quad\therefore b<\dfrac{4}{9}$

ㄴ. $f(x)=\begin{cases}\dfrac{b}{a}x+b & (-a\leq x\leq0)\\ -\dfrac{b}{2a}x+b & (0\leq x\leq2a)\end{cases}$ 이므로

$P\left(\dfrac{a}{2}\leq X\leq2a\right)=\dfrac{1}{2}\times\left(2a-\dfrac{a}{2}\right)\times f\left(\dfrac{a}{2}\right)$

$\qquad=\dfrac{1}{2}\times\dfrac{3}{2}a\times\dfrac{3}{4}b=\dfrac{9}{16}ab$

$\qquad=\dfrac{9}{16}\times\dfrac{2}{3}$ $(\because$ ㉠$)$

$\qquad=\dfrac{3}{8}$

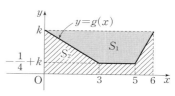

$\therefore P\left(-a\leq X\leq\dfrac{a}{2}\right)=1-P\left(\dfrac{a}{2}\leq X\leq2a\right)=1-\dfrac{3}{8}=\dfrac{5}{8}$

$\therefore P\left(-a\leq X\leq\dfrac{a}{2}\right)>P\left(\dfrac{a}{2}\leq X\leq2a\right)$

ㄷ. $X^2<a^2$에서 $X^2-a^2<0$

$(X+a)(X-a)<0$

$\therefore -a<X<a$

$\therefore P(A)=P(-a<X<a)$

$P(B)=P(X>0)$이므로

$P(A\cap B)=P(0<X<a)$

$\therefore P(A|B)=\dfrac{P(A\cap B)}{P(B)}$

$\qquad=\dfrac{\dfrac{1}{2}\times\{b+f(a)\}\times a}{\dfrac{1}{2}\times2a\times b}$

$\qquad=\dfrac{\left(b+\dfrac{b}{2}\right)\times a}{2ab}$

$\qquad=\dfrac{\dfrac{3}{2}b}{2b}=\dfrac{3}{4}$

따라서 보기에서 옳은 것은 ㄴ, ㄷ이다.

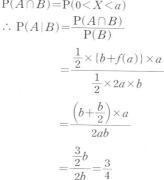

05 답 31

$0\leq x\leq6$인 모든 x에 대하여 $f(x)+g(x)=k$ (k는 상수)이므로

$g(x)=-f(x)+k$

이때 함수 $y=g(x)$의 그래프는 함수 $y=f(x)$의 그래프를 x축에 대하여 대칭이동한 후 y축의 방향으로 k만큼 평행이동한 것이므로 그림과 같다.

함수 $y=f(x)$의 그래프와 x축으로 둘러싸인 부분의 넓이를 S_1이라 하면 그림에서 색칠한 부분의 넓이가 S_1이고, 함수 $y=g(x)$의 그래프와 x축 및 두 직선 $x=0$, $x=6$으로 둘러싸인 부분의 넓이를 S_2라 하면

$S_1=S_2=1$

따라서 $S_1+S_2=2$이므로 $6k=2$ $\quad\therefore k=\dfrac{1}{3}$

이때 $f(x)=\begin{cases}\dfrac{1}{12}x & (0\leq x\leq3)\\ \dfrac{1}{4} & (3\leq x\leq5)\\ -\dfrac{1}{4}x+\dfrac{3}{2} & (5\leq x\leq6)\end{cases}$ 이므로

$g(x)=-f(x)+\dfrac{1}{3}=\begin{cases}-\dfrac{1}{12}x+\dfrac{1}{3} & (0\leq x\leq3)\\ \dfrac{1}{12} & (3\leq x\leq5)\\ \dfrac{1}{4}x-\dfrac{7}{6} & (5\leq x\leq6)\end{cases}$

함수 $y=g(x)$의 그래프는 그림과 같고

$P(6k\leq Y\leq15k)=P(2\leq Y\leq5)$ 는 색칠한 부분의 넓이와 같으므로

$P(2\leq Y\leq5)$

$=\dfrac{1}{2}\times\left(\dfrac{1}{6}+\dfrac{1}{12}\right)\times1+2\times\dfrac{1}{12}$

$=\dfrac{1}{8}+\dfrac{1}{6}=\dfrac{7}{24}$

따라서 $p=24$, $q=7$이므로

$p+q=31$

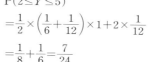

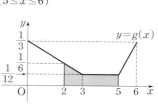

06 답 35

$$\sum_{n=1}^{7} P(X \le n) = P(X \le 1) + P(X \le 2) + P(X \le 3) + P(X \le 4)$$
$$+ P(X \le 5) + P(X \le 6) + P(X \le 7)$$

이때 정규분포 $N(4, 3^2)$을 따르는 확률변수 X의 정규분포 곡선은 그림과 같이 직선 $x=4$에 대하여 대칭이므로

$$P(X \le 1) + P(X \le 7) = P(X \le 1) + P(X \ge 1)$$
$$= 1$$
$$P(X \le 2) + P(X \le 6) = P(X \le 2) + P(X \ge 2) = 1$$
$$P(X \le 3) + P(X \le 5) = P(X \le 3) + P(X \ge 3) = 1$$

$$\therefore \sum_{n=1}^{7} P(X \le n)$$
$$= \{P(X \le 1) + P(X \le 7)\} + \{P(X \le 2) + P(X \le 6)\}$$
$$+ \{P(X \le 3) + P(X \le 5)\} + P(X \le 4)$$
$$= 1 + 1 + 1 + 0.5$$
$$= 3.5$$

따라서 $a = 3.5$이므로 $10a = 35$

idea
07 답 ④

$P(X \le 23) + P(X \ge 20) = 1 + P(20 \le X \le 23)$이므로
$1 + P(15 \le X \le 18) = P(X \le 23) + P(X \ge 20)$에서
$\underbrace{1 + P(15 \le X \le 18)} = \underbrace{1 + P(20 \le X \le 23)}$

따라서 $P(15 \le X \le 18) = P(20 \le X \le 23)$이므로 두 직선 $x=18$, $x=20$은 직선 $x=m$에 대하여 대칭이다. ← 두 직선 $x=15$, $x=23$이 직선 $x=m$에 대하여 대칭임을 이용해도 된다.

$$\therefore m = \frac{18+20}{2} = 19$$

$\underbrace{P(X \le a) + P(X \le a+b) = 1}$에서
$$P(X \le a) = 1 - P(X \le a+b)$$
$$P(X \le a) = P(X \ge a+b)$$

따라서 두 직선 $x=a$, $x=a+b$는 직선 $x=19$에 대하여 대칭이므로
$$\frac{a+(a+b)}{2} = 19$$
$$\therefore 2a+b = 38 \quad \cdots\cdots \, \bigcirc$$

이때 $ab = 10$에서 $b = \dfrac{10}{a}$이므로 이를 $\bigcirc$에 대입하면

$$2a + \frac{10}{a} = 38, \quad 2a^2 - 38a + 10 = 0$$

따라서 구하는 모든 a의 값의 합은
$$-\frac{-38}{2} = 19$$

08 답 19

$P(X \le k) = 0.7881$에서
$$P(X \le m) + P(m \le X \le k) = 0.7881$$
$$0.5 + P(m \le X \le k) = 0.7881$$
$$\therefore P(m \le X \le k) = 0.2881 \quad \cdots\cdots \, \bigcirc \quad \text{······ 배점 40\%}$$

$P(X \le m - 0.8\sigma) = 0.2119$에서
$$P(X \le m) - P(m - 0.8\sigma \le X \le m) = 0.2119$$
$$P(X \le m) - P(m \le X \le m + 0.8\sigma) = 0.2119$$
$$0.5 - P(m \le X \le m + 0.8\sigma) = 0.2119$$
$$\therefore P(m \le X \le m + 0.8\sigma) = 0.2881 \quad \cdots\cdots \, \bigcirc \quad \text{······ 배점 40\%}$$

$\bigcirc$, $\bigcirc$에서 $P(m \le X \le k) = P(m \le X \le m + 0.8\sigma)$이므로
$$k = m + 0.8\sigma = 15 + 0.8 \times 5 = 19 \quad \text{······ 배점 20\%}$$

09 답 ③

정규분포 $N(m, \sigma^2)$을 따르는 확률변수 X의 확률밀도함수는 $x=m$에서 최대이고, 정규분포 곡선은 직선 $x=m$에 대하여 대칭이다.

따라서 함수 $f(a)$가 $a=8$에서 최댓값 $f(8) = P(8 \le X \le 12)$를 가지려면 그림과 같이 두 직선 $x=8$, $x=12$가 직선 $x=m$에 대하여 대칭이어야 하므로

$$m = \frac{8+12}{2} = 10$$

이때 $E(X^2) = 104$이므로
$$V(X) = E(X^2) - \{E(X)\}^2 = 104 - 10^2 = 4$$
$$\therefore \sigma(X) = \sqrt{V(X)} = \sqrt{4} = 2$$

따라서 $m = 10$, $\sigma = 2$이므로
$$P(6 \le X \le 13) = P(10 - 2 \times 2 \le X \le 10 + 1.5 \times 2)$$
$$= P(m - 2\sigma \le X \le m + 1.5\sigma)$$
$$= P(m - 2\sigma \le X \le m) + P(m \le X \le m + 1.5\sigma)$$
$$= P(m \le X \le m + 2\sigma) + P(m \le X \le m + 1.5\sigma)$$
$$= 0.4772 + 0.4332$$
$$= 0.9104$$

10 답 ⑤

㈎의 $Y = 3X - a$에서
$E(Y) = E(3X - a) = 3E(X) - a$이고
$E(X) = m$, $E(Y) = m$이므로
$$m = 3m - a \quad \therefore a = 2m \quad \cdots\cdots \, \bigcirc$$
또 $\sigma(Y) = \sigma(3X - a) = 3\sigma(X)$이고
$\sigma(X) = 2$, $\sigma(Y) = \sigma$이므로
$$\sigma = 3 \times 2 = 6$$
따라서 두 확률변수 X, Y는 각각 정규분포 $N(m, 2^2)$, $N(m, 6^2)$을 따르므로 $Z_X = \dfrac{X-m}{2}$, $Z_Y = \dfrac{Y-m}{6}$으로 놓으면 두 확률변수 Z_X, Z_Y는 모두 표준정규분포 $N(0, 1)$을 따른다.

㈏의 $P(X \le 4) = P(Y \ge a)$에서
$$P\left(Z_X \le \frac{4-m}{2}\right) = P\left(Z_Y \ge \frac{a-m}{6}\right)$$
$$P\left(Z_X \le \frac{4-m}{2}\right) = P\left(Z_Y \ge \frac{2m-m}{6}\right) \ (\because \bigcirc)$$
$$P\left(Z_X \le \frac{4-m}{2}\right) = P\left(Z_Y \ge \frac{m}{6}\right)$$

따라서 $\dfrac{4-m}{2} = -\dfrac{m}{6}$이므로
$$12 - 3m = -m$$
$$2m = 12 \quad \therefore m = 6$$
$$\therefore P(Y \ge 9) = P\left(Z_Y \ge \frac{9-6}{6}\right)$$
$$= P(Z_Y \ge 0.5)$$
$$= P(Z_Y \ge 0) - P(0 \le Z_Y \le 0.5)$$
$$= 0.5 - 0.1915$$
$$= 0.3085$$

11 답 ②

두 확률변수 X, Y가 각각 정규분포 $N(m, \sigma^2)$, $N(2m, (2\sigma)^2)$을 따르므로 $Z_X = \dfrac{X-m}{\sigma}$, $Z_Y = \dfrac{Y-2m}{2\sigma}$으로 놓으면 두 확률변수 Z_X, Z_Y는 모두 표준정규분포 $N(0, 1)$을 따른다.

$$F(t)=\mathrm{P}(X\geq m-\sigma t)$$
$$=\mathrm{P}\!\left(Z_X\geq\frac{m-\sigma t-m}{\sigma}\right)$$
$$=\mathrm{P}(Z_X\geq -t)$$
$$G(t)=\mathrm{P}(Y\leq 2m+\sigma t)$$
$$=\mathrm{P}\!\left(Z_Y\leq\frac{2m+\sigma t-2m}{2\sigma}\right)$$
$$=\mathrm{P}\!\left(Z_Y\leq\frac{t}{2}\right)$$

ㄱ. $F(1)=\mathrm{P}(Z_X\geq -1)$, $G(-2)=\mathrm{P}(Z_Y\leq -1)$이므로
$$F(1)+G(-2)=1$$

ㄴ. $2t_1<t_2$이면 $-t_1>-\dfrac{t_2}{2}$이므로
$$\mathrm{P}\!\left(Z\geq -t_1\right)<\mathrm{P}\!\left(Z\geq -\frac{t_2}{2}\right)$$

이때 $F(t_1)=\mathrm{P}(Z_X\geq -t_1)$, $G(t_2)=\mathrm{P}\!\left(Z_Y\leq\dfrac{t_2}{2}\right)=\mathrm{P}\!\left(Z_Y\geq -\dfrac{t_2}{2}\right)$

이므로
$$F(t_1)<G(t_2)$$

ㄷ. 양수 t_3에 대하여
$$F(t_3)=\mathrm{P}(Z_X\geq -t_3)=\mathrm{P}(Z_X\leq t_3)$$
$$=\mathrm{P}(Z_X\leq 0)+\mathrm{P}(0\leq Z_X\leq t_3)$$
$$=0.5+\mathrm{P}(0\leq Z_X\leq t_3)$$
$$G(4t_3)=\mathrm{P}(Z_Y\leq 2t_3)$$
$$=\mathrm{P}(Z_Y\leq 0)+\mathrm{P}(0\leq Z_Y\leq 2t_3)$$
$$=0.5+\mathrm{P}(0\leq Z_Y\leq 2t_3)$$
$$\therefore G(4t_3)+0.5-2F(t_3)$$
$$=\{0.5+\mathrm{P}(0\leq Z_Y\leq 2t_3)\}+0.5-2\{0.5+\mathrm{P}(0\leq Z_X\leq t_3)\}$$
$$=\mathrm{P}(0\leq Z_Y\leq 2t_3)-2\mathrm{P}(0\leq Z_X\leq t_3)$$
$$=\mathrm{P}(0\leq Z_Y\leq t_3)+\mathrm{P}(t_3\leq Z_Y\leq 2t_3)-2\mathrm{P}(0\leq Z_X\leq t_3)$$
$$=\mathrm{P}(t_3\leq Z_Y\leq 2t_3)-\mathrm{P}(0\leq Z_X\leq t_3)<0$$
→ 표준정규분포를 따르는 확률변수 Z의 확률밀도함수 $f(z)$는 $z=0$에서 최대이고 $z=0$에서 멀어질수록 $f(z)$의 값은 작아진다.
$$\therefore G(4t_3)+0.5<2F(t_3)$$

따라서 보기에서 옳은 것은 ㄱ, ㄴ이다.

12 답 ②

그림에서 색칠한 부분의 넓이를 S라 하면
$$\mathrm{P}(35\leq X\leq 50)=S_1+S \quad\cdots\cdots\ \text{㉠}$$
$$\mathrm{P}(35\leq Y\leq 50)=S_2+S \quad\cdots\cdots\ \text{㉡}$$
㉠-㉡을 하면
$$\mathrm{P}(35\leq X\leq 50)-\mathrm{P}(35\leq Y\leq 50)=S_1-S_2$$
이때 두 확률변수 X, Y는 각각 정규분포 $\mathrm{N}(35,\,5^2)$, $\mathrm{N}(50,\,10^2)$을 따르므로 $Z_X=\dfrac{X-35}{5}$, $Z_Y=\dfrac{Y-50}{10}$으로 놓으면 두 확률변수 Z_X, Z_Y는 모두 표준정규분포 $\mathrm{N}(0,\,1)$을 따른다.
$$\mathrm{P}(35\leq X\leq 50)=\mathrm{P}\!\left(\frac{35-35}{5}\leq Z_X\leq\frac{50-35}{5}\right)$$
$$=\mathrm{P}(0\leq Z_X\leq 3)$$
$$=0.4987$$
$$\mathrm{P}(35\leq Y\leq 50)=\mathrm{P}\!\left(\frac{35-50}{10}\leq Z_Y\leq\frac{50-50}{10}\right)$$
$$=\mathrm{P}(-1.5\leq Z_Y\leq 0)$$
$$=\mathrm{P}(0\leq Z_Y\leq 1.5)$$
$$=0.4332$$
$$\therefore S_1-S_2=\mathrm{P}(35\leq X\leq 50)-\mathrm{P}(35\leq Y\leq 50)$$
$$=0.4987-0.4332=0.0655$$

13 답 $\dfrac{3}{2}$

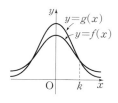

두 확률변수 X, Z의 평균이 0으로 같고 확률변수 X의 표준편차가 1보다 크므로 두 함수 $y=f(x)$, $y=g(x)$의 그래프는 그림과 같다. 이때 ㈎에 의하여 $x>0$에서 두 함수 $y=f(x)$, $y=g(x)$의 그래프가 만나는 점의 x좌표는 k이다.

확률변수 X는 정규분포 $\mathrm{N}(0,\,\sigma^2)$을 따르므로 $Z_X=\dfrac{X}{\sigma}$로 놓으면 확률변수 Z_X는 표준정규분포 $\mathrm{N}(0,\,1)$을 따른다.

따라서 ㈏의 $\mathrm{P}(0\leq X\leq k)=0.385$에서
$$\mathrm{P}\!\left(0\leq Z_X\leq\frac{k}{\sigma}\right)=0.385$$
이때 $\mathrm{P}(0\leq Z\leq 1.2)=0.385$이므로
$$\frac{k}{\sigma}=1.2 \qquad\therefore k=1.2\sigma \quad\cdots\cdots\ \text{㉠}$$
㈐에서 $\mathrm{P}(0\leq Z\leq k)-\mathrm{P}(0\leq X\leq k)=0.079$이므로
$$\mathrm{P}(0\leq Z\leq k)-0.385=0.079$$
$$\therefore \mathrm{P}(0\leq Z\leq k)=0.464$$
이때 $\mathrm{P}(0\leq Z\leq 1.8)=0.464$이므로
$$k=1.8$$
이를 ㉠에 대입하면
$$1.8=1.2\sigma$$
$$\therefore \sigma=\frac{3}{2}$$

14 답 ①

확률변수 X는 정규분포 $\mathrm{N}(8,\,2^2)$을 따르고 확률변수 Y는 정규분포 $\mathrm{N}(12,\,2^2)$을 따르므로 두 함수 $y=f(x)$, $y=g(x)$의 그래프는 각각 직선 $x=8$, $x=12$에 대하여 대칭이다.

또 두 확률변수 X, Y의 표준편차가 2로 같으므로 함수 $y=f(x)$의 그래프를 x축의 방향으로 4만큼 평행이동하면 함수 $y=g(x)$의 그래프와 일치한다.
$$\therefore g(x)=f(x-4)$$
이때 두 함수 $y=f(x)$, $y=g(x)$의 그래프가 만나는 점의 x좌표가 a이므로 $f(a)=g(a)$에서
$$f(a)=f(a-4)$$

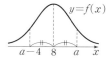

함수 $y=f(x)$의 그래프는 직선 $x=8$에 대하여 대칭이므로
$$\frac{a+(a-4)}{2}=8$$
$$2a-4=16 \qquad\therefore a=10$$
한편 확률변수 Y는 정규분포 $\mathrm{N}(12,\,2^2)$을 따르므로 $Z=\dfrac{Y-12}{2}$로 놓으면 확률변수 Z는 표준정규분포 $\mathrm{N}(0,\,1)$을 따른다.
$$\therefore \mathrm{P}(8\leq Y\leq a)=\mathrm{P}(8\leq Y\leq 10)$$
$$=\mathrm{P}\!\left(\frac{8-12}{2}\leq Z\leq\frac{10-12}{2}\right)$$
$$=\mathrm{P}(-2\leq Z\leq -1)$$
$$=\mathrm{P}(1\leq Z\leq 2)$$
$$=\mathrm{P}(0\leq Z\leq 2)-\mathrm{P}(0\leq Z\leq 1)$$
$$=0.4772-0.3413$$
$$=0.1359$$

15 답 ⑤

확률변수 X가 정규분포 $N(m, 4^2)$을 따르므로 함수 $f(x)$의 그래프는 직선 $x=m$에 대하여 대칭이고, $f(x)$의 값이 클수록 x가 평균 m에 가까워지므로 $f(8)>f(14)$를 만족시키려면 그림과 같아야 한다.

[$8<m<14$인 경우]

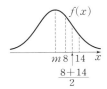
[$m<8$인 경우]

따라서 $m<\dfrac{8+14}{2}$이므로 $m<11$ ...... ㉠

또 $f(2)<f(16)$을 만족시키려면 그림과 같아야 한다.

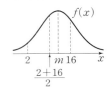
[$2<m<16$인 경우]

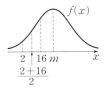
[$m>16$인 경우]

따라서 $m>\dfrac{2+16}{2}$이므로 $m>9$ ...... ㉡

㉠, ㉡에서 $9<m<11$이고 m은 자연수이므로

$m=10$

즉, 확률변수 X가 정규분포 $N(10, 4^2)$을 따르므로 $Z=\dfrac{X-10}{4}$으로 놓으면 확률변수 Z는 표준정규분포 $N(0, 1)$을 따른다.

$$\therefore P(X\leq 6)=P\left(Z\leq\dfrac{6-10}{4}\right)$$
$$=P(Z\leq -1)=P(Z\geq 1)$$
$$=P(Z\geq 0)-P(0\leq Z\leq 1)$$
$$=0.5-0.3413$$
$$=0.1587$$

★idea
16 답 ②

확률변수 X가 정규분포 $N(m, 2^2)$을 따르므로 $Z=\dfrac{X-m}{2}$으로 놓으면 확률변수 Z는 표준정규분포 $N(0, 1)$을 따른다.

$$P(a\leq X\leq a+6)=P\left(\dfrac{a-m}{2}\leq Z\leq\dfrac{a+6-m}{2}\right)$$
$$=P\left(\dfrac{a-m}{2}\leq Z\leq\dfrac{a-m}{2}+3\right)$$

$$2P(0\leq Z\leq 1.5)=P(-1.5\leq Z\leq 1.5)$$
$$=P(-1.5\leq Z\leq -1.5+3)$$

$P(a\leq X\leq a+6)=2P(0\leq Z\leq 1.5)$에서

$$P\left(\dfrac{a-m}{2}\leq Z\leq\dfrac{a-m}{2}+3\right)=P(-1.5\leq Z\leq -1.5+3)$$ ...... ㉠

한편 확률변수 Z의 확률밀도함수의 그래프는 직선 $x=0$에 대하여 대칭이고, x가 0에서 멀어질수록 함숫값이 작아지므로 실수 b, c, t에 대하여 $P(b\leq Z\leq b+t)=P(c\leq Z\leq c+t)$이려면 $b=c$ 또는 $-b=c+t$이어야 한다.

따라서 ㉠에서

$$\dfrac{a-m}{2}=-1.5 \text{ 또는 } -\dfrac{a-m}{2}=1.5$$

$a-m=-3$ $\therefore a=m-3$

$$\therefore P(a\leq X\leq a+1)=P(m-3\leq X\leq m-2)$$
$$=P\left(\dfrac{m-3-m}{2}\leq Z\leq\dfrac{m-2-m}{2}\right)$$
$$=P(-1.5\leq Z\leq -1)$$
$$=P(1\leq Z\leq 1.5)$$
$$=P(0\leq Z\leq 1.5)-P(0\leq Z\leq 1)$$
$$=0.4332-0.3413=0.0919$$

17 답 ⑤

이 학교 3학년 학생들의 A, B 과목 시험 점수를 각각 X점, Y점이라 하면 두 확률변수 X, Y는 각각 정규분포 $N(m, \sigma^2)$, $N(m+3, \sigma^2)$을 따르므로 $Z_X=\dfrac{X-m}{\sigma}$, $Z_Y=\dfrac{X-(m+3)}{\sigma}$으로 놓으면 두 확률변수 Z_X, Z_Y는 모두 표준정규분포 $N(0, 1)$을 따른다.

이때 A 과목 시험 점수가 80점 이상일 확률이 0.09이므로

$P(X\geq 80)=0.09$에서

$$P\left(Z_X\geq\dfrac{80-m}{\sigma}\right)=0.09$$

$$P(Z_X\geq 0)-P\left(0\leq Z_X\leq\dfrac{80-m}{\sigma}\right)=0.09$$

$$0.5-P\left(0\leq Z_X\leq\dfrac{80-m}{\sigma}\right)=0.09$$

$$\therefore P\left(0\leq Z_X\leq\dfrac{80-m}{\sigma}\right)=0.41$$

이때 $P(0\leq Z\leq 1.34)=0.41$이므로

$$\dfrac{80-m}{\sigma}=1.34 \quad \therefore m=80-1.34\sigma$$ ...... ㉠

또 B 과목 시험 점수가 80점 이상일 확률이 0.15이므로

$P(Y\geq 80)=0.15$에서

$$P\left(Z_Y\geq\dfrac{80-(m+3)}{\sigma}\right)=0.15$$

$$P(Z_Y\geq 0)-P\left(0\leq Z_Y\leq\dfrac{77-m}{\sigma}\right)=0.15$$

$$0.5-P\left(0\leq Z_Y\leq\dfrac{77-m}{\sigma}\right)=0.15$$

$$\therefore P\left(0\leq Z_Y\leq\dfrac{77-m}{\sigma}\right)=0.35$$

이때 $P(0\leq Z\leq 1.04)=0.35$이므로

$$\dfrac{77-m}{\sigma}=1.04 \quad \therefore m=77-1.04\sigma$$ ...... ㉡

㉠, ㉡을 연립하여 풀면

$m=66.6$, $\sigma=10$

$\therefore m+\sigma=76.6$

18 답 32

이 농장에서 수확한 사과 1개의 무게를 X g이라 하면 확률변수 X는 정규분포 $N(400, 20^2)$을 따르므로 $Z=\dfrac{X-400}{20}$으로 놓으면 확률변수 Z는 표준정규분포 $N(0, 1)$을 따른다.

이 농장에서 수확한 사과 중에서 임의로 1개를 택할 때, 판매할 수 있는 사과일 확률은

$$P(X\geq 384)=P\left(Z\geq\dfrac{384-400}{20}\right)$$
$$=P(Z\geq -0.8)=P(Z\leq 0.8)$$
$$=P(Z\leq 0)+P(0\leq Z\leq 0.8)$$
$$=0.5+0.3=0.8$$ ·········· 배점 **50%**

즉, 이 농장에서 수확한 사과 1개가 판매할 수 있는 사과일 확률은

$0.8=\dfrac{4}{5}$이므로 임의로 택한 4개의 사과 중 판매할 수 있는 사과가 3개일

확률은

$_4\mathrm{C}_3\left(\dfrac{4}{5}\right)^3\left(\dfrac{1}{5}\right)^1=4\times\dfrac{4^3}{5^4}=\dfrac{4^4}{5^4}=\dfrac{2^8}{5^4}$ ·········· 배점 **30%**

따라서 $p=4$, $q=8$이므로

$pq=32$ ·· 배점 **20%**

19 답 ⑤

이 회사 직원들의 출근 시간을 X분이라 하면 확률변수 X는 정규분포

$\mathrm{N}(66.4,\ 15^2)$을 따르므로 $Z=\dfrac{X-66.4}{15}$로 놓으면 확률변수 Z는 표준

정규분포 $\mathrm{N}(0,\ 1)$을 따른다.

따라서 출근 시간이 73분 이상일 확률은

$\begin{aligned}
\mathrm{P}(X\geq73)&=\mathrm{P}\left(Z\geq\dfrac{73-66.4}{15}\right)\\
&=\mathrm{P}(Z\geq0.44)\\
&=\mathrm{P}(Z\geq0)-\mathrm{P}(0\leq Z\leq0.44)\\
&=0.5-0.17=0.33
\end{aligned}$

$\therefore\ \mathrm{P}(X<73)=1-\mathrm{P}(X\geq73)=1-0.33=0.67$

출근 시간이 73분 이상인 직원들 중에서 40 %, 출근 시간이 73분 미만인

직원들 중에서 20 %가 지하철을 이용하였으므로 구하는 확률은

$\begin{aligned}
\mathrm{P}(X\geq73)\times0.4+\mathrm{P}(X<73)\times0.2&=0.33\times0.4+0.67\times0.2\\
&=0.132+0.134\\
&=0.266
\end{aligned}$

20 답 ④

이 고등학교 학생들의 하루 수학 공부 시간을 X분이라 하면 확률변수 X

는 정규분포 $\mathrm{N}(40,\ 5^2)$을 따르므로 $Z=\dfrac{X-40}{5}$으로 놓으면 확률변수

Z는 표준정규분포 $\mathrm{N}(0,\ 1)$을 따른다.

이 고등학교 학생 중에서 임의로 1명을 택할 때, 하루 수학 공부 시간이

35분 이상일 확률은

$\begin{aligned}
\mathrm{P}(X\geq35)&=\mathrm{P}\left(Z\geq\dfrac{35-40}{5}\right)\\
&=\mathrm{P}(Z\geq-1)=\mathrm{P}(Z\leq1)\\
&=\mathrm{P}(Z\leq0)+\mathrm{P}(0\leq Z\leq1)\\
&=0.5+0.34=0.84
\end{aligned}$

$\therefore\ \mathrm{P}(X<35)=1-\mathrm{P}(X\geq35)=1-0.84=0.16$

이 고등학교 학생 중에서 임의로 택한 1명의 학생이 여학생인 사건을

A, 하루 수학 공부 시간이 35분 이상인 학생인 사건을 B라 하면 구하

는 확률은 $\mathrm{P}(B\,|\,A)$이다.

이때 하루 수학 공부 시간이 35분 이상인 학생의 40 %가 남학생이므로

여학생은 60 %이고, 하루 수학 공부 시간이 35분 미만인 학생의 70 %가

여학생이므로

$\begin{aligned}
\mathrm{P}(A\cap B)&=\mathrm{P}(B)\mathrm{P}(A\,|\,B)\\
&=0.84\times0.6=0.504
\end{aligned}$

$\begin{aligned}
\mathrm{P}(A\cap B^c)&=\mathrm{P}(B^c)\mathrm{P}(A\,|\,B^c)\\
&=0.16\times0.7=0.112
\end{aligned}$

$\begin{aligned}
\therefore\ \mathrm{P}(B\,|\,A)&=\dfrac{\mathrm{P}(A\cap B)}{\mathrm{P}(A)}=\dfrac{\mathrm{P}(A\cap B)}{\mathrm{P}(A\cap B)+\mathrm{P}(A\cap B^c)}\\
&=\dfrac{0.504}{0.504+0.112}=\dfrac{0.504}{0.616}=\dfrac{9}{11}
\end{aligned}$

21 답 404명

수학 등급이 2등급, 3등급인 학생들의 영어 점수를 각각 X점, Y점이라

하면 두 확률변수 X, Y는 각각 정규분포 $\mathrm{N}(75,\ 5^2)$, $\mathrm{N}(72,\ 4^2)$을 따

르므로 $Z_X=\dfrac{X-75}{5}$, $Z_Y=\dfrac{Y-72}{4}$로 놓으면 두 확률변수 Z_X, Z_Y는

모두 표준정규분포 $\mathrm{N}(0,\ 1)$을 따른다.

수학 등급이 2등급인 학생 중에서 임의로 1명을 택할 때, 영어 점수가

70점 이상 80점 이하일 확률은

$\begin{aligned}
\mathrm{P}(70\leq X\leq80)&=\mathrm{P}\left(\dfrac{70-75}{5}\leq Z_X\leq\dfrac{80-75}{5}\right)\\
&=\mathrm{P}(-1\leq Z_X\leq1)\\
&=2\mathrm{P}(0\leq Z_X\leq1)\\
&=2\times0.34\\
&=0.68
\end{aligned}$

수학 등급이 3등급인 학생 중에서 임의로 1명을 택할 때, 영어 점수가

70점 이상 80점 이하일 확률은

$\begin{aligned}
\mathrm{P}(70\leq Y\leq80)&=\mathrm{P}\left(\dfrac{70-72}{4}\leq Z_Y\leq\dfrac{80-72}{4}\right)\\
&=\mathrm{P}(-0.5\leq Z_Y\leq2)\\
&=\mathrm{P}(-0.5\leq Z_Y\leq0)+\mathrm{P}(0\leq Z_Y\leq2)\\
&=\mathrm{P}(0\leq Z_Y\leq0.5)+\mathrm{P}(0\leq Z_Y\leq2)\\
&=0.19+0.48\\
&=0.67
\end{aligned}$

이때 학생 1000명 중 수학 등급이 2등급, 3등급인 학생 수는 각각

$1000\times0.2=200$(명), $1000\times0.4=400$(명)

따라서 구하는 학생 수는

$200\times0.68+400\times0.67=136+268=404$(명)

22 답 80

주사위를 한 번 던져서 홀수의 눈의 수가 나올 확률은 $\dfrac{1}{2}$이므로 확률변

수 X는 이항분포 $\mathrm{B}\left(n^2,\ \dfrac{1}{2}\right)$을 따른다.

$\therefore\ \mathrm{E}(X)=n^2\times\dfrac{1}{2}=\dfrac{n^2}{2}$, $\mathrm{V}(X)=n^2\times\dfrac{1}{2}\times\dfrac{1}{2}=\dfrac{n^2}{4}$ ·········· 배점 **30%**

이때 확률변수 X는 근사적으로 정규분포 $\mathrm{N}\left(\dfrac{n^2}{2},\ \left(\dfrac{n}{2}\right)^2\right)$을 따르므로

$Z=\dfrac{X-\dfrac{n^2}{2}}{\dfrac{n}{2}}$으로 놓으면 확률변수 Z는 표준정규분포 $\mathrm{N}(0,\ 1)$을 따른

다.

$\begin{aligned}
\therefore\ f(n,\ k)&=\mathrm{P}\left(\left|\dfrac{X}{n^2}-\dfrac{1}{2}\right|<\dfrac{1}{k}\right)\\
&=\mathrm{P}\left(-\dfrac{1}{k}+\dfrac{1}{2}<\dfrac{X}{n^2}<\dfrac{1}{k}+\dfrac{1}{2}\right)\\
&=\mathrm{P}\left(-n^2\left(\dfrac{1}{k}-\dfrac{1}{2}\right)<X<n^2\left(\dfrac{1}{k}+\dfrac{1}{2}\right)\right)\\
&=\mathrm{P}\left(\dfrac{-n^2\left(\dfrac{1}{k}-\dfrac{1}{2}\right)-\dfrac{n^2}{2}}{\dfrac{n}{2}}<Z<\dfrac{n^2\left(\dfrac{1}{k}+\dfrac{1}{2}\right)-\dfrac{n^2}{2}}{\dfrac{n}{2}}\right)\\
&=\mathrm{P}\left(-\dfrac{2n}{k}<Z<\dfrac{2n}{k}\right)
\end{aligned}$ ·········· 배점 **50%**

이때 $f(40,\ 4)=f(n,\ 8)$에서

$\mathrm{P}(-20<Z<20)=\mathrm{P}\left(-\dfrac{n}{4}<Z<\dfrac{n}{4}\right)$

따라서 $20=\dfrac{n}{4}$이므로 $n=80$ ·········· 배점 **20%**

23 답 ③

두 확률변수 X, Y가 각각 이항분포 $B(144, p_1)$, $B(576, p_2)$를 따르므로

$E(X)=144p_1$, $E(Y)=576p_2$

$V(X)=144p_1(1-p_1)$, $V(Y)=576p_2(1-p_2)$

ㄱ. $p_1=p_2=\dfrac{1}{6}$이면

$$E(Y)-E(X)=576p_2-144p_1=432p_1=432\times\dfrac{1}{6}=72$$

ㄴ. $p_1=4p_2$에서 $p_2=\dfrac{p_1}{4}$이므로

$$V(Y)=576\times\dfrac{p_1}{4}\left(1-\dfrac{p_1}{4}\right)=144p_1\left(1-\dfrac{p_1}{4}\right)$$

$$\therefore V(X)\neq V(Y)$$

ㄷ. 확률변수 X는 근사적으로 정규분포 $N(144p_1,\ 144p_1(1-p_1))$을 따르므로 $Z_X=\dfrac{X-144p_1}{12\sqrt{p_1(1-p_1)}}$로 놓으면 확률변수 Z_X는 표준정규분포 $N(0,\ 1)$을 따른다.

$$\therefore P\left(\left|\dfrac{X}{144}-p_1\right|\leq\dfrac{1}{24}\right)$$
$$=P\left(p_1-\dfrac{1}{24}\leq\dfrac{X}{144}\leq p_1+\dfrac{1}{24}\right)$$
$$=P(144p_1-6\leq X\leq 144p_1+6)$$
$$=P\left(\dfrac{144p_1-6-144p_1}{12\sqrt{p_1(1-p_1)}}\leq Z_X\leq\dfrac{144p_1+6-144p_1}{12\sqrt{p_1(1-p_1)}}\right)$$
$$=P\left(-\dfrac{1}{2\sqrt{p_1(1-p_1)}}\leq Z_X\leq\dfrac{1}{2\sqrt{p_1(1-p_1)}}\right)$$
$$=2P\left(0\leq Z_X\leq\dfrac{1}{2\sqrt{p_1(1-p_1)}}\right)$$

또 확률변수 Y는 근사적으로 정규분포 $N(576p_2,\ 576p_2(1-p_2))$를 따르므로 $Z_Y=\dfrac{Y-576p_2}{24\sqrt{p_2(1-p_2)}}$로 놓으면 확률변수 Z_Y는 표준정규분포 $N(0,\ 1)$을 따른다.

$$\therefore P\left(\left|\dfrac{Y}{576}-p_2\right|\leq\dfrac{1}{48}\right)$$
$$=P\left(p_2-\dfrac{1}{48}\leq\dfrac{Y}{576}\leq p_2+\dfrac{1}{48}\right)$$
$$=P(576p_2-12\leq Y\leq 576p_2+12)$$
$$=P\left(\dfrac{576p_2-12-576p_2}{24\sqrt{p_2(1-p_2)}}\leq Z_Y\leq\dfrac{576p_2+12-576p_2}{24\sqrt{p_2(1-p_2)}}\right)$$
$$=P\left(-\dfrac{1}{2\sqrt{p_2(1-p_2)}}\leq Z_Y\leq\dfrac{1}{2\sqrt{p_2(1-p_2)}}\right)$$
$$=2P\left(0\leq Z_Y\leq\dfrac{1}{2\sqrt{p_2(1-p_2)}}\right)\quad\cdots\cdots\ \text{㉠}$$

$p_1+p_2=1$에서 $p_2=1-p_1$이고 $1-p_2=p_1$이므로 ㉠에서

$$2P\left(0\leq Z_Y\leq\dfrac{1}{2\sqrt{p_2(1-p_2)}}\right)=2P\left(0\leq Z_Y\leq\dfrac{1}{2\sqrt{p_1(1-p_1)}}\right)$$

$$\therefore P\left(\left|\dfrac{X}{144}-p_1\right|\leq\dfrac{1}{24}\right)=P\left(\left|\dfrac{Y}{576}-p_2\right|\leq\dfrac{1}{48}\right)$$

따라서 보기에서 옳은 것은 ㄱ, ㄷ이다.

24 답 ③

예약을 취소하거나 실제 탑승하지 않는 사람의 수를 X명이라 하면 예약한 사람은 총 400명이고 좌석을 예약한 사람이 취소하거나 실제 탑승하지 않을 확률이 10%이므로 확률변수 X는 이항분포 $B\left(400,\ \dfrac{1}{10}\right)$을 따른다.

$$\therefore E(X)=400\times\dfrac{1}{10}=40,\ V(X)=400\times\dfrac{1}{10}\times\dfrac{9}{10}=36$$

이때 확률변수 X는 근사적으로 정규분포 $N(40,\ 6^2)$을 따르므로 $Z=\dfrac{X-40}{6}$으로 놓으면 확률변수 Z는 표준정규분포 $N(0,\ 1)$을 따른다.

예약한 사람 중 실제 비행기를 타려고 공항에 나온 사람들이 모두 비행기에 탑승하려면 예약을 취소하거나 실제 탑승하지 않는 사람의 수가 31명 이상이어야 하므로 구하는 확률은 $\quad400-369=31$

$$P(X\geq 31)=P\left(Z\geq\dfrac{31-40}{6}\right)$$
$$=P(Z\geq-1.5)=P(Z\leq 1.5)$$
$$=P(Z\leq 0)+P(0\leq Z\leq 1.5)$$
$$=0.5+0.4332$$
$$=0.9332$$

25 답 ③

한 개의 주사위를 1번 던져서 나오는 눈의 수가 3의 배수일 확률은 $\dfrac{2}{6}=\dfrac{1}{3}$이므로 주사위를 n번 던져서 3의 배수의 눈의 수가 나오는 횟수를 X라 하면 확률변수 X는 이항분포 $B\left(n,\ \dfrac{1}{3}\right)$을 따른다.

$$\therefore E(X)=n\times\dfrac{1}{3}=\dfrac{n}{3},\ V(X)=n\times\dfrac{1}{3}\times\dfrac{2}{3}=\dfrac{2}{9}n\quad\cdots\cdots\ \text{㉠}$$

주사위를 n번 던져서 3의 배수의 눈의 수가 나오지 않는 횟수는 $n-X$이므로 주사위를 n번 던진 후 받은 구슬의 개수의 합을 Y라 하면

$$Y=3X+(n-X)=2X+n$$

이때 받은 구슬의 개수의 합의 기댓값이 750이므로 $E(Y)=750$에서

$$E(2X+n)=750,\ 2E(X)+n=750$$
$$2\times\dfrac{n}{3}+n=750\ (\because\ \text{㉠})$$
$$\dfrac{5}{3}n=750\quad\therefore n=450$$

이를 ㉠에 대입하면

$$E(X)=150,\ V(X)=100$$
$$\therefore V(Y)=V(2X+n)=2^2V(X)=4\times 100=400$$

이때 확률변수 Y는 근사적으로 정규분포 $N(750,\ 20^2)$을 따르므로 $Z=\dfrac{Y-750}{20}$으로 놓으면 확률변수 Z는 표준정규분포 $N(0,\ 1)$을 따른다.

따라서 주사위를 n번 던진 후 받은 구슬의 개수의 합이 780 이상일 확률은

$$P(Y\geq 780)=P\left(Z\geq\dfrac{780-750}{20}\right)$$
$$=P(Z\geq 1.5)$$
$$=P(Z\geq 0)-P(0\leq Z\leq 1.5)$$
$$=0.5-0.4332$$
$$=0.0668$$

26 답 159

순서쌍 1개를 택할 때, a, b_1, b_2, c_1, c_2, c_3이 모두 홀수가 아닐 확률, 즉 모두 짝수일 확률은

$$\dfrac{1}{3}\times\dfrac{2}{3}\times\dfrac{2}{3}\times\dfrac{3}{4}\times\dfrac{3}{4}\times\dfrac{3}{4}=\dfrac{1}{16}$$

이므로 홀수가 적어도 1개인 순서쌍일 확률은

$$1-\dfrac{1}{16}=\dfrac{15}{16}$$

따라서 3840개의 순서쌍 중에서 홀수가 적어도 1개인 순서쌍의 개수를 X 라 하면 확률변수 X는 이항분포 $\mathrm{B}\left(3840, \dfrac{15}{16}\right)$를 따른다.

$\therefore \mathrm{E}(X)=3840\times\dfrac{15}{16}=3600,\ \mathrm{V}(X)=3840\times\dfrac{15}{16}\times\dfrac{1}{16}=225$

이때 확률변수 X는 근사적으로 정규분포 $\mathrm{N}(3600,\ 15^2)$을 따르므로 $Z=\dfrac{X-3600}{15}$으로 놓으면 확률변수 Z는 표준정규분포 $\mathrm{N}(0,\ 1)$을 따른다.

$$
\begin{aligned}
\therefore \mathrm{P}(X\geq3615) &=\mathrm{P}\left(Z\geq\dfrac{3615-3600}{15}\right)\\
&=\mathrm{P}(Z\geq1)\\
&=\mathrm{P}(Z\geq0)-\mathrm{P}(0\leq Z\leq1)\\
&=0.5-0.341\\
&=0.159
\end{aligned}
$$

따라서 $p=0.159$이므로

$1000p=159$

step ❸ 최고난도 문제 | 82~83쪽

$01\ \dfrac{11}{4}$ $02\ \dfrac{5}{16}$ $03\ ⑤$ $04\ 987$ $05\ ②$ $06\ ③$

$07\ ①$

01 답 $\dfrac{11}{4}$

1단계 $f(x-2)$ 구하기

$f(x)=\begin{cases}a\ (x<a)\\x\ (x\geq a)\end{cases}$ 이므로

$f(x-2)=\begin{cases}a & (x-2<a)\\x-2 & (x-2\geq a)\end{cases}=\begin{cases}a & (x<a+2)\\x-2 & (x\geq a+2)\end{cases}$

2단계 a의 값 구하기

(ⅰ) $0<a\leq4$일 때,

$2<a+2\leq6$이므로

$$
g(x)=\begin{cases}\dfrac{2}{9}(a-a) & (x<a)\\[4pt]\dfrac{2}{9}(x-a) & (a\leq x<a+2)\\[4pt]\dfrac{2}{9}\{x-(x-2)\} & (a+2\leq x\leq6)\end{cases}
$$

$$
=\begin{cases}0 & (x<a)\\[4pt]\dfrac{2}{9}(x-a) & (a\leq x<a+2)\\[4pt]\dfrac{4}{9} & (a+2\leq x\leq6)\end{cases}
$$

이때 함수 $y=g(x)$의 그래프는 그림과 같다.

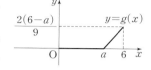

따라서 함수 $y=g(x)$의 그래프와 x축 및 직선 $x=6$으로 둘러싸인 부분의 넓이가 1이므로

$\dfrac{1}{2}\times[(6-a)+\{6-(a+2)\}]\times\dfrac{4}{9}=1$

$5-a=\dfrac{9}{4}$ $\therefore a=\dfrac{11}{4}$

(ⅱ) $4<a\leq6$일 때,

$6<a+2\leq8$이므로

$$
g(x)=\begin{cases}\dfrac{2}{9}(a-a) & (x<a)\\[4pt]\dfrac{2}{9}(x-a) & (a\leq x\leq6)\end{cases}
$$

$$
=\begin{cases}0 & (x<a)\\[4pt]\dfrac{2}{9}(x-a) & (a\leq x\leq6)\end{cases}
$$

이때 함수 $y=g(x)$의 그래프는 그림과 같다.

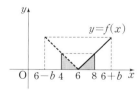

따라서 함수 $y=g(x)$의 그래프와 x축 및 직선 $x=6$으로 둘러싸인 부분의 넓이가 1이므로

$\dfrac{1}{2}\times(6-a)\times\dfrac{2(6-a)}{9}=1$

$a^2-12a+36=9,\ a^2-12a+27=0$

$(a-3)(a-9)=0$

$\therefore a=3$ 또는 $a=9$

그런데 $4<a\leq6$이므로 이를 만족시키는 a의 값은 존재하지 않는다.

(ⅲ) $a>6$일 때,

$a+2>8$이므로 $g(x)=\dfrac{2}{9}(a-a)=0$

따라서 확률밀도함수의 성질을 만족시키지 않으므로 a의 값은 존재하지 않는다.

(ⅰ), (ⅱ), (ⅲ)에서 $a=\dfrac{11}{4}$

idea
02 답 $\dfrac{5}{16}$

1단계 a의 값 구하기

함수 $g(k)$에 대하여 $g(k)\geq g(5)$이므로 $g(k)$는 $k=5$에서 최솟값을 갖는다.

이때 함수 $y=f(x)$의 그래프가 직선 $x=a$에 대하여 대칭이므로 함수 $g(k)=\mathrm{P}(k-1\leq X\leq k+3)$의 값이 최소이려면 $\dfrac{(k-1)+(k+3)}{2}=a$.

즉 $a=k+1$이어야 한다.

$\therefore a=k+1=5+1=6$

2단계 b의 값 구하기

$$
\begin{aligned}
g(5) &=\mathrm{P}(4\leq X\leq8)\\
&=\mathrm{P}(4\leq X\leq6)+\mathrm{P}(6\leq X\leq8)\\
&=2\mathrm{P}(6\leq X\leq8)\\
&=2\times\dfrac{1}{2}\times2\times f(8)\\
&=2f(8)
\end{aligned}
$$

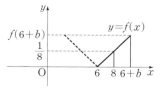

즉, $2f(8)=\dfrac{1}{4}$이므로

$f(8)=\dfrac{1}{8}$

따라서 그림에서 삼각형의 닮음에 의하여

$2:\dfrac{1}{8}=b:f(6+b)$

$2f(6+b)=\dfrac{b}{8}$

$\therefore f(6+b)=\dfrac{b}{16}$ …… ㉠

이때 $P(6 \leq X \leq 6+b) = \frac{1}{2}$이므로

$\frac{1}{2} \times b \times f(6+b) = \frac{1}{2}$, $\frac{1}{2} \times b \times \frac{b}{16} = \frac{1}{2}$ $(\because \bigcirc)$

$b^2 = 16$ $\quad \therefore b = 4$ $(\because b \geq 2)$

3단계 $f(x)$ 구하기

$\therefore f(x) = \begin{cases} -\dfrac{1}{16}(x-6) & (2 \leq x \leq 6) \\ \dfrac{1}{16}(x-6) & (6 \leq x \leq 10) \end{cases}$

4단계 $P(3 \leq X \leq 7)$의 값 구하기

$\therefore P(3 \leq X \leq 7)$

$= P(3 \leq X \leq 6) + P(6 \leq X \leq 7)$

$= \frac{1}{2} \times 3 \times \frac{3}{16} + \frac{1}{2} \times 1 \times \frac{1}{16}$

$= \frac{5}{16}$

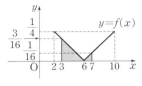

03 답 ⑤

1단계 σ'의 값 구하기

확률변수 X는 정규분포 $N(k^2, \sigma^2)$을 따르므로 $Z = \dfrac{X-k^2}{\sigma}$으로 놓으면 확률변수 Z는 표준정규분포 $N(0, 1)$을 따른다.

$P(3k \leq X \leq 3k+20) = 0.4778$에서

$P\left(\dfrac{3k-k^2}{\sigma} \leq Z \leq \dfrac{3k+20-k^2}{\sigma}\right) = 0.4778$

$P\left(\dfrac{3k-k^2}{\sigma} \leq Z \leq \dfrac{3k-k^2}{\sigma} + \dfrac{20}{\sigma}\right) = 0.4778$

이때 $P(-0.64 \leq Z \leq 0.64) = P(|Z| \leq 0.64) = 0.4778$이고

$\left(\dfrac{3k-k^2}{\sigma} + \dfrac{20}{\sigma}\right) - \dfrac{3k-k^2}{\sigma} = \dfrac{20}{\sigma}$, $0.64 - (-0.64) = 1.28$이므로

$\dfrac{20}{\sigma} \geq 1.28$이어야 한다.

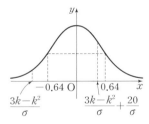

이때 σ의 값이 최대이려면 $\dfrac{20}{\sigma}$의 값이 최소가 되어야 하므로 σ의 최댓값 σ'에 대하여

$\dfrac{20}{\sigma'} = 1.28$ $\quad \therefore \sigma' = \dfrac{125}{8}$

2단계 k의 값 구하기

두 직선 $x = \dfrac{3k-k^2}{\sigma'}$, $x = \dfrac{3k-k^2}{\sigma'} + \dfrac{20}{\sigma'}$이 y축에 대하여 대칭이므로

$\dfrac{3k-k^2}{\sigma'} = -0.64 \rightarrow \dfrac{3k-k^2}{\sigma'} + \dfrac{20}{\sigma'} = 0.64$를 이용해도 된다.

$\dfrac{3k-k^2}{\frac{125}{8}} = -0.64$, $3k-k^2 = -10$

$k^2 - 3k - 10 = 0$, $(k+2)(k-5) = 0$

$\therefore k = 5$ $(\because k > 0)$

3단계 $k + 8\sigma'$의 값 구하기

$\therefore k + 8\sigma' = 5 + 8 \times \dfrac{125}{8} = 130$

04 답 987

1단계 a_n을 확률변수 Z로 나타내기

확률변수 X가 정규분포 $N(0, 2^2)$을 따르므로 $Z = \dfrac{X}{2}$로 놓으면 확률변수 Z는 표준정규분포 $N(0, 1)$을 따른다.

$\therefore a_n = P\left(X \leq \left(-\dfrac{1}{2}\right)^n\right) - P\left(X \geq \left(-\dfrac{1}{2}\right)^{n+1}\right)$

$= P\left(Z \leq (-1)^n \dfrac{1}{2^{n+1}}\right) - P\left(Z \geq (-1)^{n+1} \dfrac{1}{2^{n+2}}\right)$

2단계 $\displaystyle\sum_{n=1}^{8} (-1)^n a_n + P\left(0 \leq X \leq \dfrac{1}{2^9}\right)$의 값 구하기

$a_1 = P\left(Z \leq -\dfrac{1}{2^2}\right) - P\left(Z \geq \dfrac{1}{2^3}\right)$

$a_2 = P\left(Z \leq \dfrac{1}{2^3}\right) - P\left(Z \geq -\dfrac{1}{2^4}\right)$

$a_3 = P\left(Z \leq -\dfrac{1}{2^4}\right) - P\left(Z \geq \dfrac{1}{2^5}\right)$

$\vdots$

이므로

$\displaystyle\sum_{n=1}^{8} (-1)^n a_n$

$= -a_1 + a_2 - a_3 + a_4 - \cdots + a_8$

$= -P\left(Z \leq -\dfrac{1}{2^2}\right) + P\left(Z \geq \dfrac{1}{2^3}\right) + P\left(Z \leq \dfrac{1}{2^3}\right) - P\left(Z \geq -\dfrac{1}{2^4}\right)$

$\quad - P\left(Z \leq -\dfrac{1}{2^4}\right) + P\left(Z \geq \dfrac{1}{2^5}\right) + \cdots + P\left(Z \leq \dfrac{1}{2^9}\right) - P\left(Z \geq -\dfrac{1}{2^{10}}\right)$

$= -P\left(Z \leq -\dfrac{1}{2^2}\right) + \left\{P\left(Z \geq \dfrac{1}{2^3}\right) + P\left(Z \leq \dfrac{1}{2^3}\right)\right\}$

$\qquad\qquad - \left\{P\left(Z \geq -\dfrac{1}{2^4}\right) + P\left(Z \leq -\dfrac{1}{2^4}\right)\right\}$

$\qquad + \cdots + \left\{P\left(Z \geq \dfrac{1}{2^9}\right) + P\left(Z \leq \dfrac{1}{2^9}\right)\right\} - P\left(Z \geq -\dfrac{1}{2^{10}}\right)$

$= -P\left(Z \leq -\dfrac{1}{4}\right) + 1 - 1 + 1 - 1 + 1 - 1 + 1 - P\left(Z \geq -\dfrac{1}{2^{10}}\right)$

$= -P\left(Z \leq -\dfrac{1}{4}\right) + 1 - P\left(Z \geq -\dfrac{1}{2^{10}}\right)$

$\therefore \displaystyle\sum_{n=1}^{8} (-1)^n a_n + P\left(0 \leq X \leq \dfrac{1}{2^9}\right)$

$= -P\left(Z \leq -\dfrac{1}{4}\right) + 1 - P\left(Z \geq -\dfrac{1}{2^{10}}\right) + P\left(0 \leq Z \leq \dfrac{1}{2^{10}}\right)$

$= -P\left(Z \geq \dfrac{1}{4}\right) + 1 - P\left(Z \leq \dfrac{1}{2^{10}}\right) + P\left(0 \leq Z \leq \dfrac{1}{2^{10}}\right)$

$= -P\left(Z \geq \dfrac{1}{4}\right) + 1 - \left\{P(Z \leq 0) + P\left(0 \leq Z \leq \dfrac{1}{2^{10}}\right)\right\}$

$\qquad\qquad\qquad\qquad\qquad\qquad + P\left(0 \leq Z \leq \dfrac{1}{2^{10}}\right)$

$= -P(Z \geq 0.25) + 1 - 0.5$

$= -\{P(Z \geq 0) - P(0 \leq Z \leq 0.25)\} + 0.5$

$= -(0.5 - 0.0987) + 0.5 = 0.0987$

3단계 $10000p$의 값 구하기

따라서 $p = 0.0987$이므로 $10000p = 987$

05 답 ②

1단계 $y = f(x)$, $y = g(x)$의 그래프의 개형 파악하기

정규분포를 따르는 두 확률변수 X, Y의 표준편차 σ_1, σ_2에 대하여 $\sigma_1 = \sigma_2$이므로 두 함수 $y = f(x)$, $y = g(x)$의 그래프의 모양이 같고, 두 확률변수 X, Y의 평균이 각각 m_1, m_2이므로 함수 $y = f(x)$의 그래프와 함수 $y = g(x)$의 그래프는 각각 직선 $x = m_1$, $x = m_2$에 대하여 대칭이다.

또 $f(24)=g(28)$이고 ㈎에서 $m_1<24$, $m_2>28$이므로 두 함수 $y=f(x)$, $y=g(x)$의 그래프의 개형은 그림과 같다.

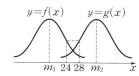

2단계 ㈎를 만족시키는 식 세우기

$\sigma_1=\sigma_2=\sigma$라 하면 두 확률변수 X, Y가 각각 정규분포 $N(m_1, \sigma^2)$, $N(m_2, \sigma^2)$을 따르므로 $Z_X=\dfrac{X-m_1}{\sigma}$, $Z_Y=\dfrac{Y-m_2}{\sigma}$로 놓으면 두 확률변수 Z_X, Z_Y는 모두 표준정규분포 $N(0, 1)$을 따른다.

이때 $P(m_1\le X\le24)=P(28\le Y\le m_2)$이므로 ㈎에서

$P(m_1\le X\le24)=P(28\le Y\le m_2)=0.4772$

$P\left(\dfrac{m_1-m_1}{\sigma}\le Z_X\le\dfrac{24-m_1}{\sigma}\right)=0.4772$에서

$P\left(0\le Z_X\le\dfrac{24-m_1}{\sigma}\right)=0.4772$

이때 $P(0\le Z\le2)=0.4772$이므로

$\dfrac{24-m_1}{\sigma}=2$　　……㉠

또 $P\left(\dfrac{28-m_2}{\sigma}\le Z_Y\le\dfrac{m_2-m_2}{\sigma}\right)=0.4772$에서

$P\left(\dfrac{28-m_2}{\sigma}\le Z_Y\le0\right)=0.4772$

$P\left(0\le Z_Y\le\dfrac{m_2-28}{\sigma}\right)=0.4772$

이때 $P(0\le Z\le2)=0.4772$이므로

$\dfrac{m_2-28}{\sigma}=2$　　……㉡

㉠, ㉡에서

$\dfrac{24-m_1}{\sigma}=\dfrac{m_2-28}{\sigma}$, $24-m_1=m_2-28$

$\therefore m_1+m_2=52$　　……㉢

3단계 ㈏를 만족시키는 식 세우기

㈏의 $P(Y\ge36)=1-P(X\le24)$에서

$P\left(Z_Y\ge\dfrac{36-m_2}{\sigma}\right)=1-P\left(Z_X\le\dfrac{24-m_1}{\sigma}\right)$

$P\left(Z_Y\ge\dfrac{36-m_2}{\sigma}\right)=P\left(Z_X\ge\dfrac{24-m_1}{\sigma}\right)$

따라서 $\dfrac{36-m_2}{\sigma}=\dfrac{24-m_1}{\sigma}$이므로

$36-m_2=24-m_1$

$\therefore m_1-m_2=-12$　　……㉣

4단계 m_1, m_2, σ의 값 구하기

㉢, ㉣을 연립하여 풀면

$m_1=20$, $m_2=32$

$m_1=20$을 ㉠에 대입하면

$\dfrac{24-20}{\sigma}=2$, $\dfrac{4}{\sigma}=2$

$\therefore \sigma=2$

5단계 $P(18\le X\le21)$의 값 구하기

$\therefore P(18\le X\le21)=P\left(\dfrac{18-20}{2}\le Z_X\le\dfrac{21-20}{2}\right)$

$\qquad=P(-1\le Z_X\le0.5)$

$\qquad=P(-1\le Z_X\le0)+P(0\le Z_X\le0.5)$

$\qquad=P(0\le Z_X\le1)+P(0\le Z_X\le0.5)$

$\qquad=0.3413+0.1915$

$\qquad=0.5328$

06 답 ③

1단계 $y=f(x)$, $y=g(x)$의 그래프의 개형 파악하기

정규분포를 따르는 두 확률변수 X, Y의 표준편차가 3으로 같으므로 두 확률밀도함수 $y=f(x)$, $y=g(x)$의 그래프는 모양이 같고 각각 직선 $x=m$, $x=n$에 대하여 대칭이다. 이때 $m<n$이므로 두 함수 $y=f(x)$, $y=g(x)$의 그래프의 개형은 그림과 같다.

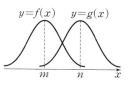

2단계 $h(t)$ 구하기

$\{f(x)-f(t)\}\{g(x)-f(t)\}=0$에서

$f(x)=f(t)$ 또는 $g(x)=f(t)$

따라서 $h(t)$는 직선 $y=f(t)$가 두 곡선 $y=f(x)$, $y=g(x)$와 만나는 서로 다른 점의 개수이다.

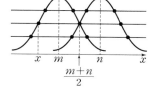

$x+\dfrac{m+n}{2}=2m$에서

$2x+m+n=4m$

$2x=3m-n$

$\therefore x=\dfrac{3m-n}{2}$

$\therefore h(t)=\begin{cases}2 & (t=m)\\3 & \left(t=\dfrac{3m-n}{2} \text{ 또는 } t=\dfrac{m+n}{2}\right)\\4 & \left(t\ne\dfrac{3m-n}{2}, t\ne m, t\ne\dfrac{m+n}{2}\right)\end{cases}$

3단계 m, n의 값 구하기

이때 $h(10)<h(13)<h(16)$이므로

$h(10)=2$, $h(13)=3$, $h(16)=4$

따라서 $m=10$, $\dfrac{m+n}{2}=13$이므로

$n=16$

4단계 $P(X\ge4)+P(Y\le13)$의 값 구하기

즉, 두 확률변수 X, Y는 각각 정규분포 $N(10, 3^2)$, $N(16, 3^2)$을 따르므로 $Z_X=\dfrac{X-10}{3}$, $Z_Y=\dfrac{Y-16}{3}$으로 놓으면 두 확률변수 Z_X, Z_Y는 모두 표준정규분포 $N(0, 1)$을 따른다.

$\therefore P(X\ge4)+P(Y\le13)$

$\quad=P\left(Z_X\ge\dfrac{4-10}{3}\right)+P\left(Z_Y\le\dfrac{13-16}{3}\right)$

$\quad=P(Z_X\ge-2)+P(Z_Y\le-1)$

$\quad=P(Z_X\le2)+P(Z_Y\ge1)$

$\quad=P(Z_X\le0)+P(0\le Z_X\le2)+P(Z_Y\ge0)-P(0\le Z_Y\le1)$

$\quad=0.5+0.4772+0.5-0.3413$

$\quad=1.1359$

07 답 ①

1단계 모든 경우의 수 구하기

두 주머니 A, B에서 각각 1개의 공을 2번 꺼내는 모든 경우의 수는

$_5P_2\times_4P_2=20\times12=240$

2단계 사건 A가 일어날 확률 구하기

두 주머니 A, B에서 첫 번째 꺼낸 2개의 공에 적혀 있는 수를 각각 a, b라 하고, 두 번째 꺼낸 2개의 공에 적혀 있는 수를 각각 c, d라 하자.

(i) $a+b=c+d=2$일 때,

순서쌍 (a, b)는 $(1, 1)$이고, 이때 순서쌍 (c, d)는 존재하지 않으므로 순서쌍 (a, b, c, d)의 개수는 0

(ii) $a+b=c+d=3$일 때,

순서쌍 (a, b)는 $(1, 2)$, $(2, 1)$의 2개이고, 두 번째 꺼낸 공에 적혀 있는 수는 첫 번째 꺼낸 공에 적혀 있는 수와 같을 수 없으므로, 즉 각각의 경우에 대하여 순서쌍 (c, d)의 개수는 $2-1=1$이므로 순서쌍 (a, b, c, d)의 개수는

$2 \times 1 = 2$

(iii) $a+b=c+d=4$일 때,

순서쌍 (a, b)는 $(1, 3)$, $(2, 2)$, $(3, 1)$의 3개이고, 각각의 경우에 대하여 순서쌍 (c, d)의 개수는 $3-1=2$이므로 순서쌍 (a, b, c, d)의 개수는

$3 \times 2 = 6$

(iv) $a+b=c+d=5$일 때,

순서쌍 (a, b)는 $(1, 4)$, $(2, 3)$, $(3, 2)$, $(4, 1)$의 4개이고, 각각의 경우에 대하여 순서쌍 (c, d)의 개수는 $4-1=3$이므로 순서쌍 (a, b, c, d)의 개수는

$4 \times 3 = 12$

(v) $a+b=c+d=6$일 때,

순서쌍 (a, b)는 $(2, 4)$, $(3, 3)$, $(4, 2)$, $(5, 1)$의 4개이고, 각각의 경우에 대하여 순서쌍 (c, d)의 개수는 $4-1=3$이므로 순서쌍 (a, b, c, d)의 개수는

$4 \times 3 = 12$

(vi) $a+b=c+d=7$일 때,

순서쌍 (a, b)는 $(3, 4)$, $(4, 3)$, $(5, 2)$의 3개이고, 각각의 경우에 대하여 순서쌍 (c, d)의 개수는 $3-1=2$이므로 순서쌍 (a, b, c, d)의 개수는

$3 \times 2 = 6$

(vii) $a+b=c+d=8$일 때,

순서쌍 (a, b)는 $(4, 4)$, $(5, 3)$의 2개이고, 각각의 경우에 대하여 순서쌍 (c, d)의 개수는 $2-1=1$이므로 순서쌍 (a, b, c, d)의 개수는

$2 \times 1 = 2$

(viii) $a+b=c+d=9$일 때,

순서쌍 (a, b)는 $(5, 4)$이고, 이때 순서쌍 (c, d)는 존재하지 않으므로 순서쌍 (a, b, c, d)의 개수는 0

(i)~(viii)에서 순서쌍 (a, b, c, d)의 개수는 $(2+6+12) \times 2 = 40$이므로 사건 A가 일어날 확률은 $\dfrac{40}{240}=\dfrac{1}{6}$이다.

3단계 확률변수가 근사적으로 따르는 정규분포 구하기

720번의 시행 중 사건 A가 일어나는 횟수를 X라 하면 확률변수 X는 이항분포 $\mathrm{B}\left(720, \dfrac{1}{6}\right)$을 따른다.

$\therefore \mathrm{E}(X)=720 \times \dfrac{1}{6}=120$, $\mathrm{V}(X)=720 \times \dfrac{1}{6} \times \dfrac{5}{6}=100$

이때 확률변수 X는 근사적으로 정규분포 $\mathrm{N}(120, 10^2)$을 따른다.

4단계 사건 A가 110번 이하 또는 140번 이상 일어날 확률 구하기

즉, $Z=\dfrac{X-120}{10}$으로 놓으면 확률변수 Z는 표준정규분포 $\mathrm{N}(0, 1)$을 따르므로 사건 A가 110번 이하 또는 140번 이상 일어날 확률은

$\mathrm{P}(X \leq 110)+\mathrm{P}(X \geq 140)$

$=\mathrm{P}\left(Z \leq \dfrac{110-120}{10}\right)+\mathrm{P}\left(Z \geq \dfrac{140-120}{10}\right)$

$=\mathrm{P}(Z \leq -1)+\mathrm{P}(Z \geq 2)=\mathrm{P}(Z \geq 1)+\mathrm{P}(Z \geq 2)$

$=\mathrm{P}(Z \geq 0)-\mathrm{P}(0 \leq Z \leq 1)+\mathrm{P}(Z \geq 0)-\mathrm{P}(0 \leq Z \leq 2)$

$=0.5-0.341+0.5-0.477=0.182$

07 통계적 추정

step 1 핵심 문제

84~85쪽

01 $\dfrac{13}{64}$　　02 11　　03 ④　　04 ⑤　　05 0.1587

06 64　　07 106　　08 ③　　09 25　　10 ②　　11 10

12 81

01　답 $\dfrac{13}{64}$

확률의 총합은 1이므로

$a+b+b=1$　$\therefore a=1-2b$　······ ㉠

모집단에서 임의추출한 크기가 2인 표본을 X_1, X_2라 하면

$\overline{X}=\dfrac{X_1+X_2}{2}$

$\overline{X}=2$인 경우는 $\dfrac{X_1+X_2}{2}=2$, 즉 $X_1+X_2=4$인 경우이므로 순서쌍 (X_1, X_2)는 $(1, 3)$, $(3, 1)$

$\therefore \mathrm{P}(\overline{X}=2)=ab+ba=2ab$

즉, $2ab=\dfrac{3}{16}$이므로 $ab=\dfrac{3}{32}$

㉠을 대입하면 $(1-2b) \times b=\dfrac{3}{32}$

$64b^2-32b+3=0$, $(8b-1)(8b-3)=0$

$\therefore b=\dfrac{1}{8}$ 또는 $b=\dfrac{3}{8}$

이를 ㉠에 대입하면

$b=\dfrac{1}{8}$일 때 $a=\dfrac{3}{4}$, $b=\dfrac{3}{8}$일 때 $a=\dfrac{1}{4}$

그런데 $a>b$이므로 $a=\dfrac{3}{4}$, $b=\dfrac{1}{8}$

따라서 확률변수 X의 확률분포를 표로 나타내면 다음과 같다.

X	1	3	5	합계
$\mathrm{P}(X=x)$	$\dfrac{3}{4}$	$\dfrac{1}{8}$	$\dfrac{1}{8}$	1

이때 $\overline{X}=3$인 경우는 $\dfrac{X_1+X_2}{2}=3$, 즉 $X_1+X_2=6$인 경우이므로 순서쌍 (X_1, X_2)는 $(1, 5)$, $(3, 3)$, $(5, 1)$

$\therefore \mathrm{P}(\overline{X}=3)=\dfrac{3}{4} \times \dfrac{1}{8}+\dfrac{1}{8} \times \dfrac{1}{8}+\dfrac{1}{8} \times \dfrac{3}{4}=\dfrac{13}{64}$

02　답 11

$\mathrm{E}(X)=5$이므로 $\mathrm{E}(\overline{X})=\mathrm{E}(X)=5$

$\mathrm{V}(X)=\mathrm{E}(X^2)-\{\mathrm{E}(X)\}^2=58-5^2=33$

이때 표본의 크기가 n이므로

$\mathrm{V}(\overline{X})=\dfrac{\mathrm{V}(X)}{n}=\dfrac{33}{n}$

$\therefore \mathrm{E}(\overline{X}^2)=\mathrm{V}(\overline{X})+\{\mathrm{E}(\overline{X})\}^2=\dfrac{33}{n}+5^2=\dfrac{33}{n}+25$

즉, $\dfrac{33}{n}+25 \geq 28$이므로

$\dfrac{33}{n} \geq 3$　$\therefore n \leq 11$

따라서 구하는 자연수 n의 최댓값은 11이다.

03 답 ④

확률의 총합은 1이므로

$$\frac{1}{6}+a+b=1 \qquad \therefore a+b=\frac{5}{6} \qquad \cdots\cdots \text{㉠}$$

$E(X^2)=\frac{16}{3}$에서

$$0^2 \times \frac{1}{6}+2^2 \times a+4^2 \times b=\frac{16}{3}$$

$$\therefore 4a+16b=\frac{16}{3} \qquad \cdots\cdots \text{㉡}$$

㉠, ㉡을 연립하여 풀면 $a=\frac{2}{3}$, $b=\frac{1}{6}$

따라서 확률변수 X의 확률분포를 표로 나타내면 다음과 같다.

X	0	2	4	합계
$P(X=x)$	$\frac{1}{6}$	$\frac{2}{3}$	$\frac{1}{6}$	1

$$E(X)=0 \times \frac{1}{6}+2 \times \frac{2}{3}+4 \times \frac{1}{6}=2$$

$$\therefore V(X)=E(X^2)-\{E(X)\}^2=\frac{16}{3}-2^2=\frac{4}{3}$$

이때 표본의 크기가 20이므로

$$V(\overline{X})=\frac{V(X)}{20}=\frac{1}{20} \times \frac{4}{3}=\frac{1}{15}$$

04 답 ⑤

모집단이 정규분포 $N(70, 10^2)$을 따르므로 크기가 25인 표본의 표본평균 $\overline{X}$는 정규분포 $N\left(70, \frac{10^2}{25}\right)$, 즉 $N(70, 2^2)$을 따르고 크기가 100인 표본의 표본평균 $\overline{Y}$는 정규분포 $N\left(70, \frac{10^2}{100}\right)$, 즉 $N(70, 1^2)$을 따른다.

ㄱ. $E(\overline{X})=E(\overline{Y})=70$

ㄴ. $\sigma(\overline{X})=2$, $\sigma(\overline{Y})=1$이므로 $\sigma(\overline{X})>\sigma(\overline{Y})$

ㄷ. $Z_{\overline{X}}=\frac{\overline{X}-70}{2}$, $Z_{\overline{Y}}=\frac{\overline{Y}-70}{1}$으로 놓으면 두 확률변수 $Z_{\overline{X}}$, $Z_{\overline{Y}}$는 모두 표준정규분포 $N(0, 1)$을 따르므로 $P(\overline{X} \leq a)=P(\overline{Y} \leq b)$에서

$$P\left(Z_{\overline{X}} \leq \frac{a-70}{2}\right)=P(Z_{\overline{Y}} \leq b-70)$$

따라서 $\frac{a-70}{2}=b-70$이므로

$$a-70=2b-140 \qquad \therefore 2b-a=70$$

따라서 보기에서 옳은 것은 ㄱ, ㄴ, ㄷ이다.

05 답 0.1587

모집단이 정규분포 $N(10, 2^2)$을 따르므로 임의추출한 25대의 자동차의 세차 시간의 평균을 $\overline{X}$분이라 하면 표본평균 $\overline{X}$는 정규분포 $N\left(10, \frac{2^2}{25}\right)$, 즉 $N\left(10, \left(\frac{2}{5}\right)^2\right)$을 따른다.

이때 $Z=\frac{\overline{X}-10}{\frac{2}{5}}$으로 놓으면 확률변수 Z는 표준정규분포 $N(0, 1)$을 따르므로 구하는 확률은

$$\begin{aligned}
P(25\overline{X} \leq 240)&=P\left(\overline{X} \leq \frac{48}{5}\right)=P\left(Z \leq \frac{\frac{48}{5}-10}{\frac{2}{5}}\right)\\
&=P(Z \leq -1)=P(Z \geq 1)\\
&=P(Z \geq 0)-P(0 \leq Z \leq 1)\\
&=0.5-0.3413=0.1587
\end{aligned}$$

06 답 64

모집단이 정규분포 $N(50, 4^2)$을 따르므로 크기가 n인 표본의 표본평균 $\overline{X}$는 정규분포 $N\left(50, \frac{4^2}{n}\right)$, 즉 $N\left(50, \left(\frac{4}{\sqrt{n}}\right)^2\right)$을 따른다.

이때 $Z=\frac{\overline{X}-50}{\frac{4}{\sqrt{n}}}$으로 놓으면 확률변수 Z는 표준정규분포 $N(0, 1)$을 따르므로 $P(\overline{X} \geq 49)=0.9772$에서

$$P\left(Z \geq \frac{49-50}{\frac{4}{\sqrt{n}}}\right)=0.9772$$

$$P\left(Z \geq -\frac{\sqrt{n}}{4}\right)=0.9772$$

$$P\left(Z \leq \frac{\sqrt{n}}{4}\right)=0.9772$$

$$P(Z \leq 0)+P\left(0 \leq Z \leq \frac{\sqrt{n}}{4}\right)=0.9772$$

$$0.5+P\left(0 \leq Z \leq \frac{\sqrt{n}}{4}\right)=0.9772$$

$$\therefore P\left(0 \leq Z \leq \frac{\sqrt{n}}{4}\right)=0.4772$$

이때 $P(0 \leq Z \leq 2)=0.4772$이므로

$$\frac{\sqrt{n}}{4}=2, \sqrt{n}=8$$

$$\therefore n=64$$

07 답 106

확률변수 X가 정규분포 $N(m, \sigma^2)$을 따르므로 $Z=\frac{X-m}{\sigma}$으로 놓으면 확률변수 Z는 표준정규분포 $N(0, 1)$을 따른다.

$P(|X-m| \leq 12)=0.9544$에서

$$P\left(\left|\frac{X-m}{\sigma}\right| \leq \frac{12}{\sigma}\right)=0.9544$$

$$P\left(|Z| \leq \frac{12}{\sigma}\right)=0.9544$$

$$P\left(-\frac{12}{\sigma} \leq Z \leq \frac{12}{\sigma}\right)=0.9544$$

$$2P\left(0 \leq Z \leq \frac{12}{\sigma}\right)=0.9544$$

$$\therefore P\left(0 \leq Z \leq \frac{12}{\sigma}\right)=0.4772 \qquad \cdots\cdots \text{배점 30\%}$$

이때 $P(0 \leq Z \leq 2)=0.4772$이므로

$$\frac{12}{\sigma}=2 \qquad \therefore \sigma=6 \qquad \cdots\cdots \text{배점 20\%}$$

확률변수 X가 정규분포 $N(m, 6^2)$을 따르므로 크기가 9인 표본의 표본평균 $\overline{X}$는 정규분포 $N\left(m, \frac{6^2}{9}\right)$, 즉 $N(m, 2^2)$을 따른다.

$\cdots\cdots$ 배점 10\%

이때 $Z_{\overline{X}}=\frac{\overline{X}-m}{2}$으로 놓으면 확률변수 $Z_{\overline{X}}$는 표준정규분포 $N(0, 1)$을 따르므로 $P(X \leq 112)=P(\overline{X} \geq 96)$에서

$$P\left(Z \leq \frac{112-m}{6}\right)=P\left(Z_{\overline{X}} \geq \frac{96-m}{2}\right)$$

따라서 $\frac{112-m}{6}=-\frac{96-m}{2}$이므로

$$112-m=3m-288$$

$$4m=400$$

$$\therefore m=100 \qquad \cdots\cdots \text{배점 30\%}$$

$$\therefore m+\sigma=100+6=106 \qquad \cdots\cdots \text{배점 10\%}$$

08 답 ③

확률변수 X가 따르는 정규분포를 $N(m, \sigma^2)$이라 하면

$P(X \geq 3.4) = \dfrac{1}{2}$에서 $m = 3.4$

따라서 확률변수 X는 정규분포 $N(3.4, \sigma^2)$을 따르므로 $Z = \dfrac{X-3.4}{\sigma}$로

놓으면 확률변수 Z는 표준정규분포 $N(0, 1)$을 따른다.

$P(X \leq 3.9) + P(Z \leq -1) = 1$에서

$P\left(Z \leq \dfrac{3.9-3.4}{\sigma}\right) + P(Z \leq -1) = 1$

$P\left(Z \leq \dfrac{0.5}{\sigma}\right) + P(Z \geq 1) = 1$

따라서 $\dfrac{0.5}{\sigma} = 1$이므로 $\sigma = 0.5$

즉, 확률변수 X는 정규분포 $N(3.4, 0.5^2)$을 따르므로 크기가 25인 표본

의 표본평균 $\overline{X}$는 정규분포 $N\left(3.4, \dfrac{0.5^2}{25}\right)$, 즉 $N(3.4, 0.1^2)$을 따른다.

이때 $Z_{\overline{X}} = \dfrac{\overline{X}-3.4}{0.1}$로 놓으면 확률변수 $Z_{\overline{X}}$는 표준정규분포 $N(0, 1)$을

따르므로 구하는 확률은

$$P(\overline{X} \geq 3.55) = P\left(Z_{\overline{X}} \geq \dfrac{3.55-3.4}{0.1}\right)$$
$$= P(Z_{\overline{X}} \geq 1.5)$$
$$= P(Z_{\overline{X}} \geq 0) - P(0 \leq Z_{\overline{X}} \leq 1.5)$$
$$= 0.5 - 0.4332$$
$$= 0.0668$$

09 답 25

표본평균을 $\overline{x}$라 하면 모표준편차가 10, 표본의 크기가 n이므로 모평균

m에 대한 신뢰도 99 %의 신뢰구간은

$\overline{x} - 2.58 \times \dfrac{10}{\sqrt{n}} \leq m \leq \overline{x} + 2.58 \times \dfrac{10}{\sqrt{n}}$

이 신뢰구간이 $63.22 \leq m \leq 73.54$와 같으므로

$\overline{x} - 2.58 \times \dfrac{10}{\sqrt{n}} = 63.22$ ...... ㉠

$\overline{x} + 2.58 \times \dfrac{10}{\sqrt{n}} = 73.54$ ...... ㉡

㉡ - ㉠을 하면

$2 \times 2.58 \times \dfrac{10}{\sqrt{n}} = 10.32$

$\sqrt{n} = 5$ ∴ $n = 25$

10 답 ②

모표준편차가 5, 표본의 크기가 n이고 $P(0 \leq Z \leq 1.6) = 0.445$에서

$P(|Z| \leq 1.6) = 0.89$이므로 모평균 m에 대한 신뢰도 89 %의 신뢰구간

은

$\overline{X} - 1.6 \times \dfrac{5}{\sqrt{n}} \leq m \leq \overline{X} + 1.6 \times \dfrac{5}{\sqrt{n}}$

$-\dfrac{8}{\sqrt{n}} \leq m - \overline{X} \leq \dfrac{8}{\sqrt{n}}$

∴ $|\overline{X} - m| \leq \dfrac{8}{\sqrt{n}}$

이때 $|\overline{X} - m| < 1$이 성립하려면 $\dfrac{8}{\sqrt{n}} < 1$이어야 하므로

$\sqrt{n} > 8$ ∴ $n > 64$

따라서 구하는 자연수 n의 최솟값은 65이다.

11 답 10

표본평균을 $\overline{x}$분이라 하면 모표준편차가 σ분, 표본의 크기가 64이므로

모평균 m에 대한 신뢰도 95 %의 신뢰구간은

$\overline{x} - 1.96 \times \dfrac{\sigma}{\sqrt{64}} \leq m \leq \overline{x} + 1.96 \times \dfrac{\sigma}{\sqrt{64}}$

∴ $\overline{x} - 0.245\sigma \leq m \leq \overline{x} + 0.245\sigma$

이 신뢰구간이 $a \leq m \leq b$와 같으므로

$a = \overline{x} - 0.245\sigma$, $b = \overline{x} + 0.245\sigma$

이때 $b - a = 4.9$이므로

$\overline{x} + 0.245\sigma - (\overline{x} - 0.245\sigma) = 4.9$

$0.49\sigma = 4.9$ ∴ $\sigma = 10$

다른 풀이

모표준편차가 σ분, 표본의 크기가 64이므로 모평균 m에 대한 신뢰도

95 %의 신뢰구간의 길이는

$2 \times 1.96 \times \dfrac{\sigma}{\sqrt{64}} = 0.49\sigma$

즉, $b - a = 0.49\sigma$이므로 $0.49\sigma = 4.9$ ∴ $\sigma = 10$

12 답 81

$P(|Z| \leq k) = \dfrac{\alpha}{100}$ $(k > 0)$라 하면 모평균을 신뢰도 α %로 추정한 신

뢰구간의 길이가 18이므로

$2 \times k \times \dfrac{10}{\sqrt{9}} = 18$ ∴ $k = 2.7$

따라서 신뢰구간의 길이가 6이 되도록 하는 표본의 크기를 n이라 하면

$2 \times 2.7 \times \dfrac{10}{\sqrt{n}} = 6$, $\sqrt{n} = 9$ ∴ $n = 81$

step ② 고난도 문제 | 86~90쪽 |

01 $\dfrac{3}{7}$	02 26	03 $\dfrac{32}{3}$	04 $\dfrac{50}{9}$	05 ①	06 24
07 ④	08 ①	09 606	10 ⑤	11 530	12 ③
13 16	14 0.07	15 ②	16 ③	17 ②	18 ②
19 ④	20 ⑤	21 356	22 64	23 ③	

01 답 $\dfrac{3}{7}$

모집단에서 임의추출한 크기가 2인 표본을 X_1, X_2라 하면

$\overline{X} = \dfrac{X_1 + X_2}{2}$

$\overline{X} < 2$에서 $\dfrac{X_1 + X_2}{2} < 2$ ∴ $X_1 + X_2 < 4$

따라서 순서쌍 (X_1, X_2)는 $(1, 1)$, $(1, 2)$, $(2, 1)$이고, 이 중에서 $\overline{X}$가

자연수인 경우는 $(1, 1)$이므로

$P(A) = \dfrac{1}{2} \times \dfrac{1}{2} + \dfrac{1}{2} \times \dfrac{1}{3} + \dfrac{1}{3} \times \dfrac{1}{2} = \dfrac{7}{12}$

$P(A \cap B) = \dfrac{1}{2} \times \dfrac{1}{2} = \dfrac{1}{4}$

∴ $P(B|A) = \dfrac{P(A \cap B)}{P(A)} = \dfrac{\dfrac{1}{4}}{\dfrac{7}{12}} = \dfrac{3}{7}$

02 답 26

주머니에서 임의로 꺼낸 1개의 공에 적혀 있는 수를 확률변수 X라 하면 $\overline{X}$는 임의추출한 크기가 2인 표본의 표본평균이다.

$\overline{X}=1$인 경우는 2번의 시행에서 모두 1의 숫자가 적혀 있는 공을 꺼내는 경우이므로 그 확률은

$$P(\overline{X}=1)=\frac{1}{n+1}\times\frac{1}{n+1}=\frac{1}{(n+1)^2}$$

즉, $\dfrac{1}{(n+1)^2}=\dfrac{1}{49}$이므로

$(n+1)^2=49$, $n+1=7$ ($\because n>0$)

$\therefore n=6$

따라서 주머니 속에 1의 숫자가 적혀 있는 공 1개, 3의 숫자가 적혀 있는 공 6개가 들어 있으므로 확률변수 X의 확률분포를 표로 나타내면 다음과 같다.

X	1	3	합계
$P(X=x)$	$\dfrac{1}{7}$	$\dfrac{6}{7}$	1

$E(X)=1\times\dfrac{1}{7}+3\times\dfrac{6}{7}=\dfrac{19}{7}$

$\therefore E(\overline{X})=E(X)=\dfrac{19}{7}$

따라서 $p=7$, $q=19$이므로

$p+q=26$

03 답 $\dfrac{32}{3}$

주머니에서 임의로 꺼낸 1개의 공에 적혀 있는 수를 확률변수 X라 하면 $\overline{X}$는 임의추출한 크기가 3인 표본의 표본평균이다.

$\overline{X}=1$인 경우는 3번의 시행에서 모두 1의 숫자가 적혀 있는 공을 꺼내는 경우이므로 그 확률은

$P(\overline{X}=1)=P(X=1)\times P(X=1)\times P(X=1)$

즉, $\{P(X=1)\}^3=\dfrac{1}{8}$이므로 $P(X=1)=\dfrac{1}{2}$

$\overline{X}=6$인 경우는 3번의 시행에서 모두 6의 숫자가 적혀 있는 공을 꺼내는 경우이므로 그 확률은

$P(\overline{X}=6)=P(X=6)\times P(X=6)\times P(X=6)$

즉, $\{P(X=6)\}^3=\dfrac{1}{27}$이므로 $P(X=6)=\dfrac{1}{3}$

확률의 총합은 1이므로

$P(X=3)=1-\{P(X=1)+P(X=6)\}$

$\qquad\quad=1-\left(\dfrac{1}{2}+\dfrac{1}{3}\right)=\dfrac{1}{6}$

따라서 확률변수 X의 확률분포를 표로 나타내면 다음과 같다.

X	1	3	6	합계
$P(X=x)$	$\dfrac{1}{2}$	$\dfrac{1}{6}$	$\dfrac{1}{3}$	1

$E(X)=1\times\dfrac{1}{2}+3\times\dfrac{1}{6}+6\times\dfrac{1}{3}=3$

$E(X^2)=1^2\times\dfrac{1}{2}+3^2\times\dfrac{1}{6}+6^2\times\dfrac{1}{3}=14$

$\therefore V(X)=E(X^2)-\{E(X)\}^2=14-3^2=5$

따라서 $E(\overline{X})=E(X)=3$, $V(\overline{X})=\dfrac{V(X)}{3}=\dfrac{5}{3}$이므로

$E(\overline{X}^2)=V(\overline{X})+\{E(\overline{X})\}^2=\dfrac{5}{3}+3^2=\dfrac{32}{3}$

04 답 $\dfrac{50}{9}$

60장의 카드 중에서 1장을 임의추출할 때, 카드에 적혀 있는 수를 확률변수 X라 하자.

확률변수 X의 확률분포를 표로 나타내면 다음과 같다.

X	1	2	3	합계
$P(X=x)$	$\dfrac{1}{6}$	$\dfrac{1}{3}$	$\dfrac{1}{2}$	1

$E(X)=1\times\dfrac{1}{6}+2\times\dfrac{1}{3}+3\times\dfrac{1}{2}=\dfrac{7}{3}$

$E(X^2)=1^2\times\dfrac{1}{6}+2^2\times\dfrac{1}{3}+3^2\times\dfrac{1}{2}=6$

$\therefore V(X)=E(X^2)-\{E(X)\}^2$

$\qquad\quad=6-\left(\dfrac{7}{3}\right)^2$

$\qquad\quad=\dfrac{5}{9}$

따라서 이 모집단에서 크기가 10인 표본을 임의추출하여 구한 표본평균을 $\overline{X}$라 하면

$V(\overline{X})=\dfrac{V(X)}{10}=\dfrac{1}{10}\times\dfrac{5}{9}=\dfrac{1}{18}$

이때 $Y=10\overline{X}$이므로

$V(Y)=V(10\overline{X})=10^2 V(\overline{X})$

$\qquad\quad=100\times\dfrac{1}{18}=\dfrac{50}{9}$

05 답 ①

임의로 꺼낸 4장의 카드에 적혀 있는 수 중에서 가장 큰 수를 확률변수 X라 하면 확률변수 X가 가질 수 있는 값은 4, 5, 6, 7이다.

7장의 카드 중에서 4장을 꺼내는 모든 경우의 수는

$_7C_4={}_7C_3=35$

(i) $X=4$일 때,

1, 2, 3, 4가 적혀 있는 카드를 꺼내는 경우이므로

$P(X=4)=\dfrac{1}{35}$

(ii) $X=5$일 때,

1, 2, 3, 4가 적혀 있는 카드 중에서 3장을 꺼내고 나머지는 5가 적혀 있는 카드를 꺼내는 경우이므로

$P(X=5)=\dfrac{_4C_3}{35}=\dfrac{_4C_1}{35}=\dfrac{4}{35}$

(iii) $X=6$일 때,

1, 2, 3, 4, 5가 적혀 있는 카드 중에서 3장을 꺼내고 나머지는 6이 적혀 있는 카드를 꺼내는 경우이므로

$P(X=6)=\dfrac{_5C_3}{35}=\dfrac{_5C_2}{35}=\dfrac{10}{35}=\dfrac{2}{7}$

(iv) $X=7$일 때,

1, 2, 3, 4, 5, 6이 적혀 있는 카드 중에서 3장을 꺼내고 나머지는 7이 적혀 있는 카드를 꺼내는 경우이므로

$P(X=7)=\dfrac{_6C_3}{35}=\dfrac{20}{35}=\dfrac{4}{7}$

(i)~(iv)에서 확률변수 X의 확률분포를 표로 나타내면 다음과 같다.

X	4	5	6	7	합계
$P(X=x)$	$\dfrac{1}{35}$	$\dfrac{4}{35}$	$\dfrac{2}{7}$	$\dfrac{4}{7}$	1

$$E(X) = 4 \times \frac{1}{35} + 5 \times \frac{4}{35} + 6 \times \frac{2}{7} + 7 \times \frac{4}{7} = \frac{32}{5}$$

$$E(X^2) = 4^2 \times \frac{1}{35} + 5^2 \times \frac{4}{35} + 6^2 \times \frac{2}{7} + 7^2 \times \frac{4}{7} = \frac{208}{5}$$

$$\therefore \ V(X) = E(X^2) - \{E(X)\}^2 = \frac{208}{5} - \left(\frac{32}{5}\right)^2 = \frac{16}{25}$$

따라서 이 모집단에서 크기가 32인 표본을 임의추출하여 구한 표본평균 $\overline{X}$의 분산은

$$V(\overline{X}) = \frac{V(X)}{32} = \frac{1}{32} \times \frac{16}{25} = \frac{1}{50}$$

$$\therefore \ V(5\overline{X} + 3) = 5^2 V(\overline{X}) = 25 \times \frac{1}{50} = \frac{1}{2}$$

06 답 24

모집단이 정규분포 $N(10, 5^2)$을 따르므로 크기가 16인 표본의 표본평균 $\overline{X}$는 정규분포 $N\left(10, \frac{5^2}{16}\right)$, 즉 $N\left(10, \left(\frac{5}{4}\right)^2\right)$을 따른다.

이때 $Z = \dfrac{\overline{X} - 10}{\frac{5}{4}}$으로 놓으면 확률변수 Z는 표준정규분포 $N(0, 1)$을

따르므로 $P(\overline{X} \leq a) = P(Z \geq b)$에서

$$P\left(Z \leq \frac{a - 10}{\frac{5}{4}}\right) = P(Z \leq -b)$$

따라서 $\dfrac{a - 10}{\frac{5}{4}} = -b$이므로

$$b = \frac{4(10 - a)}{5} \quad \cdots\cdots \ \text{㉠}$$

이때 b는 정수이므로 $10 - a$는 5의 배수이어야 하고 $|a| \leq 5$이므로 a의 값은 -5, 0, 5이다.

따라서 ㉠에서 b의 값은 12, 8, 4이므로 모든 b의 값의 합은
$$12 + 8 + 4 = 24$$

07 답 ④

확률변수 X는 이항분포 $B\left(400, \frac{1}{5}\right)$을 따르므로

$$E(X) = 400 \times \frac{1}{5} = 80, \quad V(X) = 400 \times \frac{1}{5} \times \frac{4}{5} = 64$$

따라서 확률변수 X는 근사적으로 정규분포 $N(80, 8^2)$을 따르므로 크기가 n_1인 표본의 표본평균 $\overline{X}$는 정규분포 $N\left(80, \frac{8^2}{n_1}\right)$, 즉 $N\left(80, \left(\frac{8}{\sqrt{n_1}}\right)^2\right)$을 따르고 크기가 n_2인 표본의 표본평균 $\overline{Y}$는 정규분포 $N\left(80, \frac{8^2}{n_2}\right)$, 즉 $N\left(80, \left(\frac{8}{\sqrt{n_2}}\right)^2\right)$을 따른다.

이때 $Z_{\overline{X}} = \dfrac{\overline{X} - 80}{\frac{8}{\sqrt{n_1}}}$, $Z_{\overline{Y}} = \dfrac{\overline{Y} - 80}{\frac{8}{\sqrt{n_2}}}$으로 놓으면 두 확률변수 $Z_{\overline{X}}$, $Z_{\overline{Y}}$는

모두 표준정규분포 $N(0, 1)$을 따른다.

ㄱ. n_1, n_2의 값에 상관없이 항상 $E(\overline{X}) = E(\overline{Y})$이다.

ㄴ. $P(\overline{X} \leq 70) = P\left(Z_{\overline{X}} \leq \dfrac{70 - 80}{\frac{8}{\sqrt{n_1}}}\right) = P\left(Z_{\overline{X}} \leq \dfrac{-\sqrt{n_1}}{4}\right)$

$\qquad = P\left(Z_{\overline{X}} \geq \dfrac{\sqrt{n_1}}{4}\right)$

$P(\overline{Y} \geq 100) = P\left(Z_{\overline{Y}} \geq \dfrac{100 - 80}{\frac{8}{\sqrt{n_2}}}\right) = P\left(Z_{\overline{Y}} \geq \dfrac{\sqrt{n_2}}{2}\right)$

이때 $P(\overline{X} \leq 70) = P(\overline{Y} \geq 100)$에서

$$P\left(Z_{\overline{X}} \geq \frac{\sqrt{n_1}}{4}\right) = P\left(Z_{\overline{Y}} \geq \frac{\sqrt{n_2}}{2}\right)$$

따라서 $\dfrac{\sqrt{n_1}}{4} = \dfrac{\sqrt{n_2}}{2}$이므로

$$\sqrt{n_1} = 2\sqrt{n_2} \quad \therefore \ n_1 = 4n_2$$

ㄷ. $P(\overline{X} \geq a) = P\left(Z_{\overline{X}} \geq \dfrac{a - 80}{\frac{8}{\sqrt{n_1}}}\right) = P\left(Z_{\overline{X}} \geq \dfrac{(a - 80)\sqrt{n_1}}{8}\right)$

$P(\overline{Y} \geq a) = P\left(Z_{\overline{Y}} \geq \dfrac{a - 80}{\frac{8}{\sqrt{n_2}}}\right) = P\left(Z_{\overline{Y}} \geq \dfrac{(a - 80)\sqrt{n_2}}{8}\right)$

$a > 80$에서 $a - 80 > 0$이고, $n_1 < n_2$이므로

$$\frac{(a - 80)\sqrt{n_1}}{8} < \frac{(a - 80)\sqrt{n_2}}{8}$$

$$\therefore \ P(\overline{X} \geq a) > P(\overline{Y} \geq a)$$

따라서 보기에서 옳은 것은 ㄴ, ㄷ이다.

08 답 ①

모집단이 정규분포 $N(16, 2^2)$을 따르므로 임의추출한 학생 36명의 100 m 달리기 기록의 평균을 $\overline{X}$초라 하면 표본평균 $\overline{X}$는 정규분포 $N\left(16, \frac{2^2}{36}\right)$, 즉 $N\left(16, \left(\frac{1}{3}\right)^2\right)$을 따른다.

이때 $Z = \dfrac{\overline{X} - 16}{\frac{1}{3}}$으로 놓으면 확률변수 Z는 표준정규분포 $N(0, 1)$을

따르므로 구하는 확률은

$$P(|\overline{X} - 16| \geq 0.5) = P\left(\left|\frac{\overline{X} - 16}{\frac{1}{3}}\right| \geq \frac{0.5}{\frac{1}{3}}\right)$$

$$= P(|Z| \geq 1.5)$$

$$= P(Z \leq -1.5) + P(Z \geq 1.5)$$

$$= P(Z \geq 1.5) + P(Z \geq 1.5)$$

$$= 2P(Z \geq 1.5)$$

$$= 2\{P(Z \geq 0) - P(0 \leq Z \leq 1.5)\}$$

$$= 2 \times (0.5 - 0.4332) = 0.1336$$

09 답 606

확률변수 X가 정규분포 $N(m, 8^2)$을 따르므로 $Z = \dfrac{X - m}{8}$으로 놓으면 확률변수 Z는 표준정규분포 $N(0, 1)$을 따른다.

$P(2m - a \leq X \leq a) = 0.9544$에서

$$P\left(\frac{2m - a - m}{8} \leq Z \leq \frac{a - m}{8}\right) = 0.9544$$

$$P\left(-\frac{a - m}{8} \leq Z \leq \frac{a - m}{8}\right) = 0.9544$$

$$2P\left(0 \leq Z \leq \frac{a - m}{8}\right) = 0.9544$$

$$\therefore \ P\left(0 \leq Z \leq \frac{a - m}{8}\right) = 0.4772$$

이때 $P(0 \leq Z \leq 2) = 0.4772$이므로

$$\frac{a - m}{8} = 2 \quad \therefore \ a = 16 + m \quad \cdots\cdots \ \text{㉠} \quad \cdots\cdots\cdots\cdots\cdots \ \text{배점 50\%}$$

크기가 16인 표본의 표본평균 $\overline{X}$는 정규분포 $N\left(m, \frac{8^2}{16}\right)$, 즉 $N(m, 2^2)$

을 따르므로 $Z_{\overline{X}} = \dfrac{\overline{X} - m}{2}$으로 놓으면 확률변수 $Z_{\overline{X}}$는 표준정규분포 $N(0, 1)$을 따른다.

$$\therefore \mathrm{P}(|\overline{X}-a+12|\leq1)=\mathrm{P}(-1\leq\overline{X}-a+12\leq1)$$
$$=\mathrm{P}(a-13\leq\overline{X}\leq a-11)$$
$$=\mathrm{P}(m+3\leq\overline{X}\leq m+5)\ (\because\ \textcircled{\scriptsize{그}})$$
$$=\mathrm{P}\!\left(\frac{m+3-m}{2}\leq Z_{\overline{X}}\leq\frac{m+5-m}{2}\right)$$
$$=\mathrm{P}(1.5\leq Z_{\overline{X}}\leq2.5)$$
$$=\mathrm{P}(0\leq Z_{\overline{X}}\leq2.5)-\mathrm{P}(0\leq Z_{\overline{X}}\leq1.5)$$
$$=0.4938-0.4332=0.0606\ \cdots\cdots\text{ 배점 }\mathbf{40\%}$$
$$\therefore 10000\times\mathrm{P}(|\overline{X}-a+12|\leq1)=10000\times0.0606=606\ \cdots\text{ 배점 }\mathbf{10\%}$$

10 답 ⑤

확률변수 X의 표준편차를 σ라 하면 (나)에서 확률변수 Y의 표준편차는 $\frac{3}{2}\sigma$이므로 두 확률변수 X, Y는 각각 정규분포 $\mathrm{N}(220,\ \sigma^2)$,

$\mathrm{N}\!\left(240,\ \left(\frac{3}{2}\sigma\right)^2\right)$을 따른다.

따라서 크기가 n인 표본의 표본평균 $\overline{X}$는 정규분포 $\mathrm{N}\!\left(220,\ \frac{\sigma^2}{n}\right)$, 즉

$\mathrm{N}\!\left(220,\ \left(\frac{\sigma}{\sqrt{n}}\right)^2\right)$을 따르고 크기가 $9n$인 표본의 표본평균 $\overline{Y}$는 정규분포

$\mathrm{N}\!\left(240,\ \frac{\left(\frac{3}{2}\sigma\right)^2}{9n}\right)$, 즉 $\mathrm{N}\!\left(240,\ \left(\frac{\sigma}{2\sqrt{n}}\right)^2\right)$을 따르므로 $Z_{\overline{X}}=\dfrac{\overline{X}-220}{\dfrac{\sigma}{\sqrt{n}}}$,

$Z_{\overline{Y}}=\dfrac{\overline{Y}-240}{\dfrac{\sigma}{2\sqrt{n}}}$으로 놓으면 두 확률변수 $Z_{\overline{X}}$, $Z_{\overline{Y}}$는 모두 표준정규분포

$\mathrm{N}(0,\ 1)$을 따른다.

$\mathrm{P}(\overline{X}\leq215)=0.1587$에서 $\mathrm{P}\!\left(Z_{\overline{X}}\leq\dfrac{215-220}{\dfrac{\sigma}{\sqrt{n}}}\right)=0.1587$

$\mathrm{P}\!\left(Z_{\overline{X}}\leq-\dfrac{5\sqrt{n}}{\sigma}\right)=0.1587$, $\mathrm{P}\!\left(Z_{\overline{X}}\geq\dfrac{5\sqrt{n}}{\sigma}\right)=0.1587$

$\mathrm{P}(Z_{\overline{X}}\geq0)-\mathrm{P}\!\left(0\leq Z_{\overline{X}}\leq\dfrac{5\sqrt{n}}{\sigma}\right)=0.1587$

$0.5-\mathrm{P}\!\left(0\leq Z_{\overline{X}}\leq\dfrac{5\sqrt{n}}{\sigma}\right)=0.1587$

$\therefore \mathrm{P}\!\left(0\leq Z_{\overline{X}}\leq\dfrac{5\sqrt{n}}{\sigma}\right)=0.3413$

이때 $\mathrm{P}(0\leq Z\leq1)=0.3413$이므로

$\dfrac{5\sqrt{n}}{\sigma}=1$ $\therefore \dfrac{\sigma}{\sqrt{n}}=5$

$\therefore \dfrac{\sigma}{2\sqrt{n}}=\dfrac{1}{2}\times\dfrac{\sigma}{\sqrt{n}}=\dfrac{1}{2}\times5=\dfrac{5}{2}$

$\therefore \mathrm{P}(\overline{Y}\geq235)=\mathrm{P}\!\left(Z_{\overline{Y}}\geq\dfrac{235-240}{\dfrac{5}{2}}\right)=\mathrm{P}(Z_{\overline{Y}}\geq-2)$

$$=\mathrm{P}(Z_{\overline{Y}}\leq2)=\mathrm{P}(Z_{\overline{Y}}\leq0)+\mathrm{P}(0\leq Z_{\overline{Y}}\leq2)$$
$$=0.5+0.4772=0.9772$$

11 답 530

모집단이 정규분포 $\mathrm{N}(120,\ \sigma^2)$을 따르므로 임의추출한 크기가 25인 표본의 표본평균을 $\overline{X}$라 하면 $\overline{X}$는 정규분포 $\mathrm{N}\!\left(120,\ \dfrac{\sigma^2}{25}\right)$, 즉

$\mathrm{N}\!\left(120,\ \left(\dfrac{\sigma}{5}\right)^2\right)$을 따르고, $Z_{\overline{X}}=\dfrac{\overline{X}-120}{\dfrac{\sigma}{5}}$으로 놓으면 확률변수 $Z_{\overline{X}}$는

표준정규분포 $\mathrm{N}(0,\ 1)$을 따른다.

표본평균이 116 이상 124 이하일 확률이 0.9544이므로

$\mathrm{P}(116\leq\overline{X}\leq124)=0.9544$

$\mathrm{P}\!\left(\dfrac{116-120}{\dfrac{\sigma}{5}}\leq Z_{\overline{X}}\leq\dfrac{124-120}{\dfrac{\sigma}{5}}\right)=0.9544$

$\mathrm{P}\!\left(-\dfrac{20}{\sigma}\leq Z_{\overline{X}}\leq\dfrac{20}{\sigma}\right)=0.9544$

$2\mathrm{P}\!\left(0\leq Z_{\overline{X}}\leq\dfrac{20}{\sigma}\right)=0.9544$

$\therefore \mathrm{P}\!\left(0\leq Z_{\overline{X}}\leq\dfrac{20}{\sigma}\right)=0.4772$

이때 $\mathrm{P}(0\leq Z\leq2)=0.4772$이므로

$\dfrac{20}{\sigma}=2$ $\therefore \sigma=10$

따라서 평균이 120, 표준편차가 10인 정규분포를 따르는 모집단에서 임의추출한 크기가 4인 표본의 표본평균을 $\overline{Y}$라 하면 $\overline{Y}$는 정규분포

$\mathrm{N}\!\left(120,\ \dfrac{10^2}{4}\right)$, 즉 $\mathrm{N}(120,\ 5^2)$을 따르므로 $Z_{\overline{Y}}=\dfrac{\overline{Y}-120}{5}$으로 놓으면

확률변수 $Z_{\overline{Y}}$는 표준정규분포 $\mathrm{N}(0,\ 1)$을 따른다.

표본의 총합이 a 이상일 확률이 0.0228이므로

$\mathrm{P}(4\overline{Y}\geq a)=0.0228$

$\mathrm{P}\!\left(\overline{Y}\geq\dfrac{a}{4}\right)=0.0228$

$\mathrm{P}\!\left(Z_{\overline{Y}}\geq\dfrac{\dfrac{a}{4}-120}{5}\right)=0.0228$

$\mathrm{P}\!\left(Z_{\overline{Y}}\geq\dfrac{a-480}{20}\right)=0.0228$

$\mathrm{P}(Z_{\overline{Y}}\geq0)-\mathrm{P}\!\left(0\leq Z_{\overline{Y}}\leq\dfrac{a-480}{20}\right)=0.0228$

$0.5-\mathrm{P}\!\left(0\leq Z_{\overline{Y}}\leq\dfrac{a-480}{20}\right)=0.0228$

$\therefore \mathrm{P}\!\left(0\leq Z_{\overline{Y}}\leq\dfrac{a-480}{20}\right)=0.4772$

이때 $\mathrm{P}(0\leq Z\leq2)=0.4772$이므로

$\dfrac{a-480}{20}=2$

$a-480=40$

$\therefore a=520$

$\therefore a+\sigma=520+10=530$

12 답 ③

모집단이 정규분포 $\mathrm{N}(50,\ a^2)$을 따르므로 임의추출한 가전제품 9개의

무게의 평균을 $\overline{X}$ kg이라 하면 표본평균 $\overline{X}$는 정규분포 $\mathrm{N}\!\left(50,\ \dfrac{a^2}{9}\right)$, 즉

$\mathrm{N}\!\left(50,\ \left(\dfrac{a}{3}\right)^2\right)$을 따르고, $Z=\dfrac{\overline{X}-50}{\dfrac{a}{3}}$으로 놓으면 확률변수 Z는 표준정

규분포 $\mathrm{N}(0,\ 1)$을 따른다.

모평균과 표본평균의 차가 a^2 kg 이하일 확률이 92 % 이상이므로

$\mathrm{P}(|\overline{X}-50|\leq a^2)\geq0.92$

$\mathrm{P}\!\left(\left|\dfrac{\overline{X}-50}{\dfrac{a}{3}}\right|\leq\dfrac{a^2}{\dfrac{a}{3}}\right)\geq0.92$

$\mathrm{P}(|Z|\leq3a)\geq0.92$

$\mathrm{P}(-3a\leq Z\leq3a)\geq0.92$

$2\mathrm{P}(0\leq Z\leq3a)\geq0.92$

$\therefore \mathrm{P}(0\leq Z\leq3a)\geq0.46\ \cdots\cdots\ \textcircled{\scriptsize{그}}$

이때 $P(Z \leq 1.8) = 0.96$에서

$P(Z \leq 0) + P(0 \leq Z \leq 1.8) = 0.96$

$0.5 + P(0 \leq Z \leq 1.8) = 0.96$

$\therefore P(0 \leq Z \leq 1.8) = 0.46$

즉, ㉠을 만족시키려면 $3a \geq 1.8$이어야 하므로 $a \geq 0.6$

따라서 구하는 a의 최솟값은 0.6이다.

13 답 16

A 제품에 대하여 모집단이 정규분포 $N\left(m, \left(\dfrac{m}{8}\right)^2\right)$을 따르므로 크기가

25인 표본의 표본평균 $\overline{X}$는 정규분포 $N\left(m, \dfrac{\left(\frac{m}{8}\right)^2}{25}\right)$, 즉 $N\left(m, \left(\dfrac{m}{40}\right)^2\right)$

을 따른다.

이때 $Z_{\overline{X}} = \dfrac{\overline{X} - m}{\frac{m}{40}}$으로 놓으면 확률변수 $Z_{\overline{X}}$는 표준정규분포 $N(0, 1)$

을 따르므로

$$P\left(\overline{X} \geq \frac{19}{20}m\right) = P\left(Z_{\overline{X}} \geq \frac{\frac{19}{20}m - m}{\frac{m}{40}}\right)$$

$$= P(Z_{\overline{X}} \geq -2)$$

$$= P(Z_{\overline{X}} \leq 2)$$

$$= P(Z_{\overline{X}} \leq 0) + P(0 \leq Z_{\overline{X}} \leq 2)$$

$$= 0.5 + P(0 \leq Z_{\overline{X}} \leq 2)$$

또 B 제품에 대하여 모집단이 정규분포 $N\left(\dfrac{9}{10}m, \left(\dfrac{m}{10}\right)^2\right)$을 따르므로

크기가 n인 표본의 표본평균 $\overline{Y}$는 정규분포 $N\left(\dfrac{9}{10}m, \dfrac{\left(\frac{m}{10}\right)^2}{n}\right)$, 즉

$N\left(\dfrac{9}{10}m, \left(\dfrac{m}{10\sqrt{n}}\right)^2\right)$을 따른다.

이때 $Z_{\overline{Y}} = \dfrac{\overline{Y} - \frac{9}{10}m}{\frac{m}{10\sqrt{n}}}$으로 놓으면 확률변수 $Z_{\overline{Y}}$는 표준정규분포

$N(0, 1)$을 따르므로

$$P\left(\overline{Y} \geq \frac{19}{20}m\right) = P\left(Z_{\overline{Y}} \geq \frac{\frac{19}{20}m - \frac{9}{10}m}{\frac{m}{10\sqrt{n}}}\right) = P\left(Z_{\overline{Y}} \geq \frac{\sqrt{n}}{2}\right)$$

$P\left(\overline{X} \geq \dfrac{19}{20}m\right) + P\left(\overline{Y} \geq \dfrac{19}{20}m\right) = 1$에서

$0.5 + P(0 \leq Z_{\overline{X}} \leq 2) + P\left(Z_{\overline{Y}} \geq \dfrac{\sqrt{n}}{2}\right) = 1$

$P(0 \leq Z_{\overline{X}} \leq 2) + P\left(Z_{\overline{Y}} \geq \dfrac{\sqrt{n}}{2}\right) = 0.5$

따라서 $\dfrac{\sqrt{n}}{2} = 2$이므로

$\sqrt{n} = 4$ $\therefore n = 16$

14 답 0.07

모집단이 정규분포 $N(120, 8^2)$을 따르므로 비누 4개의 무게의 평균을

$\overline{X}$ g이라 하면 표본평균 $\overline{X}$는 정규분포 $N\left(120, \dfrac{8^2}{4}\right)$, 즉 $N(120, 4^2)$을

따른다. ·· 배점 **20%**

이때 $Z = \dfrac{\overline{X} - 120}{4}$으로 놓으면 확률변수 Z는 표준정규분포 $N(0, 1)$을

따르므로 생산한 비누 세트가 불량품일 확률은

$$P(4\overline{X} \leq 459.52) = P(\overline{X} \leq 114.88)$$

$$= P\left(Z \leq \frac{114.88 - 120}{4}\right)$$

$$= P(Z \leq -1.28) = P(Z \geq 1.28)$$

$$= P(Z \geq 0) - P(0 \leq Z \leq 1.28)$$

$$= 0.5 - 0.4 = 0.1$$ ·················· 배점 **30%**

따라서 비누 400세트 중에서 불량품인 세트의 수를 확률변수 Y라 하면

Y는 이항분포 $B(400, 0.1)$을 따르고

$E(Y) = 400 \times 0.1 = 40$, $V(Y) = 400 \times 0.1 \times 0.9 = 36$

이므로 확률변수 Y는 근사적으로 정규분포 $N(40, 6^2)$을 따른다.

··· 배점 **20%**

이때 $Z_Y = \dfrac{Y - 40}{6}$으로 놓으면 확률변수 Z_Y는 표준정규분포 $N(0, 1)$

을 따르므로 구하는 확률은

$$P(Y \leq 31) = P\left(Z_Y \leq \frac{31 - 40}{6}\right) = P(Z_Y \leq -1.5)$$

$$= P(Z_Y \geq 1.5) = P(Z_Y \geq 0) - P(0 \leq Z_Y \leq 1.5)$$

$$= 0.5 - 0.43 = 0.07$$ ·················· 배점 **30%**

15 답 ②

7시 45분에 집에서 출발하여 8시 10분까지 학교에 도착하려면 집에서

학교까지 가는 데 걸리는 시간이 25분 이하이어야 한다.

이때 집에서 A 정류장까지 걸어가는 데 걸리는 시간과 E 정류장에서

학교까지 걸어가는 데 걸리는 시간은 각각 5분, 7분으로 항상 일정하므

로 버스를 타고 A 정류장에서 E 정류장까지 이동하는 데 걸리는 시간

이 13분 이하이어야 한다.

각 정류장 사이를 버스로 이동하는 데 걸리는 시간을 X분이라 하면 확

률변수 X는 정규분포 $N\left(3, \left(\dfrac{1}{2}\right)^2\right)$을 따르므로 정류장 사이를 4번 이동

하는 데 걸리는 시간의 평균을 $\overline{X}$분이라 하면 확률변수 $\overline{X}$는 정규분포

$N\left(3, \dfrac{\left(\frac{1}{2}\right)^2}{4}\right)$, 즉 $N\left(3, \left(\dfrac{1}{4}\right)^2\right)$을 따른다.

이때 $Z = \dfrac{\overline{X} - 3}{\frac{1}{4}}$으로 놓으면 확률변수 Z는 표준정규분포 $N(0, 1)$을 따

르므로 구하는 확률은

$$P(4\overline{X} > 13) = P\left(\overline{X} > \frac{13}{4}\right) = P\left(Z > \frac{\frac{13}{4} - 3}{\frac{1}{4}}\right)$$

$$= P(Z > 1) = P(Z \geq 0) - P(0 \leq Z \leq 1)$$

$$= 0.5 - 0.3413 = 0.1587$$

16 답 ③

표본평균이 $\overline{X}$, 모표준편차가 2, 표본의 크기가 n이므로 모평균 m에 대

한 신뢰도 95 %의 신뢰구간은

$\overline{X} - 1.96 \times \dfrac{2}{\sqrt{n}} \leq m \leq \overline{X} + 1.96 \times \dfrac{2}{\sqrt{n}}$

$-\dfrac{3.92}{\sqrt{n}} \leq m - \overline{X} \leq \dfrac{3.92}{\sqrt{n}}$, $|m - \overline{X}| \leq \dfrac{3.92}{\sqrt{n}}$ $\therefore f(n) = \dfrac{3.92}{\sqrt{n}}$

ㄱ. $f(16) = \dfrac{3.92}{\sqrt{16}} = 0.98 < 1$

ㄴ. $f(4n) = \dfrac{3.92}{\sqrt{4n}} = \dfrac{3.92}{2\sqrt{n}} = \dfrac{1}{2}f(n)$

ㄷ. $0 < a < b$에서 $\dfrac{a}{b} < 1$이므로

$$\dfrac{f(b)}{f(a)} = \dfrac{\dfrac{3.92}{\sqrt{b}}}{\dfrac{3.92}{\sqrt{a}}} = \dfrac{\sqrt{a}}{\sqrt{b}} < 1 \qquad \therefore f(a) > f(b)$$

따라서 보기에서 옳은 것은 ㄱ, ㄴ이다.

17 답 ②

모표준편차가 5, 표본의 크기가 25이므로 표본평균이 $\overline{x_1}$일 때, 모평균 m에 대한 신뢰도 95 %의 신뢰구간은

$$\overline{x_1} - 1.96 \times \dfrac{5}{\sqrt{25}} \le m \le \overline{x_1} + 1.96 \times \dfrac{5}{\sqrt{25}}$$

$\therefore \overline{x_1} - 1.96 \le m \le \overline{x_1} + 1.96$

이 신뢰구간이 $80 - a \le m \le 80 + a$와 같으므로

$\overline{x_1} = 80$, $a = 1.96$

또 모표준편차가 5, 표본의 크기가 n이므로 표본평균이 $\overline{x_2}$일 때, 모평균 m에 대한 신뢰도 95 %의 신뢰구간은

$$\overline{x_2} - 1.96 \times \dfrac{5}{\sqrt{n}} \le m \le \overline{x_2} + 1.96 \times \dfrac{5}{\sqrt{n}}$$

이 신뢰구간이 $\dfrac{15}{16}\overline{x_1} - \dfrac{5}{7}a \le m \le \dfrac{15}{16}\overline{x_1} + \dfrac{5}{7}a$와 같으므로

$\overline{x_2} = \dfrac{15}{16}\overline{x_1}$, $1.96 \times \dfrac{5}{\sqrt{n}} = \dfrac{5}{7}a$

이때 $\overline{x_1} = 80$이므로 $\overline{x_2} = \dfrac{15}{16}\overline{x_1} = \dfrac{15}{16} \times 80 = 75$

$a = 1.96$이므로 $1.96 \times \dfrac{5}{\sqrt{n}} = \dfrac{5}{7}a$에서

$1.96 \times \dfrac{5}{\sqrt{n}} = \dfrac{5}{7} \times 1.96$, $\sqrt{n} = 7$ $\therefore n = 49$

$\therefore n + \overline{x_2} = 49 + 75 = 124$

18 답 ②

모표준편차가 σ, 표본의 크기가 100이므로 표본평균이 $\overline{x_1}$일 때, 모평균 m에 대한 신뢰도 95 %의 신뢰구간은

$$\overline{x_1} - 1.96 \times \dfrac{\sigma}{\sqrt{100}} \le m \le \overline{x_1} + 1.96 \times \dfrac{\sigma}{\sqrt{100}}$$

$\therefore \overline{x_1} - 0.196\sigma \le m \le \overline{x_1} + 0.196\sigma$

이 신뢰구간이 $a \le m \le b$와 같으므로

$a = \overline{x_1} - 0.196\sigma$, $b = \overline{x_1} + 0.196\sigma$

또 모표준편차가 σ, 표본의 크기가 400이므로 표본평균이 $\overline{x_2}$일 때, 모평균 m에 대한 신뢰도 99 %의 신뢰구간은

$$\overline{x_2} - 2.58 \times \dfrac{\sigma}{\sqrt{400}} \le m \le \overline{x_2} + 2.58 \times \dfrac{\sigma}{\sqrt{400}}$$

$\therefore \overline{x_2} - 0.129\sigma \le m \le \overline{x_2} + 0.129\sigma$

이 신뢰구간이 $c \le m \le d$와 같으므로

$c = \overline{x_2} - 0.129\sigma$

$a = c$에서 $\overline{x_1} - 0.196\sigma = \overline{x_2} - 0.129\sigma$이므로

$\overline{x_1} - \overline{x_2} = 0.067\sigma$

이때 $\overline{x_1} - \overline{x_2} = 1.34$이므로

$0.067\sigma = 1.34$ $\therefore \sigma = 20$

$\therefore b - a = \overline{x_1} + 0.196\sigma - (\overline{x_1} - 0.196\sigma) = 0.392\sigma$

$\qquad\qquad = 0.392 \times 20 = 7.84$

19 답 ④

확률변수 X가 정규분포 $N(30, 2^2)$을 따르므로 $Z = \dfrac{X-30}{2}$로 놓으면 확률변수 Z는 표준정규분포 $N(0, 1)$을 따른다.

$P(24 \le X \le 36) = \dfrac{\alpha}{100}$에서

$P\left(\dfrac{24-30}{2} \le Z \le \dfrac{36-30}{2}\right) = \dfrac{\alpha}{100}$ $\therefore P(-3 \le Z \le 3) = \dfrac{\alpha}{100}$

이때 표본평균이 80, 모표준편차가 12, 표본의 크기가 81이므로 모평균 m을 신뢰도 α %로 추정한 신뢰구간은

$$80 - 3 \times \dfrac{12}{\sqrt{81}} \le m \le 80 + 3 \times \dfrac{12}{\sqrt{81}}$$ $\therefore 76 \le m \le 84$

따라서 추정한 신뢰구간에 속하는 자연수는 76, 77, 78, $\cdots$, 84의 9개이다.

20 답 ⑤

모표준편차가 25, 크기가 245인 표본의 표본평균을 $\overline{x}$라 할 때, 모평균 m에 대한 신뢰도 95 %의 신뢰구간은

$$\overline{x} - 1.96 \times \dfrac{25}{\sqrt{245}} \le m \le \overline{x} + 1.96 \times \dfrac{25}{\sqrt{245}}$$

$\therefore \overline{x} - \dfrac{7}{\sqrt{5}} \le m \le \overline{x} + \dfrac{7}{\sqrt{5}}$

이 신뢰구간이 $\alpha \le m \le \beta$와 같으므로

$\alpha = \overline{x} - \dfrac{7}{\sqrt{5}}$, $\beta = \overline{x} + \dfrac{7}{\sqrt{5}}$ $\qquad$ …… ㉠

이때 α, β가 이차방정식 $5x^2 - 70x + 2k = 0$의 두 근이므로 근과 계수의 관계에 의하여

$\alpha + \beta = -\dfrac{-70}{5} = 14$, $\alpha\beta = \dfrac{2}{5}k$

㉠에서 $\alpha + \beta = \overline{x} - \dfrac{7}{\sqrt{5}} + \overline{x} + \dfrac{7}{\sqrt{5}} = 2\overline{x}$

$\alpha + \beta = 14$에서 $2\overline{x} = 14$ $\therefore \overline{x} = 7$

또 ㉠에서

$\alpha\beta = \left(\overline{x} - \dfrac{7}{\sqrt{5}}\right) \times \left(\overline{x} + \dfrac{7}{\sqrt{5}}\right) = \overline{x}^2 - \dfrac{49}{5} = 7^2 - \dfrac{49}{5} = \dfrac{196}{5}$

$\alpha\beta = \dfrac{2}{5}k$에서 $\dfrac{2}{5}k = \dfrac{196}{5}$, $2k = 196$ $\therefore k = 98$

21 답 356

두 공장 A, B에서 생산하는 제품의 무게의 평균을 각각 m_1 g, m_2 g이라 하자.

A 공장에서 생산하는 제품에 대하여 표본평균이 120, 표준편차가 3, 표본의 크기가 36이므로 모평균 m_1에 대한 신뢰도 99 %의 신뢰구간은

$$120 - 2.58 \times \dfrac{3}{\sqrt{36}} \le m_1 \le 120 + 2.58 \times \dfrac{3}{\sqrt{36}}$$

$\therefore 118.71 \le m_1 \le 121.29$

또 B 공장에서 생산하는 제품에 대하여 표본평균이 a, 표준편차가 1.5, 표본의 크기가 36이므로 모평균 m_2에 대한 신뢰도 95 %의 신뢰구간은

$$a - 1.96 \times \dfrac{1.5}{\sqrt{36}} \le m_2 \le a + 1.96 \times \dfrac{1.5}{\sqrt{36}}$$

$\therefore a - 0.49 \le m_2 \le a + 0.49$

따라서 두 신뢰구간의 집합 A, B에 대하여 $A \cap B \ne \varnothing$이려면 $118.71 \le a + 0.49$이고 $a - 0.49 \le 121.29$이어야 한다.

$\therefore 118.22 \le a \le 121.78$

따라서 $M = 121.78$, $m = 118.22$이므로

$100(M - m) = 100 \times 3.56 = 356$

22 답 64

모표준편차가 1, 표본의 크기가 81이고, $P(0 \le Z \le 1.8) = 0.46$에서 $P(|Z| \le 1.8) = 0.92$이므로 모평균 m을 신뢰도 92 %로 추정한 신뢰구간의 길이는

$$l = 2 \times 1.8 \times \frac{1}{\sqrt{81}} = 0.4 \quad \cdots\cdots \ \text{㉠}$$

또 $P(|Z| \le k) = \frac{\alpha}{100} \ (k > 0)$라 하면 모평균 m을 신뢰도 α %로 추정한 신뢰구간의 길이가 $\frac{l}{2}$이므로

$$\frac{l}{2} = 2 \times k \times \frac{1}{\sqrt{81}}, \ 0.2 = \frac{2}{9}k \ (\because \text{㉠})$$

$$\therefore \ k = 0.9$$

따라서 $P(|Z| \le 0.9) = \frac{\alpha}{100}$이므로

$$2P(0 \le Z \le 0.9) = \frac{\alpha}{100}, \ 2 \times 0.32 = \frac{\alpha}{100} \qquad \therefore \ \alpha = 64$$

23 답 ③

ㄱ. $P(|Z| \le k) = \frac{\alpha_1}{100} \ (k > 0)$이라 하면 $l_1 = 2k \times \frac{\sigma_1}{\sqrt{n_1}}$이고,

$$P\left(\overline{X} - k \times \frac{\sigma_1}{\sqrt{n_1}} \le m \le \overline{X} + k \times \frac{\sigma_1}{\sqrt{n_1}}\right) = \frac{\alpha_1}{100}$$이다.

이때 $k \times \frac{\sigma_1}{\sqrt{n_1}} = \frac{l_1}{2}$이므로

$$P\left(\overline{X} - \frac{l_1}{2} \le m \le \overline{X} + \frac{l_1}{2}\right) = \frac{\alpha_1}{100}$$

$$\therefore \ P\left(m - \frac{l_1}{2} \le \overline{X} \le m + \frac{l_1}{2}\right) = \frac{\alpha_1}{100}$$

ㄴ. $P(|Z| \le k_1) = \frac{\alpha_1}{100} \ (k_1 > 0)$, $P(|Z| \le k_2) = \frac{\alpha_2}{100} \ (k_2 > 0)$라 하면

$$l_1 = 2k_1 \times \frac{\sigma_1}{\sqrt{n_1}}, \ l_2 = 2k_2 \times \frac{\sigma_2}{\sqrt{n_2}} = 2k_2 \times \frac{\sigma_1}{\sqrt{n_1}}$$

이때 $\alpha_1 < \alpha_2$이면 $k_1 < k_2$이므로 $l_1 < l_2$이다.

ㄷ. $\alpha_1 = \alpha_2$이므로 $P(|Z| \le k) = \frac{\alpha_1}{100} = \frac{\alpha_2}{100} \ (k > 0)$라 하면

$$l_1 = 2k \times \frac{\sigma_1}{\sqrt{n_1}}, \ l_2 = 2k \times \frac{\sigma_2}{\sqrt{n_2}} = 2k \times \frac{2\sigma_1}{\sqrt{2n_1}} = 2\sqrt{2}k \times \frac{\sigma_1}{\sqrt{n_1}}$$

$$\therefore \ l_2 = \sqrt{2} l_1$$

따라서 보기에서 옳은 것은 ㄱ, ㄴ이다.

---

step ③ 최고난도 문제
| 91쪽

| **01** 23 | **02** ④ | **03** 0.001 | **04** 472500원 |

01 답 23

1단계 꺼낸 1개의 공에 적혀 있는 수를 확률변수 Y라 하고, Y의 확률분포 구하기

주머니에서 임의로 꺼낸 1개의 공에 적혀 있는 수를 확률변수 Y라 할 때, Y의 확률분포를 다음과 같이 표로 나타내자.

Y	1	2	3	4	합계
$P(Y=y)$	a	b	c	d	1

$X = 4$일 때는 확인한 4개의 수가 모두 1이어야 하므로

$$P(X = 4) = a \times a \times a \times a = a^4$$

㉮에서 $a^4 = \frac{1}{81}$ $\quad \therefore \ a = \frac{1}{3} \ (\because \ 0 \le a \le 1)$

$X = 16$일 때는 확인한 4개의 수가 모두 4이어야 하므로

$$P(X = 16) = d \times d \times d \times d = d^4$$

㉮에서 $16d^4 = \frac{1}{81}$ $\quad \therefore \ d = \frac{1}{6} \ (\because \ 0 \le d \le 1)$

한편 확률의 총합은 1이므로

$$a + b + c + d = 1$$

$$\frac{1}{3} + b + c + \frac{1}{6} = 1$$

$$\therefore \ b + c = \frac{1}{2} \quad \cdots\cdots \ \text{㉠}$$

확인한 4개의 수의 평균을 $\overline{Y}$라 하면 $X = 4\overline{Y}$이므로

$$E(X) = E(4\overline{Y}) = 4E(\overline{Y}) = 4E(Y)$$
$$= 4\left(1 \times \frac{1}{3} + 2 \times b + 3 \times c + 4 \times \frac{1}{6}\right)$$
$$= 4(1 + 2b + 3c)$$

㉯의 $E(X) = 9$에서

$$4(1 + 2b + 3c) = 9$$

$$\therefore \ 2b + 3c = \frac{5}{4} \quad \cdots\cdots \ \text{㉡}$$

㉠, ㉡을 연립하여 풀면

$$b = \frac{1}{4}, \ c = \frac{1}{4}$$

2단계 $V(X)$의 값 구하기

$$E(Y) = \frac{1}{4}E(X) = \frac{9}{4}$$

$$E(Y^2) = 1^2 \times \frac{1}{3} + 2^2 \times \frac{1}{4} + 3^2 \times \frac{1}{4} + 4^2 \times \frac{1}{6} = \frac{25}{4}$$

$$\therefore \ V(Y) = E(Y^2) - \{E(Y)\}^2 = \frac{25}{4} - \left(\frac{9}{4}\right)^2 = \frac{19}{16}$$

$$\therefore \ V(X) = V(4\overline{Y}) = 4^2 V(\overline{Y})$$
$$= 4^2 \times \frac{V(Y)}{4} = 4V(Y)$$
$$= 4 \times \frac{19}{16} = \frac{19}{4}$$

3단계 $p + q$의 값 구하기

따라서 $p = 4$, $q = 19$이므로

$$p + q = 23$$

02 답 ④

1단계 표본평균 $\overline{X}$의 값 구하기

4개의 공에 적혀 있는 숫자 1, 2, a, b를 확률변수 X라 하자.

2개의 공에 적혀 있는 수를 각각 X_1, X_2라 할 때, 표본평균 $\overline{X}$의 값을 표로 나타내면 다음과 같다.

X_1 \ X_2	1	2	a	b
1	1	$\frac{3}{2}$	$\frac{a+1}{2}$	$\frac{b+1}{2}$
2	$\frac{3}{2}$	2	$\frac{a+2}{2}$	$\frac{b+2}{2}$
a	$\frac{a+1}{2}$	$\frac{a+2}{2}$	a	$\frac{a+b}{2}$
b	$\frac{b+1}{2}$	$\frac{b+2}{2}$	$\frac{a+b}{2}$	b

이때 $2<a<b$이므로 → 1, 2, a, b가 서로 다른 자연수이므로 a, b는 2보다 큰 자연수이다.

$$1<\frac{3}{2}<2\leq\frac{a+1}{2}<\frac{a+2}{2}<a<\frac{a+b}{2}<b,$$

$$2<\frac{a+2}{2}\leq\frac{b+1}{2}<\frac{b+2}{2}<\frac{a+b}{2}<b$$

3단계 $a+b$의 값이 최대일 때, a, b의 값 구하기

이때 $P(\overline{X}\leq10)=\frac{5}{8}=\frac{10}{16}$이고

$$P(\overline{X}=1)=\frac{1}{16},\ P\left(\overline{X}=\frac{3}{2}\right)=\frac{2}{16},\ P(\overline{X}=2)=\frac{1}{16},$$

$$P\left(\overline{X}=\frac{a+1}{2}\right)=\frac{2}{16},\ P\left(\overline{X}=\frac{a+2}{2}\right)=\frac{2}{16},\ P\left(\overline{X}=\frac{b+1}{2}\right)=\frac{2}{16},$$

$$P(\overline{X}=a)=\frac{1}{16},\ P\left(\overline{X}=\frac{b+2}{2}\right)=\frac{2}{16}$$

에서

$$P(\overline{X}=1)+P\left(\overline{X}=\frac{3}{2}\right)+P(\overline{X}=2)+P\left(\overline{X}=\frac{a+1}{2}\right)+P\left(\overline{X}=\frac{a+2}{2}\right)$$
$$+P\left(\overline{X}=\frac{b+1}{2}\right)=\frac{10}{16}$$

이므로

$$\frac{a+2}{2}\leq10,\ \frac{b+1}{2}\leq10,\ a>10,\ \frac{b+2}{2}>10$$

$$a\leq18,\ b\leq19,\ a>10,\ b>18$$

$$\therefore\ 10<a\leq18,\ 18<b\leq19$$

따라서 $a+b$의 값이 최대일 때는 $a=18$, $b=19$일 때이다.

4단계 $E(\overline{X})$의 값 구하기

$$\therefore\ E(\overline{X})=E(X)$$
$$=1\times\frac{1}{4}+2\times\frac{1}{4}+18\times\frac{1}{4}+19\times\frac{1}{4}=10$$

03 답 0.001

1단계 토마토 16개의 무게의 평균이 따르는 정규분포 구하기

모집단이 정규분포 $N(200, 20^2)$을 따르므로 토마토 16개의 무게의 평균을 $\overline{X}$g이라 하면 표본평균 $\overline{X}$는 정규분포 $N\left(200, \frac{20^2}{16}\right)$, 즉 $N(200, 5^2)$을 따른다.

2단계 남은 4개의 토마토의 무게의 합의 범위 구하기

이때 $Z_{\overline{X}}=\dfrac{\overline{X}-200}{5}$으로 놓으면 확률변수 $Z_{\overline{X}}$는 표준정규분포 $N(0, 1)$을 따른다.

우재가 토마토 12개를 수확한 후 잰 토마토 무게의 합이 2400g이므로 우재가 상금을 받기 위해 수확해야 하는 남은 4개의 토마토의 무게의 합을 kg이라 하면

$$P(16\overline{X}\geq k+2400)\leq\frac{67}{1000}$$

$$P\left(\overline{X}\geq\frac{k}{16}+150\right)\leq0.067$$

$$P\left(Z_{\overline{X}}\geq\frac{\frac{k}{16}+150-200}{5}\right)\leq0.067$$

$$P\left(Z_{\overline{X}}\geq\frac{k}{80}-10\right)\leq0.067$$

$$P(Z_{\overline{X}}\geq0)-P\left(0\leq Z_{\overline{X}}\leq\frac{k}{80}-10\right)\leq0.067$$

$$0.5-P\left(0\leq Z_{\overline{X}}\leq\frac{k}{80}-10\right)\leq0.067$$

$$\therefore\ P\left(0\leq Z_{\overline{X}}\leq\frac{k}{80}-10\right)\geq0.433$$

이때 $P(0\leq Z\leq1.5)=0.433$이므로

$$\frac{k}{80}-10\geq1.5\qquad\therefore\ k\geq920$$

3단계 우재가 상금을 받을 확률 구하기

한편 우재가 추가로 수확해야 하는 토마토 4개의 무게의 평균을 $\overline{Y}$g이라 하면 표본평균 $\overline{Y}$는 정규분포 $N\left(200, \frac{20^2}{4}\right)$, 즉 $N(200, 10^2)$을 따르므로 $Z_{\overline{Y}}=\dfrac{\overline{Y}-200}{10}$으로 놓으면 확률변수 $Z_{\overline{Y}}$는 표준정규분포 $N(0, 1)$을 따른다.

따라서 우재가 상금을 받으려면 추가로 수확하는 토마토 4개의 무게의 합이 920g 이상이어야 하므로 구하는 확률은

$$P(4\overline{Y}\geq920)=P(\overline{Y}\geq230)=P\left(Z_{\overline{Y}}\geq\frac{230-200}{10}\right)$$
$$=P(Z_{\overline{Y}}\geq3)=P(Z_{\overline{Y}}\geq0)-P(0\leq Z_{\overline{Y}}\leq3)$$
$$=0.5-0.499=0.001$$

04 답 472500원

1단계 낱개로 판매할 때, 판매 이익 구하기

공장에서 생산하는 캔들 1개의 무게를 Xg이라 하면 확률변수 X는 정규분포 $N(150, 10^2)$을 따르므로 $Z=\dfrac{X-150}{10}$으로 놓으면 확률변수 Z는 표준정규분포 $N(0, 1)$을 따른다.

캔들 1개가 불량품으로 판정될 확률은

$$P(X\leq140)=P\left(Z\leq\frac{140-150}{10}\right)=P(Z\leq-1)=P(Z\geq1)$$
$$=P(Z\geq0)-P(0\leq Z\leq1)$$
$$=0.5-0.34=0.16$$

따라서 캔들 3000개 중 불량품으로 판매하지 못하는 캔들의 개수는 $3000\times0.16=480$(개)이므로 캔들 3000개를 낱개로 판매할 때, 판매 이익은

$$(3000-480)\times2000-3000\times500=3540000(원)$$

2단계 4개씩 한 세트로 묶어 판매할 때, 판매 이익 구하기

한 세트를 구성하는 캔들 4개의 무게의 평균을 $\overline{X}$g이라 하면 표본평균 $\overline{X}$는 정규분포 $N\left(150, \frac{10^2}{4}\right)$, 즉 $N(150, 5^2)$을 따르므로 $Z_{\overline{X}}=\dfrac{\overline{X}-150}{5}$으로 놓으면 확률변수 $Z_{\overline{X}}$는 표준정규분포 $N(0, 1)$을 따른다.

캔들 한 세트가 불량품으로 판정될 확률은

$$P(4\overline{X}\leq560)=P(\overline{X}\leq140)=P\left(Z_{\overline{X}}\leq\frac{140-150}{5}\right)$$
$$=P(Z_{\overline{X}}\leq-2)=P(Z_{\overline{X}}\geq2)$$
$$=P(Z_{\overline{X}}\geq0)-P(0\leq Z_{\overline{X}}\leq2)$$
$$=0.5-0.48=0.02$$

캔들 3000개로 만들 수 있는 세트의 수는 $\dfrac{3000}{4}=750$이므로 불량품으로 판매하지 못하는 세트의 수는

$$750\times0.02=15$$

이때 캔들 한 세트의 정가는 $2000\times4-500=7500$(원)이므로 캔들 3000개를 4개씩 한 세트로 묶어 판매할 때, 판매 이익은

$$(750-15)\times7500-3000\times500=4012500(원)$$

3단계 판매 이익의 차 구하기

따라서 캔들 3000개를 모두 낱개로 판매할 때와 모두 세트로 묶어 판매할 때의 판매 이익의 차는

$$4012500-3540000=472500(원)$$

01 ③	02 36	03 $\frac{32}{3}$	04 $\frac{29}{81}$	05 3750	06 ②
07 ④	08 0.3413		09 815	10 0.3721	
11 ①	12 5.6	13 ⑤			

01 답 ③

확률변수 X의 확률분포에 대하여 확률의 총합은 1이므로

$a+b+c+c+b+a=1$ $\quad \therefore a+b+c=\frac{1}{2}$ $\quad$ …… ㉠

$\begin{aligned} E(X) &= 1\times a + 3\times b + 5\times c + 7\times c + 9\times b + 11\times a \\ &= 12a + 12b + 12c \\ &= 12(a+b+c) \\ &= 12\times\frac{1}{2} \ (\because ㉠) \\ &= 6 \end{aligned}$

$\begin{aligned} E(X^2) &= 1^2\times a + 3^2\times b + 5^2\times c + 7^2\times c + 9^2\times b + 11^2\times a \\ &= 122a + 90b + 74c \end{aligned}$

$\therefore V(X) = E(X^2) - \{E(X)\}^2 = 122a + 90b + 74c - 36$

또 확률변수 Y의 확률분포에 대하여 확률의 총합은 1이므로

$(d-c)+(d-b)+(d-a)+(d-a)+(d-b)+(d-c)=1$

$6d - 2(a+b+c) = 1$

$6d - 2\times\frac{1}{2} = 1 \ (\because ㉠) \quad \therefore d = \frac{1}{3} \quad$ …… ㉡

$\begin{aligned} E(Y) &= (d-c) + 2(d-b) + 3(d-a) + 4(d-a) + 5(d-b) \\ &\qquad\qquad\qquad\qquad\qquad\qquad\qquad\qquad + 6(d-c) \\ &= 21d - 7(a+b+c) \\ &= 21\times\frac{1}{3} - 7\times\frac{1}{2} \ (\because ㉠, ㉡) \\ &= \frac{7}{2} \end{aligned}$

$\begin{aligned} E(Y^2) &= (d-c) + 2^2(d-b) + 3^2(d-a) + 4^2(d-a) + 5^2(d-b) \\ &\qquad\qquad\qquad\qquad\qquad\qquad\qquad\qquad + 6^2(d-c) \\ &= 91d - 25a - 29b - 37c \\ &= \frac{91}{3} - 25a - 29b - 37c \ (\because ㉡) \end{aligned}$

$\therefore V(Y) = E(Y^2) - \{E(Y)\}^2 = \frac{91}{3} - 25a - 29b - 37c - \frac{49}{4}$

$V(Y) - \frac{1}{4}V(X) = \frac{1}{3}$ 에서

$\frac{91}{3} - 25a - 29b - 37c - \frac{49}{4} - \frac{1}{4}(122a + 90b + 74c - 36) = \frac{1}{3}$

$\frac{111}{2}a + \frac{103}{2}b + \frac{111}{2}c = \frac{107}{4}$, $\frac{111}{2}(a+c) + \frac{103}{2}b = \frac{107}{4}$

㉠에서 $a+c = \frac{1}{2} - b$ 이므로

$\frac{111}{2}\left(\frac{1}{2} - b\right) + \frac{103}{2}b = \frac{107}{4}$

$\frac{111}{4} - 4b = \frac{107}{4}$, $4b = 1$ $\quad \therefore b = \frac{1}{4}$

02 답 36

5개의 공 중에서 1개를 꺼내는 시행을 2번 반복하는 모든 경우의 수는

$_5C_1 \times _5C_1 = 5\times 5 = 25$

확률변수 X가 가질 수 있는 값은 2, 3, 4, 5, 6, 7, 8, 9, 10이다.

(i) $X=2$일 때,

순서쌍 (a, b)는 $(1, 1)$의 1가지이므로 $P(X=2) = \frac{1}{25}$

(ii) $X=3$일 때,

순서쌍 (a, b)는 $(1, 2)$, $(2, 1)$의 2가지이므로 $P(X=3) = \frac{2}{25}$

(iii) $X=4$일 때,

순서쌍 (a, b)는 $(1, 3)$, $(2, 2)$, $(3, 1)$의 3가지이므로

$P(X=4) = \frac{3}{25}$

(iv) $X=5$일 때,

순서쌍 (a, b)는 $(1, 4)$, $(2, 3)$, $(3, 2)$, $(4, 1)$의 4가지이므로

$P(X=4) = \frac{4}{25}$

(v) $X=6$일 때,

순서쌍 (a, b)는 $(1, 5)$, $(2, 4)$, $(3, 3)$, $(4, 2)$, $(5, 1)$의 5가지이므로 $P(X=6) = \frac{5}{25}$

(vi) $X=7$일 때,

순서쌍 (a, b)는 $(2, 5)$, $(3, 4)$, $(4, 3)$, $(5, 2)$의 4가지이므로

$P(X=7) = \frac{4}{25}$

(vii) $X=8$일 때,

순서쌍 (a, b)는 $(3, 5)$, $(4, 4)$, $(5, 3)$의 3가지이므로

$P(X=8) = \frac{3}{25}$

(viii) $X=9$일 때,

순서쌍 (a, b)는 $(4, 5)$, $(5, 4)$의 2가지이므로 $P(X=9) = \frac{2}{25}$

(ix) $X=10$일 때,

순서쌍 (a, b)는 $(5, 5)$의 1가지이므로 $P(X=10) = \frac{1}{25}$

(i)~(ix)에서 확률변수 X의 확률분포를 표로 나타내면 다음과 같다.

X	2	3	4	5	6	7	8	9	10	합계
$P(X=x)$	$\frac{1}{25}$	$\frac{2}{25}$	$\frac{3}{25}$	$\frac{4}{25}$	$\frac{5}{25}$	$\frac{4}{25}$	$\frac{3}{25}$	$\frac{2}{25}$	$\frac{1}{25}$	1

$\begin{aligned} E(X) &= 2\times\frac{1}{25} + 3\times\frac{2}{25} + 4\times\frac{3}{25} + 5\times\frac{4}{25} + 6\times\frac{5}{25} + 7\times\frac{4}{25} \\ &\qquad\qquad\qquad\qquad + 8\times\frac{3}{25} + 9\times\frac{2}{25} + 10\times\frac{1}{25} \\ &= 6 \end{aligned}$

$\begin{aligned} E(X^2) &= 2^2\times\frac{1}{25} + 3^2\times\frac{2}{25} + 4^2\times\frac{3}{25} + 5^2\times\frac{4}{25} + 6^2\times\frac{5}{25} + 7^2\times\frac{4}{25} \\ &\qquad\qquad\qquad\qquad + 8^2\times\frac{3}{25} + 9^2\times\frac{2}{25} + 10^2\times\frac{1}{25} \\ &= 40 \end{aligned}$

$\therefore V(X) = E(X^2) - \{E(X)\}^2 = 40 - 6^2 = 4$

$\therefore V(Y) = V(3X+2) = 3^2 V(X) = 9\times 4 = 36$

03 답 $\frac{32}{3}$

주사위를 10번 던져서 4 이하의 눈의 수가 나오는 횟수를 확률변수 Y라 하면 5 이상의 눈의 수가 나오는 횟수는 $10-Y$이므로 주어진 시행을 10번 반복하여 이동된 점 P의 좌표는 $(2Y, 10-Y)$이다.

따라서 점 P와 직선 $3x+4y=0$ 사이의 거리는

$X = \frac{|6Y + 4(10-Y)|}{\sqrt{3^2 + 4^2}} = \frac{|2Y + 40|}{5} = \frac{2}{5}Y + 8 \ (\because Y \geq 0)$

주사위를 한 번 던져서 4 이하의 눈의 수가 나올 확률은 $\dfrac{4}{6}=\dfrac{2}{3}$이므로

확률변수 Y는 이항분포 $\mathrm{B}\!\left(10,\dfrac{2}{3}\right)$를 따른다.

$\therefore \mathrm{E}(Y)=10\times\dfrac{2}{3}=\dfrac{20}{3}$

$\therefore \mathrm{E}(X)=\mathrm{E}\!\left(\dfrac{2}{5}Y+8\right)=\dfrac{2}{5}\mathrm{E}(Y)+8=\dfrac{2}{5}\times\dfrac{20}{3}+8=\dfrac{32}{3}$

04 답 $\dfrac{29}{81}$

추가된 볼펜 중 파란색 볼펜의 개수를 확률변수 X라 하면 X가 가질 수 있는 값은 0, 1, 2, 3이고 확률변수 X는 이항분포 $\mathrm{B}\!\left(3,\dfrac{1}{3}\right)$을 따르므로 X의 확률질량함수는

$\mathrm{P}(X=x)={}_3\mathrm{C}_x\!\left(\dfrac{1}{3}\right)^x\!\left(\dfrac{2}{3}\right)^{3-x}$ ($x=0,\ 1,\ 2,\ 3$)

이때 9개의 볼펜 중에서 임의로 택한 1개가 파란색 볼펜인 사건을 A, 추가된 볼펜 중 파란색 볼펜이 2개 이상인 사건을 B라 하면 구하는 확률은 $\mathrm{P}(B\,|\,A)$이다.

(i) $X=0$일 때, $\mathrm{P}(X=0)={}_3\mathrm{C}_0\!\left(\dfrac{1}{3}\right)^0\!\left(\dfrac{2}{3}\right)^3=\dfrac{8}{27}$

　추가된 볼펜 3개 중 파란색 볼펜이 없는 경우이므로 문구점에 있는 9개의 볼펜 중 파란색 볼펜은 2개이고, 이 중에서 임의로 택한 1개가 파란색 볼펜일 확률은 $\dfrac{2}{9}$이다.

　$\therefore \mathrm{P}(A)=\dfrac{8}{27}\times\dfrac{2}{9}=\dfrac{16}{243}$

(ii) $X=1$일 때, $\mathrm{P}(X=1)={}_3\mathrm{C}_1\!\left(\dfrac{1}{3}\right)^1\!\left(\dfrac{2}{3}\right)^2=\dfrac{4}{9}$

　추가된 볼펜 3개 중 파란색 볼펜이 1개인 경우이므로 문구점에 있는 9개의 볼펜 중 파란색 볼펜은 3개이고, 이 중에서 임의로 택한 1개가 파란색 볼펜일 확률은 $\dfrac{3}{9}=\dfrac{1}{3}$이다.

　$\therefore \mathrm{P}(A)=\dfrac{4}{9}\times\dfrac{1}{3}=\dfrac{4}{27}$

(iii) $X=2$일 때, $\mathrm{P}(X=2)={}_3\mathrm{C}_2\!\left(\dfrac{1}{3}\right)^2\!\left(\dfrac{2}{3}\right)^1=\dfrac{2}{9}$

　추가된 볼펜 3개 중 파란색 볼펜이 2개인 경우이므로 문구점에 있는 9개의 볼펜 중 파란색 볼펜은 4개이고, 이 중에서 임의로 택한 1개가 파란색 볼펜일 확률은 $\dfrac{4}{9}$이다.

　$\therefore \mathrm{P}(A)=\dfrac{2}{9}\times\dfrac{4}{9}=\dfrac{8}{81}$

(iv) $X=3$일 때, $\mathrm{P}(X=3)={}_3\mathrm{C}_3\!\left(\dfrac{1}{3}\right)^3\!\left(\dfrac{2}{3}\right)^0=\dfrac{1}{27}$

　추가된 볼펜 3개가 모두 파란색 볼펜인 경우이므로 문구점에 있는 9개의 볼펜 중 파란색 볼펜은 5개이고, 이 중에서 임의로 택한 1개가 파란색 볼펜일 확률은 $\dfrac{5}{9}$이다.

　$\therefore \mathrm{P}(A)=\dfrac{1}{27}\times\dfrac{5}{9}=\dfrac{5}{243}$

(i)~(iv)에서 $\mathrm{P}(A)=\dfrac{16}{243}+\dfrac{4}{27}+\dfrac{8}{81}+\dfrac{5}{243}=\dfrac{1}{3}$

(iii), (iv)에서 $\mathrm{P}(A\cap B)=\dfrac{8}{81}+\dfrac{5}{243}=\dfrac{29}{243}$

$\therefore \mathrm{P}(B\,|\,A)=\dfrac{\mathrm{P}(A\cap B)}{\mathrm{P}(A)}=\dfrac{\dfrac{29}{243}}{\dfrac{1}{3}}=\dfrac{29}{81}$

05 답 3750

30개의 제품 한 상자에 포함된 불량품의 개수를 확률변수 X, 1개의 제품이 불량품일 확률을 p라 하면 확률변수 X는 이항분포 $\mathrm{B}(30,\ p)$를 따르므로

$\mathrm{E}(X)=30p$, $\mathrm{V}(X)=30p(1-p)$

이때 $\mathrm{E}(X)=m$에서 $30p=m$ ······ ㉠

또 $\mathrm{V}(X)=\dfrac{24}{5}$에서 $30p(1-p)=\dfrac{24}{5}$

$30p-30p^2=\dfrac{24}{5}$, $p^2-p+\dfrac{4}{25}=0$

$\left(p-\dfrac{1}{5}\right)\!\left(p-\dfrac{4}{5}\right)=0$ 　$\therefore p=\dfrac{1}{5}$ 또는 $p=\dfrac{4}{5}$

그런데 $p=\dfrac{4}{5}$이면 ㉠에서 $m=24>10$이므로 조건을 만족시키지 않는다.

따라서 $p=\dfrac{1}{5}$이므로

$\mathrm{E}(X)=30p=30\times\dfrac{1}{5}=6$

불량품 한 개에 필요한 애프터서비스 비용이 a원이므로 불량품 X개에 대한 애프터서비스 비용 aX원의 기댓값은

$\mathrm{E}(aX)=a\mathrm{E}(X)=6a$

한 상자의 제품을 모두 검사하는 비용이 애프터서비스로 인해 필요한 비용의 기댓값의 2배이므로

$45000=2\times6a$ 　$\therefore a=3750$

06 답 ②

$0\leq x\leq2$인 모든 x에 대해서 $f(x)+g(x)=k$ (k는 상수)이므로

$g(x)=-f(x)+k$

이때 함수 $y=g(x)$의 그래프는 함수 $y=f(x)$의 그래프를 x축에 대하여 대칭이동한 후 y축의 방향으로 k만큼 평행이동한 것이므로 그림과 같다.

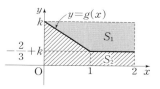

함수 $y=f(x)$의 그래프와 x축 및 직선 $x=2$로 둘러싼 부분의 넓이를 S_1이라 하면 그림에서 색칠한 부분의 넓이도 S_1이고, 함수 $y=g(x)$의 그래프와 x축 및 두 직선 $x=0$, $x=2$로 둘러싸인 부분의 넓이를 S_2라 하면

$S_1=S_2=1$

따라서 $S_1+S_2=2$이므로 $2k=2$ 　$\therefore k=1$

이때 $f(x)=\begin{cases}\dfrac{2}{3}x & (0\leq x\leq1) \\[2mm] \dfrac{2}{3} & (1\leq x\leq2)\end{cases}$ 이므로

$g(x)=-f(x)+1=\begin{cases}-\dfrac{2}{3}x+1 & (0\leq x\leq1) \\[2mm] \dfrac{1}{3} & (1\leq x\leq2)\end{cases}$

함수 $y=g(x)$의 그래프는 그림과 같고

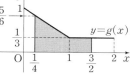

$\mathrm{P}\!\left(\dfrac{k}{4}\leq Y\leq\dfrac{3}{2}k\right)=\mathrm{P}\!\left(\dfrac{1}{4}\leq Y\leq\dfrac{3}{2}\right)$은 색칠한 부분의 넓이와 같으므로

$\mathrm{P}\!\left(\dfrac{1}{4}\leq Y\leq\dfrac{3}{2}\right)$

$=\dfrac{1}{2}\times\left(\dfrac{1}{3}+\dfrac{5}{6}\right)\times\dfrac{3}{4}+\dfrac{1}{2}\times\dfrac{1}{3}$

$=\dfrac{7}{16}+\dfrac{1}{6}=\dfrac{29}{48}$

07 답 ④

$$\sum_{n=1}^{9} P(X \le n) = P(X \le 1) + P(X \le 2) + P(X \le 3) + P(X \le 4)$$
$$+ P(X \le 5) + P(X \le 6) + P(X \le 7) + P(X \le 8)$$
$$+ P(X \le 9)$$

이때 정규분포 $N(5, 2^2)$을 따르는 확률변수 X의 정규분포 곡선은 직선 $x=5$에 대하여 대칭이므로

$P(X \le 1) + P(X \le 9) = P(X \le 1) + P(X \ge 1) = 1$
$P(X \le 2) + P(X \le 8) = P(X \le 2) + P(X \ge 2) = 1$
$P(X \le 3) + P(X \le 7) = P(X \le 3) + P(X \ge 3) = 1$
$P(X \le 4) + P(X \le 6) = P(X \le 4) + P(X \ge 4) = 1$

$$\therefore \sum_{n=1}^{9} P(X \le n)$$
$$= \{P(X \le 1) + P(X \le 9)\} + \{P(X \le 2) + P(X \le 8)\}$$
$$+ \{P(X \le 3) + P(X \le 7)\} + \{P(X \le 4) + P(X \le 6)\}$$
$$+ P(X \le 5)$$

$$= 1 + 1 + 1 + 1 + 0.5 = 4.5$$

따라서 $a = 4.5$이므로 $20a = 90$

08 답 0.3413

두 확률변수 X, Y는 각각 정규분포 $N(12, 3^2)$, $N(18, 3^2)$을 따르므로 두 함수 $y = f(x)$, $y = g(x)$의 그래프는 각각 직선 $x = 12$, $x = 18$에 대하여 대칭이고, 두 확률변수 X, Y의 표준편차가 3으로 같으므로 함수 $y = f(x)$의 그래프를 x축의 방향으로 6만큼 평행이동하면 함수 $y = g(x)$의 그래프와 일치한다.

$$\therefore g(x) = f(x-6)$$

이때 두 함수 $y = f(x)$, $y = g(x)$의 그래프가 만나는 점의 x좌표가 a이므로 $f(a) = g(a)$에서

$$f(a) = f(a-6)$$

함수 $y = f(x)$의 그래프는 직선 $x = 12$에 대하여 대칭이므로

$$\frac{a + (a-6)}{2} = 12, \ 2a = 30 \quad \therefore a = 15$$

확률변수 Y는 정규분포 $N(18, 3^2)$을 따르므로 $Z = \dfrac{Y-18}{3}$로 놓으면 확률변수 Z는 표준정규분포 $N(0, 1)$을 따른다.

$$\therefore P(a \le Y \le 18) = P(15 \le Y \le 18)$$
$$= P\left(\frac{15-18}{3} \le Z \le \frac{18-18}{3}\right)$$
$$= P(-1 \le Z \le 0)$$
$$= P(0 \le Z \le 1)$$
$$= 0.3413$$

09 답 815

A, B 과목 시험 점수를 각각 X점, Y점이라 하면 두 확률변수 X, Y는 각각 정규분포 $N(m, \sigma^2)$, $N\left(m+3, \left(\dfrac{\sigma}{3}\right)^2\right)$을 따르므로

$Z_X = \dfrac{X-m}{\sigma}$, $Z_Y = \dfrac{X-(m+3)}{\dfrac{\sigma}{3}}$으로 놓으면 두 확률변수 Z_X, Z_Y는

모두 표준정규분포 $N(0, 1)$을 따른다.

이때 A 과목 시험 점수가 80점 이상일 확률이 0.2이므로

$P(X \ge 80) = 0.2$에서 $P\left(Z_X \ge \dfrac{80-m}{\sigma}\right) = 0.2$

$P(Z_X \ge 0) - P\left(0 \le Z_X \le \dfrac{80-m}{\sigma}\right) = 0.2$

$0.5 - P\left(0 \le Z_X \le \dfrac{80-m}{\sigma}\right) = 0.2$

$$\therefore P\left(0 \le Z_X \le \frac{80-m}{\sigma}\right) = 0.3$$

이때 $(0 \le Z \le 0.85) = 0.3$이므로 $\dfrac{80-m}{\sigma} = 0.85$

$80 - m = 0.85\sigma \quad \therefore m = 80 - 0.85\sigma \quad \cdots\cdots \ \bigcirc$

A 과목 시험 점수가 80점 이상일 확률이 0.2이고, A, B 두 과목의 시험 점수가 모두 80점 이상일 확률이 0.01이므로 B 과목 시험 점수가 80점 이상일 확률을 p라 하면

$0.2 \times p = 0.01 \quad \therefore p = 0.05$

즉, $P(Y \ge 80) = 0.05$에서 $P\left(Z_Y \ge \dfrac{80-m-3}{\dfrac{\sigma}{3}}\right) = 0.05$

$P\left(Z_Y \ge \dfrac{3(77-m)}{\sigma}\right) = 0.05$

$P(Z_Y \ge 0) - P\left(0 \le Z_Y \le \dfrac{3(77-m)}{\sigma}\right) = 0.05$

$0.5 - P\left(0 \le Z_Y \le \dfrac{3(77-m)}{\sigma}\right) = 0.05$

$$\therefore P\left(0 \le Z_Y \le \frac{3(77-m)}{\sigma}\right) = 0.45$$

이때 $P(0 \le Z \le 1.65) = 0.45$이므로 $\dfrac{3(77-m)}{\sigma} = 1.65$

$77 - m = 0.55\sigma \quad \therefore m = 77 - 0.55\sigma \quad \cdots\cdots \ \bigcirc$

$\bigcirc$, $\bigcirc$에서 $80 - 0.85\sigma = 77 - 0.55\sigma$

$0.3\sigma = 3 \quad \therefore \sigma = 10$

이를 $\bigcirc$에 대입하면 $m = 77 - 0.55 \times 10 = 71.5$

$$\therefore 10(m+\sigma) = 10 \times (71.5 + 10) = 815$$

10 답 0.3721

두 확률변수 X, Y가 각각 정규분포 $N(m, \sigma^2)$, $N(m+\sigma, \sigma^2)$을 따르므로 $Z_X = \dfrac{X-m}{\sigma}$, $Z_Y = \dfrac{Y-(m+\sigma)}{\sigma}$로 놓으면 두 확률변수 Z_X, Z_Y는 모두 표준정규분포 $N(0, 1)$을 따른다.

$P(Y \ge 4a) = 1 - P(X \le 2a)$에서

$P(X \le 2a) + P(Y \ge 4a) = 1 \quad \cdots\cdots \ \bigcirc$

$P\left(Z_X \le \dfrac{2a-m}{\sigma}\right) + P\left(Z_Y \ge \dfrac{4a-m-\sigma}{\sigma}\right) = 1$이므로

$$\frac{2a-m}{\sigma} = \frac{4a-m-\sigma}{\sigma}$$

따라서 $a = \dfrac{\sigma}{2}$이므로 $a > 0 \ (\because \sigma > 0)$

한편 정규분포를 따르는 두 확률변수 X, Y의 표준편차가 서로 같고 평균이 각각 m, $m+\sigma$이므로 함수 $y = f(x)$의 그래프와 함수 $y = g(x)$의 그래프는 각각 직선 $x = m$, $x = m+\sigma$에 대하여 대칭이고 함수 $y = g(x)$의 그래프는 함수 $y = f(x)$의 그래프를 x축의 방향으로 σ만큼 평행이동한 것이다.

따라서 $\bigcirc$에서 $f(2a) = g(4a)$이고, $f(a) = g(4a)$이므로

$$f(a) = f(2a)$$

즉, 두 함수 $y = f(x)$, $y = g(x)$의 그래프의 개형은 그림과 같다.

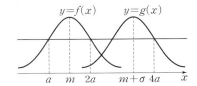

$$\therefore m = \frac{a+2a}{2} = \frac{3}{2}a = \frac{3}{2} \times \frac{\sigma}{2} = \frac{3}{4}\sigma$$

따라서 확률변수 Y의 평균은 $m+\sigma = \frac{3}{4}\sigma + \sigma = \frac{7}{4}\sigma$이므로 확률변수

$$Z_Y = \frac{Y - \frac{7}{4}\sigma}{\sigma}$$ 는 표준정규분포 $N(0,\,1)$을 따른다.

$$\begin{aligned}
\therefore P(2a \le Y \le 4a) &= P(\sigma \le Y \le 2\sigma)\\
&= P\left(\frac{\sigma - \frac{7}{4}\sigma}{\sigma} \le Z_Y \le \frac{2\sigma - \frac{7}{4}\sigma}{\sigma}\right)\\
&= P\left(-\frac{3}{4} \le Z_Y \le \frac{1}{4}\right)\\
&= P\left(0 \le Z_Y \le \frac{3}{4}\right) + P\left(0 \le Z_Y \le \frac{1}{4}\right)\\
&= P(0 \le Z_Y \le 0.75) + P(0 \le Z_Y \le 0.25)\\
&= 0.2734 + 0.0987 = 0.3721
\end{aligned}$$

11 답 ①

두 확률변수 X, Y는 각각 정규분포 $N(330,\,\sigma^2)$, $N(345,\,(3\sqrt{2}\sigma)^2)$을 따르므로 크기가 n인 표본의 표본평균 $\overline{X}$는 정규분포 $N\left(330,\,\frac{\sigma^2}{n}\right)$, 즉 $N\left(330,\,\left(\frac{\sigma}{\sqrt{n}}\right)^2\right)$을 따르고 크기가 $8n$인 표본의 표본평균 $\overline{Y}$는 정규분포 $N\left(345,\,\frac{(3\sqrt{2}\sigma)^2}{8n}\right)$, 즉 $N\left(345,\,\left(\frac{3\sigma}{2\sqrt{n}}\right)^2\right)$을 따른다.

따라서 $Z_{\overline{X}} = \dfrac{\overline{X}-330}{\dfrac{\sigma}{\sqrt{n}}}$, $Z_{\overline{Y}} = \dfrac{\overline{Y}-345}{\dfrac{3\sigma}{2\sqrt{n}}}$로 놓으면 두 확률변수 $Z_{\overline{X}}$, $Z_{\overline{Y}}$

는 모두 표준정규분포 $N(0,\,1)$을 따른다.

$P(330 \le \overline{X} \le 340) = 0.4772$에서

$$P\left(\frac{330-330}{\dfrac{\sigma}{\sqrt{n}}} \le Z_{\overline{X}} \le \frac{340-330}{\dfrac{\sigma}{\sqrt{n}}}\right) = 0.4772$$

$$P\left(0 \le Z_{\overline{X}} \le \frac{10\sqrt{n}}{\sigma}\right) = 0.4772$$

이때 $P(0 \le Z \le 2) = 0.4772$이므로

$$\frac{10\sqrt{n}}{\sigma} = 2 \qquad \therefore \frac{\sqrt{n}}{\sigma} = \frac{1}{5}$$

$$\therefore \frac{3\sigma}{2\sqrt{n}} = \frac{3}{2} \times \frac{\sigma}{\sqrt{n}} = \frac{3}{2} \times 5 = \frac{15}{2}$$

$$\begin{aligned}
\therefore P(\overline{Y} \ge 360) &= P\left(Z_{\overline{Y}} \ge \frac{360-345}{\dfrac{3\sigma}{2\sqrt{n}}}\right)\\
&= P\left(Z_{\overline{Y}} \ge \frac{15}{\dfrac{15}{2}}\right) = P(Z_{\overline{Y}} \ge 2)\\
&= P(Z_{\overline{Y}} \ge 0) - P(0 \le Z_{\overline{Y}} \le 2)\\
&= 0.5 - 0.4772 = 0.0228
\end{aligned}$$

12 답 5.6

모표준편차가 σ, 표본의 크기가 196이므로 표본평균이 $\overline{x_1}$일 때, 모평균 m에 대한 신뢰도 95 %의 신뢰구간은

$$\overline{x_1} - 1.96 \times \frac{\sigma}{\sqrt{196}} \le m \le \overline{x_1} + 1.96 \times \frac{\sigma}{\sqrt{196}}$$

$$\therefore \overline{x_1} - 0.14\sigma \le m \le \overline{x_1} + 0.14\sigma$$

이 신뢰구간이 $a \le m \le b$와 같으므로

$$a = \overline{x_1} - 0.14\sigma, \quad b = \overline{x_1} + 0.14\sigma$$

또 모표준편차가 σ, 표본의 크기가 400이므로 표본평균이 $\overline{x_2}$일 때, 모평균 m에 대한 신뢰도 99 %의 신뢰구간은

$$\overline{x_2} - 2.58 \times \frac{\sigma}{\sqrt{400}} \le m \le \overline{x_2} + 2.58 \times \frac{\sigma}{\sqrt{400}}$$

$$\therefore \overline{x_2} - 0.129\sigma \le m \le \overline{x_2} + 0.129\sigma$$

이 신뢰구간이 $c \le m \le d$와 같으므로

$$c = \overline{x_2} - 0.129\sigma$$

$a = c$에서 $\overline{x_1} - 0.14\sigma = \overline{x_2} - 0.129\sigma$이므로 $\overline{x_1} - \overline{x_2} = 0.011\sigma$

이때 $\overline{x_1} - \overline{x_2} = 0.22$에서 $0.011\sigma = 0.22$ $\quad \therefore \sigma = 20$

$$\begin{aligned}
\therefore b - a &= \overline{x_1} + 0.14\sigma - (\overline{x_1} - 0.14\sigma) = 0.28\sigma\\
&= 0.28 \times 20 = 5.6
\end{aligned}$$

13 답 ⑤

9개의 공 중에서 1, 2, 3이 적혀 있는 공의 개수를 각각 a, b, c라 하고, 주머니에서 임의로 꺼낸 1개의 공에 적혀 있는 수를 Y라 할 때, 확률변수 Y의 확률분포를 표로 나타내면 다음과 같다.

Y	1	2	3	합계
$P(Y=y)$	$\dfrac{a}{9}$	$\dfrac{b}{9}$	$\dfrac{c}{9}$	1

$X=5$일 때는 확인한 5개의 수가 모두 1이어야 하므로

$$P(X=5) = \frac{a}{9} \times \frac{a}{9} \times \frac{a}{9} \times \frac{a}{9} \times \frac{a}{9} = \left(\frac{a}{9}\right)^5$$

$X=15$일 때는 확인한 5개의 수가 모두 3이어야 하므로

$$P(X=15) = \frac{c}{9} \times \frac{c}{9} \times \frac{c}{9} \times \frac{c}{9} \times \frac{c}{9} = \left(\frac{c}{9}\right)^5$$

$P(X=5) = 32P(X=15)$에서

$$\left(\frac{a}{9}\right)^5 = 32 \times \left(\frac{c}{9}\right)^5, \quad a^5 = 32c^5 \quad \therefore a = 2c$$

이때 a, c는 9 이하의 자연수이므로 $a=2$, $c=1$ 또는 $a=4$, $c=2$
→ $a=6$, $c=3$인 경우에는 $b=0$이므로 조건을 만족시키지 않는다.

(ⅰ) $a=2$, $c=1$일 때,

$a+b+c=9$에서 $b=6$이므로

$$E(Y) = 1 \times \frac{2}{9} + 2 \times \frac{6}{9} + 3 \times \frac{1}{9} = \frac{17}{9}$$

$$E(Y^2) = 1^2 \times \frac{2}{9} + 2^2 \times \frac{6}{9} + 3^2 \times \frac{1}{9} = \frac{35}{9}$$

$$\therefore V(Y) = E(Y^2) - \{E(Y)\}^2 = \frac{35}{9} - \left(\frac{17}{9}\right)^2 = \frac{26}{81}$$

확인한 5개의 수의 평균을 $\overline{Y}$라 하면 $X = 5\overline{Y}$이므로

$$\begin{aligned}
V(X) = V(5\overline{Y}) = 5^2 V(\overline{Y}) &= 25 \times \frac{V(Y)}{5}\\
&= 5V(Y) = 5 \times \frac{26}{81} = \frac{130}{81}
\end{aligned}$$

(ⅱ) $a=4$, $c=2$일 때,

$a+b+c=9$에서 $b=3$이므로

$$E(Y) = 1 \times \frac{4}{9} + 2 \times \frac{3}{9} + 3 \times \frac{2}{9} = \frac{16}{9}$$

$$E(Y^2) = 1^2 \times \frac{4}{9} + 2^2 \times \frac{3}{9} + 3^2 \times \frac{2}{9} = \frac{34}{9}$$

$$V(Y) = E(Y^2) - \{E(Y)\}^2 = \frac{34}{9} - \left(\frac{16}{9}\right)^2 = \frac{50}{81}$$

확인한 5개의 수의 평균을 $\overline{Y}$라 하면 $X = 5\overline{Y}$이므로

$$\begin{aligned}
V(X) = V(5\overline{Y}) = 5^2 V(\overline{Y}) &= 25 \times \frac{V(Y)}{5}\\
&= 5V(Y) = 5 \times \frac{50}{81} = \frac{250}{81}
\end{aligned}$$

(ⅰ), (ⅱ)에서 모든 $V(X)$의 값의 합은 $\dfrac{130}{81} + \dfrac{250}{81} = \dfrac{380}{81}$